C·H·Beck
PAPERBACK

Egoismus oder Nächstenliebe, Eigennutz oder Kooperation – was liegt mehr in der Natur des Menschen? Als Einzelwesen sind wir egoistisch, als Gruppenwesen aber ziehen wir uneigennütziges Verhalten vor, sagt Edward O. Wilson, der bekannteste Biologe unserer Zeit, in seinem wegweisenden Buch. Zwischen den beiden Antriebskräften herrscht ein Dauerkonflikt, in der Gesellschaft wie in jedem Einzelnen von uns. Die Balance, die wir anstreben, ist stets zerbrechlich.

Die soziale Eroberung der Erde ist die Summe lebenslanger innovativer Forschung, die Krönung des Lebenswerkes von Edward O. Wilson. Das Buch beginnt mit drei fundamentalen Fragen, die die Menschen seit Jahrtausenden faszinieren: Woher kommen wir? Was sind wir? Wohin gehen wir? Nur die Biologie, so Wilson, ist in der Lage, diese Fragen wissenschaftlich zu beantworten. Wilson, der vor 35 Jahren die Soziobiologie begründet hat, zeigt uns mit seinem erstaunlichen Fundus an biologischen, verhaltenspsychologischen und anthropologischen Kenntnissen, dass die soziale Gruppe die treibende Kraft der menschlichen Evolution ist. Religion, Sport, Krieg – unser Trieb, uns zu Gruppen zusammenzuschließen und für sie zu kämpfen, ist es, was uns zu Menschen werden ließ.

Edward Osborne Wilson oder kurz E. O. Wilson (geb. 1929) ist der berühmteste Biologe unserer Zeit. Als (inzwischen emeritierter) Professor forscht und lehrt er über Umwelt, Tierverhalten, Evolution und Biodiversität. Sein Spezialgebiet ist die Erforschung des Zusammenlebens der Ameisen; international bekannt wurde er auch als Begründer der Soziobiologie, die das Wechselspiel zwischen Evolution und sozialen Verhaltensweisen erforscht. Unter seinen vielen wissenschaftlichen Auszeichnungen finden sich die amerikanische National Medal of Science und der Crafoord-Preis der Königlich Schwedischen Akademie der Wissenschaften – der weltweit renommierteste Preis für Ökologie. Für seine Veröffentlichungen erhielt er zweimal den Pulitzer-Preis in der Kategorie Sachbuch: für *Biologie als Schicksal. Die soziobiologischen Grundlagen menschlichen Verhaltens* (1978, dt. 1980) sowie (mit Bert Hölldobler) für *Die Ameisen* (1990, dt. 1995). Im Verlag C.H.Beck ist von ihm lieferbar: *Ameisenroman. Raff Codys Abenteuer* (2011).

Edward O. Wilson

DIE SOZIALE EROBERUNG DER ERDE

Eine biologische Geschichte des Menschen

Aus dem Englischen von Elsbeth Ranke

C.H.Beck

Titel der englischen Originalausgabe:
The Social Conquest of Earth
Copyright © 2012 by Edward O. Wilson
Zuerst erschienen 2012 bei Liveright Publishing Corporation,
ein Imprint von W. W. Norton & Company, Inc. New York,
und W. W. Norton & Company Ltd., London

Mit 55 Abbildungen und 3 Tabellen

Die erste Auflage dieses Buches erschien in gebundener Form 2013
im Verlag C.H.Beck.
1. Auflage in C.H.Beck Paperback. 2014

2. Auflage. 2016

Für die deutsche Ausgabe:
© Verlag C.H.Beck oHG, München 2013
Satz: Janß GmbH, Pfungstadt
Druck und Bindung: Druckerei C.H.Beck, Nördlingen
Umschlaggestaltung: Nach einem Entwurf von
Anzinger | Wüschner | Rasp, München
Umschlagabbildung: Paul Gauguin, Woher kommen wir?
Was sind wir? Wohin gehen wir?, 1897, Museum of Fine Art, Boston,
Massachusetts, Foto: Bridgeman Images
Printed in Germany
ISBN 978 3 406 66702 2

www.beck.de

INHALT

Prolog   7

I. Warum existiert höher entwickeltes soziales Leben?
    1. Die Natur des Menschen   15

II. Woher kommen wir?
    2. Die beiden Pfade der Eroberung   23
    3. Die Langstrecke   33
    4. Die Ankunft   46
    5. Der Faden durch das Labyrinth der Evolution   60
    6. Kreative Kräfte   65
    7. Stammessysteme als grundlegendes menschliches Merkmal   75
    8. Krieg als angeborenes Übel der Menschheit   81
    9. Die Auswanderung   99
    10. Die kreative Explosion   109
    11. Der Spurt zur Zivilisation   124

III. Soziale Insekten erobern die Welt der Wirbellosen
    12. Die Erfindung der Eusozialität   137
    13. Erfindungen, die die sozialen Insekten voranbrachten   148

IV. Die Kräfte der sozialen Evolution
    14. Das wissenschaftliche Dilemma der Seltenheit   163
    15. Altruismus und Eusozialität bei Insekten   169

16. Insekten machen den Riesensprung	180
17. Soziale Instinkte als Werk der natürlichen Selektion	192
18. Die Kräfte der sozialen Evolution	202
19. Das Aufkommen einer neuen Theorie der Eusozialität	223

V. Was sind wir?

20. Was ist die Natur des Menschen?	231
21. Die Evolution der Kultur	255
22. Der Ursprung der Sprache	269
23. Die Evolution der Kulturvielfalt	283
24. Der Ursprung von Moral und Ehrbegriff	289
25. Der Ursprung der Religion	306
26. Der Ursprung der kreativen Künste	321

VI. Wohin gehen wir?

27. Eine neue Aufklärung	343

Danksagung	357
Anmerkungen	358
Nachweise zu den Abbildungen und Tabellen	376
Register	381

PROLOG

Kein Geheimnis des geistigen Lebens ist schwerer zu fassen und heißer begehrt als der Schlüssel zum Verständnis der menschlichen Natur. Seit Urzeiten erforscht, wer danach sucht, das Labyrinth der Mythen: im Religiösen die Schöpfungsmythen und die Träume der Propheten; in der Philosophie die Erkenntnisse der Introspektion und das darauf beruhende Denken; in der Kunst Aussagen, die auf einem Drama der Sinne beruhen.

Besonders die große bildende Kunst ist Ausdruck vom Unterwegssein eines Menschen, Anspielung auf Gefühlsregungen, die sich nicht in Worte fassen lassen. Vielleicht liegt ja in dem, was bis heute verborgen bleibt, eine tiefere, wesentlichere Bedeutung. Paul Gauguin, der Geheimnisjäger und berühmte Mythenschöpfer (*Maker of Myth* lautete kürzlich der Titel einer Londoner Ausstellung[1]), war auf der Suche danach. Seine Geschichte ist eine würdige Kulisse für die moderne Antwort, die in dieser Arbeit vorgestellt werden soll.

Gegen Ende 1897 machte sich Gauguin in Punaauia, drei Meilen von der Hafenstadt Papeete auf Tahiti, an die Arbeit an seinem größten und bedeutendsten Gemälde. Er war von der Syphilis geschwächt und litt infolge mehrerer Herzinfarkte an Lähmungen. Sein Geld war beinahe aufgebraucht, und dazu kam noch eine Depression, weil kurz zuvor seine Tochter Aline in Dänemark einer Lungenentzündung erlegen war.

Gauguin wusste, dass seine Tage gezählt waren. Er schuf dieses Gemälde in dem Bewusstsein, dass es sein letztes sein würde. Und als er fertig war, stieg er in die Berge hinter Papeete und wollte sich das Leben nehmen. Er hatte ein Fläschchen Arsen bei sich; vielleicht wusste er nicht, wie grausam dieser Gifttod verläuft. Er wollte sich verstecken, um es einzunehmen, damit sein Leichnam nicht gleich gefunden und lieber von den Ameisen gefressen würde.

Dann aber wich seine Entschlossenheit, und er kehrte nach Punaauia zurück. Obwohl sein Leben im Grunde zerstört war, hatte er beschlossen, weiter seinen Mann zu stehen. Um sich über Wasser zu halten, nahm er in Papeete eine Stelle beim Bauamt an, wo er am Tag sechs Francs verdiente. 1901 zog er sich noch weiter zurück und siedelte sich auf der kleinen, abgelegenen Marquesas-Insel Hiva Oa an. Zwei Jahre später – er war inzwischen tief in Konflikte mit der Obrigkeit verstrickt – starb Gauguin infolge seiner Syphilis an Herzversagen. Er wurde auf dem katholischen Friedhof von Hiva Oa begraben.

«Ich bin ein Wilder», schrieb er wenige Tage vor seinem Ende an einen Verwaltungsbeamten. «Und die zivilisierten Menschen spüren das: Denn in meinem Werk ist nichts, was verwundert, verwirrt, höchstens dieses ‹unfreiwillige Wildsein›.»[2]

Gauguin war nach Französisch-Polynesien gekommen, an dieses fast unmögliche Ende der Welt (nur die Pitcairn- und die Osterinsel sind noch abgelegener), weil er dort sowohl Frieden zu finden hoffte als auch ein neues Grenzland für seine künstlerischen Ausdrucksmöglichkeiten. Das Grenzland fand er, den Frieden nicht.

Gauguins körperliche und geistige Reise war unter den großen Künstlern seiner Zeit eine Ausnahme. Er war 1848 in Paris geboren und von seiner halbperuanischen Mutter in Lima, später in Orléans erzogen worden. Dieser ethnische Mix war ein Omen für seine Zukunft. Als junger Mann trat Gauguin in die französische Handelsmarine ein und reiste sechs Jahre lang um die Welt. Dabei wurde er 1870 und 1871 auf dem Mittelmeer und auf der Nordsee Zeuge von Kampfhandlungen im Französisch-Russischen Krieg. Zurück in Paris, hatte er zunächst kaum Gedanken für die Kunst, sondern wurde unter der Federführung seines wohlhabenden Vormunds Gustave Arosa Börsenmakler. Arosa, ein bedeutender Sammler französischer Kunst, auch der ganz neuen impressionistischen Werke, entfachte und förderte Gauguins Interesse an der Kunst. Nach einem Börsenkrach im Januar 1882 und der Pleite seiner Bank wandte sich Gauguin ganz der Malerei zu und begann sein beträchtliches Talent zu entfalten. Er war begeistert von den besten Impressionisten – Pissarro, Cézanne, van Gogh, Manet, Seurat, Degas – und bemühte sich um die Aufnahme in ihre Kreise. Auf vielen Reisen, von Pontoise nach Rouen, von Pont-Aven nach Paris, schuf er Porträts, Stillleben, Landschaften, und die zunehmend phantastische Prägung seiner Werke deutet auf den Gauguin voraus, der sich erst noch entwickeln sollte.

Doch aus Enttäuschung über das Erreichte blieb Gauguin nur kurz im Kreis seiner schillernden Zeitgenossen. Er war aus eigener Anstrengung nicht reich und berühmt geworden, obwohl er, wie er später erklärte, sehr wohl wusste, dass er ein großer Künstler war. Er sehnte sich nach einem schlichteren, einfacheren Leben, um seiner Bestimmung nachzukommen. Paris, so schrieb er 1886, sei für Mittellose geradezu eine Wüste, «und so gehe ich nach Panama, um dort wie ein Eingeborener zu leben. (...) Ich nehme meine Farben und meine Pinsel mit, und fern von allen Menschen werde ich mich dort erholen.»[3]

Es war nicht die Armut allein, die Gauguin von der Zivilisation entfremdete. Er war eine zutiefst rastlose Seele, ein Abenteurer, immer getrieben von der Suche nach dem, was hinter dem Hier und Jetzt lag. Künstlerisch arbeitete er dementsprechend experimentell. Auf seinen Wanderungen fühlte er sich zum Exotismus nichtwestlicher Kulturen hingezogen und wollte selbst darin eintauchen, weil er neue Möglichkeiten visuellen Ausdrucks suchte. Er lebte in Panama, dann auf Martinique. Wieder zu Hause, bewarb er sich auf eine Stelle in der unter französischer Herrschaft stehenden Provinz Tonkin (heute Nordvietnam). Als er abgelehnt wurde, kehrte er schließlich nach Französisch-Polynesien zurück, in das letzte Paradies.

Am 9. Juni 1891 erreichte Gauguin Papeete und tauchte in die dortige Kultur ein. Mehr und mehr machte er sich für die Rechte der Einheimischen stark und wurde damit in den Augen der Kolonialmacht zum Störenfried. Zugleich (und ungleich wichtiger) machte er sich zum Pionier des neuen Stils namens Primitivismus: flächig, bukolisch, häufig grell farbig, einfach und direkt und authentisch.

Dennoch müssen wir zu dem Schluss kommen, dass Gauguin nach mehr suchte als nur nach diesem neuen Stil. Er interessierte sich auch zutiefst für die Natur des Menschen – worin besteht sie wirklich, und wie lässt sie sich darstellen? Die Öffentlichkeit im französischen Mutterland, insbesondere in Paris, war das Terrain von tausend Stimmen, die sich im Kampf um Aufmerksamkeit heiser schrien, und das intellektuelle und künstlerische Leben stand unter der Kuratel anerkannter Autoritäten, die jeweils in ihrem eigenen kleinen Stückchen Expertentum Wurzeln geschlagen hatten. Keiner, so spürte er, konnte aus dieser Kakophonie heraus eine neue Einheit schaffen.

Vielleicht aber war das in der sehr viel einfacheren und doch voll funktionstüchtigen Welt von Tahiti möglich. Dort konnte man womöglich bis ans Urgestein der menschlichen Natur vordringen. In dieser Hinsicht war sich Gauguin mit Henry David Thoreau einig, der sich einige Jahrzehnte zuvor in seine winzige Hütte am Walden-See zurückgezogen hatte, «weil ich den Wunsch hatte, (...) dem eigentlichen, wirklichen Leben näherzutreten, zu sehen, ob ich nicht lernen konnte, was es zu lehren hätte. (...) Ich wollte einen breiten Schwaden dicht am Boden mähen, das Leben in die Enge treiben und auf seine einfachste Formel reduzieren.»[4]

Diese Auffassung bringt Gauguin am besten auf seinem 3,75 Meter breiten Meisterwerk zum Ausdruck. Betrachten wir es einmal im Detail. Es zeigt eine Anordnung von Gestalten vor einer erfundenen Kulisse von Landschaften Tahitis aus Bergen und Meer. Die meisten Figuren sind weiblich (das ist der tahitische Gauguin). Abwechselnd realistisch und surreal, stehen sie für den menschlichen Lebenskreis. Die Blickrichtung geht von rechts nach links. Ein Säugling ganz rechts stellt die Geburt dar. Die Gestalt in der Mitte ist erwachsen, ihr Geschlecht nicht eindeutig; die erhobenen Arme sind ein Symbol der individuellen Selbsterkenntnis. Links davon pflückt und isst ein junges Paar Äpfel: der Archetypus Adam und Eva in ihrem Streben nach Erkenntnis. Ganz links hockt als Darstellung des Todes eine alte Frau in Qual und Verzweiflung am Boden (womöglich inspiriert von Albrecht Dürers Stich *Melancholie* von 1514).

Ein bläulich getöntes Idol starrt uns aus dem linken Hintergrund entgegen, die Arme sind rituell erhoben, vielleicht ist es wohlmeinend, vielleicht feindselig. Gauguin selbst beschrieb seine Bedeutung in vielsagender poetischer Mehrdeutigkeit.

Das Idol steht hier nicht als literarische Erklärung, sondern als Standbild, allerdings vielleicht weniger Standbild als die Tierfiguren; auch kein Tier, in meinem Traum wird es eins mit der ganzen Natur, herrscht in unserer primitiven Seele, erdachter Trost für unsere Leiden und ihren Anteil an Verschwommenem, Unfassbarem vor dem Mysterium unserer Herkunft und unserer Zukunft.[5]

In der linken oberen Ecke der Leinwand schrieb er den berühmten Titel: *D'où Venons Nous / Que Sommes Nous / Où Allons Nous*. Das Gemälde ist keine Antwort. Es ist eine Frage.

I.
WARUM EXISTIERT HÖHER ENTWICKELTES SOZIALES LEBEN?

1.
DIE NATUR DES MENSCHEN

«*Woher kommen wir? Was sind wir? Wohin gehen wir?*» Was Paul Gauguin auf der Leinwand seines tahitischen Meisterwerks in größtmöglicher Einfachheit zum Ausdruck brachte, sind tatsächlich die zentralen Fragestellungen von Religion und Philosophie. Werden wir sie jemals beantworten können? Mitunter scheint es nicht so. Oder vielleicht doch?

Die Menschheit von heute gleicht einem Tagträumer, gefangen zwischen den Phantasien des Traums und dem Chaos der wirklichen Welt. Wir sind geistig auf der Suche, können aber Ort und Zeit nicht exakt festmachen. Wir haben eine Star-Wars-Zivilisation erschaffen, unterliegen aber zugleich steinzeitlichen Emotionen, besitzen mittelalterliche Institutionen und eine gottgleiche Technologie. Wir teilen nach allen Seiten aus. Wir sind furchtbar verunsichert von der schlichten Tatsache unserer Existenz, und wir sind eine Gefahr für uns selbst und das übrige Leben.

Die Religion wird dieses große Rätsel niemals lösen. Seit der Altsteinzeit hat jeder Volksstamm – und davon gab es Abertausende – seinen eigenen Schöpfungsmythos geschaffen. In dieser langen Traumzeit unserer Vorfahren haben übernatürliche Wesen zu Schamanen und Propheten gesprochen. Sie offenbarten sich den Sterblichen verschiedentlich als Gott, als Göttervolk, als göttliche Familie, als Großer Geist, als Sonne, als Ahnengeister, oberste Schlangen, Hybriden von allerlei Tieren, Chimären aus Mensch und Tier, allmächtige Himmelsspinnen – als alles, was sich irgend in den Träumen, Halluzinationen und der fruchtbaren Phantasie der spirituellen Führer heraufbeschwören ließ. In ihre Ausformung spielte zum Teil die Umwelt ihrer Erfinder hinein. In Polynesien stemmten Götter den Himmel von Land und Meer ab, und es folgte die Schöpfung des Lebens und der Menschheit. In den wüstenbewohnenden Patriarchaten von Judentum, Christenheit und Islam entwarfen die Propheten wie zu erwarten einen göttlichen, allmächtigen Patriarchen, der über heilige Schriften zu seinem Volk spricht.

Die Schöpfungsgeschichten verschafften den Mitgliedern jedes Stammes eine Erklärung für ihre Existenz. Damit fühlten sie sich über alle anderen Stämme hinaus geliebt und beschützt. Im Gegenzug verlangten ihre Götter absoluten Glauben und Gehorsam. Und das musste auch so sein. Der Schöpfungsmythos war das wesentliche Band, das den Stamm zusammenhielt. Er verschaffte seinen Anhängern eine einheitliche Identität, verfügte ihre Treue, stärkte die Ordnung, gewährte das Gesetz, ermunterte zu Heldenmut und Opferbereitschaft und bot einen Sinn für die Zyklen von Leben und Tod. Kein Stamm konnte lange überleben ohne Sinn für seine Existenz, der von einer Schöpfungsgeschichte definiert wurde. Dagegen standen Schwächung, Auflösung und Tod. In der frühen Stammesgeschichte musste der Mythos deshalb in Stein gehauen werden.

Der Schöpfungsmythos ist ein darwinscher Überlebensfaktor. Stammeskonflikte, bei denen die gläubigen Insider es gegen die Ungläubigen von außen aufnahmen, waren eine wesentliche Antriebskraft in der Ausformung der biologischen Natur des Menschen. Die Wahrheit jedes Mythos wohnte im Herzen der Menschen, nicht in der rationalen Vernunft. Aus sich selbst heraus konnte der Mythos Ursprung und Sinn der Menschheit niemals offenlegen. Umgekehrt aber funktioniert es: Die Offenlegung von Ursprung und Sinn der Menschheit kann womöglich Ursprung und Sinn der Mythen erklären und damit den Kern der organisierten Religion.

Lassen sich diese beiden Weltsichten irgendwie vereinbaren? Um es ehrlich und einfach zu sagen: Nein. Sie lassen sich nicht vereinbaren. Ihr Gegensatz definiert den Unterschied zwischen Wissenschaft und Religion, zwischen empirischer Arbeit und Glaube an das Übernatürliche.

Mit dem Rückgriff auf die mythischen Grundlagen der Religion also lässt sich das große Mysterium von der Natur des Menschen nicht klären – und genauso wenig durch Innenschau und Selbsterkenntnis. Ohne Hilfsmittel kann rationales Forschen sein eigenes Wirken niemals erfassen. Die allermeisten Hirnaktivitäten werden vom Bewusstsein nicht einmal wahrgenommen. Das Gehirn, sagte Charles Darwin einmal, ist eine Festung, die sich im direkten Angriff nicht erobern lässt.

Das Nachdenken über das Denken ist der zentrale Prozess der Kunst, aber es sagt uns sehr wenig darüber, *wie* wir denken in der Weise, wie wir es tun, und gar nichts darüber, *warum* sich künstlerisches Schaffen überhaupt herausbildete. Das Bewusstsein entstand in einem Evolutionsprozess über Millionen von Jahren des Kampfes um Leben und Tod und gerade auch dank dieses Kampfes; für die Selbstforschung ist es nicht geeignet. Geeignet ist es für Überleben und Fortpflanzung. Bewusstes Denken wird von der Emotion gesteuert; dem Ziel Überleben und Fortpflanzung ist es voll und ganz ergeben. Die komplexen Verschlingungen des Geistes lassen sich vielleicht von der Kunst bis ins Detail darstellen, aber sie sind dort so konstruiert, als hätte die Natur des Menschen niemals eine Evolutionsgeschichte durchgemacht. Ihre mächtigen Metaphern haben uns der Lösung des Rätsels kein Stück näher gebracht als die Tragödien und anderen Schriften des antiken Griechenlands.

Naturwissenschaftler durchforsten nun das Umfeld der Festung und suchen nach möglichen Breschen in ihren Mauern. Irgendwann hatten sie die richtigen Technologien entworfen und könnten eindringen, und jetzt lesen sie die Codes und verfolgen die Bahnen von Milliarden von Nervenzellen. Innerhalb einer Generation werden wir wohl so weit vorangekommen sein, dass wir die stofflichen Grundlagen des Bewusstseins erklären können.

Aber – wenn die Natur des Bewusstseins geklärt ist, wissen wir dann, was wir sind und woher wir kommen? Nein. Das erschöpfende Verständnis der stofflichen Vorgänge im Gehirn bringt uns der Klärung des Mysteriums sehr nahe. Doch um es wirklich zu durchschauen, brauchen wir weit mehr Wissen sowohl aus den Natur- als auch aus den Geisteswissenschaften. Wir müssen verstehen, wie das Gehirn sich in der Evolution zu dem entwickelt hat, was es ist, und warum.

Auch in der Philosophie suchen wir vergeblich nach einer Antwort auf das große Rätsel. Bei aller hehren Zielsetzung in ihrer langen Geschichte hat die reine Philosophie die Grundfragen nach der menschlichen Existenz längst aufgegeben. Schon die Suche selbst ist Gift für den guten Ruf. Für Philosophen ist sie heute ein Gorgonenhaupt, dem selbst die besten Denker nicht ins Gesicht zu blicken wagen. Und für diese Abneigung haben sie gute Gründe. Ein Großteil der Philosophiegeschichte besteht aus gescheiterten Erkenntnismodellen. Das Diskursfeld ist übersät mit dem Strandgut von Bewusstseinstheorien. Nach dem Niedergang des logischen Positivismus Mitte des 20. Jahrhunderts und seines Versuchs, Naturwissenschaft und Logik in einem geschlossenen System zu vereinen, zerstreute sich die Profession der Philosophen in einer intellektuellen Diaspora. Man wich auf geschmeidigere Disziplinen aus, die noch nicht von der Naturwissenschaft besetzt waren – Wissenschaftsgeschichte, Semantik, Logik, Grundlagenmathematik, Ethik, Theologie sowie den lukrativsten Bereich, nämlich Fragestellungen der persönlichen Lebensführung.

In diesen verschiedenen Unterfangen blühen die Philosophen geradezu auf, doch an der Lösung des Rätsels arbeitet nach diesem Eliminierungsprozess zumindest momentan nur noch die Naturwissenschaft. Was die Naturwissenschaft verspricht und zum Teil bereits geleistet hat, ist Folgendes. Es gibt eine echte Schöpfungsgeschichte der Menschheit, und zwar eine einzige, und diese ist kein Mythos. Sie wird allmählich herausgearbeitet und verifiziert, wird bereichert und gestärkt, und zwar Schritt für Schritt.

Ich werde darlegen, dass die Wissenschaft besonders in den letzten zwei Jahrzehnten so weit fortgeschritten ist, dass wir die Fragen, woher wir kommen und was wir sind, jetzt kohärent angehen können. Dafür brauchen wir allerdings Antworten auf zwei noch grundlegendere Fragen, die die Suche aufgeworfen hat. Erstens die Frage, warum höher entwickeltes soziales Leben überhaupt existiert und in der Geschichte des Lebens so selten ist. Und zweitens die Frage nach den Antriebskräften, die es haben aufkommen lassen.

Diese Fragestellungen lassen sich lösen, indem wir Informationen aus den verschiedensten Disziplinen zusammenbringen – von der Molekulargenetik, den Neurowissenschaften und der Evolutionsbiologie bis hin zur Archäologie, Ökologie, Sozialpsychologie und Geschichte.

Um die Theorie eines derart komplexen Prozesses zu überprüfen, ist es hilfreich, sich die anderen sozialen Eroberer der Erde anzusehen, nämlich die höchst sozial geprägten Ameisen, Bienen, Wespen und Termiten; genau das werde ich tun. Wir brauchen sie, um für die Entwicklung der Theorie von der sozialen Evolution eine Perspektive zu schaffen. Mir ist klar, dass ich mich der Missverständlichkeit aussetze, wenn ich Insekten neben den Menschen stelle. Affen sind ja schon schlimm genug, könnte man sagen, aber Insekten? In der Humanbiologie ist es aber immer von Nutzen, solche Gegenüberstellungen vorzunehmen. Dieser Vergleich des Geringeren mit dem Höheren hat viele Vorläufer. Sehr erfolgreich haben sich Biologen mit Bakterien und Hefen beschäftigt, um die Prinzipien der menschlichen Molekulargenetik herauszuarbeiten. Um die Grundlagen unserer Neuronalstruktur und des Gedächtnisses zu verstehen, haben sie mit Spulwürmern und Weichtieren gearbeitet. Und das Modell der Taufliege hat uns eine Menge über die Entwicklung menschlicher Embryonen verraten. Wir können von den sozialen Insekten mindestens genauso viel lernen; in diesem Fall erhalten wir so einen zusätzlichen Hintergrund für den Ursprung und den Sinn der Menschheit.

II.
WOHER KOMMEN WIR?

2.
DIE BEIDEN PFADE DER EROBERUNG

Menschen erschaffen Kulturen dank ihrer plastischen Sprachen. Wir erfinden Symbole, die unter unseresgleichen verstanden werden sollen, und damit generieren wir Kommunikationsnetzwerke, die um ein Vielfaches größer sind als die jedes anderen Tiers. Wir haben die Biosphäre erobert und verwüstet wie keine andere Art in der Geschichte des Lebens. Darin sind wir einmalig.

In unseren Emotionen aber sind wir nicht einmalig. Dort findet sich, wie in unserer Anatomie und im Gesichtsausdruck, was Darwin den unauslöschlichen Stempel unserer tierischen Vorfahren nannte. Wir sind ein evolutionäres Mischwesen, eine Chimärennatur, wir leben dank unserer Intelligenz, die von den Bedürfnissen des tierischen Instinkts gesteuert wird. Deswegen zerstören wir gedankenlos die Biosphäre und damit unsere eigenen Aussichten auf dauerhafte Existenz.

Die Menschheit ist ein großartiger, aber fragiler Triumph. Unsere Spezies beeindruckt deswegen noch mehr, weil wir der Höhepunkt eines Evolutionsepos sind, dessen Fortgang ständig äußerst gefährdet war. Meistens waren die Populationen unserer Vorfahren sehr klein, so klein, dass im Lauf der Geschichte der Säugetiere immer die Möglichkeit des vorzeitigen Aussterbens bestand. Alle vormenschlichen Gruppierungen brachten es zusammengenommen auf eine Population von höchstens wenigen zehntausend Individuen. Sehr früh schon spalteten sich die vormenschlichen Vorfahren in zwei oder mehr gleichzeitige Linien auf. Damals betrug die durchschnittliche Lebenszeit einer Säugetierart nur eine halbe Million Jahre. Nach diesem Prinzip starben auch die meisten vormenschlichen Seitenlinien aus. Die eine, aus der sich der moderne Mensch entwickeln sollte, steuerte mindestens einmal und in den letzten 500 000 Jahren wahrscheinlich mehrmals auf das Aussterben zu. Das Epos hätte an einer solchen Engstelle leicht zu Ende sein können, für immer erloschen in einem geologischen Wimpernschlag. Grund dafür hätte eine schwere Dürre zur falschen Zeit am falschen Ort sein können oder eine von anderen Tieren in die Population eingeschleppte Krankheit oder der äußere Druck von anderen, durchsetzungsfähigeren Primaten. Gefolgt wäre dem – gar nichts. Die Evolution der Biosphäre hätte neu ausgeholt und nie wieder zu dem geführt, was wir geworden sind.

Die Evolution der sozialen Insekten, die heute zu Land die Welt der Wirbellosen beherrschen, fand zum Großteil vor weit mehr als 100 Millionen Jahren statt. Nach Schätzung von Experten gibt es Termiten seit der Mitteltrias vor 220 Millionen Jahren; Ameisen seit dem späten Jura oder der frühen Kreidezeit vor etwa 150 Millionen Jahren; und Hummeln und Honigbienen seit der späten Kreidezeit vor etwa 70 bis 80 Millionen Jahren. Danach und für den Rest des Mesozoikums wuchs die Vielfalt der Arten in diesen verschiedenen Evolutionslinien zeitgleich mit dem Aufkommen und der Ausbreitung der Blütenpflanzen beständig an. Immerhin konnten Ameisen und Termiten ihre heute spektakuläre Dominanz unter landbewohnenden Wirbellosen erst erwerben, nachdem sie schon lange Zeit existiert hatten. Ihre gesamte Macht erwuchs graduell, es gab eine Innovation nach der anderen, bis vor 65 bis 50 Millionen Jahren das heutige Niveau erreicht war.[1]

Während sich Schwärme von Ameisen und Termiten rund um die Welt ausbreiteten, entwickelten sich gleichzeitig mit ihnen viele andere landbewohnende Wirbellose und konnten nicht nur überleben, sondern gut gedeihen. Pflanzen und Tiere bildeten in der Evolution Verteidigungsmechanismen gegen ihre Verwüstungen heraus. Viele spezialisierten sich auf Ameisen, Termiten und Bienen als Nahrung. Zu diesen Räubern gehören auch Kannenpflanzen, Sonnentau und andere Pflanzen, die zahlreiche Tiere fangen und verdauen können und damit den Nährstoffgewinn aus dem Boden aufbessern. Ein weites Spektrum von Pflanzen- und Tierarten bildete enge Symbiosen mit den sozialen Insekten heraus, nahm sie also als Partner an. Ein großer Anteil von ihnen ist inzwischen hinsichtlich ihres Überlebens völlig von ihnen abhängig – sie brauchen sie als Beute, Symbionten, Aasfresser, Bestäuber oder Bodenbelüfter.

Insgesamt war das Evolutionstempo von Ameisen und Termiten langsam genug, dass die Gegenevolution des übrigen Lebens sie auffangen konnte. Daher haben die Insekten den Rest der terrestrischen Biosphäre durch ihre zahlenmäßige Übermacht nicht zerstört, sondern wurden lebensnotwendige Teile davon. Die Ökosysteme, die sie heute dominieren, sind nicht nur zukunftsfähig, sondern zugleich von ihnen abhängig.

Gänzlich anders verlief das Aufkommen des Menschen von der einzigen Art *Homo sapiens* in den letzten 100 000 Jahren und seine Verbreitung rund um die Erde innerhalb von nur 60 000 Jahren. Die Zeit war zu knapp, als dass unsere Evolution koordiniert mit dem Rest der Biosphäre hätte ablaufen können. Andere Arten waren auf diesen Ansturm nicht vorbereitet. Dieses Manko hatte schon bald schlimme Auswirkungen auf das restliche Leben.

Zunächst kam es zu einem durchaus umweltverträglichen Prozess der Artenbildung in den Populationen unserer unmittelbaren Vorfahren überall in der Alten Welt. Die meisten dieser Arten starben aus, führten also in stammesgeschichtliche Sackgassen – Äste am Baum des Lebens, die nicht mehr weiter wuchsen. Ein Zoologe würde uns erklären, dass an diesem geografischen Muster nichts Ungewöhnliches ist. Auf den Kleinen Sunda-Inseln östlich von Java lebten einst seltsame kleine «Hobbits» der Art *Homo floresiensis*. Ihr Gehirn war nicht viel größer als das von Schimpansen, aber sie benutzten fortentwickelte

Steinwerkzeuge. Von ihrer Lebensweise ist sonst sehr wenig bekannt. In Europa und im östlichen Mittelmeerraum gab es Neandertaler, den *Homo neanderthalensis*, eine unserem *Homo sapiens* verwandte Art. Neandertaler waren Allesfresser wie unsere eigenen Vorfahren, sie hatten einen massiven Knochenbau und sogar noch größere Gehirne als der moderne *Homo sapiens*. Sie nutzten grobe, aber doch spezialisierte Steinwerkzeuge. Die meisten ihrer Populationen passten sich dem rauen Klima der «Mammutsteppe» an, den kalten Grassteppen rund um die kontinentalen Gletscher. Sie hätten sich damals vielleicht selbst zu einer fortgeschrittenen Menschenform weiterentwickeln können, dünnten aber aus und starben ohne weiteren Fortschritt aus. Und im nördlichen Asien schließlich vervollständigt das menschliche Artenspektrum eine andere Art, die bis heute nur von wenigen Knochenfunden bekannt ist, der «Denisova-Mensch», der offenbar vikariant zum Neandertaler weiter östlich lebte.

Keine dieser *Homo*-Arten – bezeichnen wir sie ruhig als Menschenarten – hat bis heute überlebt. Wäre das anders, so überstiege es jede Vorstellung, wenn man nur überlegt, zu was für moralischen und religiösen Problemen das in der modernen Welt geführt hätte. (Bürgerrechte für Neandertaler? Eigene Ausbildung für Hobbits? Erlösung und Paradies für alle?) Obwohl es keine direkten Beweise dafür gibt, bestehen kaum noch Zweifel, warum die Neandertaler, nach Funden aus Gibraltar zu urteilen, vor dreißigtausend Jahren ausgestorben sind. Auf die eine oder andere Weise, sei es aus Konkurrenz um Nahrung und Lebensraum, durch offenen Kampf oder durch beides, wurden unsere Vorfahren die Vernichter dieser und anderer Arten, die in der adaptiven Radiation des *Homo*, seiner Auffächerung durch die Herausbildung spezifischer Anpassungen und die Besetzung von ökologischen Nischen, aufgetreten waren. Noch zu Lebzeiten der Neandertaler waren die archaischen Stämme des *Homo sapiens* in Afrika weitgehend isoliert; ihre Nachfahren aber sollten sich schon bald geradezu explosiv über den Kontinent hinaus ausbreiten. Sie bevölkerten Afrika und Eurasien bis nach Australien und stießen schließlich auch in die Neue Welt und auf entlegene Archipele in Ozeanien vor. Im Lauf dieses Prozesses wurden alle anderen Menschenarten, denen sie begegneten, verdrängt und ausgelöscht.

Erst 10 000 Jahre liegt die Erfindung der Landwirtschaft zurück, zu der es unabhängig voneinander überall auf der Welt insgesamt mindestens achtmal kam. Seitdem stand ungleich mehr Nahrung zur Verfügung, und damit stieg die Bevölkerungsdichte zu Land deutlich an. Dieser entscheidende Fortschritt brachte exponentielles Bevölkerungswachstum und zugleich die Umwandlung von einem Großteil der natürlichen ländlichen Umwelt in drastisch vereinfachte Ökosysteme. Wo immer der Mensch wildes Land durchdrang, wurde die biologische Vielfalt auf den dürftigen Stand der frühesten Zeit vor einer halben Milliarde Jahren zurückgedrängt. Der Rest der lebendigen Welt konnte in ihrer Evolution nicht schnell genug mithalten, um sich auf den Ansturm eines so spektakulären Eroberers einzustellen, der aus dem Nichts zu kommen schien; und unter dem Druck fing sie an zu zerbröckeln.

Selbst nach der streng fachlichen Definition, die sich auf Tiere bezieht, ist der *Homo sapiens* im Sprachgebrauch der Biologen als «eusozial» zu bezeichnen: Seine Verbände umfassen mehrere Generationen, und deren Mitglieder neigen im Rahmen ihrer Arbeitsteilung zu altruistischen Handlungen. In dieser Hinsicht sind sie mit Ameisen, Termiten und anderen eusozialen Insekten vergleichbar. Ich will aber gleich dazusagen: Es bestehen enorme Unterschiede zwischen Menschen und Insekten, und das auch abgesehen davon, dass unser Besitz von Kultur, Sprache und hoch ausgebildeter Intelligenz einzigartig ist. Der wichtigste Unterschied ist der, dass alle normalen Mitglieder menschlicher Gesellschaften reproduktionsfähig sind und dass die meisten untereinander darum konkurrieren. Auch bestehen menschliche Verbände aus hochflexiblen Bündnissen, nicht nur unter Familienmitgliedern, sondern auch zwischen

Familien, Geschlechtern, Klassen und Stämmen. Bindungsverhalten beruht auf der Kooperation zwischen Individuen oder Gruppen, die einander kennen und Besitz und Status auf persönlicher Grundlage verteilen können.

Da die Mitglieder von Bündnissen einander in feinen Abstufungen bewerten können mussten, muss die Herausbildung der Eusozialität bei den vormenschlichen Vorfahren radikal anders abgelaufen sein als bei den instinktgetriebenen Insekten. Abgesteckt wurde der Pfad zur Eusozialität durch einen Wettstreit zwischen zwei Formen der Selektion: Einerseits beruhte die Selektion auf dem relativen Erfolg von Individuen innerhalb von Gruppen und andererseits auf dem relativen Erfolg zwischen Gruppen. Als Strategien dienten in diesem Spiel verschiedene, in einer komplizierten Mischung sorgfältig austarierte Faktoren, nämlich Altruismus, Kooperation, Konkurrenz, Dominanz, Reziprozität, Abtrünnigkeit und Betrug.

Für die menschliche Spielvariante mussten die Populationen in ihrer Evolution immer höhere Grade der Intelligenz erwerben. Sie mussten Empathie für andere empfinden, die Emotionen von Freund und Feind gleichermaßen abschätzen, jedermanns Absichten beurteilen und eine Strategie für die eigenen sozialen Interaktionen aufstellen. So kam es, dass das menschliche Gehirn zugleich höchst intelligent und äußerst sozial wurde. Es musste in der Lage sein, rasch gedankliche Szenarien für persönliche Beziehungen zu erstellen, und das sowohl für kurz- als auch für langfristige Beziehungen. Das Gedächtnis musste weit in die Vergangenheit zurückreichen, um alte Szenarien abrufen zu können, und weit in die Zukunft vorauszugreifen, um die Folgen jeder Beziehung abschätzen zu können. Die Entscheidungsmacht über alternative Handlungspläne übernahmen die Amygdala und andere emotionssteuernde Kerngebiete des Gehirns und des vegetativen Nervensystems.

Damit war die Natur des Menschen geboren, mit ihrem Egoismus und ihrer Selbstlosigkeit – zwei Impulsen, die oft in Konflikt miteinander stehen. Wie hat der *Homo sapiens* auf seiner

Reise durch das große Labyrinth der Evolution diese einzigartige Stellung erreicht? Nun, unser Schicksal war von zwei biologischen Eigenschaften unserer fernen Vorfahren vorbestimmt: der Großwüchsigkeit und der eingeschränkten Mobilität.

Im Mesozoikum waren die ersten Säugetiere winzig im Vergleich zu den größten Dinosauriern in ihrer Umgebung. Aber wie heute noch waren sie schon damals Mammuts im Vergleich zu Insekten und anderen, meist wirbellosen Tieren. Als nach dem Untergang der Dinosaurier das Zeitalter der Reptilien dem Zeitalter der Säugetiere Platz machte, breiteten sich die Säugetiere in Tausenden Arten aus und füllten etliche Nischen, von der Fledermaus, dem Jäger fliegender Insekten, bis zu den riesigen, Plankton fressenden Walen, die vom Nord- bis zum Südpol durch die Meere ziehen. Die kleinste Fledermaus ist so groß wie eine Hummel, und der Blauwal, der bis zu 33 Meter lang und bis zu 120 Tonnen schwer ist, ist das größte Tier, das je auf der Erde gelebt hat.

Während der adaptiven Radiation der Landsäugetierarten überschritten einige irgendwann das Gewicht von zehn Kilogramm, etwa Hirsche und andere Pflanzenfresser, außerdem große Raubkatzen und weitere Fleischfresser, die sie als Beute nutzten. Wahrscheinlich gab es weltweit zu jedem beliebigen Zeitpunkt zwischen 5000 und 10 000 verschiedene Arten. Zu ihnen gehörten die Altweltprimaten und dann, im späten Eozän vor etwa 35 Millionen Jahren, die ersten Catarrhini, darunter die Arten, aus denen sich die heutigen Altweltaffen entwickeln sollten, also geschwänzte Altweltaffen und Menschenartige. Vor etwa 30 Millionen Jahren spaltete sich die Evolution der geschwänzten Altweltaffen von der der modernen schwanzlosen Affen und Menschen ab. Manche der stark anwachsenden Arten dieser Hominoiden spezialisierten sich auf den Konsum von Pflanzen, andere auf Fleisch, das sie sich als Jäger oder Aasfresser verschafften. Einige wenige ernährten sich aus einer Mischung von beidem. Aus einer der Verzweigungen der Säugetier-Radiation entstand die frühe vormenschliche Linie.[2]

Nicht nur wegen ihrer Größe waren die Vormenschen radikal neuartige Kandidaten in Sachen Eusozialität. Insekten stecken seit ihrem Aufkommen in der ersten Landvegetation im frühen Devon vor etwa 400 Millionen Jahren bis zum heutigen Tag in der Ritterrüstung eines Außenskeletts aus Chitin. Am Ende jeder Wachstumsphase müssen sie neue, aufwändigere Panzer ausbilden und den alten, darunterliegenden abwerfen. Während die Muskeln von Säugetieren und anderen Wirbeltieren um die Knochen herum liegen und an ihrer Außenfläche angreifen, sind die Muskeln von Insekten von ihrem Chitinskelett verkleidet und müssen von innen daran angreifen. Deswegen können Insekten nicht so groß werden wie Säugetiere. Die weltgrößten Insekten sind der afrikanische Goliathkäfer, der die Größe einer Menschenfaust erreicht, und Wetas, eine fast genauso große Schreckenart in Neuseeland, die in Abwesenheit von Mäusen auf dieser entlegenen Inselgruppe deren ökologische Rolle einnehmen.

Zudem können eusoziale Arten die Insektenwelt nach der Zahl der Einzeltiere zwar dominieren, aber sie mussten bei ihrer Eroberung mit kleinen Gehirnen zurechtkommen und konnten ausschließlich auf Instinkte zurückgreifen. Dazu kommt ein wesentlicher Punkt: Sie sind zu klein, um Feuer zu entfachen und zu kontrollieren. Egal, wie viele Erdzeitalter noch vergehen, sie hätten Eusozialität niemals so ausbilden können wie der Mensch.

Einen Vorteil freilich hatten die Insekten auf ihrem mühsamen, verschlungenen Weg zur Eusozialität: Sie besitzen Flügel und können sich über Land viel schneller bewegen als Säugetiere. Der Unterschied wird besonders deutlich, wenn wir den Maßstab anpassen. Eine Menschengruppe, die eine neue Kolonie gründen möchte, kann an einem Tag bequem zehn Kilometer zurücklegen, um von einer Lagerstätte an eine andere zu wandern. Eine frisch begattete Feuerameisenkönigin, um ein typisches Beispiel aus den Tausenden Ameisenarten herauszugreifen, kann in wenigen Stunden etwa dieselbe Distanz zurücklegen, um eine neue Kolonie zu gründen. Beim Landen bricht sie ihre Flügel ab, die aus totem Gewebe bestehen (wie beim Menschen Haare und Fingernägel). Dann gräbt sie sich ein kleines Nest in den Boden und zieht darin eine Brut von Arbeiterinnen auf, wobei sie auf die Fett- und Muskelreserven ihres eigenen Körpers zurückgreift. Ein Mensch ist etwa zweihundert Mal so groß wie eine Feuerameisenkönigin. Der zehn Kilometer weite Flug einer Ameise entspricht, vom Menschen aus gesehen, also den 640 Kilometern Luftlinie zum Beispiel von München nach Lübeck. Selbst der halbminütige Flug über hundert Meter, die eine geflügelte Ameise von ihrem Geburtsnest an einen eigenen Nistplatz zurücklegt, entspricht im Maßstab eines erdgebundenen Menschen einem Halbmarathon.

Dass Insektenflüge über so große Radien reichen, führt zu einer immer weiteren Streuung einzelner Königinnen in jeder Generation, gemessen an ihrer Größe. Dasselbe galt wohl für die solitären Wespen, die Vorfahren der Ameisen, sowie für die solitären protoblattoiden Vorfahren der Termiten.

Auf den ersten Blick scheint es, dass dieser Unterschied zwischen den fliegenden Ameisenvorfahren, bei denen jede Gründerin einer neuen Generation selbständig auswandert, und den mühsam wandernden Säugetiervorfahren des Menschen, die gezwungenermaßen in größerer räumlicher Nähe blieben, die Herausbildung eines fortgeschrittenen Sozialverhaltens bei Insekten weniger wahrscheinlich macht. Und doch trifft genau das Gegenteil zu. In einer beständig sich wandelnden Umwelt kann die fliegende Ameise bei ihrer Landung mit höherer Wahrscheinlichkeit unbesetzten Raum finden als das umherziehende Säugetier. Außerdem ist das Territorium, das sie zum Überleben braucht, sehr viel kleiner als das eines Säugetiers, und es ist weniger wahrscheinlich, dass es sich mit bereits bestehenden Territorien von Individuen derselben Art überschneidet.

Das potenziell soziale Insekt hat einen weiteren Vorteil: Die weibliche Kolonistin braucht auf ihrer Reise kein Männchen. Nach ihrer Begattung im Hochzeitsflug bewahrt sie die empfangenen Spermien in einer kleinen Samentasche (Spermathek) in ihrem Hinterleib auf. Sie kann die Spermien einzeln wieder abgeben, um ihre Eizellen zu befruchten, und damit über Jahre hinweg Hunderte oder Tausende Arbeiterinnen hervorbringen. Den Rekord halten dabei die Blattschneiderameisen: Eine einzige Königin kann in ihrer etwa zwölf Jahre dauernden Lebensspanne 150 Millionen Tochtertiere gebären. Drei bis fünf Millionen dieser Arbeiterinnen leben immer gleichzeitig – das entspricht in etwa der menschlichen Bevölkerung eines Landes wie Litauen bzw. Norwegen.

Säugetiere und besonders Fleischfresser haben sehr viel größere Reviere zu verteidigen, wenn sie sich niederlassen, um ein Nest zu bauen. Bei jeder Ortsveränderung begegnen sie mit hoher Wahrscheinlichkeit Rivalen. Weibchen können in ihrem Körper keine Spermien lagern. Sie müssen für jeden Geburtsvorgang ein Männchen finden und sich mit ihm paaren. Machen die Möglichkeiten und Zwänge der Umwelt soziale Verbände profitabel, so müssen persönliche Bindungen und Bündnisse auf der Basis von Intelligenz und Gedächtnis dafür sorgen.

Die Entwicklung der beiden sozialen Eroberer der Erde lässt sich bis hierher so zusammenfassen: Physiologie und Lebenszyklen bei den Vorfahren der sozialen Insekten und denen des Menschen unterschieden sich in der Evolution zur Herausbildung hoch entwickelter Gesellschaften fundamental. Die Insektenkönigin konnte mit reinem Instinktverhalten eine automatenhafte Nachkommenschaft produzieren; die Vormenschen mussten dazu auf Bindung und Kooperation zwischen Individuen zurückgreifen. Insekten konnten durch individuelle Selektion an der Linie der Königin die Eusozialität herausbilden; bei den Vormenschen bestand die Evolution zur Eusozialiät in einem Wechselspiel der Selektion auf der Ebene der Individuen und auf Ebene der Gruppe.

3.
DIE LANGSTRECKE

Kein individueller Evolutionsverlauf lässt sich vorhersagen, weder an seinem Anfang noch kurz vor dem Ende. Die natürliche Selektion kann eine Art an den Rand einer größeren revolutionären Veränderung bringen und im letzten Moment doch daran vorbeisteuern. Und doch lassen sich bestimmte Verläufe der Evolution als möglich oder unmöglich definieren, zumindest auf diesem Planeten. Insekten können sich zu fast mikroskopischen Ausmaßen entwickeln, aber nie zu so großen Tieren wie Elefanten. Schweine könnten Wassertiere werden, aber fliegen werden ihre Nachfahren nie.

Die mögliche Evolution einer Art lässt sich als Reise durch ein Labyrinth verbildlichen. Kommt ein größerer Vorteil wie das Aufkommen der Eusozialität in Reichweite, so macht jede genetische Veränderung, jede Kehre im Labyrinth das Erreichen dieses Niveaus entweder weniger wahrscheinlich, ja gar unmöglich, oder aber die Möglichkeit bleibt bis zur nächsten Kehre weiterhin bestehen. Bei den ersten Schritten sind noch so viele Optionen offen, und der Weg ist noch so weit, dass das Erreichen des letzten, entferntesten Ziels noch kaum wahrscheinlich zu nennen ist. Gegen Ende ist das Ziel nur noch wenige Schritte entfernt; es wird daher wahrscheinlicher, dass es erreicht wird. Allerdings unterliegt auch das Labyrinth selbst auf dem Weg der Evolution. Alte Korridore (ökologische Nischen) können sich schließen, während neue sich auftun. Die Struktur des Labyrinths hängt zum Teil auch davon ab, wer gerade darin unterwegs ist, zum Beispiel welche Art.

34 . Woher kommen wir?

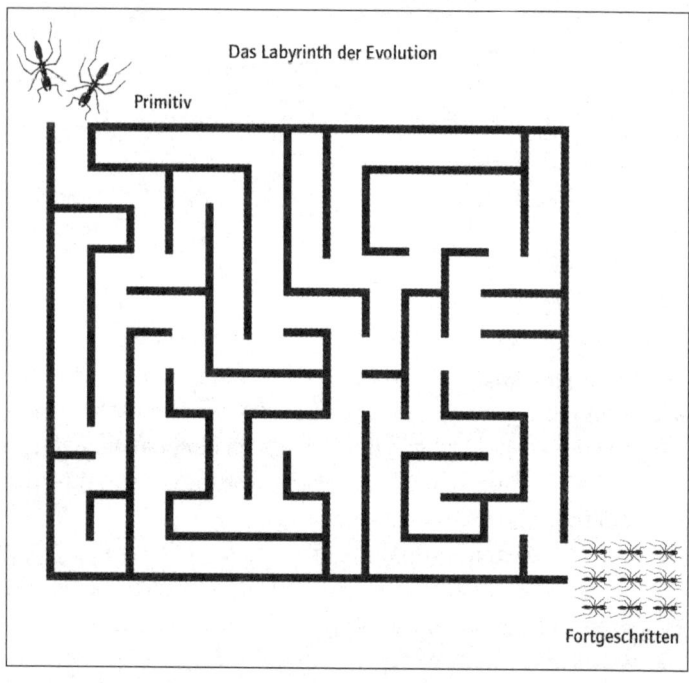

3.1 Die Evolution einer Art lässt sich so darstellen, dass die Umwelt ein Labyrinth ist, in dem sich wiederholt Gelegenheiten verschließen oder eröffnen, während das Labyrinth selbst der Evolution unterliegt. In unserem Beispiel führt der Weg von einem primitiven Sozialleben zu einem hoch sozialen Leben.

In jeder Runde des evolutionären Glücksspiels, also von einer Generation zur nächsten, müssen sehr viele Individuen leben und sterben. Allerdings sind es auch nicht unendlich viele. Ihre grobe Anzahl lässt sich, zumindest der Größenordnung nach, plausibel abschätzen. Für den gesamten Verlauf der Evolution von unseren primitiven Säuger-Vorfahren von vor 100 Millionen Jahren bis zu der einzigen Linie, die ihren Weg bis zum Aufkommen des ersten *Homo sapiens* weiterging, mögen vielleicht 100 Milliarden Individuen nötig gewesen sein.[3] Ohne es zu wissen, lebten und starben sie alle für uns.

Viele Mitspieler, darunter andere sich entwickelnde Arten, die im Durchschnitt jeweils wenige tausend fortpflanzungsfähige Individuen pro Generation umfassten, gingen im Bestand zurück und starben aus. Wäre es einem Vorfahren aus der langen Linie, die zum *Homo sapiens* geführt hat, so ergangen, so hätte das Epos Mensch ein abruptes Ende genommen. Unsere vormenschlichen Vorfahren waren weder auserwählt noch unschlagbar. Sie hatten einfach Glück.

Die neuere Forschung verschiedener naturwissenschaftlicher Disziplinen kann in ihrem Zusammenspiel heute die Evolutionsschritte erhellen, die zur Natur des Menschen geführt haben; damit erhalten wir wenigstens eine Teillösung für das Problem der «Sonderstellung des Menschen», das Naturwissenschaft und Philosophie immer so belastet hat. In einer zeitlichen Perspektive vom Anfang bis zum Erreichen der menschlichen Natur lässt sich jeder Schritt als Präadaption interpretieren. Mit dieser Sichtweise will ich nicht unterstellen, dass die Arten, aus denen unsere hervorgegangen ist, in irgendeiner Weise auf ein solches Ziel ausgerichtet waren. Vielmehr war jeder Schritt eine eigenständige Adaption – die Reaktion der natürlichen Selektion auf Bedingungen, die zu gegebener Zeit an einem bestimmten Ort im Umfeld einer Art geherrscht haben.

Die ersten Präadaptionen waren die bereits erwähnte Großwüchsigkeit und die relativ eingeschränkte Mobilität, die den Verlauf der Säuger-Evolution im Gegensatz zu der der sozialen Insekten vorbestimmte. Die zweite Präadaption auf der menschlichen Zeitleiste war die Tatsache, dass sich die frühen Primaten vor 70 bis 80 Millionen Jahren auf ein Leben in den Bäumen spezialisierten. Das wichtigste Merkmal, das die Evolution bei diesem Wandel herausbildete, waren Hände und Füße, deren Aufbau das Greifen ermöglichte. Außerdem eigneten sich ihre Form und ihre Muskeln besser dazu, sich von Ast zu Ast zu schwingen, als sie nur zu greifen, um darauf zu sitzen. Noch effizienter wurden sie durch das gleichzeitige Aufkommen von opponierbaren Daumen und großen Zehen. Weiter ging es mit

3.2 Ein Schimpanse geht zweifüßig durch den Savannenwald von Fongoli, Senegal.

der Herausbildung von flachen Nägeln an den Finger- und Zehenspitzen statt der scharfen, gekrümmten Klauen, wie sie die meisten anderen auf Bäumen lebenden Säugetiere besitzen. Außerdem fanden sich an den Handflächen und Fußsohlen Hautleisten, die das Greifen unterstützten, und Druckrezeptoren, die den Tastsinn verbesserten. Mit dieser Ausstattung konnten frühe Primaten ihre Hände einsetzen, um Früchte zu pflücken und zu zerteilen und zugleich einzelne Samen herauszulösen. Die Kanten der Fingernägel waren imstande, Gegenstände, die die Hände hielten, sowohl zu zerschneiden als auch abzukratzen. Indem diese Tiere für die Fortbewegung ihre Hinterbeine nutzten, konnten sie Nahrung über beträchtliche Entfernungen transportieren, ohne dazu wie eine Katze oder ein Hund die Kiefer einsetzen zu müssen; auch mussten sie die Nahrung nicht mehr für ihre Jungen heraufwürgen wie ein Vogel bei der Brutaufzucht.

Vielleicht als Zugeständnis an die relativ komplexe, flexible Art der Futterbeschaffung und zugleich an die dreidimensionale,

3.3 Ein Schimpanse auf einem Termitenbau in dem Lebensraum, in dem die Prähumanen aufkamen. Sie verwenden hier auch einfachste Werkzeuge.

offene Vegetation ihres Lebensraums bildeten die frühen vormenschlichen Primaten ein größeres Gehirn aus. Aus demselben Grund wurden sie allmählich stärker vom Seh- und weniger vom Geruchssinn abhängig als die meisten anderen Säugetiere. Sie erwarben große Augen mit Farbsicht, die vorn auf dem Kopf saßen und das stereoskopische Sehen und eine bessere Tiefenwahrnehmung ermöglichten. Beim Gehen bewegten vormenschliche Primaten die Hinterbeine nicht parallel nach hinten; stattdessen wechselten sich die Beine beinahe auf einer einzigen Linie ab, indem sich ein Fuß vor den anderen setzte. Auch hatten sie weniger Nachwuchs, der für seine Entwicklung mehr Zeit brauchte.

Als eine Linie dieser seltsamen auf Bäumen lebenden Geschöpfe im Lauf ihrer Evolution anfing, auf dem Boden zu leben – dazu kam es in Afrika –, war es zur nächsten Präadaption gekommen; eine weitere glückliche Kehre im Labyrinth der Evolution war genommen. Die Zweifüßigkeit war erreicht, die Hände damit frei für andere Zwecke. Die beiden noch lebenden Schimpansenarten, der gemeine Schimpanse und der Bonobo, die stammesgeschichtlich nächsten Verwandten des Menschen, gingen in dieser Richtung etwa zur selben Zeit auch sehr weit. Wenn sie auf dem Boden sind, heben sie heute auch häufig die Arme und laufen oder gehen auf den Hinterbeinen. Sogar primitive Werkzeuge können sie herstellen.

Nach ihrer Trennung von der Abstammungslinie Pan (Schimpansen) trieben die Vormenschen, die sich jetzt als eine Gruppe von Arten, die sogenannten Australopithecina, abgrenzten, die Tendenz zum aufrechten Gang sehr viel weiter. Ihr gesamter Körper wurde dementsprechend neu strukturiert. Die Beine wurden länger und gerade, die Füße gestreckt, so dass sich bei der Fortbewegung eine Abrollbewegung ergab. Das Becken wurde zu einer flachen Schale, die die Eingeweide tragen konnte, da diese jetzt nicht mehr wie bei den Affen unter dem waagerechten Körper hingen, sondern auf den Beinen lasteten.

Die Revolution der Zweifüßigkeit war höchstwahrscheinlich ausschlaggebend für den durchschlagenden Erfolg der Australopithecina-Vormenschen – so zumindest lässt sich an der Vielfalt ermessen, die sie in Körperform, Kiefermuskulatur und Gebissstruktur erreichten. Eine Zeitlang, vor etwa zwei Millionen Jahren, lebten auf dem afrikanischen Kontinent gleichzeitig mindestens drei Australopithecina-Arten. Mit ihren Körperproportionen, der aufrechten Haltung, dem wendigen Kopf ganz oben und den langen hinteren Gliedmaßen, auf denen sie laufen und hüpfen konnten, dürften sie aus einiger Entfernung wie der moderne Mensch gewirkt haben. Fast sicher bewegten sie sich in kleinen Gruppen, so wie heutige Jäger und Sammler. Ihr Gehirn war nicht größer als das von Schimpansen, doch aus genau diesem Gefüge sollte sich am Ende die früheste Art des ersten *Homo* entwickeln. In der Evolution bedeutet Vielfalt Opportunität, merkten die Australopithecina.

Die alten Australopithecina und die Arten, die von ihnen abstammen und die Gattung *Homo* bilden, lebten in einer Umwelt, die den aufrechten Gang förderte. Sie praktizierten nie den

3.4 *Ardipithecus ramidus*, nach Fossilienfunden westlich des Flusses Awash in Äthiopien, ist mit 4,4 Millionen Jahren der älteste bekannte zweibeinige Vorfahre des modernen Menschen. Er ging auf langen Hinterbeinen, hatte aber noch lange Arme, die sich für das Leben auf Bäumen eignete.

Knöchelgang wie die Schimpansen und andere heutige Menschenaffen, bei denen die Hände zu Fäusten gerollt sind und als Vorderbeine dienen.[4] So wie die neuen Australopithecina mit seitlich schwingenden Armen zu gehen, verlieh bei minimalem Energieaufwand Geschwindigkeit, obwohl es außer Rücken- und Knieproblemen noch ein zunehmendes Risiko aufwarf, weil der immer schwerer werdende kugelrunde Kopf auf einem zierlichen, senkrechten Genick im Gleichgewicht gehalten werden musste.

Für Primaten, deren Körper ursprünglich für ein Leben auf den Bäumen gemacht war, konnten Zweibeiner schnell laufen. Aber mit den vierbeinigen Tieren, auf die sie Jagd machten, konnten sie nicht mithalten. Antilopen, Zebras, Strauße und andere Tiere ließen ihnen schon über kurze Entfernungen keine Chance. Millionen Jahre der Verfolgung durch Löwen und andere fleischfressende Athleten hatten diese Beutetiere zu Sprintweltmeistern gemacht. Doch wenn die frühesten Menschen solche olympischen Tiere schon nicht im Kurzstreckenlauf besiegen konnten, so übertrafen sie sie doch immerhin im Marathon. Der Mensch wurde so gewissermaßen zum Langstreckenläufer. Er musste nur eine Hatz beginnen und der Beute Kilometer um Kilometer nachsetzen, bis sie erschöpft war und überwältigt werden konnte. Der vormenschliche Körper, der sich bei jedem Schritt vom Fußballen abdrückte und einen gleichmäßigen Schritt durchhielt, entwickelte eine hohe aerobe Ausdauer. Mit der Zeit warf der Körper auch seine Behaarung ab, außer auf dem Kopf, an der Scham und unter den Pheromone freisetzenden Achselhöhlen. Dazu kamen überall Schweißdrüsen, die eine wirkungsvolle rasche Kühlung der unbehaarten Körperoberfläche erlaubten.[5]

In seinem Buch *Laufen. Geschichte einer Leidenschaft* behandelt der angesehene Biologe und rekordhaltende Ultramarathon-Läufer Bernd Heinrich ausführlich das Thema Marathon. Er zitiert Shawn Found, den US-Meister über 25 Kilometer, um die Urfreude am Langstreckenlauf zum Ausdruck zu bringen: «Wenn du läufst, erwacht der Jäger in dir. Laufen, das heißt, 50 Kilometer hinter einer Beute herzujagen, die dir auf kurze Strecken hoffnungslos überlegen ist, sie zur Strecke zu bringen und in dein Dorf zu schleppen, für das sie neues Leben bedeutet. Das ist eine schöne Sache.»[6]

Unterdessen bildeten sich die vorderen Gliedmaßen des Menschen so um, dass sie im Umgang mit Gegenständen flexibler wurden. Besonders beim Mann vermochte der Arm sehr hohe Wurfleistungen zu erzielen – zunächst wurden Steine geworfen, später auch Speere: Damit konnte der Vormensch erstmals aus der Entfernung töten. Diese Fähigkeit muss ihm im Konflikt mit anderen, weniger gut ausgerüsteten Gruppen einen enormen Vorteil verschafft haben.[7]

Mindestens eine Population des heutigen gemeinen Schimpansen hat die Fähigkeit entwickelt, Steine zu werfen. Das Verhalten tritt als kulturelle Innovation auf, die vielleicht von einem einzigen Individuum ausging. Es ist aber undenkbar, dass ein Schim-

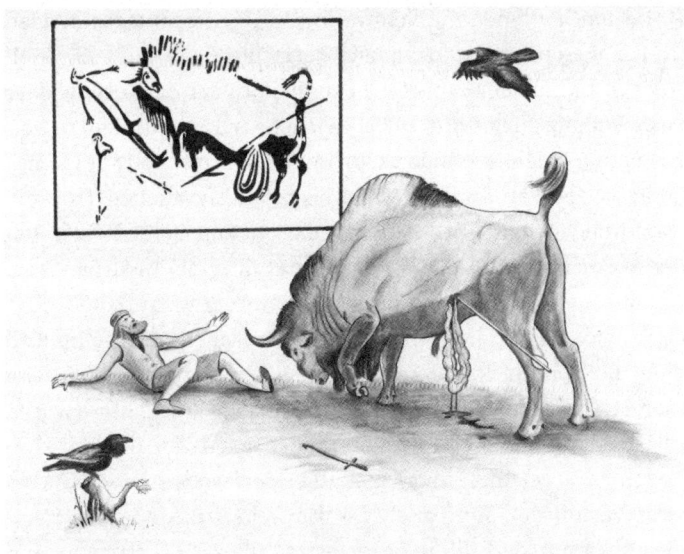

3.5 Das Jagen war eine hochadaptive – und gefährliche – Leistung der menschlichen Vorgeschichte. Die Abbildung im Kasten (Ausschnitt der altsteinzeitlichen Felsmalereien in Lascaux) zeigt einen an den Eingeweiden getroffenen Bison beim Angriff auf einen gestürzten Jäger. Ein Rabe, als Aasfresser im Gefolge von Jägern, ist in der Nähe.

panse je mit einem modernen menschlichen Athleten mithalten könnte. Keiner kann einen Steinbrocken mit 140 km/h schleudern oder einen Speer fast über ein ganzes Fußballfeld. Und selbst mit Training könnte kein Schimpansenjunges einen Gegenstand so geschickt werfen wie ein Menschenkind. Frühe Menschen hatten die angeborene Ausstattung – und wahrscheinlich auch die Neigung –, beim Fangen von Beutetieren und bei der Abwehr von Feinden Wurfgeschosse zu verwenden. Die dadurch gewonnenen Vorteile waren mit Sicherheit entscheidend. Speer- und Bogenspitzen gehören zu den ältesten Artefakten, die bei archäologischen Ausgrabungen gefunden werden.

Die Umwelt, in der sich das vormenschliche Epos entfaltet, war ideal für das Aufkommen der ersten Zweifüßer und ihrer

Marathon laufenden Abkömmlinge. Als die entscheidenden Evolutionsschritte stattfanden, herrschte in einem Großteil Afrikas südlich der Sahara Trockenheit, in der die Regenwälder zum Äquatorgürtel hin zurückwichen und im Norden zu verstreuten lokalen Beständen schrumpften. Große Teile des Kontinents waren von Savannenwald bedeckt, dazwischen Trockenwald und Grasland. Auf Beutezug im offenen Gelände konnten der Vormensch und der *Homo* stehend über die niedrige Vegetation hinwegspähen, um nach Beute Ausschau zu halten, aber auch nach Raubtieren, die ihnen selbst nachsetzten. Im Fall einer Bedrohung konnten sie zu den schützenden nahen Bäumen laufen. Akazien und andere vorherrschende Bäume waren relativ klein, und die Kronen bestanden aus Ästen, die weit zum Boden herabreichten und leicht zu erklettern waren – das alles zum Vorteil der Zweifüßer. Die Umweltstruktur ist sehr vergleichbar mit der, die in Serengeti, Amboseli, Gorongosa und den anderen großen ostafrikanischen Parks noch heute vorherrscht. Poeten und Touristen fühlen sich in dieser Landschaft gleichermaßen wohl, weit mehr als in anderen Lebensräumen des subsaharischen Afrikas. Sie werden dabei, wie ich später erklären werde, wahrscheinlich von einem Instinkt geleitet, der sich über Millionen Jahre der Evolution bei ihren Vorfahren an genau dieser Stelle herausbildete.

Die Wiege der Menschheit war nicht der dichte Regenwald mit dem turmhohen Kronendach und dem schattendunklen Innenleben; und genauso wenig das relativ merkmalsarme Gras- und Wüstenland. Nein, die Menschheit stammt aus dem Savannenwald, der mit seinem komplexen Mosaik aus unterschiedlichen lokalen Lebensräumen gerade sie begünstigte.

Der nächste Schritt auf dem Weg zur Eusozialität war die Beherrschung des Feuers. Vom Blitzschlag entfachte Bodenfeuer sind bis heute im afrikanischen Gras- und Waldland sehr verbreitet. Werden sie auf den feuchten Böden in flussnahen Waldstreifen und in leicht überflutbaren Senken unterdrückt, so wächst das Unterholz dichter und wird der reinste Zunder.

3.6 San-Männer auf Beutezug im Grasland der südlichen Kalahari. Ganz ähnliche Szenen waren in derselben Gegend wahrscheinlich schon vor 60 000 Jahren üblich.

Ein Blitzschlag oder ein übergreifendes Bodenfeuer kann dann einen Waldbrand entfachen, bei dem die Flammen sowohl durch die Bodenvegetation schlagen als auch aufwärts zu den Kronen des umstehenden Savannenwaldes. Einige Tiere, insbesondere die jungen, kranken und alten, geraten in die Falle und kommen um. Den umherziehenden Vormenschen kann die Bedeutung des Wildfeuers als Nahrungsquelle nicht entgangen sein. Außerdem fanden sie einige der niedergestreckten Tiere fertig gebraten vor, so dass sich ihr Fleisch leicht von den Knochen lösen und verzehren ließ.

Australische Ureinwohner nutzen diese Gaben der Natur nicht nur bis heute, sondern setzen sogar vorsätzlich Feuer mit Fackeln aus Ästen. Haben Vormenschen das vielleicht auch getan? Wir wissen nicht, wie es genau vor sich ging; sicher ist aber, dass schon früh in der Geschichte des *Homo* die Beherrschung des Feuers ein Schlüsselereignis auf der verschlungenen Reise zur modernen Natur des Menschen wurde.

Den Insekten und anderen erdbewohnenden Wirbellosen dagegen war die Nutzung des Feuers für immer versagt. Sie waren physisch zu klein, um Brennholz zu entfachen oder einen brennenden Gegenstand zu transportieren, ohne selbst vom Feuer verzehrt zu werden. Auch Wassertieren war sie natürlich unmöglich, unabhängig davon, wie groß oder wie intelligent ein Lebewesen war. Intelligenz auf dem Niveau des *Homo sapiens* kann sich nur zu Land herausbilden, egal ob auf der Erde oder auf jedem sonst vorstellbaren Planeten. Selbst in der Fantasiewelt mussten sich Meerjungfrauen und der Gott Neptun zu Lande entwickeln, bevor sie in ihr Wasserreich eingingen.

Als nächster Schritt – und wie sich an anderen Tieren belegen lässt, war er entscheidend für die Entstehung der menschlichen Eusozialität – vollzog sich die Zusammenfindung zu kleinen Gruppen an den Lagerstätten. Diese Verbände bestanden aus ausgedehnten Familien sowie – das ist noch bei heutigen Jäger-und-Sammler-Gesellschaften der Fall – aus außenstehenden Frauen, die für exogame Partnerschaften hereingetauscht wurden.

Aus umfassenden archäologischen Funden wissen wir, dass sowohl der frühe afrikanische *Homo sapiens* als auch die europäische Schwesterart *Homo neanderthalensis* sowie der gemeinsame Vorfahre *Homo erectus* Lagerstätten nutzten. Demnach ist diese Praxis mindestens eine Million Jahre alt. Es gibt gleichsam ein Argument a priori dafür, dass Lagerstätten die entscheidende Anpassung auf dem Weg zur Eusozialität waren: Lagerstätten sind im Grunde nichts anderes als die Nester des Menschen. Ausnahmslos alle Tierarten, die Eusozialität praktizieren, bauten zunächst Nester, die sie gegen Feinde verteidigten. Wie schon ihre Vorgänger zogen sie im Nest die Brut auf, gingen auf Futtersuche außerhalb des Nests und brachten die Beute nach Hause, um sie mit anderen zu teilen. Eine Variante in diesem Verhalten tritt bei primitiven Termiten auf, beim Ambrosiakäfer und bei den Galle erzeugenden Blattläusen und Blasenfüßen (Thripsen), für die die Nahrung selbst das Nest darstellt.

3.7 Afrikanischer Wildhund

Die Grundanordnung bleibt aber dieselbe, gehorsam dem biologischen Prinzip, nach dem der eusozialen Evolution der Nestbau vorausgeht.

Nesthockende Vogelarten – deren hilflose Jungen erst aufgezogen werden müssen – weisen eine ähnliche Präadaption auf. Bei wenigen Arten bleiben die jungen Erwachsenen eine Zeitlang bei den Eltern und helfen bei der Aufzucht der Geschwister. Keine Vogelart aber ist bis zur Evolution vollständig eusozialer Gesellschaften gelangt. Sie haben nur Schnabel und Krallen, konnten also nie annähernd gewandt mit Werkzeugen umgehen, und schon gar nicht mit Feuer. Wölfe und afrikanische Wildhunde jagen in koordinierten Rudeln ähnlich wie Schimpansen und Bonobos, und der afrikanische Wildhund gräbt auch Bauten, in denen ein oder zwei Weibchen größere Würfe gebären. Manche Rudelmitglieder jagen und bringen der Alpha-Hündin und den Jungen einen Anteil Futter, während andere als Wächter zu Hause bleiben. Diese bemerkenswerten Caniden haben zwar die seltenste und schwierigste Präadaption herausgebildet, nicht aber echte Eusozialität mit einer Arbeiterkaste oder einer Intelligenz auch nur auf Höhe der Affen. Sie können keine Werkzeuge herstellen. Ihnen fehlen Greifhände und Finger mit weichen Kuppen. Sie bleiben Vierbeiner, die auf ihre Reißzähne und mit Fell umhüllten Klauen angewiesen sind.

4.
DIE ANKUNFT

Vor zwei Millionen Jahren schritten hominide Primaten auf verlängerten Hinterbeinen über den Boden Afrikas. Nehmen wir die genetische Vielfalt zum Kriterium, die sich an Erbunterschieden in der Anatomie messen lässt, so waren sie ein Erfolg. Sie hatten eine adaptive Radiation erreicht, bei der viele Arten gleichzeitig koexistierten und sich zumindest teilweise in ihrer geografischen Verteilung überschnitten. Zwei oder drei von ihnen waren Australopithecina, und mindestens drei unterschieden sich in Gehirngröße und Gebiss so stark, dass die Taxonomen sie in die neu herausgebildete Gattung *Homo* einordnen. Alle lebten in einer komplexen Umwelt, in der sich Savanne, Savannenwald und flussnahe Weichholzauen mischten. Australopithecina waren Vegetarier und ernährten sich von Blättern, Früchten, Wurzeln und Samen. Pflanzliche Nahrung sammelten und aßen auch die *Homo*-Arten, aber zusätzlich verzehrten sie Fleisch, wahrscheinlich indem sie Kadaver größerer Beutetiere ausweideten, die andere Räuber überwältigt hatten; mit kleineren Tieren wurden sie selbst fertig. Dieser Wandel, der in eine freie Abzweigung im Labyrinth der Evolution führte, sollte den alles entscheidenden Unterschied ausmachen.

Die hominiden Primaten von vor zwei Millionen Jahren waren recht unterschiedlich, allerdings auch nicht vielfältiger als die zahlreichen Antilopen und geschwänzten Altweltaffen (Cercopithecoidea) in ihrem Umfeld. Sie wiesen ein hohes Potenzial auf – wie unser eigenes Dasein bezeugt. Trotzdem war ihr

4.1 Rekonstruktion eines Verbandes des *Australopithecus afarensis*, eines Vorläufers und wahrscheinlichen Vorfahren des Menschen, der vor fünf bis drei Millionen Jahren in Afrika lebte.

dauerhaftes Überleben von einer Generation zur nächsten immer gefährdet. Ihre Populationen waren im Vergleich zu den großen Pflanzenfressern spärlich, und sie waren weniger zahlreich als einige der menschengroßen Fleischfresser, die Jagd auf sie machten.

Während des häufig unwirtlichen, zehn Millionen Jahre dauernden Neogens entwickelten sich vor und zeitgleich mit dem Aufkommen der hominiden Primaten häufiger neue Säugetierarten, die genauso groß waren wie der Mensch; aber sie starben auch häufiger aus.[8] Kleinere Säugetiere konnten extreme Umweltveränderungen im Durchschnitt besser abpuffern als große Säugetiere (darunter auch der Mensch). Dazu bauten sie Höhlen, machten Winterschlaf, fielen in Hunger- oder Kältestarre; alle diese Anpassungen sind größeren Säugetieren verwehrt. Paläontologen haben festgestellt, dass die Artenfluktuation bei Säugetieren, die soziale Gruppen bilden, sogar noch höher war. Sie weisen darauf hin, dass soziale Gruppen während der Brutzeit dazu neigen, sich voneinander abzusondern, also kleinere Populationen bilden und sich damit sowohl rascherer genetischer Divergenz als auch höheren Aussterbensraten aussetzen.[9]

Während der sechs Millionen Jahre zwischen der Trennung von Schimpansen und Vormenschen bis zum Ursprung des *Homo sapiens* kam es zu einer raschen Ereignisfolge, die in der Auswanderung dieser Art aus Afrika kulminierte. Als die Kontinentalgletscher sich südwärts über Eurasien ausbreiteten, gab es in Afrika eine lange Trocken- und Kältephase. Ein Großteil des Kontinents war von trockenem Grasland und Wüsten überzogen. In dieser schwierigen Zeit hätte der Tod von ein paar tausend Individuen, vielleicht sogar nur von ein paar Hundert die Abstammungslinie des *Homo sapiens* ganz auslöschen können. Doch obwohl die Hominini sich diesem Spießrutenlauf der Umwelt aussetzen mussten – oder vielleicht gerade deswegen –, bildete sich der *Homo sapiens* heraus und war im Begriff, sich auch außerhalb Afrikas zu verbreiten.

Was trieb die Hominini dazu an, größere Gehirne, höhere Intelligenz und schließlich eine auf Sprache beruhende Kultur herauszubilden? Natürlich ist das die Frage der Fragen. Die Australopithecina hatten bereits einige der wesentlichen Präadaptionsstufen erreicht. Nun ging eine ihrer Arten noch die weiteren Schritte, die sie zur weltweiten Dominanz und zum Potenzial einer virtuell unbegrenzten Lebenszeit führen sollte.

Dieses Ziel, einer der sechs großen Übergänge in der Geschichte des Lebens, wurde nicht in einem einzigen Sprung erreicht. Die Evolution, die darauf hinführte, hatte schon sehr viel früher begonnen. Zwei bis drei Millionen Jahre zuvor war eine der Australopithecina-Arten zum Verzehr von Fleisch übergegangen. Genau genommen wurde sie zum Allesfresser, nahm also das Fleisch in ihren bereits existierenden pflanzlichen Speiseplan mit auf. Zu diesem Wandel kam es zu Zeiten des *Homo habilis*, einer von Australopithecina abstammenden Art, die aus Fossilienfunden in der Olduvai-Schlucht in Tansania bekannt ist und auf ein Alter von 1,8 bis 1,6 Millionen Jahren geschätzt wird. Obwohl er nicht zweifelsfrei als direkter Vorfahre des *Homo sapiens* feststeht, besaß der *Homo habilis* wesentliche Merkmale, die eine Verbindung zwischen den primitiven Australopithecina und den ältesten bekannten, etwas weiter entwickelten Arten herstellen, die mit ausreichender Gewissheit als direkte Vorfahren des *Homo sapiens* gelten können. Der *Homo habilis* wies ein größeres Gehirnvolumen auf als die Australopithecina, nämlich 640 cm^2 im Vergleich zu 400 bis 550 cm^2, damit aber immer noch nur die Hälfte des Gehirnvolumens beim modernen Menschen *(Homo sapiens)*. Seine Backenzähne waren kleiner: eine verbreitete Begleiterscheinung bei der Evolution zum Fleischfresser. Die Eckzähne waren verbreitert, was womöglich ein weiterer Beweis für das Umschwenken auf Fleischnahrung ist. Der Schädel des *Homo habilis* wies verkleinerte Überaugenwülste auf, und sein Gesicht hatte eine weniger ausgeprägte Schnauze als das der eher affenartigen Australopithecina. Die Falten des Stirnlappens im Gehirn waren in einem Muster angeordnet, das dem des modernen Menschen ähnelt. Weitere Gehirnmerkmale wiesen auf die moderne Menschheit hin, etwa die gut entwickelten Wülste im Broca-Areal und einem Teil des Wernicke-Zentrums, die zu den Sprachzentren beim modernen Menschen gehören.[10]

Der Status des *Homo habilis* und anderer Hominini-Arten, die vor zwei bis drei Millionen Jahren in Afrika lebten, ist daher für die Untersuchung der menschlichen Evolution entscheidend. Die Veränderungen an seinem Schädel lassen sich als Startphase des evolutionären Sprints zur modernen Natur des Menschen interpretieren. Sie stehen nicht nur für einen anatomischen Fortschritt, sondern für einen grundlegenden Wandel in der Lebensweise der *Habilis*-Population. Ganz ein-

4.2 Ein entscheidender Fortschritt im Evolutionslabyrinth. Der *Homo habilis*, hier mit einem getöteten Beutetier, ist zu größerem Fleischkonsum übergegangen und setzt Steinwerkzeuge ein, um Tierkadaver zu zerteilen.

fach gesagt, wurde der *Homo habilis* geschickter als die anderen Hominini in seiner Umgebung.

Warum aber entwickelte sich genau eine Linie der Australopithecina in diese Richtung? Viele Paläontologen sind der Meinung, dass Veränderungen in Klima und Vegetation Afrikas die Evolution der Anpassungsfähigkeit förderten.[11] Daten zu Anstieg und Abnahme bestimmter Tierarten weisen darauf hin, dass ganz Afrika vor 2,5 bis 1,5 Millionen Jahren trockener wurde. Fast überall auf dem Kontinent wurden Regenwälder zu tropischen Trockenwäldern und Übergangs-Savannenwald, der sich dann überwiegend zu durchgängigem Grasland und übergreifenden Wüsten entwickelte. Die Australopithecina hätten sich demnach der unwirtlicheren Umwelt durch größere Variierung ihrer Nahrung angepasst. Sie könnten zum Beispiel Werkzeuge verwendet haben, um Wurzeln und Knollen auszugraben, die in Trockenzeiten als Vorrat dienten. Kognitiv waren sie dazu mit Sicherheit in der Lage. Moderne Schimpansen im Savannenwald wurden bei dieser Praxis nachweislich beobachtet: Sie verwenden Rinderknochen und Holz- und Rindenbruch als Grabwerkzeuge.[12] In der Nähe der Küsten oder von Binnengewässern könnten die Australopithecina auch Krustentiere verzehrt haben.

Vielleicht, so lautet die traditionelle Argumentation, gaben die Herausforderungen der neuen Umwelt denjenigen genetischen Typen einen Vorteil, die innovative Fertigkeiten aufbringen und einsetzen konnten, um Feinden aus dem Weg zu gehen, und zugleich die Fähigkeit entwickelten, im Kampf um Futter und Reviere Konkurrenten auszustechen. Diese genetischen Typen waren innovationsfähig und in der Lage, von ihren Konkurrenten zu lernen. Sie überlebten die harten Zeiten. Nur die flexible Art entwickelte größere Gehirne.

Wie behauptet sich diese verbreitete Innovations- und Adaptivitätshypothese, wenn man sie an anderen Tierarten testet? Eine Studie an 600 Vogelarten, die vom Menschen in Gebieten eingeführt wurden, in denen sie nicht heimisch waren, also in artfremde Lebensräume, scheint diese Vorstellung zu stützen.[13] Die Arten, deren Hirnvolumen im Verhältnis zur Körpergröße größer war, konnten sich durchschnittlich in der neuen Umwelt besser etablieren. Zudem nutzten sie dazu nachweislich ihre größere Intelligenz und Erfindungsgabe. Allerdings ist es vielleicht voreilig, eine erfasste Tendenz von nichtheimischen Vögeln auf die Geschichte des Menschen zu übertragen. Die untersuchten Arten waren ganz plötzlich in die radikal veränderten Lebensräume geworfen worden. Ihre Aussonderung unterschied sich qualitativ sehr stark von dem natürlichen Selektionsdruck, der auf unseren Vorfahren unter den Australopithecina vor dem *Homo habilis* lastete. Anders als die umgesiedelten Vögel entwickelten sich diese Arten schrittweise über viele tausend Jahre, in denen auch ihre Umwelt sich allmählich veränderte.

Die Veränderung, die sich entscheidend auf die Evolution der frühen Hominiden auswirkte, bestand wohl eher darin, dass ihnen eine steigende Gesamtfläche von Grasland und Savannenwald zur Verfügung stand. Man sollte sich die Hominiden besser als Spezialisten für genau diese Lebensräume vorstellen statt als Art, die sich auf Veränderungen rund um oder innerhalb ihres Lebensraums anpassen kann. Alle Biologen, die speziell im Savannenwald gearbeitet haben, kennen die schier grenzenlose Vielfalt von Sub-Habitaten, aus denen sich diese Ökosysteme zusammensetzen. Unterschiedlich dichte Waldbestände sind unterbrochen von Streifen offenen Graslands, dazwischen flussnahe Gehölze sowie Inseln dichter Wälder in saisonal überfluteten Bodenmulden. Mit den Jahrhunderten verändern sich die einzelnen Komponenten, eine weicht der anderen, es geht vor und zurück, aber die Häufigkeit jeder einzelnen Komponente und die kaleidoskopischen Muster, die sie gemeinsam bilden, verändern sich sehr viel langsamer, zumindest wenn man Tiergenerationen und die ökologische Zeit als Maßstab ansetzt. Als große Tiere müssen die Hominiden Habitate von mindestens zehn Kilometer Durchmesser bewohnt haben. Bei der Vielzahl der unterschiedlichen vorhandenen Lebensräume konnten sie das Grasland auf der Suche nach Beute und Pflanzennahrung durchstreifen und sich beim Auftauchen eines Raubtiers im Laufschritt in die nahen Gehölze retten, wo sie auf Bäume kletterten und sich versteckten. Sie konnten sowohl im offenen Boden essbare Knollen ausgraben als auch Früchte und essbare Pflanzenspitzen von Büschen und Bäumen im Wald pflücken. Ich vermute, dass sie sich nicht an einen bestimmten dieser lokalen Lebensräumen anpassten oder von einem Ökosystem ins andere überwechselten, sondern sich an die wachsende Ausdehnung und die im Maßstab der Evolution relativ hohe Konstanz der kaleidoskopischen Muster adaptierten, die die örtlichen Gegebenheiten bildeten.

Wahrscheinlich lebten die frühen Hominiden in Gruppen von bis zu mehreren Dutzend Individuen, so wie unsere engsten noch lebenden Verwandten, der gemeine Schimpanse und der Bonobo. Es klingt nach einer Binsenweisheit: Wenn komplexeres Sozialverhalten die Evolution eines im Verhältnis zur Körpergröße umfangreicheren Gehirns erfordert, dann weist ein größeres Gehirnvolumen auf die Präsenz von Sozialverhalten hin. Demnach wäre ein größeres Gehirn, das in Reaktion auf eine sich wandelnde Umwelt entstanden ist, ein Vorläufer, der die Ausbildung von Sozialverhalten erwarten lässt. Doch als in einer großen Stichprobe lebender und fossiler Fleischfresser, darunter Katzen, Hunde, Bären, Wiesel und ihre Verwandten, ein solches Verhältnis zwischen Hirnvolumen und Sozialverhalten getestet wurde, ließ sich diese Korrelation nicht nachweisen. Die Assoziierung trat weder allgemein auf noch war sie stark genug, um eine messbare Tendenz abzugeben. John A. Finarelli und John J. Flynn, die die Studie durchführten, schlossen daraus, dass «die moderne Distribution der Enzephalisation, der Gehirnausbildung, bei Karnivoren durch komplexe Prozesse herausgeformt wurde».[14] In anderen Worten, wir müssen mehrere Selektionskräfte ausfindig machen.

Wenn es keine Anpassung an Umweltveränderungen war (was freilich alles andere als abschließend geklärt ist), was löste dann das schnelle evolutionäre Wachstum des menschlichen Gehirns aus? Einer der Gründe war wahrscheinlich der allmählich wachsende Rückgriff auf Fleisch als Hauptproteinquelle; nachweisbar ist er durch die grundlegenden Veränderungen in der Schädel- und Gebissanatomie. Auch zu diesem Wandel kam es nicht plötzlich. Zunächst weideten die Vorgänger des *Homo habilis* wahrscheinlich Teile von Leichnamen großer Tiere ab. Die ältesten bekannten Steinwerkzeuge, die für die eine oder andere Funktion grob abgeschlagen waren, sind sechs bis zwei Millionen Jahre alt. Aus ihrer länglichen Form und den scharfen Kanten, außerdem aus Einkerbungen auf einem fossilen Antilopenknochen, lässt sich begründet ableiten, dass diese Werkzeuge dazu benutzt wurden, Fleisch und Mark großer Tiere abzukratzen, vielleicht nachdem andere Aasfresser vertrieben worden waren.[15] Die Hominiden in diesem Stadium der Evolution waren ganz offensichtlich Australopithecina.

Vor etwa 1,95 Millionen Jahren, zu Zeiten des *Homo habilis* und vor dem Aufkommen des bereits moderner wirkenden *Homo erectus*, erjagten dessen Abkommen, die ältesten Hominini, auch Beute im Wasser, also Schildkröten, Krokodile und Fische.[16] Letztere waren höchstwahrscheinlich Welse, die auch heute noch bei Trockenzeiten in Wasserrückstandsbecken in großer Dichte konzentriert vorkommen und sich leicht mit der Hand fangen lassen. Bei meiner eigenen zoologischen Feldforschung bin ich immer wieder auf trockenfallende Teiche gestoßen, in denen sich Fische und Wasserschlangen ohne große Anstrengung mit Netzen bedecken und zu Dutzenden hochziehen lassen. (Es war so leicht, dass ich mir durchaus vorstellen kann, mit einer Gruppe *Habiles* das Abendessen zu erjagen, wenn sie sich einmal an meine Hochwüchsigkeit und meine seltsame Kopfform gewöhnt haben.)

Doch die Jagd auf Beutetiere und damit die Versorgung mit tierischen Proteinen, die sich beim einzelnen Tier positiv auf die Gehirnentwicklung auswirken, erklärt für sich genommen noch nicht, warum das Gehirn der Hominiden so extrem anwuchs. Der eigentliche Grund liegt offenbar darin, *wie* die Beute erjagt wurde. Moderne Schimpansen jagen überwiegend geschwänzte Affen und holen etwa drei Prozent ihrer gesamten Kalorienzufuhr aus dem so gewonnenen Fleisch. Beim modernen Menschen liegt dieser Anteil, wenn er die Wahl hat, zehnmal so hoch. Doch selbst bei dem kleineren Anreiz bilden Schimpansen für die Jagd organisierte Gruppen und entwickeln komplexe Strategien. Ihr Verhalten ist unter Primaten im Grunde einzigartig. Die einzigen anderen nichtmenschlichen Primaten, die beim Jagen nachweislich kooperieren, sind die über große Hirne verfügenden Kapuzineraffen in Mittel- und Südamerika.

Dem Jagdrudel gehören beim Schimpansen ausschließlich Männchen an. Sie wurden dabei beobachtet, wie sie in koordinierten Gruppen Affen fingen. Ein Affe, der von seiner eigenen Gruppe getrennt werden konnte, wird zunächst auf einem relativ isoliert stehenden Baum in die Enge getrieben. Ein oder zwei Schimpansen klettern auf diesen Baum, um das Beutetier nach unten zu scheuchen, während andere sich unten an die nächstgelegenen Bäume stellen, um zu verhindern, dass der Affe in die Kronen anderer Bäume gelangt und an deren Stämmen abwärts und in die Freiheit klettert. Ist die Beute gefasst,

4.3 Der *Homo erectus*, in dem die Forschung den unmittelbaren Vorfahren des *Homo sapiens* sieht, vollzog die nächsten beiden großen Schritte hin zum modernen menschlichen Sozialverhalten: die Einrichtung von Lagerstätten und die Beherrschung des Feuers.

so wird sie zu Tode geprügelt und gebissen. Dann zerreißen die Jäger sie und teilen das Fleisch untereinander auf. Widerwillig werden auch kleine Stücke an andere Gruppenmitglieder abgegeben. Dasselbe Verhalten wurde bei Bonobos beobachtet, den nächsten lebenden Verwandten von Schimpansen; allerdings wirken hier beide Geschlechter mit.[17] Das Jagdfieber wird dadurch nicht geringer, auch nicht, wenn Weibchen das Geschehen dominieren.

Jagen in Gruppen ist bei Säugetieren insgesamt selten. Außer Primaten praktizieren die gemeinsame Jagd noch Löwinnen (die ein oder zwei Männchen des Rudels bekommen einen Teil der Beute, jagen aber selten selbst). Auch bei Wölfen und afrikanischen Wildhunden kommt sie vor.

Die Evolutionsgeschichte von Schimpansen und Bonobos reicht sechs Millionen Jahre zurück; etwa zu dieser Zeit trennte sich ihre Abstammungslinie von der des Menschen. Vor dieser Trennung hatten wir gemeinsame Vorfahren – warum also haben sie nicht auch das Niveau des Menschen erreicht? Vielleicht liegt es daran, dass die Vorfahren von Schimpansen und Bonobos in geringerem Maße in das Fangen und Verzehren von lebenden Tieren investierten. Die Populationen, die sich zum

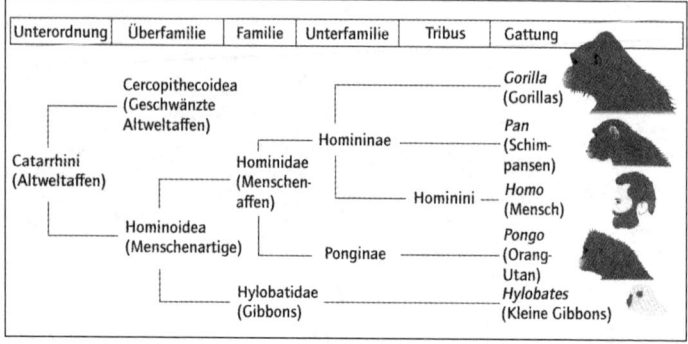

4.4 Die für die Beschreibung der Evolution des Menschen gebräuchliche Bezeichnungsweise. Wir sehen hier die Abzweigungen im evolutionären Stammbaum der Altweltaffen, mit den wissenschaftlichen und den deutschen Namen der Affen und Menschen sowie den übergeordneten Gruppen.

Homo weiterentwickelten, spezialisierten sich auf einen hohen Konsum tierischer Proteine in ihrer Nahrung. Um ihn zu erreichen, mussten sie in großem Ausmaß im Team arbeiten, aber diese Mühe war es wert: Fleisch ist, aufs Gewicht bezogen, energieeffizienter als pflanzliche Nahrung. Extrem wurde diese Tendenz in den Populationen des *Homo neanderthalensis*, der eiszeitlichen Schwesterart des *Homo sapiens*, die im Winter vollständig auf erjagte Tiere zurückgriff, darunter auch Großwild.[18]

Ein Stück fehlt noch im Minimalszenario für das Aufkommen großer Gehirne und eines komplexen Sozialverhaltens bei frühen Hominiden. Jede andere bekannte Tierart, die Eusozialität herausgebildet hat, begann, wie gesagt, mit einem geschützten Nest, von dem aus Streifzüge zur Futtersuche unternommen werden konnten. Andere Arten relativ großer Tiere, die in Sachen Eusozialität fast genauso weit fortgeschritten sind wie die Ameisen, sind die in Ostafrika heimischen Nacktmulle *(Heterocephalus glaber)*. Auch für sie gilt das Prinzip des geschützten Nests. Jede aus einer erweiterten Familie zusammengesetzte Gruppe belegt und verteidigt ein System unterirdischer Bauten. Es gibt eine «Königin», die Mutter, und «Arbeiterinnen», die zwar fortpflan-

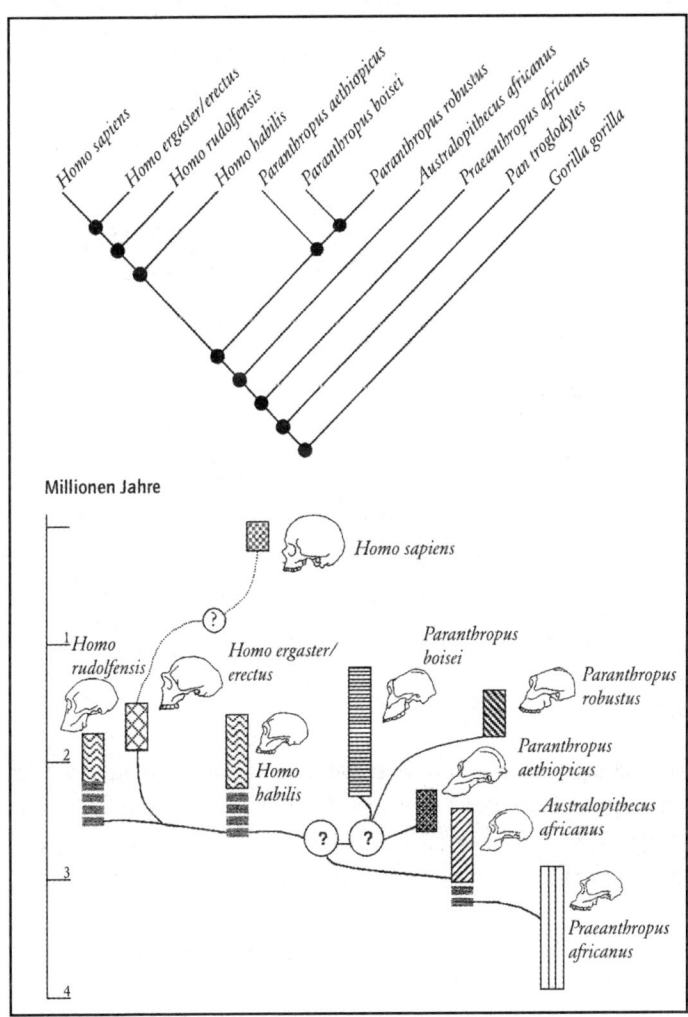

4.5 Stammbaum und Zeitleiste der Australopithecina und des frühen *Homo* bis zur modernen Menschenart.

zungsfähig wären, aber keine Nachkommen haben, solange die Königin aktiv bleibt. Sogar «Soldaten» gibt es, die vor allem damit beschäftigt sind, das Nest gegen Schlangen und andere Feinde zu

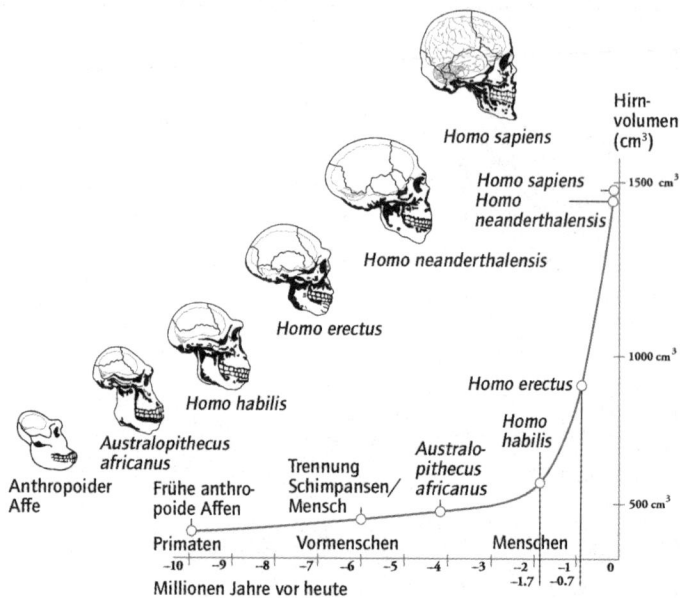

4.6 Das schnelle Wachstum des Gehirns bis zu seiner Größe beim modernen Menschen.

verteidigen. Eine weitere Art, die eine allerdings anders ausdifferenzierte Eusozialität lebt, ist der Damara-Graumull *(Fukomys damarensis)* in Namibia. Bei den Insekten entsprechen den Nacktmullen am ehesten die eusozialen Blasenfüße (Thripse) und Blattläuse, die auf Pflanzen das Wachstum von Gallen stimulieren. Diese hohlen Verdickungen dienen den Insekten gleichzeitig als Nester und als Nahrungsquelle.

Warum ist ein geschützter Nistplatz so wichtig? Weil die Mitglieder der Gruppe dort zwangsläufig zusammenkommen. Ist es erforderlich, dass sie das Nest verlassen und in der Umgebung nach Futter suchen, so müssen sie dorthin zurückkehren. Schimpansen und Bonobos besetzen und verteidigen zwar Reviere, aber sie durchwandern sie auf der Futtersuche. Dasselbe galt wahrscheinlich auch für die Vorfahren des Menschen, die Australopithecina und den *Homo habilis*. Schimpansen und Bonobos zerfallen wiederholt in Untergruppen und verschmelzen wieder. Sie teilen durch lautes Rufen mit, wenn sie Bäume mit vielen Früchten gefunden haben, aber die gepflückten Früchte teilen sie nicht. Gelegentlich jagen sie in kleinen Rudeln. Erfolgreiche Rudelmitglieder teilen das Fleisch mit den Mitjägern, aber da endet auch schon die Großzügigkeit. Und besonders wichtig ist, dass Affen kein Lagerfeuer haben, um das sie sich versammeln.

Fleischfresser, die sich an Lagerstätten aufhalten, weisen Verhaltensweisen auf, die umherwandernde Individuen nicht benötigen. Sie müssen die Arbeit teilen: Die einen sammeln und jagen Futter, die anderen bewachen das Lager und den Nachwuchs. Sie müssen Nahrung, und zwar pflanzliche wie tierische, so teilen, dass es für alle akzeptabel ist: Sonst würden die Bindungen, die sie zusammenhalten, geschwächt. Außerdem konkurrieren die Gruppenmitglieder unausweichlich miteinander – um einen Status, der ihnen einen größeren Futteranteil sichert, um den Zugang zu einem möglichen Geschlechtspartner und um einen bequemen Schlafplatz. All diese Faktoren verleihen denen einen Vorteil, die die Absichten der anderen erkennen, sich besser Vertrauen und Zusammenhalt verschaffen und mit Rivalen gut umgehen können. Soziale Intelligenz hatte daher immer eine hohe Priorität. Ein geschärfter Sinn für Empathie kann alles verändern, denn er befähigt dazu zu manipulieren, Kooperation zu erwirken oder auch zu betrügen. Um es so einfach wie möglich zu sagen: Soziale Gewitztheit lohnt sich. Ganz zweifellos konnte eine Gruppe kluger Vormenschen eine Gruppe plumper, ignoranter Vormenschen besiegen und vertreiben, so wie es heute bei Armeen, Firmen und Fußballmannschaften der Fall ist.

Die Kohäsion, die sich zwangsläufig aus der Konzentration von Gruppen an geschützten Orten ergab, war mehr als nur ein Schritt im Labyrinth der Evolution. Sie war, wie ich später ausführen werde, das Ereignis, das die Zielgerade zum modernen *Homo sapiens* eröffnete.

5.
DER FADEN DURCH DAS LABYRINTH DER EVOLUTION

Wie alle großen Probleme der Wissenschaft stellte sich der evolutionäre Ursprung des Menschen zunächst als Gewirr teilweise sichtbarer und teilweise nur vermuteter Stadien und Prozesse dar. Einige davon spielten sich in sehr weit zurückliegenden Phasen der geologischen Zeit ab und lassen sich vielleicht nie mit Gewissheit erklären. Ich habe dennoch die Teile des Epos zusammengestellt, über die man sich, wie ich meine, in der Forschung einig ist, und den Rest mit begründeten Vermutungen ergänzt. Über den folgenden groben Ablauf scheint mir Konsens zu bestehen, zumindest ist er mit den bestehenden Beweisen in Einklang zu bringen.

Insgesamt scheint mir, wir können jetzt vernünftig erklären, warum die Menschheit einzigartig ist, warum es zu etwas Vergleichbarem kein zweites Mal gekommen ist und warum es damit so lange gedauert hat. Schuld daran ist ganz einfach die extrem niedrige Wahrscheinlichkeit, dass die nötigen Präadaptionen überhaupt auftreten. Jeder dieser Evolutionsschritte war ja für sich genommen eine echte Adaption. Jeder erforderte eine bestimmte Abfolge einer oder mehrerer vorausgehender Präadaptionen. Der *Homo sapiens* ist die einzige große Säugetierart – also groß genug, um ein so großes Gehirn wie der Mensch ausbilden zu können –, die im Labyrinth der Evolution jede einzelne dieser glücklichen Kehren genommen hat.

Die erste Präadaption war das Leben auf dem Land. Technologischer Fortschritt, der über abgeschlagene Steine und hölzerne Pfeile hinausgeht, setzt den Gebrauch von Feuer voraus. Ein

Schweinswal oder ein Polyp kann ein noch so brillanter Denker sein, aber er kann keinen Blasebalg erfinden und nicht schmieden. Und er kann keine Kultur entwickeln, die ein Mikroskop baut, die oxidative Chemie der Photosynthese erschließt oder die Saturnmonde fotografiert.

Die zweite Präadaption bestand im Heranwachsen zu einer Körpergröße, die innerhalb der Erdgeschichte nur ein Bruchteil landbewohnender Tierarten erreichte. Wiegt ein adultes Tier weniger als ein Kilogramm, dann ist sein Hirnvolumen zu stark eingeschränkt für höher entwickeltes vernünftiges Denken und Kultur. Selbst zu Land wäre dieser Körper nicht in der Lage, Feuer zu machen und es zu beherrschen. Das ist einer der Gründe, weshalb Blattschneiderameisen in den zwanzig Millionen Jahren ihrer Existenz keine weiteren bedeutenden Fortschritte machen konnten, obwohl sie, abgesehen vom Menschen, die komplexeste aller Arten sind, die auf Grundlage der Instinkte sogar Landwirtschaft betreibt und in selbständig entworfenen Städten mit Klimaanlagen lebt.

Die nächste Präadaption war das Aufkommen greiffähiger Hände mit weichen, spatelförmigen Fingerkuppen, die lose Gegenstände halten und manipulieren konnten. Dieses Merkmal unterscheidet die Primaten von allen anderen landbewohnenden Säugetieren. Klauen und Krallen, die sonst übliche Ausrüstung dieser Arten, eignen sich nicht für die Entwicklung von Technologien. (Achtung, alle Erfinder von Science-Fiction über Erdinvasoren, bitte denkt daran, eure Aliens mit weichen, greiffähigen Händen oder Tentakeln oder sonstigen dicken, fleischigen Gliedmaßen auszustatten.)

Um solche Hände und Finger effizient zu nutzen, mussten die Arten, die auf dem Weg zur Eusozialität vorankommen wollten, sie von der Mitwirkung an der Fortbewegung befreien, damit Gegenstände leicht und geschickt manipuliert werden konnten. Das schafften schon früh die ersten Prähominiden – schon als unser angenommener früher Urahn *Ardipithecus* von den Bäumen herabstieg, sich aufrichtete und ganz auf den Hinterbeinen zu gehen begann. Moderne Menschen sind Meister im Manipulieren von Gegenständen mit Händen und Fingern. Angeleitet werden wir dazu von einer extremen Ausprägung der kinästhetischen Wahrnehmung, in die zugunsten dieser Fähigkeit investiert wurde. Die Integrationsfähigkeit des Gehirns für Wahrnehmungen beim Umgang mit Gegenständen wirkt sich auf alle anderen Teilgebiete der Intelligenz aus.

Der folgende Schritt – also die nächste richtig genommene Kehre im Labyrinth der Evolution – war der Übergang zu einer Ernährung mit hohem Fleischanteil, der von ausgeweideten Tierleichen bzw. von lebenden Tieren stammte, die gejagt und getötet wurden. Bei gleichem verzehrtem Gewicht setzt Fleisch mehr Energie frei als pflanzliche Nahrung. Und wenn die Ernährung von Fleisch sich erst per Evolution in einer Nische etabliert hat, ist zu ihrer Besetzung weniger Energie nötig.

Dass sich Kooperation bei der Fleischgewinnung als Vorteil erwies, führte zur Bildung in hohem Maße organisierter Gruppen. Die frühesten Gesellschaften bestanden aus der weiteren Familie, aber auch aus Adoptivmitgliedern und Verbündeten. Sie wuchsen bis auf Populationsgrößen heran, die die lokale Umwelt gerade noch ernähren konnte. Starke Populationen waren bei Konflikten von Vorteil, zu denen es zwischen verschiedenen Gruppen unausweichlich kam. Dieser Schritt und die Vorteile, die daraus erwachsen, lassen sich nicht nur bei heutigen Menschen beobachten – und zwar bei Jägern und Sammlern genauso wie bei Stadtbewohnern –, sondern in gewissem Ausmaß auch bei Schimpansen.

Vor etwa einer Million Jahren folgte der kontrollierte Einsatz des Feuers, eine ausschließlich hominide Leistung. Von Blitzschlägen entfachte Brandfackeln, die an andere Stellen transportiert wurden, verschafften unseren Vorfahren in jeder Hinsicht riesige Vorteile. Kontrolliertes Feuer verbesserte den Fleischertrag, weil mehr Tiere aufgescheucht und gefangen werden konnten. Ein laufendes Bodenfeuer entsprach dem, was heute eine Meute Jagdhunde erreicht. Tiere, die im Feuer umkamen, wurden häufig auch gleich gebraten. Und selbst in den frühesten Zeiten des karnivoren *Homo* hatte der Vorteil, dass Fleisch, Sehnen und Knochen leichter voneinander zu lösen und zu verzehren waren, beträchtliche Folgen. In der späteren Evolution entwickelten sich der Kauvorgang und die Verdauungsphysiologie in Richtung einer Spezialisierung auf gekochtes Fleisch und Gemüse. Kochen wurde ein allgemein menschliches Merkmal. Und mit dem Teilen gekochter Mahlzeiten ergab sich ein allgemeines Mittel zur Förderung des sozialen Zusammenhalts.

Feuer, das sich von einem Ort an einen anderen transportieren ließ, war eine Ressource wie Fleisch, Früchte und Waffen. Äste und Reisigbündel können stundenlang schwelen. Zusammen mit dem Fleisch, dem Feuer und dem Kochen markierten Lagerstätten, die länger als nur ein paar Tage bestehen blieben und damit beständig genug waren, um als Rückzugsort bewacht zu werden, den nächsten zentralen Schritt. Ein solches Nest, wie man es auch nennen kann, war bei allen anderen bekannten Tieren die Vorstufe zur Herausbildung der Eusozialität. Fossile Lagerstätten und ihre Ausrüstung lassen sich bis zurück zum *Homo erectus* nachweisen, der Vorgängerart mit einem Hirnvolumen zwischen dem des *Homo habilis* und dem des modernen *Homo sapiens*.

Mit den Lagerstätten rund um das Feuer kam die Arbeitsteilung. Sie hatte sich schon vorbereitet: Die Veranlagung, dass sich innerhalb von Gruppen aus Dominanzhierarchien Selbstorganisation ergibt, existierte bereits. Außerdem gab es schon zuvor Unterschiede zwischen Männchen und Weibchen und zwischen Jungen und Alten. Zudem existierten in jeder Untergruppe noch verschieden ausgeprägte Führungsqualitäten, und Individuen neigten in unterschiedlichem Ausmaß dazu, an der Lagerstätte zu verbleiben. Als unvermeidliches Ergebnis entwickelte sich aus all diesen Präadaptionen schnell eine komplexe Arbeitsteilung.

Mit Ausnahme des kontrollierten Feuereinsatzes waren zu Zeiten des *Homo erectus* all diese Schritte, die die Art zur Eusozialität führten, auch von modernen Schimpansen und Bonobos vollzogen worden. Doch dank unserer einzigartigen Präadaptionen waren wir in der Lage, diese entfernten Verwandten weit hinter uns zu lassen. Jetzt war die Bühne bereit dafür, dass der afrikanische Primat mit dem größten Gehirn den alles entscheidenden Sprung hin zu seinem ultimativen Potenzial machte.

6.
KREATIVE KRÄFTE

Wären außerirdische Wissenschaftler vor drei Millionen Jahren auf der Erde gelandet, so hätten sie gestaunt über die Honigbienen, die hügelbauenden Termiten und die Blattschneiderameisen, deren Kolonien damals die großartigsten Superorganismen der Insektenwelt waren und mit großem Abstand die komplexesten und ökologisch erfolgreichsten sozialen Systeme der Erde.

Die Besucher hätten auch die afrikanischen Australopithecina untersucht, eine seltene zweibeinige Primatenart mit Gehirnen in der Größe von Affenhirnen. Kein besonders großes Potenzial hier oder irgendwo sonst bei den Wirbeltieren, hätten die Besucher gemutmaßt. Immerhin liefen Geschöpfe dieser Größe schon seit über 300 Millionen Jahren auf der Erde herum, und besonders viel war nicht passiert. Die eusozialen Insekten schienen das Beste, wozu der Planet in der Lage war.

Stellen wir uns weiter vor, dass die Außerirdischen nach Erfüllung ihrer Mission wieder abreisten. Die Biosphäre der Erde hatte sich stabilisiert, soweit sie sehen konnten, und in ihrem Fahrtenbuch stünde der Eintrag: «Wahrscheinlich passiert in den nächsten Jahrmillionen nichts besonders Wichtiges. Die eusozialen Insekten sind seit über 100 Jahrmillionen der Gipfel der sozialen Evolution, sie dominieren die irdische Welt der Wirbellosen, und das wird wohl noch 100 Jahrmillionen so weitergehen.»

Doch als sie weg waren, geschah etwas wahrhaft Außerordentliches. Das Gehirn von einem der Australopithecina begann schnell zu wachsen. Bei dem außerirdischen Besuch umfasste es 500 bis 700 Kubikzentimeter. Zwei Millionen Jahre später war es auf 1000 Kubikzentimeter angewachsen. In den nächsten 1,8 Millionen Jahren schoss es auf zu 1500 bis 1700 Kubikzentimetern, also zum Doppelten des alten Australopithecina-Gehirns. Da war er, der *Homo sapiens*, und seine soziale Eroberung der Erde stand unmittelbar bevor.

Würden Nachkommen der damaligen Außerirdischen, nachdem sie die drei Millionen Jahre seit dem letzten Mal mit interessanteren Sternensystemen verbracht hätten, heute wieder einmal die Erde besuchen, so würde die irdische Situation sie sicherlich verblüffen. Das beinahe Unmögliche war geschehen. Eine der zweifüßigen Primatenarten von damals hatte nicht nur überlebt, sondern eine primitive, auf Sprache gründende Zivilisation entwickelt. Und genauso überraschend, ja gar verwirrend wäre die Tatsache, dass diese Primatenart dabei war, ihre eigene Biosphäre zu zerstören.

Trotz ihrer winzigen Biomasse – alle ihre über sieben Milliarden Vertreter ließen sich in einen Würfel mit zwei Kilometer Seitenlänge zusammenstapeln – war die neue Art zu einer geophysikalischen Kraft geworden. Ihre Vertreter hatten aus der Sonne und aus Erdöl Energie gewonnen, einen Großteil des Süßwassers für ihren eigenen Gebrauch abgezweigt, die Ozeane übersäuert und die Atmosphäre womöglich irreversibel verändert. «Da waren ja fürchterliche Pfuscher am Werk», könnten die Besucher befinden. «Wir hätten früher wiederkommen und diese Tragödie verhindern sollen.»

Das Entstehen der modernen Menschheit war ein reiner Zufall – für unsere Art eine Zeitlang ein Glücksfall, für die meisten anderen Lebensformen aber ein einziges Unglück. Alle Präadaptionen, die ich als Evolutionsschritte auf dem Weg zum Menschen aufgezählt habe, hatten, wenn sie in der richtigen Reihenfolge auftraten, das Potenzial, eine Art großer Tiere an die Schwelle zur Eusozialität zu führen. Jede dieser Präadaptionen wurde von dem einen oder anderen Forscher als Schlüsselereignis benannt, das die frühen Hominiden in den Status der heutigen Menschheit katapultierte. Fast all diese Vermutungen sind teilweise korrekt. Keine aber ist sinnvoll, wenn sie nicht Teil einer Ereignisfolge ist, und zwar genau einer von vielen möglichen Ereignisfolgen.

Aber welche evolutionäre *Kraft* half nun unserer Abstammungslinie, ihren Weg durch das Labyrinth der Evolution zu finden? Was in der Umwelt und den damals vorherrschenden Lebensumständen lenkte die Art durch die genau richtige Folge genetischer Veränderungen?

Wirklich religiöse Menschen werden natürlich sagen, es war Gottes Hand. Doch selbst für eine übernatürliche Macht wäre das eine höchst unwahrscheinliche Leistung gewesen. Um die Menschheit zu erschaffen, hätte ein göttlicher Schöpfer eine astronomisch hohe Zahl genetischer Mutationen ins Genom einbringen und zugleich die physikalischen und die biologischen Lebensumstände über Millionen Jahre so austarieren müssen, dass die archaischen Vormenschen auf Kurs blieben. Dasselbe hätte er mit ein paar Zufallsgeneratoren leisten können. Nein, es war die natürliche Selektion und keine schöpfende Hand, die diesen Faden durch das Labyrinth zog.

Fast ein halbes Jahrhundert lang war es unter seriösen Wissenschaftlern (mich eingeschlossen), die eine naturalistische Erklärung für die Herkunft der Menschheit suchten, verbreitet, die Antriebskraft der menschlichen Evolution in der Verwandtenselektion zu orten.[19] Zumindest oberflächlich war die Verwandtenselektion, die auf Gruppenebene zu einer Eigenschaft namens Gesamtfitness führt, ein attraktives, ja verführerisches Konzept. Es besagt, dass Eltern, ihre Nachkommen und ihre entfernteren Verwandten durch die Koordinierung und die gemeinsamen Ziele aneinander gebunden sind, wie sie durch wechselseitige altruistische Handlungen möglich werden. In der Tat ist Altruismus unter dem Strich für jedes Gruppenmitglied von Nutzen, weil jeder Altruist aufgrund der gemeinsamen Abkunft zu einem gewissen Anteil dieselben Gene besitzt wie die meisten Mitglieder seiner Gruppe. Da alle Verwandten einen Anteil gleicher Gene haben, steigert die Selbstaufopferung eines Individuums die relative Anzahl dieser Gene in der nächsten Generation. Fällt diese Steigerung größer aus als die durchschnittlichen Kosten durch den Umstand, dass weniger Gene über den persönlichen Nachwuchs weitergereicht werden, so wird der Altruismus gefördert und es entwickelt sich eine Gesellschaft. Die Aufteilung der Individuen auf reproduktive und nichtreproduktive Kasten ist zum Teil eine Erscheinungsform von selbstaufopferndem Verhalten im Interesse der Sippe.

Zum Nachteil dieser Hypothese sind die Grundlagen der allgemeinen Theorie der Gesamtfitness, die auf den Annahmen der Verwandtenselektion fußen, inzwischen zerbröckelt, während die Beweislage dafür bestenfalls zweideutig ausfällt. Die schöne Theorie hat ohnehin nie gut funktioniert, aber jetzt ist sie in sich zusammengestürzt.

Eine neue Theorie der eusozialen Evolution, die sich teils meiner Zusammenarbeit mit den theoretischen Biologen Martin Nowak und Corina Tarnita, teils der Arbeit anderer Forscher verdankt, liefert nun getrennte Erklärungen für den Ursprung eusozialer Insekten einerseits und menschlicher Gesellschaften andererseits. Bei Ameisen und anderen eusozialen Wirbellosen gilt der Prozess weder als Verwandtenselektion noch als Gruppenselektion, sondern als Selektion auf der Ebene des Individuums, im Fall der Ameisen und anderer Hautflügler von Königin zu Königin; die Arbeiterinnenkaste stellt dabei eine phänotypische Erweiterung der Königin dar. Die Evolution kann so voranschreiten, weil die Königin sich in den Frühstadien der Kolonialevolution weit von ihrer Geburtskolonie entfernt und die Mitglieder ihrer Kolonie selbst gebiert.[20] Beim Menschen verläuft die Bildung neuer Gruppen seit prähistorischen Zeiten und bis heute grundlegend anders – zumindest nach meiner persönlichen Interpretation und der einiger anderer Wissenschaftler unter Rückgriff auf die komparative Biologie. Die Evolutionsdynamik des Menschen wird sowohl von der individuellen als auch von der Gruppenselektion angetrieben. Den Prozess, der an mehreren Ebenen angreift, antizipierte bereits Darwin in seiner *Abstammung des Menschen:*

Wenn nun in einem Stamme irgend ein Mensch, welcher scharfsinniger ist als die Übrigen, eine neue Finte oder Waffe oder irgend ein anderes Mittel des Angriffs oder der Verteidigung erfindet, so wird das offenbarste eigene Interesse, ohne die Unterstützung großer Verstandesthätigkeit, die andern Glieder des Stammes dazu bringen, ihn nachzuahmen, und hierdurch werden Alle Vortheile haben. Die gewohnheitsgemäße Übung einer jeden neuen Kunst muß gleichfalls in einem unbedeutenden Grade den Verstand kräftigen. Ist die neue Erfindung von großer Bedeutung, so wird der Stamm an Zahl zunehmen, sich verbreiten und andere Stämme verdrängen. In einem hierdurch zahlreicher gewordenen Stamme wird auch die Wahrscheinlichkeit immer größer sein, daß andere ausgezeichnete und erfinderische Glieder geboren werden. Hinterließen solche Leute Kinder, welche deren geistige Überlegenheit erben konnten, so wird die Wahrscheinlichkeit der Geburt von noch ingeniöseren Mitgliedern wieder größer geworden sein und besonders bei einem sehr kleinen Stamme ganz entschieden größer. Selbst wenn sie keine Kinder hinterließen, wird doch der Stamm wenigstens Blutverwandte von ihnen noch enthalten, und es ist von Landwirthen nachgewiesen worden, daß durch das Erhalten einer Familie und das Nachzüchten von ihr, wenn sich überhaupt nur ein Thier aus derselben beim Schlachten als ein werthvolles herausstellte, die gewünschte Beschaffenheit erlangt worden ist.[21]

Die sogenannte Multilevel-Selektion besteht in der Wechselwirkung zwischen Selektionskräften, von denen die einen an Merkmalen individueller Gruppenmitglieder angreifen und die anderen an Merkmalen der Gruppe als Ganzem. Die neue Theorie soll die traditionelle Theorie ersetzen, die auf dem Verwandtschaftsgrad oder einem vergleichbaren genetischen Bezugswert beruht. Von Martin Nowak wurde sie auch im Fall der sozialen Insekten als Alternative zur individuellen Selektion vorgeschlagen. Mit diesem Ansatz lässt sich die Gesamtheit des Selektionsprozesses auf seine Auswirkung auf das Genom jedes Koloniemitglieds und seiner direkten Nachkommen reduzieren. Zu dem

Ergebnis kommt man dann unabhängig vom Verwandtheitsgrad zwischen den einzelnen Mitgliedern jeder Kolonie, abgesehen von der direkten Verwandtschaft von Eltern zu Kindern.

Die Vorgänger des *Homo sapiens*, so legen es archäologische Befunde und das Verhalten moderner Jäger und Sammler nahe, bildeten gut organisierte Gruppen, die untereinander um Reviere und andere knappe Ressourcen konkurrierten. Generell ist zu erwarten, dass Konkurrenz zwischen Gruppen sich auf die genetische Fitness jedes individuellen Mitglieds auswirkt (das heißt auf den Anteil persönlicher Nachkommen, den es zur künftigen Gruppenpopulation beiträgt), und das nach oben wie nach unten. Ein Einzelner kann als Ergebnis gesteigerter Gruppenfitness getötet oder verkrüppelt werden und seine individuelle genetische Fitness einbüßen, etwa in einem Krieg oder unter der Herrschaft eines aggressiven Diktators. Nehmen wir an, dass Gruppen einander in der Ausrüstung mit Waffen und anderen Technologien in etwa gleichkommen, was bei primitiven Gesellschaften über viele hunderttausend Jahre hinweg meistens der Fall war; wir können dann erwarten, dass das Ergebnis dieser Gruppenkonkurrenz weitgehend vom genauen Sozialverhalten innerhalb jeder Gruppe bestimmt wird. Die relevanten Merkmale sind Größe und Dichte der Gruppe sowie die Qualität von Kommunikation und Arbeitsteilung zwischen ihren Mitgliedern. Solche Merkmale sind in gewissem Ausmaß erblich; anders gesagt, die Variabilität zwischen ihnen beruht zum Teil auf genetischen Unterschieden zwischen den Gruppenmitgliedern und damit auch zwischen den Gruppen selbst. Die genetische Fitness jedes Mitglieds, die Anzahl seiner reproduktionsfähigen Nachkommen, wird von den Kosten und dem Nutzen seiner Gruppenmitgliedschaft festgelegt. Dazu zählen die Gunst oder Missgunst, die es aufgrund seines Verhaltens bei den anderen Gruppenmitgliedern erntet. Die Währung Gunst wird direkt und indirekt reziprok ausbezahlt, Letzteres in Form von gutem Ruf und Vertrauen. Wie leistungsfähig eine Gruppe ist, hängt davon ab, wie gut ihre Mitglieder zusammenarbeiten, und nicht davon, inwieweit jeder Einzelne innerhalb der Gruppe individuell begünstigt oder benachteiligt wird.

Die genetische Fitness eines Menschen muss daher eine Folge sowohl der individuellen als auch der Gruppenselektion sein. Das gilt freilich nur in Bezug zu den Zielen der Selektion. Egal, ob die Ziele Merkmale des Individuums sind, das im eigenen Interesse arbeitet, oder interaktive Merkmale zwischen Gruppenmitgliedern im Interesse der Gruppe: Wirklich beeinflusst wird letztlich der gesamte genetische Code des Individuums. Sinkt der Nutzen der Gruppenmitgliedschaft unter den eines Lebens als Einzelgänger, so wird die Selektion beim Individuum das Verlassen der Gruppe oder den Verrat fördern. Schreitet das weit genug voran, so löst sich die Gesellschaft irgendwann auf. Steigt dagegen der persönliche Nutzen der Gruppenmitgliedschaft weit genug an oder können egoistische Anführer die Kolonie ihren eigenen Interessen ausreichend unterwerfen, so neigen die Mitglieder zu Altruismus und Konformität. Da aber alle normalen Mitglieder immerhin über die Reproduktionsfähigkeit verfügen, besteht in menschlichen Gesellschaften grundsätzlich ein unausweichlicher Konflikt zwischen der natürlichen Selektion auf der Ebene des Individuums und der natürlichen Selektion auf Gruppenebene.

Allele (das heißt Genvarianten), die Überleben und Reproduktion einzelner Gruppenmitglieder auf Kosten anderer fördern, stehen immer in Konflikt mit Allelen desselben Gens und Allelen anderer Gene, die Altruismus und Zusammenhalt unterstützen, um Überleben und Reproduktion der Individuen zu determinieren. Egoismus, Feigheit und unmoralische Konkurrenz fördern die Interessen der individuell selektierten Allele und senken zugleich den Anteil altruistischer, auf Gruppenebene selektierter Allele. Diesen destruktiven Neigungen stehen Allele entgenen, die Individuen zu heroischem, altruistischem Verhalten gegenüber anderen Gruppenmitgliedern veranlagen. Auf Gruppenebene selektierte Merkmale treten typischerweise bei Konflikten zwischen Gruppen am stärksten in den Vordergrund.

Ein genetischer Code, der das Sozialverhalten des modernen Menschen vorschreibt, musste deshalb chimärischer Natur sein. Ein Teil davon schreibt Merkmale vor, die den Erfolg des Individuums innerhalb der Gruppe begünstigen; der andere Teil schreibt Merkmale vor, die in der Konkurrenz mit anderen Gruppen den Erfolg der eigenen Gruppe begünstigen.

In der Geschichte des Lebens dominierte weitgehend die natürliche Selektion auf der Ebene des Individuums, die Strategien zur größtmöglichen Steigerung des eigenen reproduktionsfähigen Nachwuchses förderte. Normalerweise formt sie Physiologie und Verhalten der Organismen so aus, dass sie einem solitären Leben angepasst sind oder allenfalls der Zugehörigkeit zu einer lose organisierten Gruppe. Die Herausbildung der Eusozialität, bei der Organismen sich genau gegenteilig verhalten, war in der Geschichte des Lebens selten, weil die Gruppenselektion eine außerordentliche Macht entwickeln muss, um die individuelle Selektion zu übertrumpfen. Erst dann kann sie den konservativen Effekt der individuellen Selektion verändern und in Physiologie und Verhalten der Gruppenmitglieder hochkooperatives Verhalten einführen.

Die Vorfahren der Ameisen und anderer eusozialer Hautflügler (Ameisen, Bienen, Wespen) sahen sich denselben Problemen ausgesetzt wie die Menschen. Sie kamen auf den Trick, für bestimmte Gene eine extreme Plastizität auszubilden, sie also so zu programmieren, dass die altruistischen Arbeiterinnen zwar für Physiologie und Verhalten dieselben Gene besitzen wie die Mutter-Königin, sich aber in den entsprechenden Merkmalen von der Königin und von ihren Schwestern aus anderen Kasten trotzdem drastisch unterscheiden. Die Selektion greift weiterhin nur auf der individuellen Ebene an, von Königin zu Königin. Und doch wird die Selektion bei den Insektengesellschaften auch auf Gruppenebene weitergeführt, wenn Kolonien gegeneinander antreten. Dieses scheinbare Paradox lässt sich leicht lösen. Was die natürliche Selektion für die meisten Formen des Sozialverhaltens betrifft, besteht die Kolonie in der Praxis nur aus der Königin und ihrer phänotypischen Erweiterung in Form automatenhafter Helferinnen. Gleichzeitig fördert die Gruppenselektion genetische Vielfalt unter den Arbeiterinnen in anderen Bereichen des Genoms, um zum Schutz der Kolonie vor Krankheiten beizutragen. Diese Vielfalt ist der Beitrag des Männchens, mit dem jede Königin sich paart. In diesem Sinne ist der Genotyp eines Individuums eine genetische Chimäre. Er enthält Gene, die zwischen Koloniemitgliedern nicht variieren (die Kasten sind nur plastische Ausformungen auf Grundlage derselben Gene), und Gene, die zwischen Koloniemitgliedern doch variieren und einen Schutzschild gegen Krankheiten darstellen.

Bei Säugetieren war dieser Trick nicht anzuwenden, weil ihr Lebenszyklus sich von dem der Insekten grundsätzlich unterscheidet. Bei dem wesentlichen Schritt im Lebenszyklus eines Säugetiers, der Reproduktion, ist das Weibchen an den Bereich ihrer Herkunft gebunden. Eine künftige Mutter kann sich nicht von der Gruppe trennen, in der sie geboren wurde, außer sie wechselt direkt zu einer benachbarten Gruppe über – ein geläufiges, aber genau gesteuertes Ereignis sowohl bei Tieren wie beim Menschen. Das Insektenweibchen dagegen kann begattet werden und die Spermien in ihrer Spermathek dann gleichsam als tragbares Männchen über weite Strecken transportieren. Sie kann weit entfernt von ihrem Geburtsnest aus eigenen Mitteln eine neue Kolonie gründen.

Die Überwältigung der individuellen Selektion durch die Gruppenselektion ist bei Säugetieren und anderen Wirbeltieren nicht nur selten; sie war zudem nie vollständig und wird es wahrscheinlich auch nie sein. Die Grundlagen von Lebenszyklus und Populationsstruktur bei Säugetieren stehen dem im Wege. Im Theater der sozialen Evolution bei Säugetieren ist ein insektenartiges Sozialsystem nicht aufführbar.

Die zu erwartenden Folgen dieses Evolutionsprozesses beim Menschen sind folgende:
– Zwischen Gruppen kommt es zu intensiver Konkurrenz, unter vielen Umständen auch zu territorialen Übergriffen.

- Die Gruppenzusammensetzung ist instabil, weil der Vorteil steigender Gruppengrößen (durch Einwanderung, ideologische Missionierung und Eroberung) sich gegen Gelegenheiten der Vorteilnahme durchsetzen muss, bei denen Gruppen usurpiert und aufgespalten werden, so dass neue Gruppen entstehen.
- Es besteht eine unvermeidliche, ständige Auseinandersetzung zwischen einerseits Ehre, Tugend und Pflicht, den Produkten der Gruppenselektion, und andererseits Egoismus, Feigheit und Heuchelei, den Produkten der individuellen Selektion.
- Die Perfektionierung der Fähigkeit, schnell und zutreffend die Absichten der anderen zu erkennen, war und ist in der Evolution des menschlichen Sozialverhaltens von überragender Bedeutung.
- Ein großer Teil der Kultur, darunter insbesondere die Inhalte der Kunst, ergibt sich aus dem unvermeidlichen Zusammenprall von individueller Selektion und Gruppenselektion.

Kurz gesagt, die Natur des Menschen ist ein endemisches Getümmel, das in den Evolutionsprozessen wurzelt, aus denen wir hervorgegangen sind. In unserer Natur existiert das Schlimmste neben dem Besten, und das wird immer so bleiben. Wollten wir es entwirren (wenn das überhaupt möglich wäre), so wären wir keine Menschen mehr.

7.
STAMMESSYSTEME ALS GRUNDLEGENDES MENSCHLICHES MERKMAL

Dass Menschen Gruppen bilden, tiefste Zufriedenheit und Stolz aus familiärer Verbundenheit schöpfen und sich gegen rivalisierende Gruppen engagiert verteidigen, gehört zu den absoluten Universalien ihrer Natur und damit ihrer Kultur.

Hat sich eine Gruppe mit einem bestimmten Zweck gebildet, so sind freilich ihre Grenzen flexibel. Familien werden normalerweise als Untergruppen integriert, obwohl sie durch Loyalitäten zu anderen Gruppen häufig gespalten sind. Dasselbe gilt für Verbündete, Neulinge, Konvertiten, Ehrenmitglieder und aus anderen Gruppen übergelaufene Verräter. Jedes Mitglied einer Gruppe erhält eine Identität und ein Recht auf gewisse Ansprüche. Umgekehrt verleiht alles Ansehen und Vermögen, das der Einzelne erwirbt, seinen Gruppengenossen Identität und Macht.

Moderne Gruppen entsprechen psychologisch den Stämmen der ur- und vorgeschichtlichen Zeit. Als solche sind diese Gruppen direkt aus den Verbänden der primitiven Vormenschen hervorgegangen. Der Instinkt, der sie aneinanderbindet, ist das biologische Produkt der Gruppenselektion.

Menschen brauchen einen Stamm. Er verleiht ihnen einen Namen und ihre eigene soziale Bedeutung in einer chaotischen Welt. Er reduziert die Desorientierung und die Gefahren der Umwelt. Die soziale Welt jedes modernen Menschen ist nicht ein einzelner Stamm, sondern eher ein System einander überlappender Stämme, in denen eine singuläre Ausrichtung nur selten möglich ist. Menschen genießen den Umgang mit Gleichgesinnten, und sie bemühen sich darum, zu den Besten zu gehören: vielleicht zu einem Elitekorps der Armee, einer Elitehochschule, dem Vorstand eines Unternehmens, einer religiösen Sekte, einer Bruderschaft oder einem Gartenverein – jeder Kollektivität, die sich vorteilhaft mit anderen, konkurrierenden Gruppen derselben Kategorie vergleichen lässt.

Auf der ganzen Welt sind die Menschen aus Furcht vor den Folgen heute zurückhaltender mit dem Krieg und wenden sich zunehmend seinem moralischen Äquivalent in sportlichen Auseinandersetzungen zu. Das Bedürfnis nach Gruppenzugehörigkeit und nach der Überlegenheit der eigenen Gruppe lässt sich mit einem Sieg der Krieger beim Aufeinandertreffen auf ritualisierten Schlachtfeldern befriedigen. Wie die aufgeräumten, herausgeputzten Bürger von Washington, D.C., die zu Beginn des Amerikanischen Bürgerkriegs vor die Tore der Stadt traten, um sich die Erste Schlacht am Bull Run anzusehen, freuen sie sich schon auf das Erlebnis. Bereits der Anblick ist ein erhebendes Gefühl für die Fans: die uniformähnlichen Trikots und Wappen, die Ausrüstung, die Siegerpokale und die Banner der Vereine, womöglich die tanzenden, halb nackten Mädchen mit dem so passenden Namen Cheerleader. Einige der Fans tragen seltsame Kostüme und Schminke zu Ehren ihrer Mannschaft. Nach einem Sieg richten sie Triumphfeiern aus. Viele, besonders die jungen Leute im Alter von Kriegern und Maiden, werfen alle Scheu ab und geben sich ganz dem Geist der Schlacht und dem anschließenden Freudentaumel hin. Als an einem Abend im Juni 1984 in der US-Basketball-Liga die Boston Celtics gegen die Los Angeles Lakers antraten, war die Mannschaft in Ekstase, und ihr Mantra hieß «Celts Supreme!». Der Sozialpsychologe Roger Brown, der die Auswirkungen des Spiels beobachtete, erklärte: «Nicht nur die Spieler fühlten sich erhaben, sondern all ihre Fans. In der Nordkurve herrschte Ekstase. Die Fans strömten aus dem Stadion und den umliegenden Bars, sie führten gleichsam schwebend Breakdance-Einlagen vor, Kippe im Mundwinkel, Arme hochgereckt und laut kreischend. Die Kühlerhaube eines Autos wurde platt getrampelt, weil ungefähr dreißig Menschen sich jubelnd darauf drängten, und der Fahrer – selbst auch ein Fan – lächelte glücklich. Eine improvisierte Autoparade kroch hupend durch die Straßen. Auf mich wirkte es nicht so, als freuten sich diese Fans einfach nur mit ihrer Mannschaft oder fühlten mit den Spielern. Sie waren selbst auf Wolke sieben. An diesem Abend war das Selbstwertgefühl jedes einzelnen Fans erhaben; eine soziale Identität hatte vielen persönlichen Identitäten unglaublich gut getan.»

Und Brown ergänzt noch einen wichtigen Punkt: «Die Identifizierung mit einer Sportmannschaft hat etwas von der Willkür lediglich kognitiv existierender sogenannter minimaler Gruppen. Um ein Fan der Celtics zu sein, muss man nicht in Boston geboren sein, muss nicht einmal dort wohnen, und dasselbe gilt für die Mannschaftsmitglieder. Als Individuen oder unter dem Kommando anderer Gruppenmitgliedschaften könnten sowohl Fans als auch Mannschaftsmitglieder einander sehr feindlich gesinnt sein. Solange aber die Zugehörigkeit zu den Celtics vorherrschte, ritten alle auf derselben Welle.»[22]

Jahrelange Versuche in der Sozialpsychologie haben gezeigt, wie schnell und entschieden sich Menschen in Gruppen aufteilen und dann zugunsten der einen Gruppe, der sie angehören, diskriminieren. Selbst wenn die Versuchsgruppen willkürlich eingeteilt und dann so gekennzeichnet wurden, dass die Mitglieder einander identifizieren konnten, und selbst wenn die vorgegebenen Interaktionen trivial waren, kam es bald zu Bevorzugungen der Eigengruppe. Ob Gruppen um Pfennigbeträge spielten oder sich als die identifizierten, denen ein abstrakter Maler besser gefiel als ein anderer, immer ordneten die Probanden die fremde Gruppe der eigenen Gruppe unter. Sie befanden ihre «Gegner» als weniger liebenswert, weniger fair, weniger vertrauenerweckend, weniger kompetent. Zu den Bevorzugungen kam es sogar dann, wenn die Probanden wussten, dass die Zuteilung zur eigenen und zur fremden Gruppe willkürlich war. In einer solchen Versuchsreihe sollten die Teilnehmer

Geldbeträge unter anonym bleibenden Mitgliedern der beiden Gruppen aufteilen, und es zeigte sich dieselbe Bevorzugung. Selbst wenn keine weiteren Anreize bestehen und kein Kontakt vorausgeht, erzeugt die Zuweisung zu einer Gruppe starke Bevorzugung,

In ihrer Durchsetzungskraft und Einheitlichkeit trägt die Neigung, Gruppen zu bilden und Mitglieder der eigenen Gruppe zu bevorzugen, alle Kennzeichen eines Instinkts.[23] Es ließe sich argumentieren, dass die Bevorzugung der eigenen Gruppe bedingt wird durch frühes Training darauf, sich Familienmitgliedern anzuschließen und mit Nachbarskindern zu spielen. Doch selbst wenn solche Erfahrungen eine Rolle spielen, wäre dies ein Beispiel dafür, was in der Psychologie als «Bereitschaft zum Lernen» bezeichnet wird, also die angeborene Neigung, etwas schnell und entschieden zu erlernen. Beinhaltet die Neigung zur Bevorzugung der eigenen Gruppe alle diese Kriterien, so wird sie wahrscheinlich vererbt. In diesem Fall kann man begründet davon ausgehen, dass sie über die Evolution durch natürliche Selektion herausgebildet wurde. Andere überzeugende Beispiele für die menschliche Bereitschaft zum Lernen sind Sprache, Vermeidung des Inzests und der Erwerb von Phobien.

Wenn Gruppenverhalten wirklich ein Instinkt ist, der in der Lernbereitschaft zum Ausdruck kommt, sollten wir Zeichen davon schon bei sehr kleinen Kindern erwarten können. Und genau dieses Phänomen wurde von Kognitionspsychologen beobachtet. Neugeborene Kinder sind außerordentlich empfänglich für die ersten Laute, die sie hören, für das Gesicht ihrer Mutter und die Klänge ihrer Muttersprache. Später betrachten sie bevorzugt Personen, die zuvor in Hörnähe ihre Muttersprache gesprochen haben. Vorschulkinder neigen zu Freundschaften mit Sprechern ihrer Muttersprache. Diese Bevorzugungen beginnen schon vor dem sinnerfassenden Sprachverständnis und werden auch dann gezeigt, wenn die Sprache mit verschiedenen Akzenten voll verstanden wird.[24]

Der Grundantrieb, eine Gruppenzugehörigkeit herauszubilden und daraus tiefe Befriedigung zu ziehen, lässt sich auf einer höheren Ebene leicht auf Stammesgesellschaften übertragen. Der Mensch neigt zum Ethnozentrismus. Es ist eine unbequeme Tatsache, dass selbst im Fall folgenloser Entscheidungsfreiheit Individuen die Gemeinschaft von Menschen derselben Hautfarbe, Staatsangehörigkeit, Familie oder Religion bevorzugen. Sie vertrauen ihnen mehr, entspannen sich im privaten oder geschäftlichen Bereich leichter und wählen sie häufiger zum Ehepartner als andere. Hingegen geraten sie schneller in Wut, wenn klar ist, dass ein Fremdgruppenmitglied sich unfair verhält oder unverdient belohnt wird. Und sie reagieren feindselig, wenn eine Fremdgruppe auf das Revier oder die Ressourcen der Eigengruppe übergreift. Literatur und Geschichte strotzen von Berichten darüber, was im Extremfall passiert, so etwa folgende Passage aus dem alttestamentlichen Buch Richter:

Und die Gileaditer besetzten die Furten des Jordans vor Ephraim. Wenn nun einer von den Flüchtlingen Ephraims sprach: Lass mich hinübergehen!, so sprachen die Männer von Gilead zu ihm: Bist du ein Ephraimiter? Wenn er dann antwortete: Nein!, ließen sie ihn sprechen: Schibbolet. Sprach er aber: Sibbolet, weil er's nicht richtig aussprechen konnte, dann ergriffen sie ihn und erschlugen ihn an den Furten des Jordans, sodass zu der Zeit von Ephraim fielen zweiundvierzigtausend. (Ri 12,5–6)

Als man in einer Versuchsreihe schwarzen und weißen Amerikanern in schneller Folge Bilder von Menschen der jeweils anderen Hautfarbe vorlegte, wurde ihre Amygdala, das Angstzentrum im Gehirn, so schnell und subtil aktiviert, dass die bewussten Hirnregionen die Reaktion gar nicht wahrnahmen. Der Proband konnte einfach nicht anders. Wurden dagegen geeignete Kontexte mitgeliefert – etwa dass der sich nähernde Schwarze Arzt und der Weiße sein Patient war –, so wurden zwei andere Hirnregionen aktiviert, die mit den höheren Lernzentren in Verbindung stehen (dem Gyrus cinguli und dem dorsolateralen präfrontalen Cortex) und den Input der Amygdala schwächten.[25]

Durch Gruppenselektion haben sich also verschiedene Teile des Gehirns herausgebildet, die der Gruppe den höchsten Wert beimessen. Sie folgen der Veranlagung, Mitglieder der Fremdgruppe herabzustufen, oder unterdrücken im Gegenteil die unmittelbaren, autonomen Wirkungen dieser Neigung. Wenige oder gar keine Schuldgefühle trüben das Vergnügen, gewaltsame Sportveranstaltungen und Kriegsfilme anzusehen, vorausgesetzt, die Amygdala bestimmt das Geschehen und die Handlung entwickelt sich so, dass der Feind am Ende zufriedenstellend geschlagen wird.

8.
KRIEG ALS ANGEBORENES ÜBEL DER MENSCHHEIT

«Die Geschichte ist ein Blutbad», schrieb William James, dessen Aufsatz gegen den Krieg von 1906 wohl der beste ist, der je zu diesem Thema geschrieben wurde. «Der moderne Krieg ist so teuer», heißt es dort weiter, «dass wir der Meinung sind, Handel ist ein besserer Weg zur Ausplünderung; doch der moderne Mensch erbt all die angeborene Kriegslust und alle Ruhmesliebe seiner Vorfahren. Werden die Irrationalität und der Schrecken des Kriegs aufgezeigt, so hat das keinerlei Wirkung auf ihn. Der Schrecken fasziniert ihn erst. Krieg ist das *starke* Leben; es ist ein Leben *in extremis*; Kriegssteuern sind die einzigen, die der Mensch nie zu zahlen scheut, wie die Haushalte aller Nationen es uns beweisen.»[26]

Unsere blutrünstige Natur, so lässt sich heute im Kontext der modernen Biologie argumentieren, ist so tief in uns verwurzelt, weil die Konstellation Gruppe gegen Gruppe eine grundlegende Antriebskraft war, die uns zu dem gemacht hat, was wir sind. In prähistorischer Zeit hob die Gruppenselektion die Hominiden, die zu reviergebundenen Fleischfressern wurden, auf die Höhen der Solidarität empor, zum Erfindungs- und Unternehmungsgeist. Und zur *Angst*. Jeder Stamm wusste zu Recht, dass er, wenn er nicht bewaffnet und kampfbereit war, in seiner schieren Existenz bedroht war. In der Geschichte war das Hauptziel für die Fortentwicklung der meisten Technologien immer die Steigerung der Kampffähigkeit. Noch heute sind die Feiertagskalender der Nationen von Gedenktagen durchzogen, die an gewonnene Kriege oder an gefallene Kriegsteilnehmer erinnern. Öffentliche Zustimmung lässt sich am besten dadurch steigern, dass man an die Emotionen eines Kampfes auf Leben und Tod appelliert, in denen die Amygdala die Meisterin ist. Wir befinden uns in einer *Schlacht* gegen eine Ölkatastrophe, im *Krieg* gegen die Inflation und unternehmen einen *Feldzug* gegen den Krebs. Wo immer es einen Feind gibt, und egal ob er lebt oder nicht: Wir brauchen einen Sieg. An der Front müssen wir uns durchsetzen, egal, wie teuer es uns zu Hause zu stehen kommt.

Für einen echten Krieg ist jede Rechtfertigung willkommen, sofern er nur als notwendig gilt, um den Stamm zu schützen. Erinnerungen an vergangene Gräuel bleiben wirkungslos. Von April bis Juni 1994 machten sich Todeskommandos der Hutu-Mehrheit in Ruanda daran, die Tutsi-Minderheit zu vernichten, die damals das Land beherrschte. In hundert Tagen wurden in einem hemmungslosen Gemetzel 800 000 Menschen, zumeist Tutsi, mit Messern und Gewehren getötet. Die Bevölkerung von Ruanda wurde um zehn Prozent dezimiert. Als dem Töten schließlich Einhalt geboten wurde, flohen zwei Millionen Hutu aus dem Land, weil sie Vergeltung fürchteten. Der unmittelbare Anlass für das Blutbad waren politische und soziale Missstände, die aber alle in einem Hauptgrund wurzelten: Ruanda war das am meisten übervölkerte Land Afrikas. Für die ständig wachsende Bevölkerung schrumpfte das nutzbare Land pro Einwohner auf dramatische Weise. Die tödliche Auseinandersetzung ging letztlich darum, welcher Stamm den Boden insgesamt besitzen und beherrschen sollte.

Vor dem Genozid waren die Tutsi dominant gewesen. Die belgischen Kolonialherren hatten sie für den besseren der beiden Stämme befunden und sie dementsprechend bevorzugt. Natürlich glaubten die Tutsi auch selbst daran, und obwohl die beiden Stämme dieselbe Sprache sprachen, behandelten sie die Hutu als minderwertig. Die Hutu ihrerseits betrachteten die Tutsi als Invasoren, die vor mehreren Generationen aus Äthiopien eingewandert waren. Vielen von denen, die über ihre Nachbarn herfielen, war das Land der von ihnen getöteten Tutsi versprochen worden. Wenn sie die Leichen der Tutsi in den Fluss warfen, höhnten sie, sie schickten ihre Opfer zurück nach Äthiopien.

Die Abspaltung einer Gruppe, deren Mitgliedern die Humanität abgesprochen wird, rechtfertigt jede Brutalität, auf jeder Ebene und egal, wie groß die Opfergruppe ist, bis hin zu ganzen Rassen oder Bevölkerungen. Das Terrorregime unter Stalin führte im Winter 1932/33 zum vorsätzlichen Hungertod von über drei Millionen Sowjetukrainern. 1937 und 1938 wurden 681 692 Hinrichtungen wegen vermeintlicher «politischer Verbrechen» vorgenommen; betroffen waren in über 90 Prozent der Fälle Bauern, die sich angeblich der Kollektivierung widersetzten. Die UdSSR insgesamt litt genauso stark unter der brutalen Invasion der Nationalsozialisten, deren Ziel die Unterwerfung der «minderwertigen» Slawen war, um Lebensraum für die Ausdehnung der rassisch «reinen» arischen Völker zu schaffen.[27]

Und wenn es keinen anderen passenden Grund gab, um einen Expansionskrieg zu führen, so konnte und kann dafür immer Gott herhalten. Es war der Wille Gottes, der die Kreuzfahrer an die Levante führte. Sie wurden im Voraus mit päpstlichen Ablassbriefen bezahlt. Sie marschierten unter dem Zeichen des Kreuzes und forderten, dass das vermeintlich wahre Kreuz in die Hände der Christen zurückfiel. Bei der Belagerung von Akkon im Jahr 1191 ließ der englische König Richard I. 2700 muslimische Kriegsgefangene so nah an die Schlachtlinie bringen, dass Saladin sehen konnte, wie sie allesamt durch das Schwert niedergemetzelt wurden. Angeblich wollte Richard die muslimischen Anführer von seinem eisernen Willen überzeugen, aber genauso gut könnte sein Beweggrund der Wunsch gewesen sein, die Gefangenen davon abzuhalten, je wieder zu den Waffen zu greifen. Wie dem auch sei: Der ultimative Beweggrund für all die Gräuel war, den Muslimen Land und Ressourcen abzuringen und sie den Königreichen der Christenheit zuzuschlagen.

Auch der Islam reihte sich in diese Logik ein. Ebenfalls zu Diensten Gottes belagerten die Osmanen unter Sultan Mehmed II. im Jahr 1453 Konstantinopel. Die Christen beteten zur Dreifaltigkeit und allen Heiligen, als sie sich in der riesigen Hagia Sofia drängten, während die osmanischen Streitkräfte auf das Augusteum strömten. Die verzweifelten Gebete wurden nicht erhört. An diesem Tag war die Gunst Gottes bei den Muslimen, und die Christen wurden niedergemetzelt oder als Sklaven verkauft.

Niemand brachte die tiefe Verbindung zwischen menschlicher und göttlicher Gewalt in den abrahamitischen Religionen besser zum Ausdruck als Martin Luther in seiner Schrift «Ob Kriegsleute auch in seligem Stande sein können» (1526):

Wohin rechnest du aber ein, daß die Welt böse ist, die Leute nicht Frieden halten wollen, rauben, stehlen, töten, Weib und Kind schänden, Ehre und Gut nehmen? Solchem allgemeinen Unfrieden in aller Welt, vor dem kein Mensch bestehen könnte, muß der kleine Unfrieden, der da Krieg und Schwert heißt, steuern. Darum ehrt Gott auch das Schwert so hoch, daß er's seine eigene Ordnung nennt, und will nicht, daß man sagen oder wähnen sollte, Menschen hätten es erfunden oder eingesetzt. Denn die Hand, die solch ein Schwert führt und würgt, ist alsdann auch nicht mehr eines Menschen Hand, sondern Gott henkt, rädert, enthauptet, würgt und führt Krieg. Es sind alles seine Kriege und Gerichte.[28]

Und so ist es immer gewesen. Thukydides berichtet, die Athener hätten das unabhängige Volk von Melos aufgefordert, im Peloponnesischen Krieg das Bündnis mit Sparta aufzukündigen und sich dem Attischen Seebund anzuschließen. Gesandte beider Städte diskutierten die Frage. Die Athener erklärten, welches Fatum die Götter den Menschen bestimmt hätten: «doch das Mögliche der Überlegene durchsetzt, der Schwache hinnimmt.» Die Melier erwiderten, sie würden sich niemals versklaven lassen und überließen sich der Gerechtigkeit der Götter. Daraufhin die Athener: «Wir glauben nämlich, vermutungsweise, daß das Göttliche, ganz gewiß aber, daß das Menschenwesen allezeit nach dem Zwang seiner Natur, soweit es Macht hat, herrscht. Wir haben dies Gesetz weder gegeben noch ein vorgegebenes zuerst befolgt, als gültig überkamen wir es, und zu ewiger Geltung werden wir es hinterlassen, und wenn wir uns daran halten, so wissen wir, daß auch ihr und jeder, der zur selben Macht wie wir gelangt, ebenso handeln würde. Vor den Göttern brauchen wir also darum nach der Wahrscheinlichkeit keinen Nachteil zu befürchten.» Als die Melier sich weiterhin verweigerten, rückten bald die attischen Streitkräfte an, um Melos gewaltsam zu erobern. Im ruhigen Ton der klassischen griechischen Tragödie berichtet Thukydides: «Die Athener richteten alle erwachsenen Melier hin, soweit sie in ihre Hand fielen, die Frauen und Kinder verkauften sie in die Sklaverei. Den Ort gründeten sie selbst neu, indem sie später 500 attische Bürger dort ansiedelten.»[29]

Die Erbarmungslosigkeit der menschlichen Natur symbolisiert eine bekannte Fabel. Ein Skorpion bittet einen Frosch, ihn über einen Fluss zu setzen. Der Frosch lehnt zunächst ab, aus Angst, der Skorpion könne ihn unterwegs stechen. Der Skorpion versichert dem Frosch, er werde das ganz gewiss nicht tun. Schließlich, so sagt er, werden wir beide untergehen, wenn ich dich steche. Der Frosch willigt ein, und auf halbem Weg sticht ihn der Skorpion. Warum hast du das getan, fragt der Frosch, als sie beide untergehen. So ist eben meine Natur, erklärt der Skorpion.

Man sollte nicht meinen, der Krieg, häufig begleitet von Genozid, sei ein kulturelles Artefakt einzelner Gesellschaften. Genauso wenig ist er ein Irrtum der Geschichte, das Ergebnis wachsenden Leids im Reifeprozess unserer Spezies. Krieg und Genozid sind universell und ewig, sie gehören nicht zu bestimmten Zeiten oder Kulturen. Seit dem Ende des Zweiten Weltkriegs sind gewaltsame zwischenstaatliche Auseinandersetzungen deutlich weniger geworden, was zum Teil auf die nukleare Pattsituation der Hauptmächte zurückzuführen war (zwei Skorpione in einer Riesenflasche). Bürgerkriege, Aufstände und staatlich geförderter Terrorismus gehen aber unver-

8.1 Für die Maya war Krieg eine normale Lebensform, wie die Wandgemälde von etwa 800 v. Chr. in Bonampak, Mexiko, illustrieren.

mindert weiter. Insgesamt sind die großen Weltkriege kleinen Kriegen gewichen, deren Ablauf und Umfang eher typisch für die Gesellschaften der Jäger und Sammler und der primitiven Ackerbauern sind. Die zivilisierten Gesellschaften haben Folter, Hinrichtung und die Ermordung von Zivilisten abzuschaffen versucht, aber die Gesellschaften, die kleine Kriege führen, halten sich nicht daran.

An archäologischen Ausgrabungsstätten finden sich vielfältige Beweise für Konflikte zwischen Bevölkerungen.[30] Ein Großteil der beeindruckendsten Bauwerke der Geschichte dienten Verteidigungszwecken, etwa die Chinesische Mauer, der Hadrianswall in England, die großartigen Burgen und Festungen in Europa und Japan, die Felsbehausungen der Anasazi-Stämme im Südwesten der USA, die Stadtmauern von Jerusalem und

8.2 Die Yanomamo sind einer der letzten indigenen Volksstämme Südamerikas mit einer Bevölkerung von 10 000 Personen, die auf etwa 200 bis 250 streng unabhängige Dörfer verteilt leben. Überfälle auf Nachbardörfer sind verbreitet. Hier stellen sie sich am Vorabend eines Aufbruchs zu einem derartigen Überfall in Reihen auf, ihre Gesichter und Körper sind mit zerkauter Holzkohle bemalt.

Konstantinopel. Selbst die Akropolis war ursprünglich eine ummauerte Festungsstadt.

Hinweise auf Massaker sind für Archäologen nichts Außergewöhnliches. Unter den Werkzeugen aus der frühen Jungsteinzeit finden sich Geräte, die eindeutig zum Kämpfen gemacht sind. Der Mann aus dem Eis oder Ötzi, der 1991 in den Ötztaler Alpen als gefrorene Mumie entdeckt und dessen Alter auf über 5000 Jahre bestimmt wurde, starb an der Verletzung durch eine Pfeilspitze, die in seiner Schulter gefunden wurde. Er trug einen Bogen, einen Köcher mit Pfeilen und einen Dolch aus Feuerstein, wahrscheinlich zum Jagen und Häuten von Wild. Zudem besaß er aber ein Beil mit Kupferblatt, das keine Spuren einer Verwendung durch einen Waldbewohner zeigt, der Holz und Knochen hätte bearbeiten müssen. Wahrscheinlich war es eher ein Kriegsbeil.

Häufig hört man, die wenigen überlebenden Gesellschaften von Jägern und Sammlern – am bekanntesten sind die San im südlichen Afrika und die australischen Aborigines –, die in ihrer sozialen Organisation unseren Vorfahren ähneln, führten keine Kriege und bezeugten daher, wie spät in der Geschichte der gewaltsame Massenkonflikt aufkam. Die genannten Stämme wurden aber von den europäischen Kolonisten marginalisiert und dezimiert, im Fall der San zudem von den früheren Zulu- und Herero-Invasoren. Zuvor lebten die San in größeren Populationen und in sehr viel weitläufigeren und produktiveren Lebensräumen als dem Gestrüpp- und Wüstenland, das sie heute bewohnen. Und auch sie führten Stammeskriege. Felsmalereien und die Berichte früher europäischer Forscher und Siedler belegen offene Schlachten zwischen bewaffneten Gruppen. Als die Herero zu Beginn des 19. Jahrhunderts in das Gebiet der San einfielen, wurden sie zunächst von deren Kriegstruppen zurückgedrängt.

Man könnte meinen, der Einfluss der friedliebenden östlichen Religionen, besonders des Buddhismus, würde sich konsequent gegen Gewalt richten. Doch dem ist nicht so. Wo immer der Buddhismus sich durchsetzte und zur offiziellen Ideologie wurde, sei es der Theravada-Buddhismus in Südostasien oder der tantrische Buddhismus in Ostasien und Tibet, wurde der Krieg toleriert und als Teil der religiös motivierten Staatspolitik sogar gefördert. Die Begründung ist einfach und existiert genauso im Christentum: Frieden, Gewaltlosigkeit und Brüderlichkeit sind zentrale Werte, aber eine Bedrohung buddhistischer Gesetze und Kulturen ist ein Übel, das abgewehrt werden muss. Das hieß: «Tötet sie alle, und Buddha wird die Seinen aufnehmen.»

Im sechsten Jahrhundert machten sich chinesische Rebellen unter der buddhistischen Parole «Großes Fahrzeug» (Mahayana) daran, alle «Dämonen» der Welt auszutreiben – angefangen mit den buddhistischen Würdenträgern. In Japan wurde der Buddhismus zum Instrument der Feudalkämpfe umgebildet, was zum Aufkommen der «Kriegermönche» führte. Erst Ende des

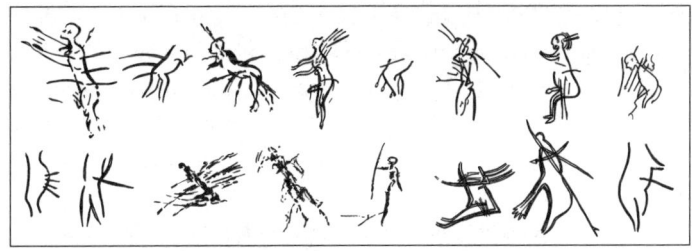

8.3 Das Töten von Menschen durch Speere, meist mehrere an der Zahl, wird in verschiedenen europäischen Höhlen auf steinzeitlichen Malereien dargestellt. Die beigebrachten tödlichen Verwundungen könnten auf Mord oder Hinrichtungen deuten, wahrscheinlicher stellen die Zeichnungen (nach Meinung des Autors) aber von Kriegsparteien niedergerungene einzelne Gegner dar.

16. Jahrhunderts konnte die zentrale Militärregierung die mächtigen Klöster niederringen. Nach der Meiji-Restauration im Jahr 1868 wurde der japanische Buddhismus Teil der nationalen «spirituellen Mobilisierung».[31]

Und wie verhält es sich mit der prähistorischen Zeit? Ist die Kriegslust vielleicht eine Folge der Verbreitung von Landwirtschaft und Sesshaftigkeit sowie der steigenden Bevölkerungsdichte? Das war ganz offensichtlich nicht der Fall. In Gräberfeldern von Jägern und Sammlern der Jung- und Mittelsteinzeit im Niltal und in Bayern finden sich Massengräber offenbar ganzer Clans. Viele von ihnen sind gewaltsam durch Knüppel, Speer oder Pfeilschüsse getötet worden. Von der Jungsteinzeit angefangen vor 40 000 bis vor etwa 12 000 Jahren belegen zerstreute Knochenfunde häufig, dass Menschen an Hieben auf den Kopf umgekommen sind, Knochen weisen häufig Schnittkerben auf. Wir reden hier von der Zeit der berühmten Höhlenmalereien von Lascaux und andernorts, die gelegentlich darstellen, wie Menschen vom Speer getroffen werden oder bereits tot oder sterbend am Boden liegen.

Wie weit die Verbreitung gewaltsamer Gruppenkonflikte zurück in die Geschichte des Menschen reicht, lässt sich auch noch anders überprüfen. Archäologen haben errechnet, dass mit der Auswanderung von Populationen des *Homo sapiens* aus Afrika vor etwa 60 000 Jahren die erste Welle bis nach Neuguinea und Australien vordrang. Die Nachkommen dieser Pioniere blieben in diesen abgelegenen Gegenden Jäger und Sammler oder ganz primitive Ackerbauern, bis die Europäer zu ihnen vordrangen. Noch lebende Populationen ähnlich früher Abkunft und mit vergleichbar archaischen Kulturen sind die Ureinwohner der Insel Little Andaman vor der Ostküste Indiens, die Mbuti-Pygmäen in Zentralafrika und die !Kung-San im südlichen Afrika. Alle weisen heute oder in historisch erinnerbarer Vergangenheit aggressives Territorialverhalten auf.

Tabelle 8.1 Archäologische und ethnographische Befunde über den Anteil der Erwachsenensterblichkeit, die auf Kriegseinwirkung zurückzuführen ist. «Vor heute» in der mittleren Spalte bedeutet «vor 2008».

Fundort	Ungefähre Datierung der archäologischen Befunde (Jahre vor heute)	Anteil der Erwachsenensterblichkeit durch Kriegseinwirkung (in Prozent)
British Columbia (30 Fundorte)	5500–334	23
Nubien (Fundort 117)	14 000–12 000	46
Nubien (Nähe Fundort 117)	14 000–12 000	3
Vasilivka III, Ukraine	11 000	21
Voloske, Ukraine	«epipaläolithisch»	22
Südkalifornien (28 Fundorte)	5500–628	6
Zentralkalifornien	3500–500	5
Schweden (Skateholm 1)	6100	7
Zentralkalifornien	2415–1773	8
Sarai Nahar Rai, Nordindien	3140–2854	30
Zentralkalifornien (2 Fundorte)	2240–238	4

Fundort	Ungefähre Datierung der archäologischen Befunde (Jahre vor heute)	Anteil der Erwachsenensterblichkeit durch Kriegseinwirkung (in Prozent)
Gobero, Niger	16 000–8200	0
Calumnata, Algerien	8300–7300	4
Ile Téviec, Frankreich	6600	12
Bogebakken, Dänemark	6300–5800	12

Population, Region	Ethnographische Befunde (Datierung)	Anteil der Erwachsenensterblichkeit durch Kriegseinwirkung (in Prozent)
Ache, Ost-Paraguay[1]	Prä-Kontakt-Zeit (1970)	30
Hiwi, Venezuela-Kolumbien[1]	Prä-Kontakt-Zeit (1960)	17
Murgin, Nordost-Australien[1,2]	1910–1930	21
Ayoreo, Bolivien-Paraguay[3]	1920–1979	15
Tiwi, Nordaustralien[4]	1893–1903	10
Modoc, Nordkalifornien	«Ureinwohner-Zeit»	13
Casiguran Agta, Philippinen[1]	1936–1950	5
Anbara, Nordaustralien[1,2,5]	1950–1960	4

[1] Jäger und Sammler; [2] Meeresnahrung; [3] saisonale Jäger und Sammler bzw. Ackerbauer; [4] sesshafte Jäger und Sammler; [5] seit kurzem sesshaft

Zu dem sehr kleinen Anteil der Tausenden weltweit von Anthropologen untersuchten Kulturen, die als «friedfertig» gelten, gehören die Copper- und Ingalik-Inuit, die Gebusi auf Neuguinea, die Semang auf der malaiischen Halbinsel, die Sirionó in Amazonien, die Yámana auf Feuerland, die Warao im östlichen Venezuela und die Ureinwohner der tasmanischen Westküste. Zumindest bei einigen von ihnen gibt es aber eine hohe Häufigkeit von Tötungsdelikten. Bei den Gebusi auf Neuguinea und den Copper-Inuit war ein Drittel aller Todesfälle bei Erwachsenen auf Totschlag zurückzuführen. «Das könnte sich durch die Tatsache erklären», schrieben die Anthropologen Steven A. LeBlanc und Katherine E. Register, «dass in kleinen Gesellschaften fast jeder mit jedem verwandt ist, wenn auch nur entfernt. Da ergeben sich natürlich ein paar verwirrende Fragen: Wer gehört zur Eigengruppe und wer zur Fremdgruppe? Welches Töten gilt als Totschlag und welches als Kampfhandlung? Solche Fragen und Antworten drehen sich irgendwann im Kreis. Zum Teil hängt also diese so genannte Friedfertigkeit mehr davon ab, wie man Totschlag und Kampfhandlung definiert, als von der Wirklichkeit. Im Grunde führten einige dieser Gesellschaften doch Kriege, aber man tat sie eben gewöhnlich als klein und unbedeutend ab.»[32]

Die Schlüsselfrage zur Dynamik der genetischen Evolution des Menschen lautet, ob die natürliche Selektion auf Gruppenebene stark genug war, um den Einfluss der natürlichen Selektion auf der Ebene des Individuums auszuhebeln. Anders gefragt: Waren die Kräfte, die instinktives altruistisches Verhalten gegenüber anderen Gruppenmitgliedern förderten, stark genug, um individuelles egoistisches Verhalten zu benachteiligen? Mathematische Modelle aus den 1970er Jahren haben ergeben, dass die Gruppenselektion überwiegen kann, wenn die Aussterbensrate von Gruppen oder die Dezimierung innerhalb von Gruppen ohne altruistische Gene sehr hoch liegt. Ein bestimmter Typ solcher Modelle legt Folgendes nahe: Übersteigt die Wachstumsrate der Gruppenvermehrung mit altruistischen Mitgliedern die Wachstumsrate egoistischer Individuen innerhalb der Gruppen, so kann sich genbasierter Altruismus in einer Gruppenpopulation ausbreiten. Erst 2009 erstellte der theoretische Biologe Samuel Bowles ein realistischeres Modell, das gut mit den empirischen Werten harmoniert. Sein Ansatz beantwortet folgende Frage: Angenommen, kooperative Gruppen hatten bessere Chancen, sich im Konflikt gegen andere Gruppen durchzusetzen, gab es dann ausreichend

Gewalt zwischen Gruppen, damit sie die Evolution des menschlichen Sozialverhaltens beeinflussen konnte? Schätzungen der Sterblichkeitsraten in Gruppen von Jägern und Sammlern von der Jungsteinzeit bis heute, die in Tabelle 8.1 aufgeführt werden, stützen genau diese These.[33]

Stammesaggressivität reicht damit weit hinter die Jungsteinzeit zurück; allerdings kann bisher niemand sagen, wie weit. Der Anfang lag vielleicht beim *Homo habilis*, dessen Populationen zur Deckung ihres Fleischbedarfs stark auf Aasfund oder Jagd angewiesen waren. Und es kann sehr gut sein, dass dieses Erbe noch sehr viel älter ist und vor die Trennung zwischen den Abstammungslinien des modernen Schimpansen und des Menschen vor sechs Millionen Jahren zurückgeht. Etliche Forscher, angefangen mit Jane Goodall, dokumentierten Morde in Schimpansengruppen und Überfälle von Gruppen mit tödlichem Ausgang. Es zeigt sich dabei, dass Schimpansen, menschliche Jäger und Sammler und die ersten Ackerbauern innerhalb und zwischen Gruppen etwa dieselben Sterblichkeitsraten aufgrund von Gewaltakten aufweisen. Gewalt ohne tödlichen Ausgang ist allerdings bei Schimpansen deutlich verbreiteter, nämlich hundert bis zu tausend Mal häufiger als beim Menschen.[34]

Schimpansen leben in Gruppen von bis zu 150 Individuen, die Territorien von bis zu 38 Quadratkilometern verteidigen, und das bei niedrigen Populationsdichten von etwa fünf Individuen pro Quadratkilometer. Innerhalb der Verbände bilden sich kleine Untergruppen heraus. Die durchschnittlich fünf bis zehn Mitglieder jeder Untergruppe bewegen sich, fressen und schlafen gemeinsam. Männchen verbringen ihr ganzes Leben in derselben Gruppe, die meisten Weibchen dagegen emigrieren als Jungtiere zu benachbarten Gruppen. Männchen sind geselliger als Weibchen. Außerdem sind sie sehr statusbewusst und stellen sich selbst häufig zur Schau, was immer wieder in Kämpfe mündet. Sie bilden Koalitionen und nutzen vielfältige Strategien und Täuschungsmanöver, um die Rangordnung zu festigen oder ihr gänzlich zu entgehen. Die Muster kollektiver Gewalt bei jungen Schimpansenmännchen ähneln auffällig denen junger Männer beim Menschen. Sie haben beständig ihren eigenen Status und den ihrer Truppe im Auge; gleichzeitig vermeiden sie tendenziell offenen Massenkonflikt mit rivalisierenden Gruppen und starten stattdessen Überraschungsangriffe.[35]

Ziel der Überfälle männlicher Banden auf benachbarte Gruppen ist ganz offensichtlich die Tötung oder Vertreibung von deren Mitgliedern und die Ausweitung des eigenen Territoriums. Solche Eroberungen unter vollständig natürlichen Bedingungen beobachteten in ihrer Gesamtheit John Mitani und seine Mitarbeiter im ugandischen Nationalpark Kibale. Der zehn Jahre andauernde Krieg war geradezu unheimlich menschlich. Alle zehn bis vierzehn Tage drangen Patrouillen von bis zu zwanzig Männchen auf das gegnerische Territorium vor, bewegten sich ruhig im Gänsemarsch, musterten das Land vom Boden bis an die Baumkronen und hielten bei jedem Geräusch vorsichtig inne. Trafen sie auf einen größeren Trupp als ihren eigenen, so lösten die Invasoren ihre Reihen auf und rannten in ihr eigenes Territorium zurück. Trafen sie dagegen auf ein einzelnes Männchen, so sprangen sie gemeinsam auf es zu und hieben und bissen es tot. Weibchen blieben normalerweise verschont. Diese Nachsicht war freilich kein Akt der Galanterie. Hatte sie nämlich ein Junges bei sich, so nahmen sie es ihr weg, töteten es und fraßen es auf. Nach einer so langen, konstanten Ausübung von Druck annektierten am Ende die Invasoren das gegnerische Territorium und fügten auf diese Weise ihrem eigenen Land 22 Prozent Fläche hinzu.[36]

Es lässt sich auf Grundlage des heutigen Wissensstandes nicht mit Gewissheit sagen, ob Schimpansen und Menschen ihr Muster territorialer Aggressivität von einem gemeinsamen Vorfahren geerbt haben oder ob sie es in Reaktion auf parallel laufenden Selektionsdruck und auf die Gegebenheiten in ihrer afrikanischen Heimat unabhängig voneinander herausbildeten. Versucht man freilich, die auffällig ähnlichen Details im Verhalten beider Arten mit Rückgriff auf möglichst wenige ungesicherte Vermutungen zu erklären, so muss die These gemeinsamer Vorfahren als wahrscheinlicher gelten.

Die Prinzipien der Populationsökologie erlauben es uns, den Ursprung für den Stammesinstinkt des Menschen genauer zu erforschen. Populationswachstum verläuft exponentiell. Wird jedes Individuum einer Population in jeder nachfolgenden Generation durch mehr als eines ersetzt – und selbst wenn dieser Anstieg nur minimal ausfällt, sagen wir um 1,01 –, so wächst die Population mit der Zeit immer schneller, so wie Geld auf dem Sparkonto oder verzinste Schulden. Eine Population von Schimpansen oder Menschen neigt stets zu exponentiellem Wachstum, wenn ausreichend Ressourcen vorhanden sind; doch nach wenigen Generationen wird selbst im besten Fall das Wachstum zwangsläufig gebremst. Es gibt immer einen Einflussfaktor, durch dessen Wirken die Population irgendwann die Maximalgröße erreicht und dann stabil bleibt oder auf- und abwärts schwankt. Gelegentlich bricht sie ein, und die Art stirbt lokal aus.

Worin besteht nun dieser Einflussfaktor? Es kann sich um etwas Beliebiges in der Natur handeln, dessen Wirkungsgrad mit der Populationsgröße steigt oder sinkt. Wölfe zum Beispiel sind der Begrenzungsfaktor für Hirsch- und Elchpopulationen, weil sie sie töten und fressen. Mit der Vermehrung der Wölfe wachsen Hirsch- und Elchpopulation nicht mehr an oder nehmen sogar ab. Gleichzeitig sind die Hirsch- und Elchmengen der Begrenzungsfaktor für die Wölfe: Geht der Raubtierpopulation die Nahrung aus, in diesem Fall Hirsch und Elch, so nimmt auch ihre Populationsgröße ab. Ein weiteres Beispiel für diesen Bezug ist der zwischen Krankheitserregern und den Wirten, die sie befallen. Bei einer Zunahme der Wirtspopulation in Größe und Dichte wächst die Parasitpopulation mit. In der Geschichte fegten immer wieder Krankheiten übers Land – Epidemien beim Menschen und Epizootien beim Tier –, bis die Wirtspopulationen weit genug reduziert waren oder ein ausreichender Anteil von ihnen Immunität erworben hatte. Krankheitserreger lassen sich als Räuber definieren, die ihre Beute weniger als eins zu eins auffressen.

Es gilt zudem ein weiteres Prinzip: Begrenzungsfaktoren wirken immer hierarchisch.[37] Nehmen wir an, Menschen töten die Wölfe und heben damit den primären Begrenzungsfaktor für Hirsche auf. Dadurch werden Hirsche und Elche zahlreicher – bis der nächste Faktor greift. Der kann zum Beispiel darin bestehen, dass die Pflanzenfresser ihr Revier überstrapazieren, so dass ihnen die Nahrung ausgeht. Ein weiterer Begrenzungsfaktor ist die Emigration, dass also Individuen bessere Überlebenschancen haben, wenn sie in andere Territorien abwandern. Emigration aufgrund von Populationsdruck ist ein hoch entwickelter Instinkt bei Lemmingen, Wanderheuschrecken, Monarchfaltern und Wölfen. Werden solche Populationen an der Emigration gehindert, so nehmen sie vielleicht wieder zu, aber sehr schnell treten schon andere Begrenzungsfaktoren auf. Bei vielen Tierarten geht es dabei um die Verteidigung von Revieren, die dem Revierbesitzer ein ausreichendes Nahrungsangebot sichern. Löwen brüllen, Wölfe heulen und Vögel singen, um zu verkünden, dass sie sich in ihrem Revier befinden, und um konkurrierende Artgenossen fernzuhalten. Menschen und Schimpansen sind sehr territoriumsgebunden. Das zeigt sich in der offensichtlichen Bevölkerungskontrolle, die in ihrem Gesellschaftssystem angelegt ist. Darüber, welche genauen Ereignisse am Ursprung der Abstammungslinien von Schimpanse und Mensch eintraten – also bevor sich Schimpansen und Menschen vor sechs Millionen Jahren trennten –, lässt sich nur spekulieren. Meines Erachtens aber passen die vorliegenden Befunde am besten zum folgenden Ablauf. Der ursprüngliche Begrenzungsfaktor, der mit der Einführung des Jagens in Gruppen zur Versorgung mit tierischen Proteinen noch stärker wirksam wurde, war die Nahrung. Territorialverhalten entwickelte sich als ein Mittel, um das Nahrungsmittelangebot zu beschlagnahmen. Expansionskriege und Annektierungen führten zu vergrößerten Territorien und begünstigten Gene, die Gruppenkohäsion,

Kooperation in Netzwerken und die Bildung von Bündnissen bewirkten.

Über Hunderttausende von Jahren verlieh der territoriale Zwang den kleinen, zerstreuten Verbänden des *Homo sapiens* Stabilität, so wie es noch heute bei den kleinen, verstreuten Populationen der modernen Jäger und Sammler der Fall ist. In dieser langen Phase ließen zufällig verteilte Umweltextreme die Populationsgröße innerhalb der Territorien ansteigen oder sinken. «Demografische Schocks» führten zu erzwungener Emigration oder zur aggressiven Ausdehnung von Territorien durch Eroberung oder zu beidem gleichzeitig. Zudem steigerten sie den Wert von Bündnissen außerhalb verwandtschaftsbedingter Netzwerke zur Überwindung anderer Nachbargruppen.[38]

Vor zehntausend Jahren begannen dank der neolithischen Revolution Landwirtschaft und Viehzucht weitaus größere Nahrungsmengen zur Verfügung zu stellen, so dass menschliche Populationen rasch anwachsen konnten. Dieser Fortschritt aber veränderte nicht die Natur des Menschen. Die Verbände wurden einfach größer, so schnell die reichhaltigen neuen Ressourcen es erlaubten. Als aber unvermeidlicherweise die Nahrung erneut zum Begrenzungsfaktor wurde, griff wieder der territoriale Zwang. Und die Nachkommen haben sich bis heute nicht verändert. Noch heute gleichen wir im Grunde unseren Vorfahren, die Jäger und Sammler waren, nur haben wir mehr Nahrung und größere Territorien. Je nach Region, so weisen es neuere Untersuchungen nach, haben die Populationen inzwischen eine Grenze erreicht, die ihnen der Nahrungs- und Wasservorrat setzt. Und so war es schon immer, für jeden Stamm, außer in den kurzen Phasen nach der Erschließung neuer Siedlungsgebiete, deren ursprüngliche Einwohner umgesiedelt oder getötet wurden.[39]

Der Kampf um die Kontrolle lebensnotwendiger Ressourcen geht weltweit weiter, und er wird immer erbitterter. Das Problem entstand deshalb, weil die Menschheit die große Gelegenheit nicht nutzte, die sich ihr beim Aufkommen der Jungsteinzeit bot. Damals hätte sie das Bevölkerungswachstum unter dem kritischen Grenzwert halten können. Wir aber, die Spezies Mensch, taten das Gegenteil. Wir konnten die Konsequenzen unseres anfänglichen Erfolges nicht absehen. Wir nahmen einfach, was wir bekamen, vermehrten uns weiter und konsumierten in blindem Gehorsam gegenüber den Instinkten, die wir von unseren niederen, unter brutaleren Zwängen lebenden altsteinzeitlichen Vorfahren geerbt hatten.

9.
DIE AUSWANDERUNG

Vor zwei Millionen Jahren durchstreiften die afrikanischen Australopithecina, deren Gene sich auf viele verschiedene Arten verteilten, noch die Savannenwälder und das Grasland Afrikas. Sie liefen auf den Hinterbeinen, was sie von sämtlichen anderen Primaten, die jemals existiert hatten, unterschied. Ihre Köpfe entsprachen in Form und Gebiss denen von Affen. Ihre Hirne waren nicht größer als die der großen Menschenaffen in ihrer Umgebung. Ihre Populationen waren klein und zerstreut, und zu jedem beliebigen Zeitpunkt hätten sie aussterben können. Und eine halbe Million Jahre später waren sie tatsächlich alle verschwunden.

Das heißt: alle außer einer. Die Radiation der Australopithecina hatte zu einem einzigen Überlebenden geführt, dessen Nachkommen nicht nur überleben, sondern gar die Welt dominieren sollten. Zunächst konnten diese Vorfahren der modernen Menschheit sich einer echten Zukunft ebenso wenig sicher sein wie zuvor ihre nahen Verwandten. Zwei Millionen Jahre vor heute hatte die bisher erfolgreiche Abstammungslinie der Australopithecina soeben den Übergang zum *Homo erectus* mit noch größerem Gehirn angetreten. Zwar blieb es weiterhin kleiner als beim heutigen *Homo sapiens*, aber er konnte bereits grobe Steinwerkzeuge herstellen und an seinen Lagerstätten kontrolliert das Feuer einsetzen. Die Populationen verließen Afrika, überzogen das Land Richtung Nordostasien und drangen dann südlich weiter vor bis nach Indonesien. Der *Homo erectus* war anpassungsfähiger als jeder Primat vor ihm. Einige seiner

Populationen überlebten in den kalten Wintern des heutigen nördlichen Chinas, andere im tropisch-schwülen Klima auf Java. In seinem großen Siedlungsgebiet haben Archäologen Fragmente aller Skelettteile des *Homo erectus* ausgegraben und wiederholt zusammengefügt. Und in zwei Sedimentschichten nahe des nordkenianischen Lake Turkana fand sich etwas genauso Wertvolles wie Schädel und Schenkelknochen: fossile Fußabdrücke. Die Abdrücke haben sich sehr wenig verändert, seit ein herumstreifender *Homo erectus* sie vor 1,5 Millionen Jahren in den Schlamm drückte, der ihm zwischen die Zehen quoll.[40]

Der *Homo erectus* hatte eine Kultur, die gegenüber der seiner Affen-Vorfahren weit fortgeschritten war, und konnte sich besser an neue, schwierige Umweltbedingungen anpassen. Er weitete sein Siedlungsgebiet aus und wurde der erste weltoffene, kosmopolitische Primat. Die einzigen Gebiete, die er nicht erreichte, waren die Inselkontinente Australien und Amerika sowie die abgelegenen Inselgruppen des Pazifiks. Eine seiner genetischen Abstammungslinien erlangte potenzielle Unsterblichkeit, indem sie sich zum *Homo sapiens* weiterentwickelte. Der alte *Homo erectus* lebt noch heute. Und zwar in uns.[41]

An den abgelegenen Außengrenzen seines Siedlungsgebiets brachte der *Homo erectus* weniger erfolgreiche Nachkommen hervor. Es handelt sich um den kleinwüchsigen *Homo floresiensis*, eine Art von Hominini mit kleinem Gehirn, die auf Flores, einer mittelgroßen der Kleinen Sundainseln östlich von Java, lebten. Wir besitzen Fossilien und Werkzeugfunde, die zwischen 94 000 und lediglich 13 000 Jahre alt sind. Bei einem Meter Körpergröße hatte der Flores-Mensch, scherzhaft auch als Hobbit bezeichnet, ein Gehirn, das nicht größer war als das der afrikanischen Australopithecina; bis heute wird über seine genaue Einordnung gerätselt. Wahrscheinlich ist er eine extreme Variante des *Homo erectus*, die sich in Isolierung von dessen indonesischer Hauptpopulation abtrennte. Seine kleine Körpergröße passt zu einer nicht ganz so exakten Regel von Insel-Biogeografien: Danach entwickeln sich auf Inseln isolierte Tierarten von weniger als zwanzig Kilogramm zu relativen Riesen (zum Beispiel die Riesenschildkröten auf Galapagos), während Tierarten von über zwanzig Kilogramm relativ zwergwüchsig bleiben (etwa der Zwerghirsch auf den Florida Keys). Erweist sich der momentan anerkannte Status als eigene Homini-Art als richtig, so lernen wir vom *Homo floresiensis* sehr viel über die Launen des Evolutionslabyrinths, denen der *Homo erectus* unterworfen war, bis er unsere Art ergab. Das relativ kurz zurückliegende Aussterben des Flores-Menschen nach einer langen Lebenszeit eröffnet die Möglichkeit, dass er, wie unsere Schwesternart Neandertaler, während der globalen Ausbreitung des großen Eroberers *Homo sapiens* ausgerottet wurde.

Der *Homo sapiens*, der erfolgreiche Abkömmling des *Homo erectus*, ist bei objektiver Betrachtung sogar ein noch größeres Rätsel als die Pygmäen auf Flores. Außer der gewölbten Stirn, dem übergroßen Gehirn und den langen, schmal zulaufenden Fingern weist unsere Art noch weitere auffällige biologische Merkmale auf, die die Taxonomen als «diagnostisch» bezeichnen – das heißt, in ihrer Kombination sind einige unserer Merkmale unter allen Tieren einzigartig:
- produktive Sprache auf der Grundlage infiniter Rekombinationen willkürlich erfundener Wörter und Symbole;
- Musik mit einem weiten Klangspektrum, ebenfalls in infiniten Rekombinationen und mit individuell gewählten stimmungsbildenden Mustern; fast durchgehend mit Metrum;
- ausgedehnte Kindheit und damit lange Lernphasen unter der Führung der Erwachsenen;
- anatomisch verborgene weibliche Geschlechtsteile und Verzicht auf die Markierung des Eisprungs, kombiniert mit beständiger sexueller Aktivität. Letztere fördert die Bindung unter Männchen und Weibchen sowie beiderlerlei Brutpflege, die in der langen Phase der frühkindlichen Hilflosigkeit notwendig sind;
- einzigartig schnelles und substanzielles Wachstum des

Hirnvolumens in der frühen Entwicklung (Anstieg auf die 3,3-fache Größe von der Geburt bis zur Geschlechtsreife);
– relativ schlanker Körperbau, kleine Zähne und geschwächte Kiefermuskeln, die auf eine Ernährung als Allesfresser hinweisen;
– Spezialisierung des Verdauungssystems auf Nahrung, die durch Garen weich gemacht wurde.

Vor etwa 700 000 Jahren entwickelten Populationen des *Homo erectus* größere Gehirne. Folglich hatten sie zumindest rudimentär einige der eben genannten diagnostischen Merkmale des *Homo sapiens* bereits erworben. Trotzdem sahen in dieser Frühzeit die Schädelformen noch ganz anders aus als heute. Der archaische *Homo erectus* besaß gewölbte Überaugenwülste, eine ausgeprägtere Schnauze und insgesamt einen breiteren Schädel als später der moderne *Homo sapiens*. Etwa 200 000 Jahre vor heute waren die afrikanischen Vorfahren dem heutigen Menschen schon näher gekommen. Die Populationen verwendeten auch schon weiterentwickelte Steinwerkzeuge und kannten womöglich schon erste Formen der Bestattung. Ihre Schädel aber waren immer noch relativ schwer gebaut. Erst vor etwa 60 000 Jahren, als der *Homo sapiens* aus Afrika auswanderte und sich rund um die Welt zu verbreiten begann, erwarb er die gesamten Skelettmaße der heutigen Menschheit.

Die Vorfahren, die Afrika verließen und die Erde eroberten, entstammten einer stark durchmischten genetischen Vielfalt. In ihrer gesamten Evolutionsgeschichte, über Hunderttausende von Jahren, waren sie Jäger und Sammler gewesen. Sie lebten in kleinen Verbänden, vergleichbar den heute noch überlebenden Verbänden aus mindestens dreißig und nicht mehr als etwa einhundert Individuen. Diese Gruppen waren lose verstreut. Die am engsten benachbarten Gruppen tauschten pro Generation einen kleinen Anteil von Individuen aus, wohl überwiegend Frauen. Sie entwickelten sich genetisch so weit auseinander, dass die Gesamtheit der Verbände (die Metapopulation, wie Biologen eine solche Gruppe nennen) weitaus vielfältiger war als die kleinere Gruppe Urmenschen, die Afrika schließlich verlassen sollten.

Dieser Unterschied hält sich bis heute. Es ist schon lange bekannt, dass Afrikaner südlich der Sahara genetisch eine weitaus größere Vielfalt aufweisen als die Ureinwohner anderer Erdteile. Wie groß diese Vielfalt tatsächlich ist, wurde besonders deutlich, als 2010 alle Protein-codierenden Genomsequenzen von vier Jäger-und-Sammler-Individuen der San (oder Khoisan) aus verschiedenen Teilen des Kalahari veröffentlicht wurden und außerdem die eines Bantu aus einem benachbarten Ackerbau treibenden Stamm im südlichen Afrika.[42] Erstaunlicherweise zeigte sich, dass trotz ihrer physischen Ähnlichkeit die vier San sich genetisch stärker voneinander unterschieden als ein durchschnittlicher Europäer von einem durchschnittlichen Asiaten.

Der Aufmerksamkeit der Humanbiologen und der medizinischen Forschung ist es keineswegs entgangen, dass die Gene heutiger Afrikaner für die gesamte Menschheit die reinste Schatzkammer sind. Bei ihnen ruht für unsere Art die größte genetische Vielfalt, und künftige Untersuchungen werden neues Licht auf die Vererbung der physischen und psychischen Charakteristika des Menschen werfen. Vielleicht ist es angesichts dieser und anderer Fortschritte der Humangenetik an der Zeit, eine neue Ethik der Rassen- und Erbvariation zu entwickeln, die stärker auf die Vielfalt an sich Wert legt als auf die Unterschiede, aus der sich die Vielfalt ergibt. Daraus ergibt sich ein genauer Maßstab für die genetische Vielfalt unserer Art. Diese Anpassungsfähigkeit ist gewissermaßen unser Aktivposten, von hohem Wert in einer zunehmend ungewissen Zukunft. Eine breite Vielfalt von Genen bedeutet für die Menschheit Stärke, weil sich aus ihr heraus neue Fähigkeiten entwickeln können, zusätzliche Resistenz gegen Krankheiten und vielleicht sogar ein neuer Blick auf die Realität. Aus wissenschaftlichen wie aus moralischen Gründen sollten wir lernen, die biologische Vielfalt des Menschen um ihrer selbst willen zu fördern, statt sie dazu zu nutzen, Vorurteil und Aggressivität zu rechtfertigen.

Die Populationen des *Homo sapiens*, die sich von Afrika aus in den Nahen Osten und darüber hinaus ausbreiteten, legten Strecken zurück, die noch heute als Weltreisen gelten. Generation um Generation kämpften sich die Banden zu Fuß vorsichtig in die seltsamen Gebiete vor, die vor ihnen lagen. Dabei folgten sie offenbar einem Muster, nach dem sie sich ein paar Dutzend Kilometer weiterbewegten, sich niederließen, sich vermehrten und dann in zwei oder mehr Verbände aufteilten, die wieder in neue Gebiete vorrücken konnten. Offenbar zogen die ersten Invasoren durch das Niltal nordwärts in den östlichen Mittelmeerraum und verbreiteten sich dann nord- und ostwärts. Es ist recht wahrscheinlich, dass die ersten Pioniere dieser Wanderungen nur einem oder zwei Verbänden entstammten. Innerhalb weniger tausend Jahre vermehrten sich ihre Nachkommen zu einem Netz locker verbundener Stämme, die sich im Grunde über den gesamten eurasischen Kontinent verteilten.

Dieses Szenario, nach dem anfangs sehr wenige Individuen langsam vordrangen und ihre Population erst vor Ort weiter anwuchs, wird von zwei Argumentationssträngen gestützt, die voneinander unabhängige Forschungsteams in den vergangenen zehn Jahren erarbeitet haben. Einerseits ist da die große genetische Vielfalt heutiger Südafrikaner, die nahelegt, dass nur ein kleiner Teil der afrikanischen Gesamtbevölkerung an der Auswanderung teilnahm. Zweitens legen Analysen und mathematische Modelle über den Gesamtumfang genetischer Abweichungen zwischen heutigen Humanpopulationen nahe, dass die Pioniere einen «serial founder effect» (seriellen Gründungseffekt) bewirkten:[43] Wenige Individuen, die aus einer älteren, gut etablierten Population auswanderten, wurden selbst Ausgangspunkt für die nächstfolgende Emigration. Am Ende strahlten viele solcher Vorkämpfer in viele Richtungen aus, und die menschliche Population wuchs zusammen.

Wissenschaftler haben Daten aus Geologie, Genetik und Paläontologie kombiniert, um eine genauere Vorstellung davon zu geben, wie dieses «Out-of-Africa»-Muster begann. In einem

Zeitraum, der 135 000 bis 90 000 Jahre zurückliegt, beutelte eine extreme Trockenperiode das tropische Afrika sehr viel stärker als je in zigtausend Jahren zuvor. Das führte zu einem erzwungenen Rückzug der frühen Menschheit auf ein sehr viel kleineres Siedlungsgebiet und zu gefährlich niedrigen Bevölkerungszahlen. Hungertod und Tod infolge von Stammeskonflikten (in historischer Zeit ganz üblich) muss schon prähistorisch weit verbreitet gewesen sein. Die Gesamtpopulation des *Homo sapiens* auf dem afrikanischen Kontinent sank auf vierstellige Werte, und eine Zeitlang drohte der Art des künftigen Eroberers das vollständige Aussterben.

Dann endlich ließ die große Trockenperiode nach, und vor 90 000 bis 70 000 Jahren eroberten Regenwälder und Savanne allmählich ihre vorigen Lebensräume zurück. Die Humanpopulationen wuchsen und breiteten sich mit ihnen aus. Gleichzeitig wurden andere Teile des Kontinents trockener, ebenso der Nahe Osten. Als im Großteil Afrikas mittlere Niederschlagsmengen vorherrschten, öffnete sich ein besonders günstiges Gelegenheitsfenster für eine demografische Expansion von Pionierpopulationen ganz aus dem Kontinent heraus. Insbesondere war die Zeitspanne lang genug, damit nilabwärts zum Sinai und darüber hinaus ein Korridor zusammenhängenden bewohnbaren Landes erhalten blieb, der das trockene Land durchschnitt und es den kolonisierenden Menschen erlaubte, nordwärts zu ziehen. Eine zweite mögliche Route führte ostwärts, über den Bab-al-Mandab auf die südliche Arabische Halbinsel.[44]

Es folgte das Vordringen des *Homo sapiens* nach Europa vor höchstens 42 000 Jahren. Anatomisch moderne Menschen verbreiteten sich entlang der Donau und betraten damit das Kernsiedlungsgebiet ihrer menschlichen Schwesterart, der Neandertaler *(Homo neanderthalensis)*. Dessen Populationen hatten sich schon sehr viel früher aus archaischen humanen Urformen entwickelt. Obwohl sie dem *Homo sapiens* genetisch nahe waren, bildeten sie eine eigene biologische Art; zu Paarungen kam es im Fall von Kontakten nur selten. Vielleicht lag es daran, dass die Neandertaler mehr auf Großwild spezialisiert waren – jedenfalls waren sie nur schlecht ausgerüstet, um gegen geschickte Krieger zu konkurrieren, die sich nicht nur von Großwild ernährten, sondern außerdem von einer größeren Vielfalt anderer Tier- und Pflanzenprodukte. Vor etwa 30 000 Jahren hatte der *Homo sapiens* den Neandertaler vollständig ersetzt.[45] Außerdem verdrängte der *Homo sapiens* noch eine weitere Art, die mit dem Neandertaler verwandt war, den kürzlich entdeckten «Denisova-Menschen» aus dem südlichen Sibirien; Knochenfunde wurden in der Denisova-Höhle im Altai-Gebirge gemacht.[46]

Die übrigen Wege der wachsenden menschlichen Populationen führten, soweit sich das an den fossilen und genetischen Befunden ablesen lässt, vor 60 000 Jahren nach Asien und am Indischen Ozean entlang. Die Kolonisten drangen auf den indischen Subkontinent, dann auf die malaiische Halbinsel vor, setzten irgendwie über die Meerengen auf die Andamanen über, wo es noch heute alte Populationen von Ureinwohnern gibt. Offenbar schafften sie es nicht auf die nahe liegenden Nikobaren – der genetische Befund bei deren heutigen Einwohnern lässt eher einen späteren asiatischen Ursprung von vor etwa 15 000 Jahren vermuten. Die frühesten menschlichen Spuren in Indonesien stammen aus den Niah-Höhlen auf Borneo und sind 45 000 Jahre alt. In Australien wurden die ältesten Spuren am Lake Mungo ausgegraben; sie wurden auf 46 000 Jahre datiert. Neuguinea wurde wahrscheinlich schon etwas früher besiedelt. Bedeutende Veränderungen in der australischen Fauna, die wahrscheinlich auf Jagd und den Einsatz gezielter Buschbrände zum Zweck der Wildhatz zurückzuführen sind, belegen, dass die Einwanderung nach Australien mindestens 50 000 Jahre zurückliegt. Die Ureinwohner von Neuguinea und Australien sind damit wirklich Aborigines – also direkte Abkommen der ersten modernen Menschen, die in das Land gelangten, das sie noch heute bewohnen.[47]

Die Frage, wann genau der anatomisch moderne *Homo sapiens* in der Neuen Welt eintraf, was sich auf die ursprüngliche Fauna und Flora katastrophal auswirkte, hat die Anthropologen über

9.1 Die ersten Kolonisten auf einem neuen Kontinent. Früh in der Geschichte der modernen Menschheit *(Homo sapiens)* fingen die Stämme an, Begräbnisriten auszuführen, die als Vorläufer oder Begleiterscheinungen primitiver religiöser Glaubensformen gelten können. Diese Rekonstruktion zeigt ein Begräbnis früher australischer Aborigines in Mungo (Südostaustralien) vor mindestens 40 000 Jahren. Der Leichnam wird mit rotem Ockerstaub bestreut.

Jahre hinweg beschäftigt. Wie eine Fotografie in einem sehr langsamen Entwicklungsbad scheint das Bild nun endlich sichtbar zu werden. Genetische und archäologische Studien in Sibirien sowie Nord- und Südamerika ergeben, dass vor höchstens 30 000 Jahren, womöglich aber erst vor 22 000 Jahren eine einzige sibirische Population die Beringbrücke erreichte. In dieser Zeit hatten die Kontinentalgletscher den Meeren so viel Wasser entzogen, dass die Beringbrücke trockenlag; dieselben Gletscher versperrten gleichzeitig den Zugang zum heutigen Alaska. Vor etwa 16 500 Jahren machte der Rückzug der Gletscher den Weg nach Süden frei, und es kam zur massiven Einwanderung über Alaska. Archäologische Funde in Nord- und Südamerika belegen, dass vor 15 000 Jahren die Besiedelung beider amerikanischen

Kontinente voll im Gang war. Wahrscheinlich verbreiteten sich die ersten Populationen entlang der erst neuerdings eisfreien Pazifikküste auf Land; während des noch nicht abgeschlossenen Rückzugs der Gletscher lag es frei, ist heute aber überwiegend überflutet.

Vor etwa 3000 Jahren begannen die Vorfahren der polynesischen Völker die pazifischen Inselgruppen zu kolonisieren. Angefangen mit Tonga, drangen sie mit großen, für lange Fahrten gebauten Kanus schrittweise weiter ostwärts und erreichten um 1200 v. Chr. die Randgebiete Polynesiens, also ein Dreieck aus Hawaii, der Osterinsel und Neuseeland. Mit dieser Leistung der Polynesien-Fahrer war die menschliche Eroberung der Erde abgeschlossen.[48]

10.
DIE KREATIVE EXPLOSION

Seit ihr Gehirn sie dazu befähigte, waren Populationen des *Homo sapiens* vom afrikanischen Kontinent ausgewandert und hatten sich in einer nie abebbenden Welle über viele Generationen hinweg überall in der Alten Welt ausgebreitet. Zunächst fast unmerklich, dann aber zunehmend schneller schufen sie immer komplexere Formen der Kultur. Dann kam, in geologischen Begriffen ganz plötzlich, der größte aller Fortschritte: An vielen Orten gleichzeitig erfanden die Jäger und Sammler der aufkommenden Jungsteinzeit die Landwirtschaft und bildeten Dörfer, führten gleichzeitig Stammesfürstentum und Hierarchien unter Stammesfürsten ein und gründeten schließlich Staaten und Reiche. Die kulturelle Evolution dieser Zeit war (mit einem aus der Chemie entliehenen Begriff) eigenkatalytisch: Jeder Fortschritt machte weitere Fortschritte wahrscheinlicher. In den frühen Jahrhunderten der historisch belegten Geschichte breiteten sich Erfindungen in allen Richtungen schnell über die Kontinente aus, und das in der Alten und der Neuen Welt. Den Höhepunkt, der die Welt verändern sollte, entwickelte dieser Prozess freilich im Kernland des eurasischen Superkontinents.

Drei Hypothesen haben Anthropologen zur Erklärung dieser kreativen Kulturexplosion aufgestellt. Nach der ersten kam es in der afrikanischen Population des *Homo sapiens* zu einer bedeutenden, stark verändernden Genmutation in der Zeit der Auswanderung Richtung Eurasien. Untermauert wird diese Annahme dadurch, dass unsere Schwesterart *Homo neanderthalensis* bis zu ihrem Aussterben vor nur 30 000 Jahren insgesamt 100 000 Jahre lang in Europa und im östlichen Mittelmeerraum lebte, ohne dass es zu wesentlichen Fortschritten in ihrer primitiven Steinwerkzeugtechnik gekommen wäre. Die Neandertaler schufen weder bildende Kunst noch schmückten sie ihre Körper. Erstaunlicherweise hatten sie aber trotz dieser statischen Geschichte ein größeres Gehirn als der *Homo sapiens*, und dazu kam noch die Herausforderung einer weitläufigen, beständig veränderlichen Umwelt. Nach ihrer Anatomie und ihrer DNA zu urteilen, konnten sie vermutlich sprechen und besaßen in diesem Fall höchstwahrscheinlich komplexe Sprachen. Sie pflegten ihre Verletzten, egal welchen Alters; wahrscheinlich war das für das Überleben des Clans notwendig, weil bei der Großwildjagd fast jeder Erwachsene einmal Knochenbrüche erlitten haben dürfte. In der Kultur der Neandertaler aber bewegte sich über Tausende von Jahren kaum etwas – im Gegensatz zu einer ungeheuer bedeutenden Bewegung beim *Homo sapiens* aus Afrika.

Trotzdem scheint es unwahrscheinlich, dass alles auf eine einzige revolutionäre Mutation zurückzuführen ist. Realistischer ist die Annahme, dass die kreative Explosion kein isoliertes genetisches Ereignis war, sondern Höhepunkt eines allmählich fortschreitenden Prozesses, der bei den archaischen Formen des *Homo sapiens* bereits vor 160 000 Jahren eingesetzt hatte. Gestützt wurde diese Annahme kürzlich durch die Entdeckung, dass vor so langer Zeit bereits Pigmente genutzt wurden. Zugleich wurden Körperschmuck und abstrakte Kratzmuster auf Knochen gefunden; die verwendete Ockerfarbe ist zwischen 70 000 und 100 000 Jahre alt.

Der dritten Hypothese zufolge stieg und fiel die kulturelle Innovation und deren Rezeption mit den gleichzeitigen starken Klimaschwankungen, die sich auf Größe und Wachstum der menschlichen Populationen auf fatale Weise auswirkten. Einige Innovationen verschwanden, um später erneut aufzukommen, während andere dadurch gerade erfolgreich wurden und bis in die Zeit der Auswanderung erhalten blieben. Gestützt wird diese Ansicht durch die frühesten archäologischen Funde; sie legen nahe, dass afrikanische Artefakte wie Muschelperlen, Knochenwerkzeuge, abstrakte Gravuren und steinerne Speerspitzen mit einer verbesserten Formgebung während einer langen und besonders harten Klimaverschlechterung vor 70 000 bis 60 000 Jahren offenbar weiträumig wieder untergingen. Nach dieser Unterbrechung aber tauchten sie vor etwa 60 000 Jahren wieder auf, also etwa zur Zeit der Auswanderung. Man nimmt an, dass während der Klimaverschlechterung die Populationen stark abnahmen und stärker verstreut waren, so dass die soziale Vernetzung lückenhaft wurde und einige kulturelle Praktiken verloren gingen. Als sich das Klima besserte und die Populationen wieder wuchsen und sich ausbreiteten, kam es zu einer zweiten Welle von Innovationen – und das gerade rechtzeitig, um sie bei der von Afrika ausgehenden Besiedelung der Welt mitzuführen. Wie in der modernen Kultur (wenn auch aus anderen Gründen) war der Grad der Innovation starken Schwankungen unterworfen, und nur wenige davon setzten sich durch und breiteten sich aus.[49]

Im Grunde schließen sich die drei genannten Hypothesen gar nicht gegenseitig aus, sondern lassen sich zu einem gemeinsamen Szenario zusammenfügen. Genetische Evolution fand mit Sicherheit in der gesamten Zeitspanne von der Auswanderung aus Afrika bis zur Besiedelung der Alten Welt statt. Eine Studie ergab, dass die Rate, mit der neue genetische Mutationen aufkamen, bis vor etwa 50 000 Jahren relativ niedrig und stabil war und vor etwa 10 000 Jahren, also zu Beginn der neolithischen Revolution, einen Spitzenwert erreichte. Gleichzeitig beschleunigte sich auch das menschliche Bevölkerungswachstum. Folglich gab es mehr genetische Mutationen, und zugleich wurden, allein weil mehr Menschen beteiligt waren, auch in der Kultur mehr Innovationen hervorgebracht.[50]

Als Genetiker die Genome von modernen Schimpansen mit denen von Menschen verglichen, folgerten sie, dass etwa zehn Prozent der Veränderungen an Aminosäuren seit der Trennung der beiden Arten aus dem gemeinsamen Vorrat von vor sechs Millionen Jahren als adaptiv zu bewerten sind – sie folgten also der natürlichen Selektion, die ihr Überleben durch die Generationen begünstigt hatte. Mehrere andere Studien bestätigten, dass während der Auswanderung und der Ausbreitung des Menschen die Evolution noch fortschritt. Insgesamt nahm die Körpergröße leicht ab, Gehirn und Zähne wurden proportional kleiner. Zur Evolution anderer Merkmale kam es erst in den entfernteren Populationen Europas und Asiens, später auch in Nord- und Südamerika. Dieses Muster entspricht auch vollständig der Erwartung. Innerhalb und zwischen den Populationen standen immer reichlichere Varianten zur Verfügung, an denen die natürliche Selektion angreifen konnte. Unterschiede ergaben sich auch daraus, dass bei der Ausbreitung der Populationen die Auswahl der Individuen und damit ihrer Gene auf dem Zufall beruhte, so dass die sogenannte Gendrift von der Adaption unabhängig wurde. (Um sich die zufallsbedingte Gendrift vorzustellen, stellen wir uns einen Münzwurf vor; zeigt die Münze auf Kopf, wird sie verdoppelt, zeigt sie auf Zahl, wird sie verworfen. Ob ein mutiertes Gen erhalten bleibt, entscheidet sich in der Regel in diesem Prozess, es sei denn, es erweist sich für die Trägerorganismen als dezidert günstig oder ungünstig; in diesem Fall würde die natürliche Selektion greifen.) Die wahrscheinlichste Ursache für solche Gendrift war der erwähnte Gründungseffekt: Brach eine erste Gruppe bei ihrer Migration in eine bestimmte Richtung auf, und eine zweite Gruppe blieb vor Ort oder ging in eine andere Richtung, so nahm jede Gruppe ihren eigenen kollektiven Genpool mit, also jede nur einen Teil aller in der Mutterpopulation vorkommenden Gene. Hautfarbe, Körpergröße, Blutgruppenverteilungen und andere, nicht überlebenswichtige vererbbare Merkmale verteilten sich demnach über kurze Distanzen von wenigen hundert Kilometern in verschiedene Richtungen.

Mutationen sind zufällige Veränderungen an der DNA. Sie können in einer einfachen Vertauschung eines einzelnen Buchstabens bestehen (das heißt in einem Basenpaar von AT zu GC oder umgekehrt), in der Vervielfachung eines bestehenden Buchstabens (zum Beispiel von AT zu ATATAT) oder in einer Verschiebung von Buchstaben an andere Stellen auf demselben oder einem anderen Chromosom. Jedes Gen ist aus Tausenden solcher Buchstaben zusammengesetzt. Doch auch diese Anzahl ist höchst variabel. So enthält etwa das menschliche Chromosom 19 pro Million Basenpaare 23 Gene (jedes Gen ist also etwa 43 000 Basenpaare lang), das Chromosom 13 aber pro Million Basenpaare nur 5 Gene (jedes Gen ist hier im Schnitt 200 000 Basenpaare lang)

Als es nach der Auswanderung aus Afrika unweigerlich zu einer Vielzahl neuer Mutationen kam, weil die Populationsgrößen insgesamt sehr stark zunahmen, durchlief der Mensch zwei Phasen der Evolution. In der ersten blieben alle Mutationen im Vergleich zur Bevölkerungsstärke sehr selten; egal unter welchen Bedingungen, erfolgen Mutationen normalerweise in weniger als 1 : 10 000 oder gar nur in einem von Milliarden Fällen. Bei so niedrigen Mutationsraten verschwinden die meisten Veränderungen von selbst, entweder, weil sie die Fitness ihrer Träger reduzieren, oder einfach durch Zufall (Gendrift) oder durch eine Kombination von beidem. Erreicht dagegen das neue mutierte Gen eine Frequenz von etwa 30 Prozent, so wird es sich wahrscheinlich immer weiter ausbreiten können. Irgendwann in der zweiten Phase der Evolution kann dann die mutierte Genvariante (das mutierte Allel) die konkurrierende ältere Form desselben Gens (älteres Allel) vollständig verdrängen. Möglich ist auch, dass die Kombination beider Allele in derselben Person (die dann für dieses Gen heterozygot ist) sich als günstiger erweist als der Normalfall von Personen, die dasselbe Gen zweimal besitzen (Homozygoten). In diesem Fall dürfte die Frequenz des Mutanten ein Gleichgewicht mit dem alten Gen erreichen, ohne dass eines von beiden komplett fixiert wird. Das Schulbeispiel hierfür ist die Sichelzellenanämie; das Gen, auf das sie zurückzuführen ist, ist in den Malariagebieten von

Afrika bis Indien verbreitet. Zwei Sichelzellen-Gene verursachen schwere Anämien mit hohem Todesrisiko. Zwei normale Gene bedeuten ein hohes Risiko für schwere Malariaerkrankungen. Ein Sichelzellen- und ein normales Gen zusammen (die heterozygote Form) schützen vor beidem. Das führt zu einer hohen Frequenz der heterozygoten Form in den Malariagebieten, die durch den Selektionsdruck der Malaria einigermaßen stabil gehalten wird.[51]

Seit der Trennung der Abstammungslinien von Mensch und Schimpansen hat die Abstammungslinie des Menschen ein Muster verfolgt, das dem von Tieren offenbar generell entspricht. Bestätigt sich dies, so ist es höchst bedeutsam für unser Verständnis von der Entstehung des Menschen. Gemäß diesem Muster dominieren codierende Gene, die Veränderungen in der Struktur von Enzymen und anderen Proteinen steuern, die Merkmalsexpression in bestimmten Geweben, etwa in solchen, die mit der Immunabwehr zu tun haben, mit dem Geruchssinn oder der Spermaproduktion. Nichtcodierende Gene dagegen, die die von den codierenden Genen veranlassten erblichen Entwicklungsprozesse steuern, sind stärker in die Entwicklung und Funktion des Nervensystems involviert. Obwohl die Untersuchungen, auf denen diese Unterscheidung beruht, erst vorläufig sind, gilt es als wahrscheinlich, dass Veränderung an nichtcodierenden Genen für die kognitive Evolution entscheidend waren – anders gesagt, für die Veränderungen, die uns zum Menschen gemacht haben.[52]

Und welche kognitiven Merkmale haben sich nun über Mutation und natürliche Selektion herausgebildet, sei es an codierendem oder nichtcodierendem Material? Höchstwahrscheinlich alle. Zwillingsstudien, in denen Unterschiede zwischen eineiigen Zwillingen untersucht werden (die also dasselbe Genmaterial besitzen, weil sie beide aus derselben befruchteten Eizelle stammen), legen nahe, dass Persönlichkeitsmerkmale wie Introvertiertheit/Extrovertiertheit, Schüchternheit und Erregbarkeit stark dem genetischen Einfluss unterliegen.[53] In einer gegebenen Population sind etwa 25 bis 75 Prozent der Unterschiede zwischen Individuen auf die Gene zurückzuführen. Der evolutionäre Ursprung fortgeschrittenen Sozialverhaltens beim Menschen wie bei jedem anderen Organismus hängt aber zumindest in gleichem Maße vom genetischen Einfluss auf die unterschiedliche Beschaffenheit sozialer Netzwerke ab. Wir würden erwarten, dass auch das in gewissem Grad genetisch gesteuert wird, entsprechend Turkheimers «erstem Gesetz» der Verhaltensgenetik – demnach variieren aufgrund genetischer Unterschiede alle menschlichen Merkmale in bestimmtem Ausmaß. (Die anderen beiden «Gesetze» lauten: «Die Auswirkungen davon, in derselben Familie aufzuwachsen, sind kleiner als die Auswirkungen der Gene» sowie: «Ein substanzieller Anteil der Unterschiede in komplexen menschlichen Verhaltensmerkmalen ist nicht auf die Auswirkungen der Gene auf Familien zurückzuführen».)[54] Besonders Interaktionen haben so viele Ursachen im Verhalten des Einzelnen, und jede einzelne davon variiert wahrscheinlich genetisch bedingt, dass es höchst erstaunlich wäre, wenn sie sich, kombiniert in sozialen Netzwerken, zu nichts aufsummieren würden. Persönliche Netzwerke sind in Wirklichkeit in Umfang und Stärke höchst variabel, und die Vererbung spielt dabei durchaus eine Rolle. Kürzlich ergab eine Studie, dass die Unterschiede in der Anzahl von Menschen, mit der eine Person Kontakt oder soziale Beziehungen unterhält, sowie die Unterschiede in der Transitivität – der Wahrscheinlichkeit, dass zwei beliebige Kontakte einer Person auch mit den Kontakten der anderen in Verbindung stehen – beide etwa zur Hälfte erblich bedingt sind. Andererseits ist die Anzahl anderer Gruppenmitglieder, die Einzelne als ihre Freunde betrachten, genetisch nicht bedingt, zumindest nicht innerhalb der üblichen statistischen Grenzen der erhobenen Messwerte.[55]

Unter Berücksichtigung der heute verfügbaren genetischen und archäologischen Befunde, die schnell zunehmen, lässt sich meines Erachtens die langfristige Entwicklung bis zur Auswanderung und der Zeit danach etwa folgendermaßen darstellen. Es scheint mir sinnvoll, dafür zunächst eine Analogie aus der Biogeografie und der Ökologie heranzuziehen. Kulturelle Innovationen lassen sich vergleichen mit Arten von Organismen, die zunehmen, wenn mehr und mehr Arten ein Ökosystem kolonisieren, etwa einen neu entstandenen Teich, ein Gebüsch oder eine kleine Insel. In einem Verband von Menschen gibt es eine Fluktuation von Kulturmerkmalen, so wie es eine Fluktuation von Arten gibt, die ein Ökosystem besiedeln. Einige kulturelle Innovationen blieben in den afrikanischen Verbänden nach ihrer Ausbreitung erhalten. Andere, das zeigt der archäologische Nachweis von Körperschmuck und Speerspitzen, gingen wieder verloren, wurden aber in der Regel später wieder eingeführt, entweder durch erneute Erfindung oder aber durch Kontakt mit anderen Verbänden. Zunächst waren die menschlichen Verbände auf dem afrikanischen Kontinent klein und voneinander isoliert. Ihre Anzahl und ihre Durchschnittsgröße nahmen je nach Klima und zur Verfügung stehendem Lebensraum zu und ab. Als die Umweltbedingungen vor und während der Auswanderung aus Afrika günstiger wurden, stiegen die Zahl der Verbände und ihre Populationsgrößen an. Folglich stieg gleichzeitig auch ihre Innovationsrate an.

In dieser kritischen Phase der menschlichen Vorgeschichte 60 000 bis 50 000 Jahre vor heute wurde das Wachstum der Kulturen eigenkatalytisch. Wie ich bereits dargestellt habe, verlief dieses Wachstum zunächst langsam, dann schneller, immer schneller und immer noch schneller, so wie bei der chemischen und biologischen Eigenkatalyse. Das liegt daran, dass das Aufkommen irgendeiner Innovation das Aufkommen bestimmter anderer Innovationen möglich machte, und wenn sie sich als nützlich erwiesen, verbreiteten sie sich daraufhin mit größerer Wahrscheinlichkeit. Verbände und Zusammenschlüsse von Verbänden mit einer besseren Kombination kultureller Innovationen wurden produktiver und waren für Wettbewerb und Krieg immer besser gerüstet. Ihre Rivalen taten es ihnen entweder gleich oder wurden verdrängt, ihre Territorien annektiert. Da-

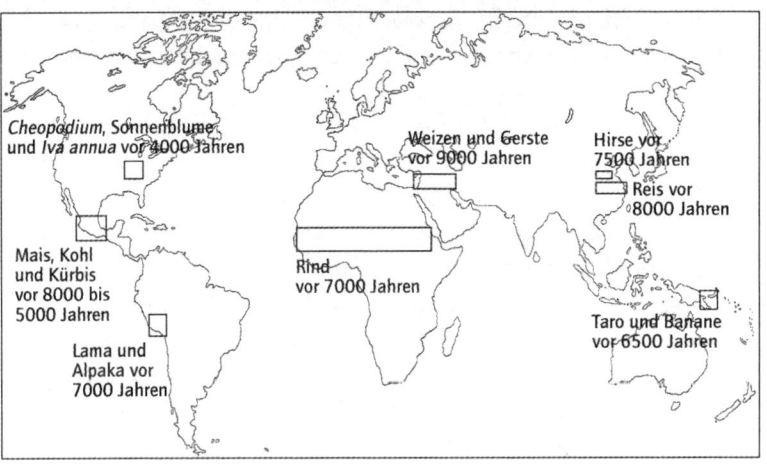

10.1 Die Zentren der acht bekannten voneinander unabhängigen Ursprungsorte des Ackerbaus einschließlich Tierhaltung mit ungefährer Datierung.

mit wurde die Gruppenselektion zum Antrieb für die Evolution der Kultur.

Ganz zu Beginn, von der späten Altsteinzeit und über die Mittelsteinzeit, kam die kulturelle Evolution der Menschheit sehr langsam voran. Zu Beginn der Jungsteinzeit vor 10 000 Jahren, also mit der Erfindung der Landwirtschaft, der Entstehung von Siedlungen und zunehmenden Nahrungsvorräten, beschleunigte sich die kulturelle Evolution erheblich. Als sich dann durch Handel und durch Krieg die Expansion verstärkte, kamen kulturelle Innovationen nicht nur schneller auf, sondern sie breiteten sich auch viel schneller aus. Zu Innovationseinbußen kam es weiterhin, doch in Anbetracht der schieren Menge von Menschen und Stämmen, die sie vorantrieben, waren einige davon originell und machtvoll genug, dass ihr Einfluss übermächtig wurde. So revolutionäre Fortschritte wie die Schrift, die astronomische Navigation und Feuerwaffen waren anfangs selten, unvollkommen und labil. Manche verschwanden wieder, um später wieder aufzutauchen. Wie die Funken eines Feuers trug jeder von ihnen das Potenzial, Feuer zu legen und sich auszubreiten.

Archäologen haben einige der mentalen Schlüsselkonzepte beschrieben, die im Zeitraum 10 000 bis 7000 Jahre vor heute aufkamen und sich verbreiteten:[56]

- Die Steinbearbeitung wurde vollständig beherrscht, die Werkzeugherstellung hatte sich vom einfachen Abschlagen verfügbarer Steine wie in der Mittelsteinzeit zu einer sehr viel ausgefeilteren Prozedur entwickelt. Äxte und Beile aus der Jungsteinzeit wurden in mehreren Arbeitsschritten hergestellt. Jedes Blatt wurde zunächst von einem Rohstück feinkörnigen Gesteins abgetrennt. Dann wurde es genauer herausgeformt, indem nach und nach kleinere Abschläge herausgetrennt wurden. Schließlich wurden raue Stellen auf der Oberfläche genau abgemeißelt oder abgeschliffen. Das Endprodukt war eine Klinge mit glatter Oberfläche und scharfen Kanten, die je nach Verwendungszweck flach oder stärker gewölbt war.
- Neusteinzeitliche Werkzeugmacher erfanden das Konzept der Hohlstruktur mit Innen- und Außenfläche. Dementsprechend schufen sie auch Gefäße in nützlichen Formen aus Holz, Leder, Stein oder Ton.
- Die Werkzeugmacher entwickelten auch eine Methode, die Schritte einer klassischen Fertigungstechnik umzukehren, also ausgehend von kleinen Gegenständen größere zusammenzusetzen. Auf diese Weise wurde das Weben erfunden, zugleich wurden zunehmend komplizierte und geräumige Behausungen errichtet.
- Eine entscheidende Veränderung – die sich nicht nur für den Menschen, sondern für alle Lebewesen als Wendepunkt erweisen sollte – war die neue Wahrnehmung der Umwelt, die die frischgebackenen Ackerbauern und Dorfbewohner entwickelten. Natürliche Lebensräume waren keine Wildnis mehr, in der man Nahrung jagte und sammelte und die man gelegentlich mit Bodenfeuern niederbrannte. Vielmehr

wurden diese Lebensräume Land, das für die Landwirtschaft gerodet wurde. Diese spezielle Wahrnehmung, dass Wildnis etwas ist, was durch etwas anderes ersetzbar ist, ist bis heute bei einem Großteil der Weltbevölkerung fest verankert.

Die Wurzeln der Landwirtschaft reichen um mindestens 45 000 Jahre zurück bis in die Zeit der Auswanderung aus Afrika oder kurz danach, als zur Hatz und zum Fangen von Wild Feuer eingesetzt wurde. Damals müssen wenigstens einige der menschlichen Verbände festgestellt haben (und australische Aborigines praktizieren es so bis heute), dass auf Bodenfeuer in Savannen und Trockenwäldern ein verstärktes Wachstum frischer, essbarer Vegetation folgt. Auch nahrhafte Knollen lassen sich so eine Zeitlang leichter auffinden und ausgraben. Genaue Untersuchungen ursprünglicher mexikanischer Pflanzen haben ergeben, dass der nächste Schritt durch die Einrichtung langfristiger menschlicher Siedlungen möglich wurde. Die Bewohner Mexikos und anderer Regionen in Mittelamerika fingen an, fruchtbare Bäume und andere Pflanzen wie Agaven, Opuntien, Flaschenkürbisse und den Hülsenfrüchtler *Leucaena* zu kultivieren, indem sie sie einfach unter Ausschluss anderer Pflanzen rund um ihre Behausungen wachsen ließen. (Interessanterweise tun einige Ameisenarten dasselbe.) Auch der nächste Schritt war ein Glücksfall. Einige dieser frühesten Gartenspezies kreuzten sich zufällig mit anderen, ähnlichen Arten, oder aber sie vermehrten ihre Chromosomenzahl oder vollzogen sogar beide Veränderungen gleichzeitig und brachten jedenfalls neue Stämme hervor, die als Nahrung noch wertvoller waren. Einmal probiert, wurden sie gegenüber anderen Arten selektiert. Damit begann die Domestizierung durch künstliche Selektion und die Praxis der Pflanzenzüchtung.[57] Etwa zeitgleich oder sogar schon früher wurde die Domestizierung bei Tieren praktiziert, die in der Wildnis gefangen und in Haustiere und Nutzvieh umgewandelt wurden. Vor 9000 bis 4000 Jahren verstärkte sich diese Tendenz in mindestens acht Hauptzentren in der Alten und der Neuen Welt und schloss viele neue Pflanzen- und

Tierstämme ein. Landwirtschaft wurde damit zur wichtigsten Tätigkeit des Menschen.

Die letzten zehntausend Jahre waren sowohl für den *Homo sapiens* als auch für den Rest der Biosphäre eine Zeit außerordentlicher Veränderungen. Die kulturelle Evolution beschleunigt sich noch immer, und das wirft eine grundsätzliche Frage auf: Geht auch unsere genetische Evolution noch weiter? Die medizinische Forschung sowie eine vertiefte Analyse der drei Milliarden Nucleotidbuchstaben des menschlichen Genoms haben ergeben, dass an menschlichen Populationen tatsächlich immer noch Evolution stattfindet.[58] Da bei der Humangenetik der Schwerpunkt auf dem medizinischen Aspekt liegt, sind die meisten Gene, die bis heute als Angreifpunkte der natürlichen Selektion identifiziert wurden, solche, die Resistenz gegen Krankheit garantieren. Immer länger wird die Liste der Mutationen, die in den letzten Jahrtausenden aufgekommen sind und sich verbreitet haben: CGPD, CD406 und das Sichelzellengen, die alle zu einem gewissen Grad vor Malaria schützen; CCR5 gegen Pocken; AGT und AY3PA gegen Bluthochdruck; und ADH gegen Aldehyd-empfindliche Parasiten. Es gibt auch neuere genetische Mutationen, die physiologische Merkmale betreffen, darunter der klassische Fall des Gens für die Laktase-Persistenz im Erwachsenenalter, das den Verzehr von Milch und Milchprodukten erlaubt. Die Hochland-Tibeter, die mit einem niedrigen Sauerstoffgehalt der Luft zurechtkommen müssen, entwickelten das Gen EPAS1, das für eine gesteigerte Hämoglobinproduktion sorgt, so dass sie auch in großen Höhen leistungsfähig bleiben. Aus allem, was wir von den Grundprozessen der Evolution wissen, lässt sich schließen, dass sie für den Menschen in letzter Zeit unumgänglich war und es auch weiterhin bleiben wird.

In der Humangenetik besteht ein Konsens darüber, dass die meisten Varianten in Anatomie und Physiologie, die auf eine geografische Zone beschränkt sind und weithin als rassisch bedingt gelten, gerade nicht auf lokale natürliche Selektion zurückzuführen sind, sondern auf die Emigration verschiedener

Gentypen und die zufälligen Fluktuationen der lokalen Genfrequenzen, die zur Gendrift führten. Eine der Ausnahmen stellt die Hautfarbe dar, deren geografische Variabilität auf den Schutz vor UV-Strahlung aus dem Sonnenlicht zurückgeführt wird, die zum Äquator hin zunimmt. Eine weitere Ausnahme ist die ungewöhnlich breite Gesichtsform der Grönländer Kalaallit und der sibirischen Burjaten; dieses Merkmal minimiert als Schutz vor extremer Kälte die Hautoberfläche.

Evolutionsbedingte Veränderungen der Genfrequenz auf der Ebene eines einzelnen Gens oder einer kleinen Gruppe von Genen, die etwa auf demselben Chromosom liegen, werden von Biologen als Mikroevolution bezeichnet; es steht zu erwarten, dass sie als natürlicher Prozess auf unbestimmte Zeit weitergehen werden. Für die nähere Zukunft stellen Migration und ethnische Mischehen die absolut dominanten Kräfte der Mikroevolution dar, die die Gendistribution weltweit homogenisiert. Auf die Menschheit als Ganzes wirkt sich das, obwohl wir uns derzeit noch in einem frühen Stadium befinden, bereits so aus, dass die Genvariabilität innerhalb der Populationen überall auf der Welt in nie da gewesener Weise ansteigt. Zeitgleich zu diesem Anstieg reduzieren sich die Unterschiede *zwischen* den Populationen. Wenn diese Bewegung lange genug andauert, wird theoretisch die Bevölkerung von Stockholm irgendwann genetisch identisch mit der von Chicago oder Lagos sein. Insgesamt entstehen an jedem Ort mehr Genotypen. Dieser Wandel, der in der menschlichen Evolutionsgeschichte einmalig ist, lässt zunehmend mehr verschiedene Menschen erwarten und damit neuartige körperliche Schönheit sowie künstlerische und intellektuelle Begabung.

Die geografische Homogenisierung des *Homo sapiens* scheint unaufhaltsam, und doch wird sie irgendwann von einer anderen, vermutlich finalen Evolutionskraft abgelöst werden, nämlich der gewollten Selektion. Embryo-Design durch Gensubstitution wird im Experiment bald Wirklichkeit sein und danach zum Kampf gegen Erbkrankheiten eingesetzt werden. Früher oder später wird es in der medizinischen Praxis zu einer therapeutischen Routinebehandlung werden. Je nach den Ergebnissen einer ganz neuen ethisch-moralischen Debatte, die mit Sicherheit sehr intensiv geführt werden wird, könnte bald danach die genetische Überarbeitung normaler Kinder im Embryonalstadium ein Hauptzweig der biomedizinischen Industrie werden. Ich hoffe und neige aus moralischen Gründen auch zu dem Glauben, dass diese Form der eugenetischen Manipulation niemals erlaubt werden wird, so dass die Menschheit zumindest die sozial korrosiven Auswirkungen von Nepotismus und Privilegien vermeiden kann, denen sie zwangsläufig unterliegt.

Außerdem möchte ich der weit verbreiteten Ansicht widersprechen, künstliche Intelligenz könnte in naher Zukunft die menschliche Intelligenz überrunden und möglicherweise ersetzen. Bestimmt wird es dazu in den Kategorien der reinen Gedächtnisleistung, der Rechenfähigkeit und der Informationssynthese kommen. Vielleicht werden einmal Algorithmen geschrieben, die emotionale Reaktionen und menschenartige Prozesse der Entscheidungsfindung simulieren. Doch selbst wenn sie noch so extrem und effizient sind, bleiben diese Geschöpfe doch immer noch Roboter. Wenn sich irgendein Schluss ziehen lässt aus dem Bild, das die Wissenschaft von der Menschheit entwirft, dann der, dass unsere Art als Ergebnis ihrer Urgeschichte sowohl in den Emotionen also auch im Denken extrem idiosynkratisch ist. Unser besonderer Weg durch das Labyrinth der Evolution hat unsere DNA bei jedem größeren Schritt geprägt. Die Menschheit ist in der Tat einmalig, vielleicht einmaliger, als wir uns je erträumt haben. Doch trotz unserer momentanen Einzigartigkeit auf dieser Erde sind wir psychisch doch nur eine von mehreren mindestens humanoiden Arten, die es hier gegeben hat oder die es, falls wir einmal aussterben sollten, in den Milliarden Jahren geben wird, die die Biosphäre noch vor sich hat.

Die Wissenschaft beginnt gerade erst mit der Erforschung der neuronalen Bahnen und der hormonalen Steuerung des Unbewussten, die unser Fühlen, Denken und Entscheiden wesentlich beeinflussen. Außerdem besteht der Geist ja nicht nur aus dieser Innenwelt, sondern auch aus den Wahrnehmungen und Botschaften, die durch alle anderen Körperteile ein- und austreten. Den Fortschritt vom Roboter zum Menschen zu schaffen, wäre technologisch unsäglich schwierig. Aber warum sollten wir das überhaupt versuchen wollen? Selbst wo unsere Maschinen unsere mentalen Fähigkeiten bei Weitem übertreffen, werden sie niemals irgendwie der menschlichen Geisteskraft nahe kommen. Und ohnehin brauchen wir solche Roboter nicht, und wir werden sie auch nicht wollen. Der biologische menschliche Geist ist unser ureigenes Terrain. Mit all seinen Launen, der Irrationalität und den riskanten Erträgen, mit all seinen Konflikten und seiner fehlenden Effizienz ist der biologische Geist das Wesen und der eigentliche Sinn des Menschseins.

11.
DER SPURT ZUR ZIVILISATION

Die Anthropologie erkennt in menschlichen Gesellschaften drei Stufen der Komplexität. Auf der einfachsten Ebene sind die Verbände von Jägern und Sammlern sowie kleine Siedlungen von Ackerbauern weitgehend egalitär. Eine Führungsrolle erhalten Einzelne aufgrund ihrer Intelligenz und Tüchtigkeit, und wenn sie alt werden und sterben, wird sie an andere weitergereicht – etwa an nahe Verwandte. Wichtige Entscheidungen werden in egalitären Gesellschaften bei gemeinsamen Banketten, Festen und religiösen Feiern getroffen. Das entspricht den wenigen überlebenden Verbänden von Jägern und Sammlern, die in abgelegenen Gegenden verstreut sind, vor allem in Südamerika, Afrika und Australien, und die in ihrer Organisation dem am nächsten kommen, was vor der Jungsteinzeit über Jahrtausende hinweg üblich war.

Im Häuptlings- bzw. Stammesfürstentum, der nächsten Stufe der Komplexität, obliegt die Herrschaft einer Elite, die bei Schwächung oder Tod durch Mitglieder ihrer Familie oder zumindest ranggleiche Erben ersetzt wird. Diese soziale Organisation dominierte weltweit zu Beginn der historischen Zeit. Häuptlinge herrschen mittels Prestige, Freigebigkeit und der Unterstützung der ihnen untergeordneten Elitemitglieder – sowie durch Bestrafung der Gegner. Sie leben von dem Vorrat, den der Stamm angelegt hat, und verwenden ihn, um die Kontrolle über den Stamm zu stärken, den Handel zu lenken und Kriege gegen die Nachbarn zu führen. Häuptlinge üben ihre Autorität nur über die Menschen in ihrer unmittelbaren Umgebung oder in benachbarten Siedlungen aus, mit denen sie täglich nach Bedarf interagieren. In der Praxis bedeutet das, dass die Untergebenen zu Fuß innerhalb eines halben Tages erreichbar sein müssen. Damit beträgt die Reichweite maximal 40 bis 50 Kilometer. Es steht im Interesse des Häuptlings, die Angelegenheiten seines Herrschaftsgebiets im Einzelnen zu regeln und so wenig Macht wie möglich zu delegieren, um das Risiko eines Aufstands oder einer Spaltung zu minimieren. Eine geläufige Taktik ist die Unterdrückung der Untergebenen und eine Herrschaft mit Angst vor rivalisierenden Stammesfürstentümern.

Staaten schließlich, die oberste Stufe in der kulturellen Evolution von Gesellschaften, verfügen über eine zentralisierte Herrschaftsform. Die Machthaber üben ihre Autorität in der Hauptstadt und deren Umgebung aus, aber auch in Dörfern, Provinzen und anderen untergeordneten Gebieten, die weiter als einen Tagesmarsch entfernt sind und mit den Machthabern nicht mehr direkt kommunizieren können. Das Herrschaftsgebiet ist zu weitläufig, die soziale Ordnung und das Kommunikationssystem, das es zusammenhält, zu komplex, als dass eine einzelne Person es überwachen und steuern könnte. Daher wird lokal die Macht an Vizekönige, Fürsten, Gouverneure und andere zweitrangige Anführer delegiert. Im Staat existiert außerdem eine Bürokratie. Die Verantwortung wird auf Spezialisten verteilt, also auf Soldaten, Baumeister, Beamten und Priester. Bei ausreichender Bevölkerung und genügenden Mitteln können öffentliche Dienste für Kunst, Wissenschaft und Erziehung hinzutreten – zunächst kommen in deren Genuss die Mitglieder der Elite, später zunehmend auch die Allgemeinheit. Das Staatsoberhaupt sitzt, real oder virtuell, auf einem Thron. Es verbündet sich mit den obersten Priestern und verbrämt seine Herrschaft mit Ritualen, die seine Treue zu den Göttern unterstreichen.[59]

Der Aufstieg zur Zivilisation, von egalitären Verbänden und Siedlungen über Stammesfürstentum zum Staat, ging durch kulturelle Evolution vor sich, nicht auf Grund genetischer Veränderungen. Dieser Wandel war im ersten Schritt bereits angelegt, und er entfaltete sich in mancher Hinsicht parallel zu dem Prozess, der Insektengruppen von Aggregaten zu Familien und dann zu eusozialen Kolonien mit Kasten und Arbeitsteilung führte, aber er war ungleich gewaltiger.

In der Anthropologie dominiert die Theorie, nach der Stämme, die die Gelegenheit erhalten, durch Angriff oder Technologievorsprung mehr Territorium zu erobern, das auch tun und sich damit mehr Ressourcen sichern. Sie expandieren, wenn sie können, immer weiter und bringen am Ende große Reiche hervor oder spalten sich in neue, konkurrierende Staaten auf. Mit zunehmender Größe und größerer Reichweite ergibt sich höhere Komplexität. Und gleichermaßen wie ein zunehmend komplexes physikalisches oder biologisches System muss auch die Gesellschaft, um Stabilität zu erlangen, ihr Überleben zu sichern und dem Zerfall entgegenzuwirken, die hierarchische Kontrolle verstärken. Eine Hierarchie auf Staatenebene ist ein System, das sich aus interagierenden Subsystemen zusammensetzt; diese sind selbst alle hierarchisch strukturiert und reichen schrittweise hinab bis zur niedrigsten Stufe des Subsystems, in diesem Fall dem einzelnen Bürger eines Staates. Ein echtes System lässt sich in Subsysteme unterteilen (etwa eine Infanteriekompanie oder eine Kommunalregierung), die miteinander interagieren. Individuen in einem Subsystem brauchen mit gleichrangigen Individuen aus anderen Subsystemen nicht zu interagieren. Ein System, das sich auf diese Weise stark unterteilen lässt, funktioniert mit großer Wahrscheinlichkeit besser als ein nicht unterteilbares. «Aus theoretischen Erwägungen», formulierte der theoretische Mathematiker Herbert A. Simon in seinem bahnbrechenden Aufsatz zu diesem Thema, «können wir erwarten, daß komplexe Systeme Hierarchien sein werden, in einer Welt, in der Komplexität sich aus Einfachheit herausbilden mußte. Hierarchien als dynamische Gebilde haben eine Eigenschaft: Nahezu-Zerfällbarkeit, die ihr Verhalten sehr vereinfacht. Nahezu-Zerfällbarkeit vereinfacht auch die Beschreibung eines komplexen Systems und erleichtert das Verständnis dafür, wie die zur Entwicklung oder Reproduktion eines Systems benötigten Informationen in vernünftigem Umfange gespeichert werden können.»[60]

Übertragen auf die kulturelle Evolution von einfacheren Gesellschaften zu Staaten bedeutet Simons Prinzip, dass Hierarchien besser funktionieren als unorganisierte Verbände und dass sie für ihre Anführer leichter zu durchschauen und zu steuern sind. Anders gesagt: Man kann nicht mit Erfolg rechnen, wenn Fließbandarbeiter in Vorstandssitzungen mit abstimmen oder wenn einfache Soldaten Militäraktionen planen.

Warum sollte man die Evolution menschlicher Gesellschaften zu Zivilisationen als kulturellen und nicht als genetischen Prozess bezeichnen? Zu diesem Ergebnis führen diverse Beweisführungen. Eine ganz wesentliche ist die Tatsache, dass Kleinkinder aus Jäger-und-Sammler-Gesellschaften, die bei Adoptivfamilien in technologisch fortschrittlichen Gesellschaften aufwachsen, zu kompetenten Mitgliedern dieser Gesellschaften werden – obwohl die Abstammungslinie des Kindes sich vor 45 000 Jahren von der der Adoptiveltern getrennt hat! Das war etwa bei Kindern von australischen Aborigines der Fall, die in Familien von Weißen aufwuchsen. Die Zeitspanne hätte ausgereicht, damit sich über eine Kombination von natürlicher Selektion und Gendrift genetische Unterschiede zwischen verschiedenen menschlichen Populationen ergeben. Doch die bekannten Merkmale, in denen es genetische Veränderungen gegeben hat, betreffen, wie bereits ausgeführt, in erster Linie Resistenzen gegen Krankheiten und Anpassungen an lokale Klima- und Nahrungsbedingungen. Bisher wurden zwischen vollständigen Populationen keine statistisch messbaren genetischen Unterschiede erfasst, die die Amygdala oder andere Steuerungszentren der emotionalen Reaktivität beträfen. Genauso wenig kennen wir genetische Veränderungen, die zwischen Populationen Unterschiede in der tiefen kognitiven Verarbeitung von Sprache und mathematischer Reflexion begründen – obwohl solche vielleicht noch aufgedeckt werden.

Auch die Stereotypen, nach denen häufig die Bewohner verschiedener Länder, Städte und Dörfer kategorisiert werden, könnten in gewissem Ausmaß erblich bedingt sein. Und doch lässt sich aus den vorhandenen wissenschaftlichen Erkenntnissen schließen, dass diese Unterschiede eher historisch und kulturell zu begründen sind und nicht genetisch. Jede erbliche Varianz zwischen Kulturen schrumpft ohnehin in sich zusammen, wenn man sie in ein zeitliches Verhältnis zur genetischen Evolution stellt. Vielleicht sind Italiener im Schnitt redseliger, Engländer reservierter und Japaner höflicher, aber der Durchschnittswert einer Population mit solchen Persönlichkeitsmerkmalen wird durch die Variabilität innerhalb jeder Population leicht wettgemacht. Und bemerkenswerterweise erweist es sich, dass die Variabilität von einer Population zur anderen sehr ähnlich ausfällt. Das beobachtete der amerikanische Psychologe Richard W. Robins während seines Aufenthalts in einem entlegenen Dorf im westafrikanischen Burkina Faso.

Während meines Aufenthalts fiel mir auf, wie sehr jeder mir gleichzeitig so anders und so vertraut vorkam. Trotz der erheblichen Unterschiede in kulturellen Bräuchen und Gewohnheiten schienen die Burkiner sich genauso und häufig aus denselben Gründen zu verlieben, ihre Nachbarn zu hassen und ihre Kinder zu versorgen wie Menschen in anderen Erdteilen. Ja, es gibt einen Kern in Mentalität und Sozialverhalten des Menschen, der Länder, Kulturen und ethnische Gruppen übergreift. Selbst zwischen so von Grund auf verschiedenen Ländern wie Burkina Faso und den USA gibt es in den durchschnittlichen Persönlichkeitstrends ihrer Bewohner keine substanziellen Unterschiede. (...)
Als Gegengewicht zu diesem Hintergrund menschlicher Universalien ist aber offensichtlich, dass die Individuen sich stark voneinander unterscheiden: Manche Burkiner (oder Amerikaner) sind schüchtern, andere gesellig, manche sind freundlich und andere verdrießlich, und manche haben den Ehrgeiz, in ihrer Gemeinschaft einen hohen Status zu erreichen, während anderen derselbe Ehrgeiz fehlt.[61]

Das weite Spektrum von Persönlichkeitsmerkmalen, die Psychologen untersuchen, lässt sich in fünf Hauptdimensionen unterteilen: Extraversion contra Introversion, Verträglichkeit, Gewissenhaftigkeit, Neurotizismus und Offenheit für Erfahrungen. Innerhalb von Populationen ist jeder dieser Bereiche zu einem Gutteil erblich, in der Regel zu ein bis zwei Dritteln. Das heißt, die Gesamtvarianz der Werte jeder Dimension – der Anteil, der auf Genunterschiede zwischen den Individuen zurückzuführen ist – beträgt zwischen einem und zwei Dritteln. Allein unter dem Gesichtspunkt der Erblichkeit würden wir in einer Population wie der in dem burkinischen Dorf wesentliche Varianzen erwarten. Rechnen wir die Unterschiede in den Erfahrungen hinzu, die jeder Einzelne insbesondere in den prägenden Phasen der Kindheit macht, so wäre eine noch größere Varianz zu erwarten, die aber von Dorf zu Dorf und von Land zu Land einigermaßen gleichbleibend sein müsste.

Ist eine solche substanzielle Varianz universell, und ist sie von einer Population zu anderen gleich oder verschieden? Es zeigt sich, dass die Varianz gleichbleibend groß ausfällt und über Populationen hinweg im selben Ausmaß universell ist. Das ergab eine außergewöhnliche Studie eines Teams aus 87 Forschern, die 2005 veröffentlicht wurde.[62] Die Persönlichkeitstypen variierten in allen 49 getesteten Kulturen annähernd im selben Ausmaß. Die Haupttendenzen der fünf Persönlichkeitsdimensionen unterschieden sich jeweils nur geringfügig und stimmten nicht mit den Stereotypen überein, die außerhalb der einzelnen Kultur über diese im Umlauf waren.

Ein weiterer Grund, die Existenz umfassender genetischer Unterschiede in Frage zu stellen, ist das beinahe gleichzeitige Aufkommen staatlicher Gesellschaften in den sechs am besten analysierten Gebieten der Welt, verglichen mit der ungleich größeren geologischen Zeitspanne der evolutionären Veränderungen an der menschlichen Anatomie. Stets folgte die Staatengründung relativ schnell auf die Domestizierung von Ackerpflanzen und Nutzvieh, obwohl diese Innovationen in anderen

Teilen der Welt noch keine staatlichen Gesellschaften hervorgebracht hatten. In Ägypten war um 3400 bis 3200 v. Chr. der erste Urstaat (der sich also am frühesten unabhängig als solcher herausbildete) Hierakonpolis zwischen Oberägypten und Unternubien. Im Industal in Pakistan und dem nordwestlichen Indien entwickelten sich um 2900 v. Chr. reife Harappa-Siedlungen zu einem Staat. Und in China fand sich der früheste Urstaat offenbar in Erlitou, seine Anfänge liegen um 1800 bis 1500 v. Chr. In der Neuen Welt schließlich entwickelte sich der erste dokumentierte Urstaat zwischen 100 v. Chr. und 200 n. Chr. im mexikanischen Tal von Oaxaca. An der trockenen Nordküste Perus entstand unabhängig um 200 bis 400 n. Chr. die Moche-Gesellschaft.[63]

Tabelle 11.1 Ursprung des ältesten bekannten unabhängig entstandenen Staates in der Neuen Welt auf Grundlage von archäologischem Material aus dem mexikanischen Tal von Oaxaca.

	Ebenen der Siedlungshierarchie	Palast	Mehrräumiger Tempel	Großflächige Eroberungen	Integration des Tals
200 n. Chr. – 100 v. Chr.	4	ja	ja	ja	ja
300 v. Chr.	4	ja	ja	ja	nein
500 v. Chr.	3	nein	nein	nein	nein
700 v. Chr.	3	nein	nein	nein	nein

Es ist höchst unwahrscheinlich, dass die Entstehung von Urstaaten weltweit auf konvergente genetische Evolution zurückzuführen ist. Aller Wahrscheinlichkeit nach entfalteten sich hier autonom bereits existierende genetische Prädispositionen, über die die menschlichen Populationen wegen ihrer gemeinsamen Vorfahren seit der Auswanderung vor etwa 60 000 Jahren alle verfügten. Unterstützung erfährt dieses Szenario durch das relativ zügige Aufkommen eines Urstaates auf der Hawaii-Insel Maui.[64] Prähistorische Siedler mit landwirtschaftlichen Kenntnissen erreichten diese Insel offenbar um 1400 n. Chr. Um 1600 hatte sich die Bevölkerung signifikant vermehrt, Tempel wurden erbaut, und ein einzelner Häuptling übernahm die Kontrolle über die beiden bisher unabhängigen Dörfer. Die Veränderungen gingen wesentlich schneller vor sich als im Tal von Oaxaca, wo vom ersten bekannten Dorf bis zum Bau des ersten staatlichen Tempels 1300 Jahre vergingen.

Bereits zu Zeiten der Auswanderung aus Afrika fertigten afrikanische Populationen Gefäße aus Straußeneierschalen.[65] Noch früher (100 000 bis 70 000 vor heute) hatten sie roten Ocker, durchlöcherte Muschelperlen und fortschrittliche Werkzeuge verwendet.[66] Diese Artefakte, von denen die ältesten halb so alt sind wie der anatomisch moderne *Homo sapiens* selbst, sind genauso hoch entwickelt wie einige der Werkzeuge, die moderne Jäger und Sammler noch heute herstellen.

Auch die Urformen der Zivilisation kamen kurz nach dem Beginn der Landwirtschaft auf oder gar noch davor. In Göbekli Tepe, einer abgelegenen Stätte am türkischen Euphrat, gruben Archäologen auf dem höchsten Punkt eines Bergzugs eine etwa 11 000 Jahre alte Tempelanlage aus. Pfeiler und Steinplatten sind häufig mit Reliefs von bekannten Tieren bedeckt – Krokodile, Wildschweine, Löwen und Geier sowie ein Skorpion. Andere unbekannte, wild aussehende Geschöpfe könnten von Albträumen oder Wahnvorstellungen im Drogenrausch inspiriert sein. Einige Forscher in Göbekli Tepe schließen aus dem Fehlen von Überresten nahe gelegener Dörfer, dass die Anlage von nomadischen Jägern und Sammlern errichtet wurde, die sich dort gelegentlich zu religiösen Feiern versammelten. Andere dagegen gehen davon aus, dass noch Dörfer gefunden werden, die groß genug waren, um viele Arbeiter zu beherbergen.[67]

Es gibt eine Regel, die für Archäologie und Paläontologie gleichermaßen gilt: *Egal, wie alt das früheste bekannte Fossil oder der älteste Nachweis menschlicher Aktivität ist: Irgendwo ruhen immer noch Belege für etwas zumindest geringfügig Älteres, das noch der Ausgrabung harrt.* Als ganz richtig hat sich dieses Prinzip im Fall der

Schrift erwiesen. Die älteste bekannte Schrift ist die der mesopotamischen Sumerer und der frühägyptischen Kultur vor 6400 Jahren – die Anfänge der Jungsteinzeit liegen nicht ganz doppelt so weit zurück. Es folgen die erste bekannte Schrift aus dem Industal im heutigen Pakistan (4500 Jahre vor heute), die der chinesischen Shang-Dynastie (3500–3200 Jahre vor heute) und die der mittelamerikanischen Olmeken (2900 Jahre vor heute).[68] Alle diese alten Schriftzeugnisse stellen uns freilich vor ein ungelöstes Rätsel. Es ist selten klar, inwieweit die verschiedenen keilförmigen Symbole und Piktogramme Abstraktionen und keine realen Einheiten darstellen und ob sie Silben und Laute der Sprache bezeichnen oder aber Begriffe aus unbekannten Wörtern einer heute toten Sprachform. Kein Zweifel besteht unter Wissenschaftlern dagegen daran, dass die geschriebenen Zeugnisse ihren Erfindern einen außerordentlichen Vorteil verschafften.[69]

Wenn der Wandel von Stammesfürstentümern zu Staaten eine Frage der Entfaltung und kulturell bedingt war, wie kommt es dann zu den offensichtlichen Unterschieden in den heutigen Gesellschaften? Denn diese Unterschiede sind enorm. In einem Ranking von Ländern nach Pro-Kopf-Einkommen sind die obersten zehn Prozent etwa dreißigmal so reich wie die untersten zehn Prozent und die allerreichsten hundertmal so reich wie die ärmsten. Die Auswirkungen dieser Varianz auf die Lebensqualität sind überwältigend. In den ärmsten Ländern leben über eine Milliarde Menschen, das sind etwa 15 Prozent der Weltbevölkerung, unterhalb der von der UNO definierten Armutsgrenze. Ihnen fehlen angemessene Unterkunft, sanitäre Anlagen, sauberes Wasser, medizinische Versorgung, Erziehung und eine verlässlich ausreichende Versorgung mit Nahrung. Die Einwohner reicherer Länder, auch die ärmeren unter ihnen, kommen in den Genuss all dieser Leistungen, ganz zu schweigen von Flugreisen und Urlaubsanspruch. Laut Jared Diamonds viel gerühmter Veröffentlichung *Arm und Reich. Die Schicksale menschlicher Gesellschaften*[70] lässt sich eine überzeugende Antwort in der Geografie finden. Die Untersuchungen der schwedischen Ökonomen Douglas A. Hibbs Jr., Ola Olsson und anderer[71] stützen diese Auffassung. Kurz vor dem Beginn der Landwirtschaft vor etwa 10 000 Jahren gab ein Gefüge günstiger Bedingungen den Völkern des eurasischen Superkontinents eine gewaltige Gelegenheit dafür, dass die kulturelle Revolution schnell möglich wurde. Die Größe des Kontinents, die weite ost-westliche Ausdehnung und die Erweiterung durch die biologisch reichen Landschaften des Mittelmeerraums lieferten mehr lokal angepasste Pflanzen- und Tierarten als auf Inseln und anderen Kontinenten. Wissen über Kulturpflanzen und Vieh sowie die Technologie zur Anlage und Lagerung von Überschüssen ließ sich schneller von Dorf zu Dorf und weiter über die ausgedehnten Territorien der frühen Staaten verbreiten. Die Größe und Fruchtbarkeit dieses eurasischen Kernlandes und nicht das Aufkommen eines an bestimmten Orten endemischen humanen Genoms führte zur neolithischen Revolution.

III.
SOZIALE INSEKTEN EROBERN DIE WELT DER WIRBELLOSEN

12.
DIE ERFINDUNG DER EUSOZIALITÄT

Entscheidend für den Ursprung des Menschseins ist nicht allein unsere Art, weil die Geschichte mit der Menschheit weder anfängt noch aufhört. Entscheidend ist die Evolution sozialen Lebens bei Tieren insgesamt. Betrachten wir das gesamte Spektrum des Sozialverhaltens im Tierreich und nicht nur den Teil, den der Mensch darin darstellt, so zeichnet sich ganz deutlich ein Muster ab, das Evolutionsbiologen bisher selten in Betracht gezogen haben. Es umfasst zwei durch Ursache und Wirkung miteinander verbundene Phänomene. Erstens dominieren unter landbewohnenden Tieren die Arten mit den komplexesten Sozialsystemen. Und zweitens haben sich diese Arten in der Evolution nur selten herausgebildet. Erst durch viele vorausgehende Schritte sind sie in Millionen Jahren der Evolution entstanden. Eine dieser Tierarten ist der Mensch.

Am komplexesten sind eusoziale Systeme – wörtlich Systeme mit «echter sozialer Beschaffenheit». Die Mitglieder einer eusozialen Tiergruppe, etwa einer Ameisenkolonie, gehören mehreren Generationen an. Die Arbeit wird, zumindest äußerlich betrachtet, altruistisch aufgeteilt. Einige Individuen übernehmen Aufgaben, die ihr Leben verkürzen oder die Anzahl ihrer persönlichen Nachkommen reduzieren oder beides. Ihr Opfer erlaubt es denen, die für die Reproduktion zuständig sind, länger zu leben und dementsprechend mehr Nachkommen zu produzieren.

Aufopferung in fortgeschrittenen Gesellschaften reicht weit über Eltern und ihre Nachkommen hinaus. Sie kommt auch sonstigen Verwandten zugute, also Geschwistern, Nichten und

Neffen sowie Cousins verschiedenen Grades. Manchmal kommen auch genetisch nicht verwandte Individuen in ihren Genuss.

Eine eusoziale Kolonie hat deutliche Vorteile gegenüber solitären Individuen, die um dieselbe Nische konkurrieren. Einige Koloniemitglieder können Futter suchen, während andere das Nest vor Feinden beschützen. Ein solitärer Konkurrent von einer anderen Art kann entweder Nahrung suchen oder sein Nest verteidigen, nicht aber beides gleichzeitig. Die Kolonie kann gleichzeitig zahlreiche Futtersammler aussenden und zu Hause bleiben, und damit bildet sie ein Überwachungsnetz sowohl innerhalb als auch außerhalb des Nests. Stößt ein Koloniemitglied auf Nahrung, so kann es die anderen informieren, die dann wie eine sich zuziehende Schlinge zum Fundort vordringen. Gemeinsam können die Nestgenossen als Gruppe gegen Rivalen und Feinde kämpfen. Sie können große Futtermengen schneller zum Nest transportieren, bevor Konkurrenten zur Stelle sind. Wirken viele Individuen als Bauarbeiter, kann das Nest schnell vergrößert, in seiner Struktur architektonisch verbessert und an den Eingängen leichter verteidigt werden. In gewissem Ausmaß kann sogar das Klima im Nest reguliert werden. Die Nester der hügelbauenden Termiten in Afrika und der Blattschneiderameisen in Nord- und Südamerika stellen in dieser Hinsicht den Höhepunkt dar: Sie verfügen über eine Klimaanlage, die innerhalb des Nestes ohne weiteren Eingriff der Bewohner kühlende Frischluft zirkulieren lässt.

Bei manchen Arten bilden große Kolonien auch militärartige Formationen aus und überwältigen in Massenangriffen Beutetiere, die für solitäre Individuen unangreifbar sind. Am weitesten sind in dieser Anpassung die afrikanischen Treiberameisen gegangen. Sie marschieren in Kolonnen aus womöglich Millionen Individuen und verspeisen die meisten kleinen Tiere, die ihnen in den Weg kommen. Kolonnen dieser und anderer Heeresameisen sind auch die einzigen Insekten, die große Termiten-, Wespen- und sonstige Ameisenkolonien überwältigen und vertilgen können.

12.1 Die beiden Eroberer der Erde. Soziale Insekten beherrschen die Insektenwelt. Eine einzige Kolonie der afrikanischen Treiberameise, die oben auf einem Beutezug dargestellt ist, umfasst bis zu 20 Millionen Arbeiterinnen.

Die 20 000 bekannten Arten eusozialer Insekten, vorwiegend Ameisen, Bienen, Wespen und Termiten, machen nur etwa zwei Prozent der etwa eine Million Insektenarten aus. Dennoch dominiert diese winzige Minderheit den Rest der Insekten in Anzahl, Gewicht und in ihrem Einfluss auf die Umwelt. Was der Mensch für die Wirbeltiere ist, sind die eusozialen Insekten für die weitaus größere Welt der Wirbellosen. Auf der Ebene von Tieren, die größer sind als Mikroorganismen und Fadenwürmer, sind eusoziale Insekten die winzigen Herrscher über die Welt der Landbewohner.

Zu den häufigsten Insekten in den Kronen der tropischen Wälder Afrikas, Asiens und Australiens gehören die Weberameisen. Sie bilden mit ihren eigenen Körpern Ketten, um Blätter und Zweige zusammenzuziehen, aus denen sie die Wände

12.2 An einer typischen Stelle im Amazonasgebiet wogen Ameisen nachweislich viermal mehr als alle Wirbeltiere (hier durch einen Jaguar dargestellt).

ihres Nests bauen. Andere verspinnen Seide aus den Spinndrüsen ihrer Larven und befestigen damit die Wände. Danach bedecken sie die fußballgroßen Nester mit Seidenschichten. Eine einzige Kolonie von Weberameisen, bestehend aus der Königin-Mutter und Hunderttausenden ihrer Arbeiterinnen, besetzt Hunderte solcher schwebenden Pavillons und kann gleichzeitig mehrere Bäume dominieren.

Von Louisiana bis Argentinien bauen riesige Kolonien der Blattschneiderameise, neben dem Menschen die komplexesten sozialen Lebewesen überhaupt, ganze Städte und betreiben sogar Landwirtschaft. Die Arbeiterinnen schneiden Stücke aus Blättern, Blüten und Zweigen, transportieren sie in die Nester und zerkauen das Material zu einem Mulch, den sie mit ihren eigenen Exkrementen düngen. Auf diesem nährstoffreichen Substrat züchten sie ihre Hauptnahrung, einen Pilz von einer Art, der sonst nirgends in der Natur vorkommt. Ihr Gartenbau ist wie eine Fließbandkolonne organisiert: Das Material wandert von einer

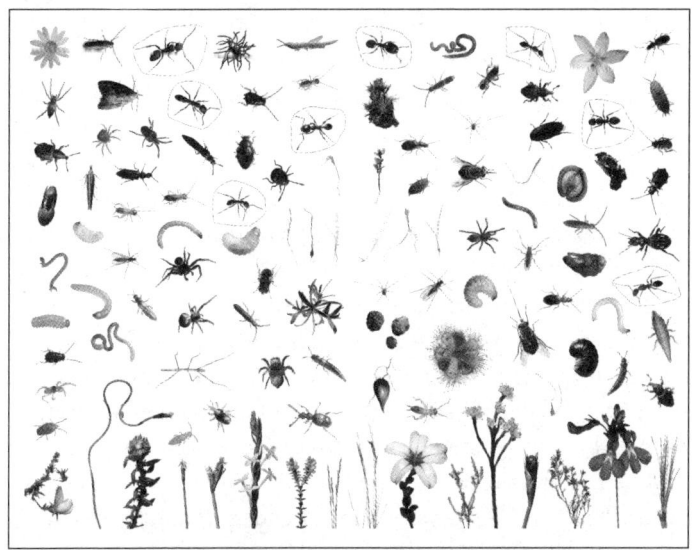

12.3 Die Allgegenwart der Ameisen. Dargestellt ist hier die Vielfalt von kleinen Organismen aus einem Kubikfuß Boden und Laub auf einem Ast einer Würgefeige in Monteverde, Costa Rica. Acht von einhundert vorhandenen Lebewesen waren Ameisen (eingekreist).

spezialisierten Kaste zur nächsten, angefangen beim Schneiden der Rohvegetation bis hin zur Ernte und Verteilung des Pilzes.

An einer Stelle im Amazonas unterzogen sich zwei deutsche Forscher der ungeheuren Mühe, auf einem Hektar Regenwald alle Tiere zu wiegen. Sie stellten fest, dass Ameisen und Termiten gemeinsam beinahe zwei Drittel vom Gewicht aller Insekten ausmachten. Eusoziale Bienen und Wespen stellten ein weiteres Zehntel. Ameisen allein wogen viermal so viel wie alle landbewohnenden Wirbeltiere, also Säugetiere, Vögel, Reptilien und Amphibien, zusammen.[1] Andere Forscher stellten fest, dass zwei Drittel der Insekten in den oberen Kronen einer anderen Amazonas-Parzelle allein Ameisen waren.

Weltweit betrachtet, bilden Ameisen keine sehr dicke Schicht Biomasse. In den kälteren Nadelgehölzen auf der Nord- und der

Südhalbkugel sind sie sehr viel seltener, und nördlich des Polarkreises und an den Baumgrenzen der tropischen Gebirge dünnen sie ganz aus. Auch auf Island, Grönland, den Falkland-Inseln sowie auf Südgeorgien und den anderen subantarktischen Inseln gibt es keine Ameisen. Vergeblich sucht man sie auch an den kalten Küsten von Feuerland. Andernorts aber gedeihen sie als dominante Insekten sämtlicher terrestrer Habitate, in Wüsten und dichten Wäldern sowie in den Randzonen der Landwelt im Marschland, in Mangrovenwäldern und auf den Stränden. Ich untersuche seit längerer Zeit drei wichtige arktische Arten oberhalb der Baumgrenze am Mount Washington (New Hampshire, USA), wo sie überall in großen Mengen leben. Ihre Nester liegen unter Steinen, um die Sonnenwärme einzufangen, und sie hasten eilig durch einen einzigen Zyklus der Larvenaufzucht, bevor im September die fallenden Temperaturen ihre Kolonien schon wieder stilllegen. Vergeblich habe ich bisher freilich oberhalb der Baumgrenze im Saruwaged-Gebirge auf Neuguinea nach Ameisen gesucht. In diesen unwirtlichen Palmfarn-Savannen brechen Tag für Tag kalte Regengüsse ein und durchweichen jeden, der sich dort aufhält, ob Mensch oder Ameise.

Eusoziale Insekten sind fast unvorstellbar viel älter als der Mensch. Ameisen sowie ihre holzfressenden Gefährten, die Termiten, kamen etwa in der Mitte des Reptilienzeitalters auf, also vor über 120 Millionen Jahren. Die ersten Hominini mit organisierten Gesellschaften und einer altruistischen Arbeitsteilung unter gleichzeitig lebenden Verwandten und Verbündeten gab es allenfalls vor drei Millionen Jahren.

Um den Unterschied greifbar zu machen, stellen wir uns einen sehr entfernten Vorfahren der ersten Primaten vor, die einmal die Vorfahren des Menschen werden sollten: ein kleines Säugetier, das auf der Suche nach Dinosauriereiern durch einen Wald der frühen Kreidezeit huscht. Als es auf einen Nadelholzstamm klettert, bricht eines seiner Hinterbeine durch die Rinde ein. Darunter ist der Stamm schon teilweise

12.4 Gefecht zwischen Ameisenkolonien. Kundschafter aus dem Nest (oben rechts), *Pheidole dentata*, haben eindringende Arbeiterinnen der Feuerameise *Solenopsis invicta* entdeckt und greifen sie an. Am erfolgreichsten kämpfen bei den *Pheidole dentata* Soldaten mit großem Kopf, die mit ihren kräftigen Mandibeln die Eindringlinge zerlegen.

hohl, das Kernholz haben Pilze, Käfer und eine Kolonie primitiver Termiten der Art *Zootermopsis* in zerbröckelnde Krümel zerlegt. Außerdem dient die Höhle einer Kolonie wespenartiger *Sphecomyrma*-Ameisen als Nest. Wie im Rausch schwärmen die Ameisenarbeiterinnen über das eingedrungene Säugetierbein aus, stechen in jeden Riss oder jede weiche Hautstelle, die sie finden können. Das Tier – unser Vorfahre – springt von dem Stamm herunter, schüttelt das Bein und kehrt die Angreifer mit den Klauen eines Fußes herunter. Wäre die Aushöhlung von einer solitären Wespe in der Größe einer *Sphecomyrma*-Ameise bewohnt gewesen, so hätte das Tier sie wohl kaum auch nur wahrgenommen.

Jetzt überspringen wir 100 Millionen Jahre bis heute. Sie, ein Nachkomme des angegriffenen Säugetiers, treten auf ein Stück Kiefernholz, den morschen Stamm eines Nadelbaums, Abkömm-

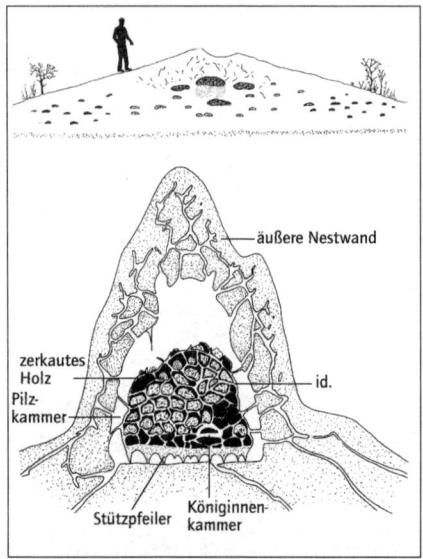

12.5 Nester einer Kolonie der hügelbauenden Termiten der afrikanischen Gattung *Macrotermes* im Querschnitt. Das oben dargestellte Nest maß im Durchmesser 30 Meter. Das untere Nest weist die Architektur auf, die als Klimaanlage wirkt: Im Zentrum wird die Luft durch den Stoffwechsel der Termiten erwärmt, steigt also auf und dringt durch die oberen Hügelausgänge nach außen, während durch unterirdische Kanäle rund um das Nest Frischluft angesaugt wird. Der beständige Luftzug hält die Temperatur sowie die Sauerstoff- und Kohlendioxidwerte für die bis zu eine Million Termiten im Nest praktisch stabil.

ling des kreidezeitlichen Baumes. Nachkommen der kreidezeitlichen Termitenkolonie krabbeln in eine dunkle Spalte, die zu ihrer Höhle gehört, wie ihre ganz ähnlichen Vorfahren im Erdmittelalter. Die Nachfahren der alten Ameisenkolonie schwärmen aus – ebenfalls wie ihre Vorgänger im Mesozoikum. Gemeinsam repräsentieren wir die beiden großen Hegemonien der landbewohnenden Welt. Der Unterschied ist nur, dass Termiten und Ameisen sie 100 Millionen Jahre für sich allein hatten und ungestört waren, bis wir schließlich ebenfalls die Ebene der Eusozialität erreicht hatten.

Die ersten Ameisen entwickelten sich aus geflügelten Solitärwespen. Die Arbeiterinnen der ersten Kolonien spezialisierten sich allmählich darauf, auf und unter Erde und Bodenstreu zu kriechen und von da aus aufwärts in die lebendige Vegetation.

12.6 Das Fließband der Blattschneiderameisen, der dominanten Insekten der amerikanischen Tropen, stellt das komplexeste Sozialverhalten aller bekannten Tierarten dar. 1. Große Media-Arbeiterinnen finden frische Blätter, schneiden davon Stücke ab und transportieren sie ins Nest; sie werden von winzigen Minima-Arbeiterinnen begleitet, die sie vor parasitischen Fliegen schützen. 2. Im Nest schneiden kleinere Arbeiterinnen die Blattstücke in 1 mm große Fragmente. 3. Wieder kleinere Media-Arbeiterinnen zerkauen die Fragmente zu einem Brei. 4. und 5. Minima bringen diesen Brei in den Garten ein oder pflegen die dort wachsenden Pilzfäden (6).

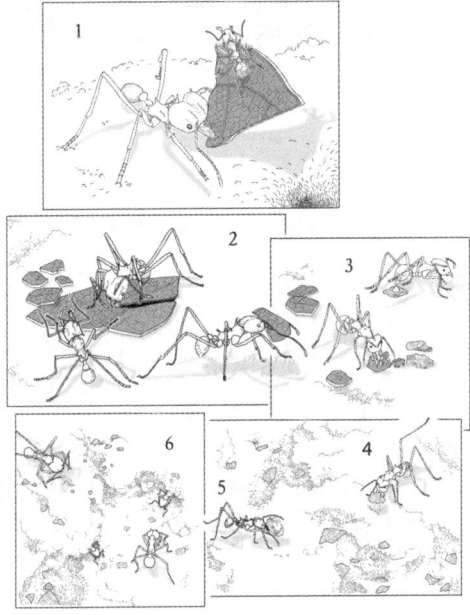

Diese Arbeiterinnen hatten keine Flügel mehr. Die jungfräulichen Königinnen flogen weiterhin, jede allerdings nur ganz kurz: Sie stiegen in die Luft auf und gaben Geschlechtspheromone ab, um ein geflügeltes Männchen anzulocken und sich mit ihm zu paaren. Dann landeten sie und gründeten eine neue Kolonie – fliegen sollten sie fortan nie wieder. Mit Fortgang der Evolution begannen die Ameisen des Mesozoikums, instinktiv kleine Gesellschaften zu bilden und ihre Domänen überall durch die verrottende Vegetation auf der Erdoberfläche und tief in den Boden darunter auszubreiten.

Sie entwickelten immer mehr Komplexität und brachten über zig Millionen Jahre hinweg immer weitere Arten hervor. Viele Ameisen wurden zu Räubern – Hauptfressfeinde von Insek-

12.7 Arbeiterinnen der Australischen Weberameise *(Oecophylla smaragdina)* bauen Nester in Baumkronen, indem sie Blätter zu Kammern zusammenziehen und sie mit Seidenfäden fixieren, die die madenartigen Larven ausscheiden.

ten, Spinnen, Asseln und anderen bodenbewohnenden Wirbellosen –, deren Nachkommen heute immer noch leben. Ameisen übernahmen auch die Rolle der ersten Totengräber, indem sie die Überreste kleiner Tiere ausweideten, die durch Krankheit oder Unfall ums Leben gekommen waren. Genauso bedeutend für alle terrestrischen Ökosysteme ist, dass sie als Erste die Böden umgruben und in dieser Arbeit sogar noch die Regenwürmer übertrafen.

In einer (sehr) groben Schätzung habe ich die heute lebenden Ameisen, gerundet auf die nächste 10er-Potenz, auf 10^{16} (also 10 Millionen Milliarden) beziffert. Wenn jede Ameise durchschnittlich ein Millionstel eines Menschen wiegt, dann wiegen alle Ameisen auf der Erde etwa genauso viel wie alle Menschen

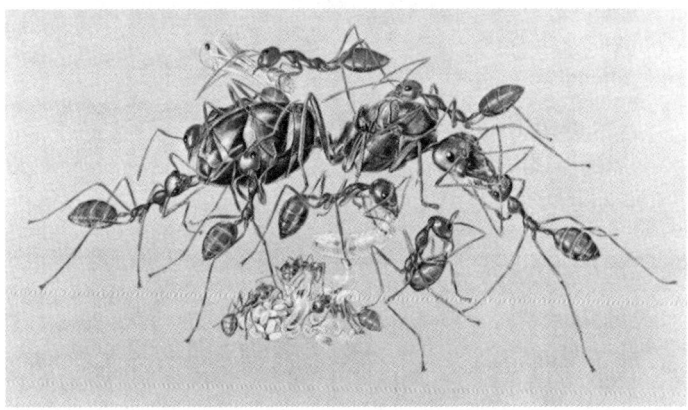

12.8 Das Kastensystem einer Kolonie der Afrikanischen Weberameise *(Oecophylla longinoda)* umfasst die Königin, die Major-Arbeiterinnen, die sie füttern und putzen, sowie Minor-Arbeiterinnen, die sich um die madenartigen Larven, die Eier und die Puppen kümmern. Andere Major-Arbeiterinnen bauen mit den von den Larven hergestellten Seidenfäden Nester in der Luft.

(bei angenommenen 10 Milliarden Menschen und 1 Million Mal so vielen Ameisen). Diese Zahl ist gar nicht so beeindruckend, wie sie klingt. Bedenken wir Folgendes: Ließen sich alle lebenden Menschen versammeln und aufeinanderstapeln, so ergäben wir einen Würfel mit weniger als 1,6 km Seitenlänge. Könnten alle Ameisen genauso versammelt und aufgestapelt werden, ergäben sie also einen ähnlich großen Würfel. Beide ließen sich leicht in einem kleinen Abschnitt des Grand Canyon unterbringen. Gemessen allein an ihrem Protoplasma wären sie im Grunde weniger spektakulär als die römischen Zirkusspiele. Doch was für ein großartiger Wurf sind nicht diese beiden Eroberer der Erde, die wir hier beobachten und vergleichen.

13.
ERFINDUNGEN, DIE DIE SOZIALEN INSEKTEN VORANBRACHTEN

Ich erzähle nun die Geschichte, wie die sozialen Insekten bis zur Dominanz über die Wirbellosen der landbewohnenden Welt aufsteigen konnten – mit meiner fünfzigjährigen Forschung habe ich zur Klärung dieser Frage beigetragen. Diese winzigen Eroberer drangen nicht wie außerirdische Invasoren in die Umwelt ein. Sie schlichen sich mit leisen, kleinen Schritten herein, und jeder dieser Schritte dauerte Millionen Jahre. Zuerst waren sie normale, ja sogar seltene Elemente in den Wäldern und Wiesen des Mesozoikums. Dann kamen in ihrem Verhalten und der Physiologie Innovationen auf, die den technologischen Erfindungen des Menschen entsprechen. Jede dieser Innovationen ließ sie in neue Nischen vordringen. Ihre Fähigkeit, die Umwelt zu kontrollieren, wuchs, und ihre Zahl wuchs mit. In der Mitte des Eozäns vor 50 Millionen Jahren waren sie die häufigsten mittelgroßen bis großen Wirbellosen zu Land.

Als im späten Jura oder in der frühen Kreidezeit die ersten Ameisen aufkamen, gediehen Termiten bereits seit zig Millionen Jahren, allerdings in einem völlig anderen Teil desselben Ökosystems. Sie waren Abkömmlinge schabenartiger Insekten, deren eigene Abstammungsgeschichte weitere hundert Millionen Jahre ins Paläozoikum zurückreicht. (Eine kurze Pause zur Beantwortung einer häufig gestellten Frage: Wie lassen sich Termiten von echten Ameisen unterscheiden? Ganz einfach: Sie haben keine Wespentaille.) Termiten beherrschten die Technik, abgestorbenes Holz und andere Pflanzenteile zu verdauen, indem sie mit ligninabbauenden Einzellern und Bakterien innerhalb ihrer Verdauungsorgane Symbiosen (enge biologische Partnerschaften) eingingen. Nach einer sehr langen Zeitspanne schufen einige der evolutionär am weitesten fortgeschrittenen Arten regelrechte Städte, bauten ihre Nahrung wie die Blattschneiderameisen in Pilzgärten an und legten in ihren Nestern Klimaanlagen an. Sie verteilten die Arbeit auf eine komplizierte Anordnung physischer Kasten.

In gewisser Hinsicht wurden die Ameisen letzten Endes deshalb die dominantere der beiden Evolutionslinien und Herrinnen über die parallelen Insektenreiche, weil viele ihrer Arten sich auf Termiten als Nahrung spezialisierten, während keine Termitenart je lernte, sich von Ameisen zu ernähren. Doch obwohl ihnen ein so grandioses Schicksal bevorstand, waren die Ameisen keineswegs von Anfang an oder mit einem Schlag die Stärkeren. Mehr als dreißig Millionen Jahre lang, also den Rest des Mesozoikums, blieben sie eine gewöhnliche Art innerhalb einer riesigen Vielfalt solitärer Insekten. Gemeinsam mit anderen Entomologen haben wir Tausende Stücke von fossilem mesozoischem Harz (Bernstein) nach diesen frühesten Ameisen durchsucht. Wir fanden sie in den fossilen Ablagerungen der entsprechenden Ära in New Jersey, Alberta, Sibirien und Myanmar. Am Ende kamen wir auf nicht einmal 1000 Individuen, nur eine kleine Minderheit unter den übrigen, in gleicher Weise konservierten Insekten. Die einzelnen Tiere verteilten sich über eine Zeitspanne von mehreren Millionen Jahren.

Derart alte Ameisenfossile waren der Wissenschaft anfangs gänzlich unbekannt. Für uns war das Mesozoikum, in dem die Frühgeschichte dieser Insekten begonnen haben muss, eine einzige Leerstelle. 1967 dann erhielt ich ein Stück Bernstein von einem Urweltmammutbaum *(Metasequoia)*, das zwei Hobbysammler in New Jersey in einer Gesteinsschicht der Oberkreide gefunden hatten; es war also etwa 90 Millionen Jahre alt. In dem transparenten Bernstein sah man vereint zwei wunderschön erhaltene Ameisenarbeiterinnen. Sie waren beinahe doppelt so alt wie die ältesten bisher bekannten fossilen Ameisen. Als ich dieses Stück Bernstein in der Hand hielt, wusste ich, dass ich als Erster in die uralte Geschichte einer der beiden erfolgreichsten Insektengruppen der Welt blickte. Das war einer der aufregendsten Momente in meinem Leben (obwohl ich durchaus verstehe, wenn der Leser meine Reaktion auf ein fossiles Insekt nicht ganz nachvollziehen kann). Ich war sogar derart erregt, dass ich vor lauter Ungeschick den Bernstein fallen ließ. Er fiel auf den Boden und brach entzwei. Fassungslos starrte ich hinunter, als hätte ich gerade eine unbezahlbare Ming-Vase in Scherben gelegt. Doch an diesem Tag hatte ich wirklich eine Glückssträhne. In jedem Fragment steckte unversehrt eine Ameise, und beide konnten separat poliert werden. Bei einer genauen Untersuchung dieser Schätze stellte ich in der Anatomie der Insekten Merkmale fest, die zwischen modernen Ameisen und Wespen zu situieren waren – eine dieser beiden Linien musste der Vorfahre der Ameisen gewesen sein. Die Hybridität kam bemerkenswert nah an das heran, was ein Forscherkollege, William L. Brown, und ich zuvor bereits vermutet hatten. Wir nannten die neue Art *Sphecomyrma,* das heißt «Wespenameise». Wegen der großen Bedeutung der Ameisen in der heutigen Welt (schließlich hängt die Umwelt von ihnen ab) wurde *Sphecomyrma* wissenschaftlich so prominent eingeordnet wie der *Archaeopteryx,* das erste vergleichbare Fossil, das eine Übergangsform zwischen dem Vogel und seinem Vorfahren, dem Dinosaurier, darstellt, und wie der *Australopithecus,* das erste bekannte «Missing Link» zwischen dem modernen Menschen und den affenartigen Vorfahren. Die Jagd auf weitere mesozoische Ameisenfossile war damit eröffnet; Ziel war es, die Geschichte dieser sozialen Insekten vollständig zu erarbeiten.

Als die intensivierte Suche mehr Exemplare aufbrachte, beschäftigten uns auch die Veränderungen in der externen Umwelt, die den Aufstieg der Ameisen bis zu ihrer vollständigen Dominanz ermöglicht hatten. Vor 110 bis 90 Millionen Jahren, also immer noch mitten im Mesozoikum, unterliefen die Wälder, in denen die Ameisen lebten, eine tiefgreifende Veränderung, die solchen Fortschritt überhaupt erst erlaubte. Bis dahin waren Bäume und Sträucher überwiegend Nacktsamer, insbesondere Palmfarne, Ginkgos (von denen heute eine einzige Art als Zierpflanze erhalten ist) und vor allem Nadelbäume, etwa Kiefer, Tanne, Fichte, Mammutbaum und andere «Zapfenträger» (daher der Name Koniferen), die weltweit immer noch in den Wäldern vorkommen. Als Ameisen und Termiten die Bühne betraten, weideten überall die pflanzenfressenden Dinosaurier Nacktsamer ab. Termiten fraßen die übrig gebliebene tote Vegetation. Ameisen gruben ihre Nester wahrscheinlich in Stämme von Nacktsamern, in die Bodenstreu und in den Humus des darunterliegenden Bodens. Sie durchsuchten den Boden nach Nahrung und erkletterten Farne und die Kronen der Bäume. Heute können Entomologen eine Vielzahl von Arten untersuchen, die im Harz von Metasequoia-Bäumen eingeschlossen wurden, eine der häufigsten Nadelholzarten im Mesozoikum. Einige Fossilien sind in diesem Material sehr gut erhalten und geben uns Einblick in anatomische Details, aus denen sich die frühen Stadien in der Evolution der Ameisen rekonstruieren lassen.

Mit Hilfe der Überreste vieler anderer Tier- und Pflanzenarten konnten wir in einem Forscherteam rekonstruieren, was dann geschah. Etwa 130 Millionen Jahre vor heute und mit einem Scheitelpunkt vor 100 Millionen Jahren kam es zu einer der radikalsten und bedeutendsten Veränderungen in der Geschichte des Lebens. Die Nacktsamer (Gymnospermae) wurden weitgehend durch Bedecktsamer (Angiospermae) ersetzt, die «Blütenpflanzen», die die Landvegetation heute deutlich dominieren. Mammutbäume und ihre Verwandten gaben den Weg frei für Magnolie, Buche und Ahorn sowie andere verbreitete Bäume, während Palmfarne und Farne ihre Dominanz den Gräsern und krautigen Bedecktsamern und Buschpflanzen der Bodenflora überließen.

Zwei evolutionäre Innovationen dieser Zeit machten die Angiospermae-Revolution möglich. Erstens erlaubte das Endosperm an den Samen (also das Fruchtfleisch, das wir essen) nicht nur ein Überleben unter ungünstigen Bedingungen, sondern auch eine Ausbreitung über größere Distanzen. Zweitens ermöglichten die Blüten und ihre attraktiven Farben und Düfte die Evolution ganzer Heere von Bienen, Wespen, Schwebfliegen, Nachtfaltern, Schmetterlingen, Vögeln, Fledermäusen und anderen spezialisierten Tieren, die den Pollen von der Blüte einer Pflanze zur Blüte anderer Pflanzen derselben Art transportieren. Mit dieser Ausrüstung breiteten sich die Blütenpflanzen weltweit (in geologischen Begriffen gerechnet) relativ schnell aus. Mit zunehmender Ausdehnung und Häufigkeit im Lauf von Millionen Jahren füllten sie die Nischen, die ihnen zur Verfügung standen, und schufen zugleich mit der Masse und der Komplexität ihrer Vegetation ganz neue Nischen. Heute gibt es auf der Erde über 250 000 Blütenpflanzenarten, unter anderem die sehr verbreiteten Roseaceae (Rosen und Verwandte), Fagaceae (Buchen) und Asteraceae (Korbblütler wie Sonnenblumen). Sie bilden die dichten Böschungen am Straßenrand, die Wiesen, Obstgärten, Kulturflächen und – bei Weitem das vielfältigste aller Ökosysteme – die tropischen Regenwälder.

Ameisen schwappten auf der Woge der Evolution von Blütenpflanzen mit. Der Grund für diese Koevolution liegt meiner Überzeugung nach darin, dass die Angiospermae-Wälder substanziell reicher und architektonisch komplizierter waren und damit mehr kleinen Tierarten einen günstigen Lebensraum boten. Unterholz und abgefallene Pflanzenstreu der alten Nacktsamer-Wälder, in denen die Ameisen ursprünglich entstanden waren, waren in ihrer Struktur relativ schlicht. Insekten und anderen Tieren standen demnach weniger Nischen zur Verfügung, und die Vielfalt von Insekten, Spinnen, Tausendfüßern und anderen Gliederfüßern in den Wäldern war proportional kleiner. Dieselbe relative Artenarmut finden wir noch heute in Nacktsamer-Beständen. Die Schichten von Bodenstreu und der Boden unter den Blütenpflanzen der neuen Wälder boten Gliederfüßern eine sehr viel komplexere Umwelt und damit auch

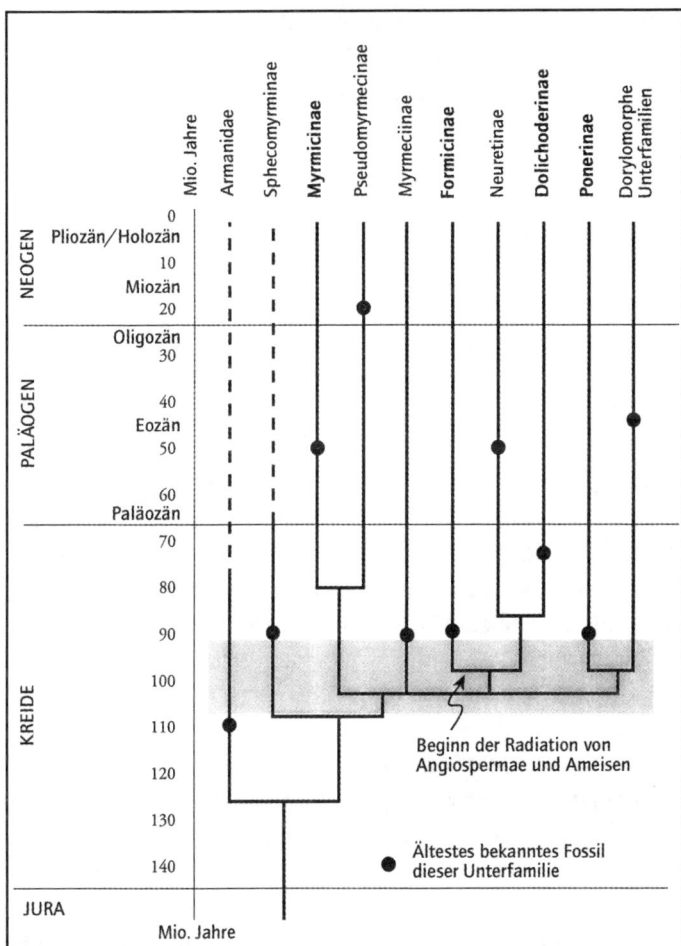

13.1 Im Reptilienzeitalter in der Kreide fielen Aufstieg und Diversifizierung der heute noch vorhandenen Ameisen zusammen mit der Dominanz von Blütenpflanzen (Angiospermae) über die globale Flora.

den Ameisen, die sich von ihnen ernährten. Die Bodenstreu, in denen Ameisenkolonien vieler Arten ihre neuen Nester bauten, bot eine größere Vielfalt verrottender Zweige, Äste, Blattbüschel und Samenhülsen, in die Kammern und Gänge gegraben werden konnten. Außerdem gab es in der Bodenstreu der Angiospermae je nach Tiefe ein größeres Spektrum unterschiedlicher Temperatur- und Feuchtigkeitsbedingungen. Deswegen stand auch eine größere Vielfalt von Gliederfüßern als Nahrung zur Verfügung. Insgesamt folgte daraus eine globale adaptive Radiation der Ameisen; mehr und mehr Ameisenarten konnten sich weltweit sowohl auf den Neststandort als auch auf die Nahrung, die sie nutzten, spezialisieren. Es gab immer mehr verschiedene Ameisenarten, weil sich ihnen immer neue Nischen eröffneten. Gegen Ende des Mesozoikums vor 65 Millionen Jahren existierten die meisten der zwei Dutzend heute lebenden taxonomischen Unterfamilien der Ameisen.

Doch selbst bei dieser bereits großen Vielfalt erreichte die wachsende Ameisenfauna nicht sofort die heutige zahlenmäßige Dominanz in Organismen und Kolonien. Die ältesten Fossile, die den Entomologen aus Bernstein- und Steineinschlüssen bekannt sind, sind im Vergleich zu anderen Insekten nur mäßig häufig. Wohl gegen Ende des Mesozoikums («Reptilienzeitalter») und mit Sicherheit nicht später als in den ersten 15 Millionen Jahren des darauffolgenden Känozoikums («Säugetierzeitalter») machten die Ameisen zwei weitere evolutionäre Fortschritte, die ihre heutige weltweite Dominanz mit begründen.

Die erste Innovation betraf die kuriose Partnerschaft, die viele Vertreter dieser Art mit Insekten eingingen, die sich von Pflanzensäften ernähren. Blatt-, Schild- und Schmierläuse und andere Arten von Gleichflüglern (Homoptera) stechen mit ihren schnabelartigen Mundwerkzeugen in die Pflanze und saugen Saft und andere Flüssigkeiten heraus. Jedes einzelne Tier muss große Mengen dieser Substanzen aufnehmen, um genug Nährstoffe für Wachstum und Reproduktion zu erhalten. Eine Nebenwirkung ihrer Ernährungsmethode ist, dass sie einen hohen Durchlauf von Exkrementen und überschüssiger Flüssigkeit haben. Die Tröpfchen werden so ausgeschwitzt oder verspritzt, dass sie auf den Boden oder die umliegende Vegetation fallen, damit das klebrige Material sich nicht rund um die Insekten anhäuft. Die-

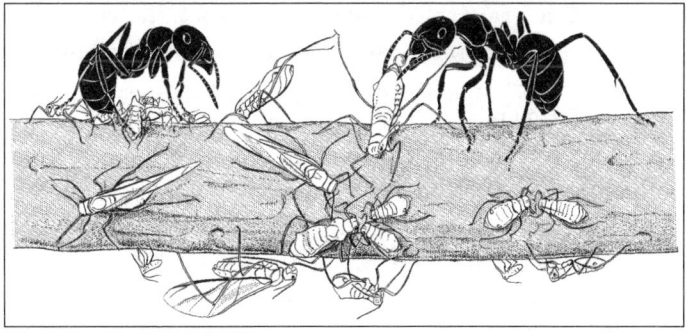

13.2 Ein kritischer Schritt beim Aufstieg der Ameisen zur Dominanz sind ihre Partnerschaften mit saftsaugenden Insekten; im Tausch gegen die nahrhaften flüssigen Exkremente schützen sie sie vor Räubern und Parasiten. Die Zeichnung zeigt die europäische Waldameise *Formica polyctena* und ihren symbiotischen Partner, die Blattlaus *Lachnus roboris*.

ser «Honigtau» ist für die meisten Ameisenarten das reinste Manna. Und für viele Ameisen eine erstrangige Nahrungsquelle.

Das Aufkommen der Ameisen verschaffte beiden Partnern einen gleichberechtigten Vorteil, und die Symbiose dauert bis heute an. Wenn Blattläuse und andere Saftsauger die Pflanzenepidermis durchstechen, sind sie regelrecht an ihrer Nahrung verankert. Ihre weichen Körper bilden mundgerechte Bissen für eine Menge Räuber und Parasiten, die durch das Laub schwärmen. Wespen, Käfer, Florfliegen, Fliegen, Spinnen und andere können die gesamte Population auf einer Pflanze im Handumdrehen vernichten. Die Saftsauger brauchen beständigen Schutz, und ein Bündnis mit den kothungrigen Ameisen ist ein hervorragender Garant dafür. Viele Ameisenarten behandeln jede dauerhafte reichhaltige Futterquelle als Teil ihres Territoriums, selbst wenn sie weit von ihrem Nest entfernt liegt. Von den Saftsaugerherden, die sie als ihr Eigentum beanspruchen, halten sie jeden Fressfeind fern.

In den Millionen Jahren ihrer Evolution gingen Ameisen sogar noch weiter: Sie machten kooperative Blattläuse und andere

Saftsauger zu regelrechten Melkkühen. Genauso treffend könnte man übrigens auch sagen, die Saftsauger machten die Ameisen zu regelrechten Milchbauern. Die symbiotischen Saftsauger spritzen ihre Exkremente nun nicht mehr von der Pflanze, auf der sie sitzen, herunter, sondern halten sie zurück, bis eine Ameise kommt und sie leicht mit ihren Antennen berührt, woraufhin der Saftsauger einen großzügigen Tropfen ausscheidet und der Ameise zum Trinken entbietet. Im Laufe der Evolution profitierten beide Symbiosepartner. Andere kamen weniger gut weg. Die Pflanzen verloren einen Gutteil ihres «Pflanzenbluts», und die Fressfeinde der Saftsauger gingen oft hungrig nach Hause. Alle aber überlebten; wir haben hier ein Beispiel für einen natürlichen ökologischen Gleichgewichtszustand.

Bei einer Wanderung durch einen Regenwald auf Neuguinea stieß ich eines Tages auf einen Schwarm riesiger Schildläuse, die sich vom Gestrüpp im Unterholz ernährten. Ihre Körper unter den harten Chitinhüllen, die wirkten wie Schildkrötenpanzer, waren beinahe zehn Millimeter lang. Sie waren begleitet von Ameisen, die durch die Herde wimmelten und tröpfchenweise Honigtau sammelten. Mir kam in den Sinn, dass diese Schildläuse so groß waren (oder andersherum gesehen, dass ich so klein war), dass ich die Rolle einer Ameise spielen konnte. Gleichzeitig war ich glücklicherweise zu groß, als dass die Wächterameisen mich hätten verjagen können, obwohl sie das durchaus versuchten. Ich riss mir ein Kopfhaar aus und berührte damit den Rücken einer Schildlaus – so vorsichtig, wie eine Ameise sie mit den Spitzen ihrer Antennen berührte. Wie erhofft, drang ein großzügiger Tropfen des Exkrements aus. Ich nahm ihn mit einer feinen Pinzette auf, die ich bei mir hatte, und kostete ihn. Er schmeckte leicht süß. Ich wusste auch, dass ich hier eine kleine Portion Aminosäuren bekam, die ein guter Nährstoff für mich gewesen wäre, wäre ich eine Ameise. Aber für die Schildlaus *war* ich natürlich auch eine Ameise.

Die Partnerschaft zwischen Ameisen und Saftsaugern hat in der geologisch lang andauernden Assoziierung der beiden

Insektenarten extrem weit geführt. Viele heutige Ameisenarten verwalten ihre Populationen sechsbeinigen Nutzviehs als Allzweckherden – in Zeiten von Proteinmangel fressen sie auch manche auf. Manche gehen sogar so weit, dass sie sie von ausgeweideten Futterquellen zu neuen, frischeren Pflanzen tragen. Eine Art in Malaysia wurde sogar zum Nomadenhirten, der seine gesamte Kolonie zusammen mit den gefangenen Saftsaugern periodisch von Ort zu Ort bewegt, um dauerhaft hohe Honigtaumengen zu garantieren.[2]

Symbiosen zwischen Ameisen und Homoptera-Saftsaugern sowie den Honigtau sekretierenden Raupen der Schmetterlingsfamilie Lycaenidae (Bläulinge) sind alles andere als triviale Kuriositäten. Rund um die Welt sind sie überaus häufig und gehören zu den wichtigsten Gliedern der Nahrungsketten, die viele terrestrische Ökosysteme zusammenhalten. Für den Menschen sind sie bedeutende Schädlinge in der Landwirtschaft. Den Ameisen dagegen ermöglichen es die Symbiosen, eine völlig neue Dimension der Landumwelt zu besetzen. Waren sie zuvor regelmäßig in die immergrünen Bereiche der tropischen Wälder hinaufgeklettert und zu ihrem Nest auf dem oder kurz über dem Boden zurückgekehrt, so konnten sie jetzt beständig hoch über dem Boden leben. In vielen Regionen der Tropen wurden die Ameisen so zu den häufigsten Insekten in der Blätterkrone.

Lange Zeit stellte die Dominanz der Ameisen in den Bäumen für die Biologen ein Rätsel dar. Wie konnten derart ausnehmende Fleischfresser so große Populationen erhalten? Dass sie so zahlreich am Ende einer Nahrungskette auftraten, schien einem Grundprinzip der Ökologie zu widersprechen. Jedes Gramm eines Fleischfressers verbraucht demnach mehrere Gramm Pflanzenfresser (grob berechnet, zehnmal so viel), etwa wenn ein Mensch Rindfleisch isst. Pflanzenfresser wiederum verzehren noch viel größere Mengen Vegetation, etwa Vieh auf der Weide.

Als irgendwann junge, unternehmungslustige Biologen die tropischen Baumkronen bestiegen und die Ameisengesellschaften dort direkt beobachteten, machten sie eine verblüffende

Entdeckung. Die Ameisen sind nur Teilzeit-Fleischfresser. Zu einem großen Anteil ernähren sie sich auch von Pflanzen. Genauer gesagt, sie sind *indirekte* Pflanzenfresser. Baumameisen können Vegetation noch immer nicht selbstständig verdauen wie Raupen und Schildläuse. Dazu müsste ihr Verdauungssystem komplett umgerüstet werden. Sie können aber von den nährstoffreichen Exkrementen saftsaugender Gleichflügler leben, die in den Baumkronen sehr zahlreich sind. Ameisen schützen und steuern sorgfältig Herden von Saftsaugern, die sich in und um ihre Nester ansammeln. Einige der Symbionten werden in «Ameisengärten» gehalten, kugelförmigen Ansammlungen epiphytischer Pflanzen, die von den Ameisen kultiviert werden, etwa Orchideen-, Bromelien- und Gesneriengewächse. Die Gärten dienen sowohl als Behausung als auch als Weiden für die Symbionten.

In den Regenwäldern am Amazonas und auf Neuguinea habe ich selbst diese Gärten untersucht – zugegeben, nur auf den untersten Ästen, wo ich nicht klettern musste. Die Aggressivität dieser Ameisen erschreckte mich. Wann immer ich ein Nest störte, schwärmten zur Verteidigung Arbeiterinnen aus und bissen, stachen und versprühten giftige Sekrete auf jeden erdenklichen Teil von mir, den sie erreichen konnten. Die wahrscheinlich grimmigsten Ameisen der Welt am oder über dem Boden sind die der Art *Camponotus femoratus*, eine mittelgroße Verwandte der großen Rossameisenart *Camponotus pennsylvanicus* von der nördlichen Halbkugel. In den südamerikanischen Regenwäldern ist *C. femoratus* sehr zahlreich. Die gartenbauenden Exemplare, denen ich begegnete, ließen mich nicht einmal das Nest berühren. Wenn ich vor dem Wind mehr als einein- halb Meter herankam, rochen mich die Nestbewohner. Die Arbeiterinnen schwärmten zu Hunderten aus, bildeten einen brodelnden Teppich auf dem Nest und fingen an, einen Schleier von Ameisensäure in meine Richtung zu versprühen. Blieb ich beharrlich stehen, so ließen sie sich auf nahe gelegenes Blattwerk fallen, um näher heranzukommen. Jeder, der einmal auf die Äste eines von *C. femoratus* bewohnten Baumes geklettert ist, braucht keine weiteren Erklärungen über die ökologische Dominanz der Ameisen.

Einen Rivalen um die größte Aggressivität hat die *Camponotus femoratus* in den äquatorialafrikanischen und asiatischen Weberameisen der Gattung *Oecophylla*. Die Kolonien bauen Nester aus Blättern, die sie über lebendige Ketten aus Arbeiterinnen zusammenziehen und mit einem Gewebe aus Seide fixieren; diese erhalten sie in einzelnen Fäden von den madenartigen Larven der Kolonie. Eine reife Kolonie baut in den Kronen eines oder mehrerer Bäume Hunderte solche seidenen Pavillons. Jeder Eindringling in das Territorium einer Weberameise wird von Schwärmen furchtloser Verteidiger mit Bissen und Schleiern von Ameisensäure bedacht. Als Arbeiterinnen einer Kolonie, die ich an der Harvard University züchtete, einmal aus ihrem Plastikbehälter entkamen, trippelten einige auf meinen Schreibtisch und bedrohten mich mit geöffneten Mandibeln, ihre Hinterleibspitzen ragten hoch und konnten jeden Moment Ameisensäure ausspritzen. Im Freien ist ihre Aggressivität legendär. Auf den Salomon-Inseln hatten Scharfschützen der US-Marines im Zweiten Weltkrieg angeblich genauso viel Angst vor Ameisen wie vor den Japanern. Das ist natürlich eine Übertreibung, aber zugleich eine Hommage an die Insekten, die gemeinsam mit uns die Welt regieren.

Mit den Jahren kristallisierte sich für mich allmählich ein Prinzip heraus, das für unser Verständnis vom evolutionären Ursprung der Ameisen und anderer sozialer Insekten von Bedeutung ist: *Je komplizierter und aufwändiger ein Nest im Hinblick auf den Verbrauch von Energie und Zeit ist, desto aggressiver sind die Ameisen bei seiner Verteidigung.* Dieses Konzept werde ich später mit dem Ursprung der Eusozialität selbst in Verbindung bringen.

Etwa im selben Abschnitt der geologischen Zeit, in dem viele Ameisenarten in den Baumkronen ihre Partnerschaft mit Honigtau produzierenden Insekten perfektionierten, erweiteten andere ihre Lebensräume und Fressgewohnheiten in einer ganz anderen Richtung. Ihren Grundspeiseplan aus Beutetieren und Aas ergänzten sie durch Samen. Diese Innovation ließ die Zahl der Arten und die Dichte der Kolonien in den Waldbeständen der ursprünglichen Ameisenfaunen zunehmen. Zugleich konnten sich so viele Ameisensorten ins trockene Grasland und in Wüsten ausbreiten.

Heute bauen viele der Ameisenarten, die Samen fressen, auch Kornkammern, um sie zu lagern. In begrenztem Ausmaß findet das in bewaldeten Gebieten statt, wurde aber bis weit ins 19. Jahrhundert weder dort noch irgendwo anders wahrgenommen; dann begannen Naturforscher mit der Untersuchung von Ameisen in den trockeneren Regionen der Levante, in Indien und dem westlichen Nordamerika. Als sie die Erdnester der später so genannten Ernteameisen aufgruben, fanden sie Kammern voller Samen von den nahe stehenden Gräsern. Erst jetzt ergab der Spruch des Salomon einen Sinn: «Geh hin zur Ameise, du Fauler, sieh an ihr Tun und lerne von ihr! Wenn sie auch keinen Fürsten noch Hauptmann, noch Herrn hat, so bereitet sie doch ihr Brot im Sommer und sammelt ihre Speise in der Ernte.»[3]

Bei einem Besuch des Jerusalemer Tempelbergs saß ich einmal in der Nähe eines Nests von Ernteameisen der Gattung *Messor*, einer der dort dominanten Ameisenarten. Ich sah zu, wie die Arbeiterinnen Samen durch ein Eingangsloch abwärts zu den unterirdischen Kornkammern trugen. Und ich bildete mir ein, dass dies wahrscheinlich dieselbe Art war, die schon Salomon kannte, und dass er vielleicht ganz hier in der Nähe gesessen und sie beobachtet hatte.

Dreitausend Jahre später und sehr weit weg von Judäa wenden sich nun Wissenschaftler wegen ganz anderer Erkenntnisse den Ameisen und anderen sozialen Insekten zu. Obwohl diese kleinen Geschöpfe sich von uns in vielerlei Hinsicht radikal unterscheiden, wirft ihre Herkunft und Geschichte ein Licht auch auf unsere eigene.

IV.
DIE KRÄFTE DER SOZIALEN EVOLUTION

14.
DAS WISSENSCHAFTLICHE DILEMMA DER SELTENHEIT

Die Eusozialität, bei der mehrere Generationen einer Art unter altruistischer Arbeitsteilung in Gruppen organisiert sind, war eine der ganz großen Innovationen in der Geschichte des Lebens. Sie führte zur Entstehung von Superorganismen, der nächsten Ebene der biologischen Komplexität oberhalb des Organismus. In ihren Auswirkungen ist sie vergleichbar mit dem Landgang luftatmender Wassertiere. Und in ihrer Bedeutung entspricht sie der Erfindung des aktiven Schlagflugs durch Insekten und Wirbeltiere.[1]

Jedoch stellte diese Leistung der Evolutionsbiologie ein Rätsel, das bisher noch nicht gelöst ist: nämlich ihre Seltenheit. Denn wenn eine glückliche Wespenpopulation die Ameisen hervorbringen und eine andere glückliche Population schabenartiger Holzfresser zu Termiten werden konnte, und wenn dann alle beide die Dominanz unter Land-Wirbellosen einnehmen konnten, warum kam es dann in der Geschichte des Lebens nicht häufiger zur Entstehung der Eusozialität? Und warum trat sie in der Geschichte des Lebens erst so spät auf?

Gelegenheiten scheint es in Hülle und Fülle gegeben zu haben. Bevor Ameisen, Termiten und soziale Bienen und Wespen auf der Erde lebten, gab es für die Insekten zwei massive, lang andauernde Phasen der Evolution. Die erste begann vor etwa 400 Millionen Jahren im Devon. Sie endete 150 Millionen Jahre später am Ende des Perm, als das größte Massenaussterben aller Zeiten die meisten Pflanzen- und Tierarten der Welt vernichtete. Das war zugleich das Ende des Paläozoikums – populär auch als Amphi-

14.1 Vom mittleren bis zum späten Paläozoikum, also vor 400 bis 250 Millionen Jahren, gediehen auf der Erde die verschiedensten Insekten. Ihre Vielfalt illustriert das Spektrum, das auf einem einzigen Palmfarn gefunden wurde, darunter Käfer, Schaben und andere ausgestorbene Gruppen. Wir wissen von keinem sozialen Insekt unter ihnen.

bienzeitalter bekannt. Es folgte das Mesozoikum oder Zeitalter der Reptilien, sowohl zu Land als auch zu Wasser.

Das Paläozoikum war die Zeit der kohlebildenden Wälder, mit Palmfarnen und turmhohen Schuppenbäumen. Diese Wälder und die anderen umliegenden Landhabitate wimmelten von Insekten, deren Arten mindestens so vielfältig waren wie heute. Reichlich vorhanden waren alte Eintagsfliegen, Libellen, Käfer und Schaben. Diese bekannten Formen mischten sich mit heute ausgestorbenen Insekten, die nur die Experten kennen, die ihre Fossile studieren – Palaeodictyopterans, Protelytropterans, Megasecopterans, Diaphanopterodeans und andere mit ähnlich unaussprechlichen Namen.

Viele der Fossile in feinkörnigem Gestein sind in bemerkenswert gutem Zustand und jedenfalls so gut erhalten, dass wir die meisten ihrer äußerlichen anatomischen Details mit denen moderner Insekten vergleichen können. Aus Exemplaren, die aus aller Welt zusammengetragen wurden, konnten die Forscher die Lebenszyklen einiger Arten rekonstruieren und selbst

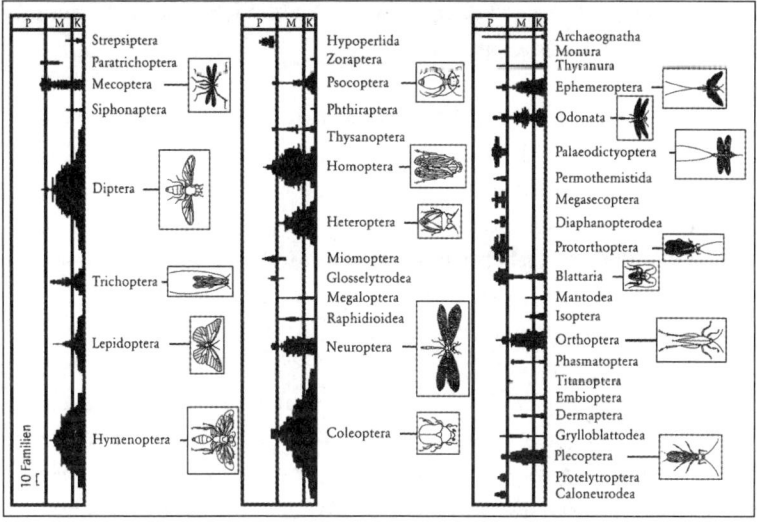

14.2 In der riesigen Insektenvielfalt aus 400 Millionen Jahren und drei Erdzeitaltern (Paläozoikum, P; Mesozoikum, M; Känozoikum, K) kam es zur Entstehung eusozialer Insekten nur äußerst selten und, soweit bekannt, vor dem frühen Mesozoikum überhaupt nicht. Die Breite der Diagramme illustriert, wie sich mit der Zeit die Anzahl von Familien für jede Insektenordnung entwickelte.

auf ihre Ernährung schließen. Bis heute aber hat sich nicht eine Spur eines eusozialen Insekts gefunden.

Es folgte das große Massenaussterben, das das Perm beendete, und mit der Trias begann das Mesozoikum. Neunzig Prozent der Arten auf der Erde waren ausgelöscht. Was immer der Grund für dieses katastrophalste Ereignis aller Zeiten war – die meisten Experten vermuten den Einschlag eines berggroßen Meteoriten, andere argumentieren für erdgebundene Ereignisse etwa aufgrund der Plattentektonik oder bei den chemischen Vorgängen auf der Erde –, jedenfalls wären dabei beinahe sämtliche Pflanzen und Tiere vollständig zerstört worden. Tatsächlich vernichtet wurden die oben erwähnten taxonomischen Ordnungen mit den unaussprechlichen Namen, einige Sorten Käfer, Libellen und andere, weniger bekannte Gruppen blieben indes verschont und sind bis heute am Leben.

Die Insekten, die das Aussterben im ausgehenden Perm überlebten, breiteten sich (in geologischen Begriffen) schnell aus und füllten die Lebensräume auf der Erde wieder auf. Ihre Arten vermehrten sich und radiierten zu vielen neuen Lebensweisen. Innerhalb von ein paar Millionen Jahren hatte die Evolution der Überlebenden einen Großteil der ausgestorbenen Vielfalt durch ein Spektrum neuer Arten ersetzt, und die Insektenwelt pulsierte wieder. Doch weitere 50 Millionen Jahre lang, also fast die gesamte Trias über, die die große evolutionäre Radiation der Dinosaurier erlebte, gab es immer noch keine eusozialen Insekten, oder zumindest finden wir dafür keinerlei Belege.

Erst in der letzten Phase des Jura, vor etwa 175 Millionen Jahren, tauchen die ersten Termiten auf, zunächst mit schabenartiger Anatomie; etwa 25 Millionen Jahre später folgten die Ameisen. Selbst dann noch und bis heute war und blieb das Aufkommen anderer eusozialer Insekten oder sonstiger eusozialer Tierarten selten. Heute kennen wir etwa 2600 taxonomische Familien von Insekten und anderen Gliederfüßern, etwa die bekannten Taufliegen aus der Familie der Drosophilidae, die Radnetzspinnen aus der Familie der Argiopidae und Krabben aus der Familie der Grapsidae. Nur in 15 der 2600 Familien gibt es bekanntermaßen eusoziale Arten. Sechs davon sind Termiten, die offenbar alle von demselben eusozialen Vorfahren abstammen. Eusozialität entwickelte sich einmal bei Ameisen, dreimal unabhängig voneinander bei Wespen und mindestens viermal – wahrscheinlich noch häufiger, aber das ist schwer zu bestimmen – bei Bienen. Insbesondere unter den heutigen eusozialen Bienen der Familie Halictidae stehen viele Linien kurz vor dem eigentlichen Übergang zur eusozialen Organisation – ihre Kolonien sind klein, sie haben nur schwach differenzierte Königinnen und neigen dazu, in der Evolution zwischen solitären und frühen eusozialen Stadien hin- und herzuspringen. Diese kleinen Bienen, bei Weitem kleiner als

Honigbienen und Hummeln, sitzen im Sommer zuhauf auf Astern und anderen Blumen. Sie sind auffällig bunt: manche metallisch blau oder grün, andere schwarz-weiß gestreift.[2]

Ein einziger Fall von Eusozialität ist bei Ambrosiakäfern, andere sind bei Blattläusen und Blasenfüßen (Thripsen) bekannt.[3] Erstaunlicherweise entstand eusoziales Verhalten dreimal bei Knallkrebsen der Gattung *Synalpheus* aus der Familie der Alphaeidae, die ihre Nester in Schwämmen bauen. Solche seltenen oder relativ instabilen Abstammungslinien könnten in fossilem Zustand leicht übersehen worden sein. Auch das mehrfache Auftreten von Eusozialität bei den *Synalpheus*-Krebsen wurde erst kürzlich entdeckt.[4] Eine entsprechende Warnung sprach Geerat J. Vermeij nach einer Analyse von 23 angeblich einmaligen Innovationen in meist nichtsozialen Aspekten des Lebens aus.[5] Selbst unter Anerkennung dieser Ungewissheit ist es aber doch unwahrscheinlich, dass viele fortgeschrittene, weit verbreitete eusoziale Insekten mit ihren unterschiedlichen Kasten von Arbeiterinnen gänzlich unbemerkt geblieben sind.

Noch seltener als bei Wirbellosen blieb die Eusozialität bei Wirbeltieren. Zweimal entstand sie bei den unterirdisch lebenden Nacktmullen in Afrika. Einmal ergab sie sich in der Abstammungslinie, die zum modernen Menschen führte, und das im Vergleich zu den Wirbellosen erst sehr spät – nämlich vor nur drei Millionen Jahren. Nahe heran kommen Vogelarten mit «Helfern am Nest», bei denen die Jungen eine Zeitlang bei den Eltern verbleiben, dann aber entweder das Nest erben oder fortgehen und ihr eigenes bauen.[6] Nahe an die Eusozialität kommen auch die Afrikanischen Wildhunde, bei denen ein Alpha-Weibchen zur Brutaufzucht im Bau bleibt, während das Rudel auf die Jagd geht.

In den letzten 250 Millionen Jahren gab es jede Menge Gelegenheiten, bei denen ein derart bedeutsames Ereignis wie die Eusozialität bei großen Tieren hätte auftreten können. Im Mesozoikum erreichten viele Abstammungslinien der Dinosaurier zumindest einige der erforderlichen Vorbedingungen: men-

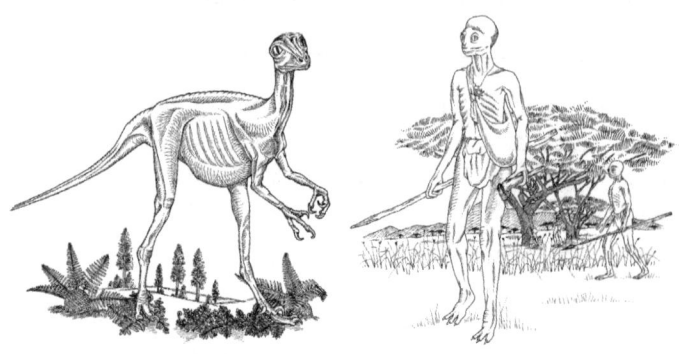

14.3 Was hätte passieren können. Links eine Rekonstruktion des zweibeinigen Dinosauriers *Stenorhynchosaurus*, der gegen Ende des Mesozoikums lebte und einige der Merkmale aufwies, die vielleicht das Aufkommen fortgeschrittener Intelligenz ermöglicht hätten. Rechts ein *Dinosauroider* nach dem Entwurf des Paläontologen Dale Russell. Diese erfundene Gestalt hätte sich 100 Millionen Jahre vor dem Menschen aus dem *Stenorhynchosaurus* entwickeln können – tat es aber nicht. Gezeichnet nach einer originalen Rekonstruktion des *Stenorhynchosaurus* von Dale Russell.

schengroße, schnell bewegliche Fleischfresser, die in Gruppen jagten, mit zweifüßiger Gangart und freien Händen. Keine von ihnen schaffte den letzten Schritt zu wenigstens primitiver Eusozialität. In den nächsten 60 Millionen Jahren, also beinahe das gesamte Känozoikum über, bot sich dieselbe Gelegenheit den sich ausbreitenden Arten großer Säugetiere. Und nicht nur das: Zudem war die durchschnittliche Lebensdauer einer Säugetierart und ihrer Tochterarten nur vergleichsweise kurz, nämlich eine halbe Million Jahre, so dass der Wechsel zu immer neuen Anpassungen beschleunigt wurde. Doch von sämtlichen Säugetieren der Welt außer den Nacktmullen sowie von sämtlichen Primatenarten, die über Millionen von Jahren in den tropischen und subtropischen Regionen lebten, überschritt nur eine, nämlich ein Abkömmling afrikanischer großer Menschenaffen und Vorfahre des *Homo sapiens*, die Schwelle zur Eusozialität.

15.
ALTRUISMUS UND EUSOZIALITÄT BEI INSEKTEN

Die Menschheit entwickelte sich als biologische Art in einer biologischen Welt, nicht mehr und nicht weniger als die sozialen Insekten. Welche genetischen Evolutionskräfte drängten unsere Vorfahren an die Schwelle zur Eusozialität und darüber hinaus? Erst neuerdings beginnen Biologen dieses Rätsel zu lüften. Entscheidende Hinweise dazu könnten sich in der Geschichte von Tierarten finden und insbesondere bei den sozialen Wirbellosen, die denselben Weg schon lange vorher gegangen waren. Entscheidend, so merkten die Forscher, war es, nicht nach einer logischen Reihung von Voraussetzungen dafür zu suchen, was in der Ursprungsgeschichte eusozialer Insekten und anderer Wirbelloser passiert sein könnte, sich auch nicht auf mathematisch konstruierte Theorien darüber zu verlassen, was geschehen sein könnte, sondern aus Feld- und Laboruntersuchungen zusammenzufügen, was *wirklich* passierte. Vorsichtig, Schritt für Schritt, bauen wir nun aus empirischem Material diese Geschichte zusammen. Die so erstellten Grundprinzipien der Genetik und Evolution könnten sich dann, nach den Möglichkeiten bester Wissenschaftlichkeit, auf den Menschen übertragen lassen.

Den Anfang für eine solide Rekonstruktion der Geschichte der Wirbellosen und besonders der Insekten machten Mitte letzten Jahrhunderts mehrere große Entomologen: William M. Wheeler, Charles D. Michener und Howard E. Evans.[7] Als junger Wissenschafter kannte ich Michener und Evans persönlich sehr gut (Michener ist 2012 noch immer am Leben und sehr aktiv); Wheeler starb zwar 1937, als ich noch ein kleiner Junge

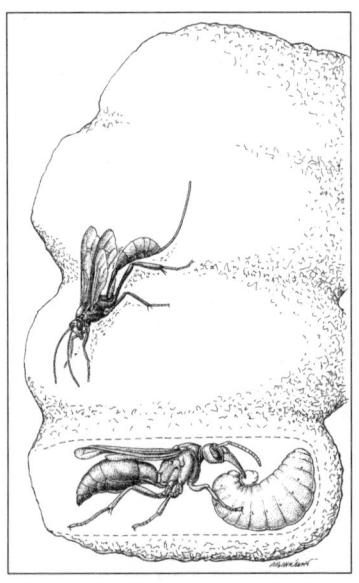

15.1 Progressive Verproviantierung einer solitären Wespe. Ein Schnitt durch ein Nest zeigt eine weibliche *Synagris cornuta*, die ihre Larve mit einem Stück Raupe füttert. Eine parasitische Schlupfwespe, *Osprynchotus violator*, lauert vor dem Nest auf den richtigen Moment, um die Larve anzugreifen.

war, aber ich studierte seine Arbeiten so genau und hörte so viel über sein Leben, dass es mir vorkommt, als würde ich ihn auch persönlich kennen. Die drei Männer waren echte Naturkundler, wie wir sie heute an den Grenzen der Biologie dringend bräuchten. Ihre wissenschaftliche Karriere bestand darin, alles zu lernen, was es über die Organismengruppe, auf die sie sich spezialisierten, zu wissen gibt. Alle drei wurden weltweit anerkannte Autoritäten – Michener für Bienen, Evans für Wespen und Wheeler für Ameisen. Besonders begeisterten sie sich für die Wissenschaft der Klassifizierung, aber sie trauten sich auch darüber hinaus, zur Ökologie ihrer Gegenstände, zur Anatomie, zu ihren Lebenszyklen, zu evolutionären Beziehungen, zum Verhalten. Hätten Sie das Glück, mit einem von ihnen eine Feldexkursion machen zu können, so würde er ihnen den wissenschaftlichen Namen jeder Biene (Michener), Wespe (Evans) und Ameise (Evans) nennen, denen Sie begegnen, und voller Enthusiasmus würde er alles berichten, was bis zu diesem Zeit-

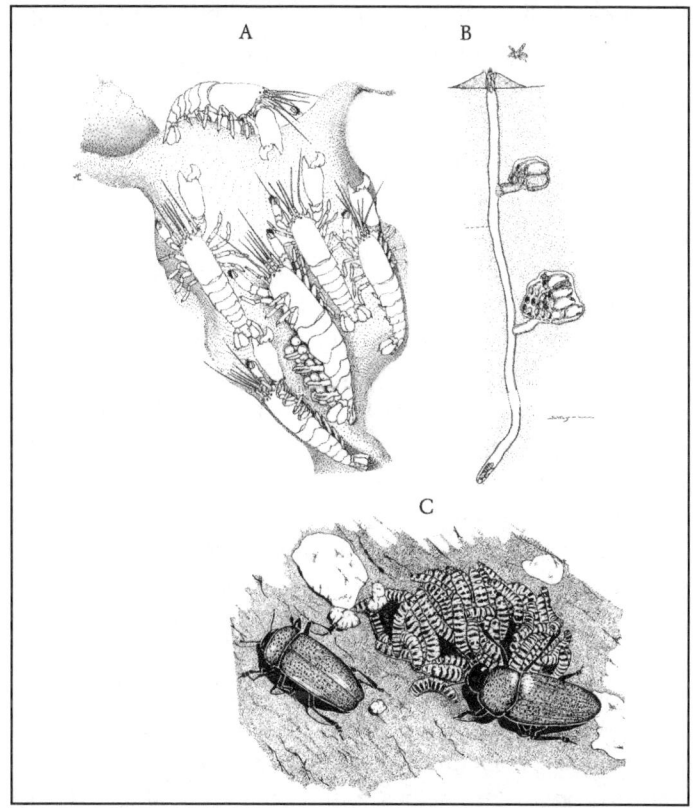

15.2 Arten diesseits und jenseits der Eusozialitätsschwelle.
(A) Kolonie eines primitiv eusozialen *Synalpheus*-Knallkrebses in einer Aushöhlung, die in einen Schwamm gegraben wurde. Die große Königin (Reproduktionsmitglied) wird von ihrer Familie aus Arbeitern versorgt; eine von ihnen bewacht den Nesteingang (aus Duffy).
(B) Kolonie der primitiv eusozialen Halictidae-Biene *Lasioglossum duplex*, die ein Nest in den Boden gegraben hat (aus Sakagami und Hayashida).
(C) Adulte Pilzkäfer der Gattung *Pselaphacus* führen ihre Larven zu Pilzfutter (aus Costa); diese Ebene der Brutpflege ist bei Insekten und anderen Gliederfüßern weit verbreitet, hat aber nach heutigem Wissen nie zur Eusozialität geführt. Diese drei Beispiele illustrieren den Grundsatz, dass die Entstehung der Eusozialität durch die Präadaption eines selbst geschaffenen, bewachten Nestplatzes bedingt ist.

punkt über die Art bekannt ist. *Sie hatten alle ein Gefühl für den Organismus* – und genau das ist es, was zählt.

Die Masse biologischen Wissens, die viele solcher wahren Naturwissenschaftler in ihren Feld- und Laborstudien anhäuften, machte es möglich, ein klares Bild davon zu entwickeln, wie und warum Eusozialität, das fortgeschrittenste Stadium des Sozialverhaltens, aufkam. Nötig waren dafür zwei aufeinanderfolgende Schritte.[8] Erstens zeigt sich, dass bei allen Tierarten, die Eusozialität erreicht haben – wirklich ausnahmslos bei allen –, die altruistische Kooperation ein dauerhaftes, verteidigungswürdiges Nest vor Feinden schützt, also vor Räubern, Parasiten oder Konkurrenten. Erst wenn dieser Schritt getan ist, ist die Bühne frei für die Ausbildung der Eusozialität, bei der die Gruppenmitglieder mehr als einer Generation angehören und die Arbeit so untereinander aufteilen, dass wenigstens ein Teil ihrer persönlichen Interessen denen der Gruppe geopfert wird.

Um diesen Prozess konkret sichtbar zu machen, stellen wir uns eine solitäre Wespe vor, die ein Nest baut und darin ihre Jungen aufzieht. Diese Stufe erreichen Vögel und Krokodile. Im Lebenszyklus der gewöhnlichen Wespenart verlassen die Jungen, wenn sie ausgewachsen sind, das Nest und zerstreuen sich, um selbst Jungen aufzuziehen und Nester zu bauen – so wie es auch Vögel und Krokodile tun. Bleiben zumindest einige Mitglieder der Folgegeneration am Nest, statt sich zu zerstreuen, so steht die daraus resultierende Gruppe an der Schwelle zur Eusozialität. Diese Grenze wird dann auch leicht überschritten – danach allerdings keineswegs leicht beibehalten. Bienen zumindest einiger solitärer Arten (sowie in Gesellschaft lebende Bienen, die einen gemeinsamen Bau bewohnen, aber private Zellen bauen) lassen sich in das primitiv eusoziale Stadium versetzen, indem man einfach zwei Bienen gemeinsam auf einem engen Raum platziert, der nur Platz für ein Nest oder eine private Zelle bietet. Das Paar entwickelt dann automatisch eine Hackordnung, wie sie in natürlichen Populationen primitiv eusozialer Bienen zu beobachten ist. Das dominante Weibchen, die «Königin», bleibt im Nest, reproduziert sich und bewacht das Nest, während das untergeordnete Weibchen, die «Arbeiterin», auf Futtersuche geht.[9]

In der Natur kann dieselbe Anordnung genetisch programmiert sein, so dass das Mutterinsekt im Kreis ihrer Nachkommen lebt, die im Nest verbleiben; damit wird die Mutter Königin, und die Nachkommen werden Arbeiterinnen. Die einzige genetische Veränderung, die für diese letzte Stufe nötig ist, besteht im Erwerb eines Allels – einer neuen Form eines einzelnen Gens –, welches das Programm für das Ausschwärmen im Gehirn abschaltet und somit verhindert, dass die Mutter und ihre Nachkommen sich verstreuen, um neue Nester zu bauen.

Sobald eine derart geschlossene Gruppe existiert, beginnt die natürliche Selektion auf Gruppenebene anzusetzen. Dabei geht es darum, ob ein Individuum in einer reproduktionsfähigen Gruppe besser oder schlechter davonkommt als ein ansonsten identisches solitäres Individuum in derselben Umwelt. Bestimmend für dieses Ergebnis sind die emergenten Merkmale, die auf dem Zusammenspiel der Gruppenmitglieder beruhen. Diese Merkmale sind unter anderem die Kooperation bei der Erweiterung, Verteidigung und Vergrößerung des Nests, beim Futtererwerb und bei der Brutpflege – anders gesagt, alle Aktivitäten, die ein solitäres Insekt bei der Reproduktion normalerweise selbst bewerkstelligen würde.

Setzt sich das Allel, das die genannten emergenten Merkmale der Gruppe bewirkt, gegenüber konkurrierenden Allelen durch, die die Zerstreuung der Individuen vom Nest vorgeben, so kann die natürliche Selektion am Rest des Genoms ungehindert komplexere Formen der sozialen Organisation herausformen. In den frühesten Stadien der eusozialen Evolution geht es dabei trotzdem zunächst um die bereits existierende Prädisposition für Dominanz und Arbeitsteilung. Später kann auf Gruppenebene ein immer größerer Teil des übrigen Genoms (das heißt des gesamten genetischen Codes) betroffen sein und so zunehmend komplexe Gesellschaften aufkommen lassen.[10]

Im alten, konventionellen Bild, dem der Verwandtenselektion und des «egoistischen Gens», ist die Gruppe ein Bund verwandter Individuen, die miteinander kooperieren, weil sie verwandt sind. Obwohl ein gewisses Konfliktpotenzial besteht, tragen sie doch altruistisch zu den Bedürfnissen der Kolonie bei. Arbeiterinnen treten bereitwillig einen Teil oder ihre gesamte persönliche Reproduktionsfähigkeit ab, weil sie verwandt sind und wegen der gemeinsamen Abstammung Gene teilen. Damit begünstigt jede ihre eigenen «egoistischen» Gene, indem sie identische Gene fördert, die auch bei ihren Gruppenmitgliedern vorhanden sind. Selbst wenn es für eine Mutter oder Schwester sein Leben hingibt, vermehrt ein solches Insekt die Häufigkeit seiner Gene, die es mit den Verwandten teilt. Zu den vermehrten Genen gehören auch die, die das altruistische Verhalten bedingen. Verhalten sich andere Koloniemitglieder genauso, so kann die Kolonie als Ganzes Gruppen aus ausschließlich egoistischen Mitgliedern übertreffen.

Die Theorie vom egoistischen Gen wirkt zunächst ganz und gar vernünftig. In der Tat galt sie den meisten Evolutionsbiologen gleichsam als Dogma – zumindest bis 2010. Dann wiesen Martin Nowak, Corina Tarnita und ich nach, dass die Theorie der Gesamtfitness, häufig auch als Theorie der Verwandtenselektion bezeichnet, sowohl mathematisch als auch biologisch fehlerhaft ist.[11] Einer ihrer Hauptmängel besteht darin, dass sie die Arbeitsteilung zwischen Königin-Mutter und ihren Nachkommen als «Kooperation» darstellt und das Verlassen des Nests als «Abtrünnigkeit». Doch wie wir bereits sagten, sind Gruppentreue und Arbeitsteilung kein evolutionäres Spiel. Die Arbeiterinnen haben nicht die Wahl zwischen verschiedenen Spielzügen. Ist die Eusozialität stabil eingerichtet, so sind sie Erweiterungen vom Phänotyp der Königin, also alternative Expressionen von deren persönlichen Genen und denen des Männchens, mit dem sie sich gepaart hat. Im Grunde sind die Arbeiterinnen Roboter, die die Königin nach ihrem Bild geschaffen hat, um mit ihrer Hilfe mehr Königinnen und Männchen hervorzubringen, als es ihr als solitärem Tier möglich wäre.

Erweist sich diese Ansicht als richtig, und ich glaube, dafür sprechen sowohl die Logik als auch die Befunde, dann lassen sich Herkunft und Evolution eusozialer Insekten als Prozesse interpretieren, die von der natürlichen Selektion auf Individualebene vorangetrieben werden. Am besten lassen sie sich von Königin zu Königin, von Generation zu Generation verfolgen; die Arbeiterinnen jeder Kolonie sind dabei phänotypische Erweiterungen der Königin-Mutter. Die Königin und ihre Nachkommen werden häufig als Superorganismus bezeichnet, aber genauso gut könnte man sie einfach einen Organismus nennen. Die Arbeiterin einer Wespen- oder Ameisenkolonie, die uns angreift, wenn wir ihr Nest stören, ist ein Produkt des Genoms der Königin-Mutter. Die defensive Arbeiterin ist Teil vom Phänotyp der Königin, so wie Zähne und Finger Teil unseres Phänotyps sind.

Dieser Vergleich scheint auf den ersten Blick zu hinken. Natürlich hat die eusoziale Arbeiterin einen Vater *und* eine Mutter, und daher unterscheidet sich ihr Genotyp teilweise von dem der Königin-Mutter. Jede Kolonie enthält eine gewisse Bandbreite von Genomen, während die Zellen eines konventionellen Organismus Klone sind und ausschließlich das eine Genom aus der befruchteten Eizelle des Organismus darstellen. Jedoch ist der Prozess der natürlichen Selektion mit der einzigen Ebene biologischer Organisation, auf der sie wirkt, im Wesentlichen gleichzusetzen. Jeder von uns ist ein Organismus aus gut miteinander integrierten diploiden Zellen. Genauso verhält es sich bei einer eusozialen Kolonie. Beim Wachstum unseres Gewebes wurde die molekulare Maschinerie jeder Zelle entweder an- oder abgeschaltet, um etwa einen Finger oder einen Zahn herauszuformen. Genauso werden die eusozialen Arbeiterinnen, die unter dem Einfluss der Pheromone von Koloniegenossinnen und anderen Umweltfaktoren zu adulten Insekten heranwachsen, zur Ausbildung einer bestimmten Kaste angeleitet. Das Individuum führt dann eine einzelne oder eine Folge von Aufgaben aus einem Repertoire möglicher Aufgaben aus, die in den kollektiven Gehirnen der Arbeiterinnen angelegt sind. Eine Zeitlang, selten ihr ganzes Leben lang, ist sie Soldatin, Nestbauerin, Brutpflegerin oder Allzweckarbeiterin.

Natürlich lässt sich nicht leugnen, dass genetische Merkmalsvielfalt zwischen den Arbeiterinnen eusozialer Kolonien nicht nur existiert, sondern für die Kolonie auch eine Funktion trägt – dokumentiert wurde das für die Resistenz gegen Krankheiten und für die Klimaregelung im Nest. Sollte das die Kolonie zu einer Gruppe von Individuen machen, die (im Sinne der Theorie der Verwandtenselektion) jeweils individuell versuchen, die Fitness ihrer eigenen Gene zu optimieren? Dass das nicht unbedingt so sein muss, wird klar, sieht man, dass das Genom der Königin Abschnitte enthält, deren Allele (verschiedene Ausformungen jedes Gens) relativ wenig variabel sind, wenn die Merkmale, die sie bewirken, inflexibel sein müssen, und dass es andererseits Abschnitte mit hoher Allelvariabilität aufweist, wenn Flexibilität der entsprechenden Merkmale gefordert ist. Genetische Inflexibilität ist unabdingbar für Systeme mit Arbeiterkasten, für ihre Organisation und die Zuweisung des jeweils persönlichen Arbeitseinsatzes. Gefördert wird genetische Flexibilität in der Reaktion der Arbeiterinnen dagegen für die Krankheitsresistenz der Kolonie und für die Klimaregelung im Nest. Je mehr Genotypen in einer Kolonie existieren, desto wahrscheinlicher wird es, dass zumindest einige von ihnen überleben, wenn das Nest von einer Krankheit heimgesucht wird. Und je größer die Bandbreite der Empfindlichkeiten für Abweichungen von der gewünschten Temperatur, Feuchtigkeit und chemischen Zusammensetzung der Luft ist, desto näher können diese Faktoren der Nestatmosphäre am Optimum gehalten werden.

Zwischen der Königin und ihren Töchtern besteht kein wesentlicher genetischer Unterschied, der festlegen würde, welcher Kaste sie angehören können. Jedes befruchtete Ei kann, sobald die Genome der Königin und des Männchens sich vereinigt haben, entweder Königin oder Arbeiterin werden. Wohin es geht, hängt von den genauen Umweltbedingungen ab, die das einzelne Koloniemitglied während seiner Entwicklung erfährt, etwa von der Jahreszeit, zu der es geboren wird, von seiner Ernährung und den wahrgenommenen Pheromonen. In dieser Hinsicht sind die Arbeiterinnen Roboter, produziert von der Königin-Mutter als mobile Teile ihres Phänotyps.

In sozialen Hautflügler-Kolonien (Hymenoptera wie Ameisen, Bienen, Wespen), die nur als «primitiv» zu bezeichnen sind, bei denen also nur geringe anatomische Unterschiede zwischen der Königin und ihren Arbeiter-Nachkommen bestehen, kommt es häufig zu einem Konfliktstadium, wenn Arbeiterinnen sich selbst fortzupflanzen versuchen. In der Regel hindern die anderen Arbeiterinnen die Usurpatorin daran und schützen damit den Vorrang der Königin. Zum Beispiel können sie sie einfach von der Brutkammer entfernen, wenn sie Eier zu legen versucht. Oder sie besteigen die Missetäterin, um sie zu bestrafen, und das kann so weit gehen, dass sie sie verkrüppeln oder gar töten. Kann sie ihre Eier irgendwie doch in die Brutkammer schmuggeln, so erkennen die anderen Arbeiterinnen diese am Geruch, entfernen sie und fressen sie auf. Viele Untersuchungen haben erwiesen, dass dieses Konfliktpotenzial mit dem Grad der genetischen Abweichung zwischen den Möchtegern-Usurpatoren und der Königin korreliert. Zum Teil könnte sich dieses Phänomen durch einen genetisch bedingten Geruchsunterschied erklären lassen, der dann den Grad der Feindseligkeit bestimmt. Trotzdem bleibt die Frage, ob diese Konflikte als Argument gegen die Individualebene herhalten können, also gegen die natürliche Selektion von Königin zu Königin. Das ist nicht der Fall, wenn wir die Usurpatoren etwa als Entsprechung von Krebszellen in Säugetierorganismen betrachten. Der komplexe Zellapparat von Säugetieren (mit T-Zellen, T-Zell-Rezeptoren, der Herstellung von B-Zellen) und ihr Hauptgewebeverträglichkeitskomplex dienen demselben Zweck – der Verhinderung von Infektionen und ungehemmtem Zellwachstum – wie die genetische Variabilität zwischen den Nachkommen der Königin.

Zur Gruppenselektion kommt es in dem Sinn, dass der Erfolg oder Misserfolg der Kolonie davon abhängt, wie gut die Königin und ihre roboterartigen Nachkommen im Wettbewerb mit solitären Individuen und anderen Kolonien abschneiden. Gruppenselektion ist eine nützliche Vorstellung, um genau die Selektionsziele festzulegen, wenn Königinnen (und die dazugehörigen Kolonien) mit anderen Königinnen konkurrieren. Die Multilevel-Selektion aber, bei der die Kolonialevolution darin besteht, dass die einzelne Arbeiterin ihre Interessen gegen die Interessen der Kolonie abwägt, ist heute kein hilfreiches Konzept mehr, um darauf Modelle der genetischen Evolution bei sozialen Insekten aufzubauen.

Zudem ist schon allein die Vorstellung des Altruismus in einer Insektenkolonie zwar eine hübsche Metapher, hat aber wissenschaftlich gesehen letztlich nur geringen analytischen Wert. Meinen wir damit Altruismus in dem Sinn, dass die persönliche Reproduktion geopfert wird, dann ist das Vorhaben, das mit der Theorie der Multilevel-Selektion zu erklären, geradezu illusorisch. Die Mutter, deren Gene von der individuellen Selektion überprüft werden, kann Arbeiterinnen erschaffen, die ihre darwinsche Fitness steigern. Nimmt man ihr diese Fähigkeit, so scheitert sie.

Bemerkenswerterweise war schon Darwin in der *Entstehung der Arten* über denselben Grundbegriff gestolpert, wenn auch in rudimentärer Form. Er hatte sich lange und intensiv mit der Frage auseinandergesetzt, wie aus der natürlichen Selektion sterile Ameisenarbeiterinnen hervorgegangen sein konnten. Er sorgte sich über eine Schwierigkeit, «welche mir anfangs unübersteiglich und meiner ganzen Theorie wirklich verderblich zu sein schien». Dann löste er das Rätsel über den Begriff, den wir heute als phänotypische Plastizität bezeichnen: Die Königin-Mutter und ihre Nachkommen gelten demnach gemeinsam als Ziel der Selektion durch die äußere Umwelt. Die Ameisenkolonie ist eine Familie, führt er aus und erklärt, «daß Zuchtwahl ebensowohl auf die Familie als auf die Individuen anwendbar ist und daher zum erwünschten Ziele führen kann. Rindviehzüchter wünschen das Fleisch vom Fett gut durchwachsen; ein durch solche Merkmale ausgezeichnetes Tier ist geschlachtet worden, aber der Züchter wendet sich mit Vertrauen und mit Erfolg wieder zur nämlichen Familie. (...) So ist auch bei den geselligen Insekten Zuchtwahl auf die Familie und nicht auf das Individuum zur Erreichung eines nützlichen Ziels angewendet worden. Wir können daher schließen, daß unbedeutende Modifikationen des Baus oder Instinkts, welche mit der unfruchtbaren Beschaffenheit gewisser Mitglieder der Gemeinde im Zusammenhang stehen, sich für die Gemeinde nützlich erwiesen haben; in Folge dessen gediehen die fruchtbaren Männchen und Weibchen derselben besser und übertrugen auf ihre fruchtbaren Nachkommen eine Neigung, unfruchtbare Glieder mit den nämlichen Modifikationen hervorzubringen.»[12]

Das gut durchwachsene Rindfleisch ist eine hübsche Metapher. Der Superorganismus ist die Königin, die von ihren dienenden Töchtern umschwärmt wird. Mit Hilfe der modernen Biologie lässt sich heute meines Erachtens erklären, wie es zur Entstehung eines solchen Wesens gekommen ist.

16.
INSEKTEN MACHEN DEN RIESENSPRUNG

Die folgende wissenschaftliche Darlegung ist für ein breites Publikum gedacht, folgt aber trotzdem einer Form, die einem Fachthema angemessen ist, das sich weiterhin schnell entwickelt und von dem einige Aspekte noch immer eine Herausforderung darstellen.

Von Darwin bis heute konzentrierte sich die Untersuchung von Ursprung und Evolution der Eusozialität auf große Gemeinschaften von Arten der Insektenordnung Hautflügler (Hymenoptera), also von Ameisen, Bienen und stacheltragenden Wespen. Entfernter verwandte Gemeinschaften innerhalb der Hautflügler sind parasitoide Wespen und nichtparasitische Pflanzen- oder Sägewespen und Holzwespen; sie sind in der Natur ständig um uns herum unterwegs, doch wir nehmen sie nur selten wahr. Entomologen haben die Naturgeschichte Tausender dieser Insektenarten durchforstet und waren so in der Lage, fein abgestufte Evolutionsschritte zusammenzutragen, die ganz offenbar von solitären Individuen zu den fortgeschrittenen eusozialen Kolonien führen. Ordnet man dieses Wissen in logischen Schritten bis zur Eusozialität, so stoßen wir auf Hinweise zu genetischen Veränderungen sowie zu den Kräften der natürlichen Selektion, über die sich jeder einzelne Schritt vollzog.

Ein solider Grundsatz, der sich aus dieser Untersuchung der Hautflügler und anderer Insekten ergeben hat, ist der bereits erwähnte Umstand, dass jede Art, die Eusozialität erreicht hat, in befestigten Nestern lebt. Ein zweiter Grundsatz, der weniger gut nachgewiesen, aber wahrscheinlich ebenfalls allgemeingültig ist, lautet, dass sich der Schutz gegen Feinde, insbesondere Räuber, gegen Parasiten und Konkurrenten richtet. Und schließlich gilt der Grundsatz, dass für den Fall der Gleichheit aller anderen Faktoren schon eine kleine Gesellschaft einem solitären Individuum einer eng verwandten Art überlegen ist, und zwar sowohl hinsichtlich der Langlebigkeit als auch in der Nutzung der Ressourcen aus dem Gebiet rund um ein beliebiges beständiges Nest.

Die Ressource, die in allen bekannten Fällen in den frühen Stadien auf dem Weg zur Eusozialität genutzt wird, ist ein von Arbeiterinnen bewachtes Nest innerhalb eines erreichbaren Radius um eine verlässliche Nahrungsquelle.[13] Ein gut untersuchtes Stadium ist das der Weibchen sehr vieler stacheltragender Wespen, etwa Grabwespen und Wegwespen, die Nester bauen und sie mit einem paralysierten Beutetier verproviantieren, von dem sich die Larven ernähren können. Von den 50 000 bis 60 000 weltweit bekannten stacheltragenden Arten erreichten mindestens sieben Abstammungslinien unabhängig voneinander das Stadium der Eusozialität. Von den über 70 000 bekannten parasitischen und anderen nicht stacheltragenden Hautflüglerarten, deren Weibchen ihre Eier jeweils in unterschiedliche Beutetiere ablegen, ist dagegen keine eusozial. Genauso wenig kennen wir eine eusoziale Art unter den enorm diversifizierten 5000 beschriebenen Arten von Säge- und Holzwespen. Das gilt sogar für die vielen Sägefliegenarten, die gut koordinierte Aggregationen bilden. Man könnte meinen, sie stehen auf der Schwelle zur Eusozialität; offenbar trennt sie davon nur eine einfache Mutation. Und doch hat keine die Schwelle überschritten; keine hat eine Königin und Kasten von Arbeiterinnen.

Außerhalb der Hautflügler betrachten wir die Tausenden bekannten Borken- und Kernkäferarten, die taxonomischen Familien der Scolytidae und Platypodidae; sie leben in und ernähren sich von totem Holz. Viele dieser winzigen Insekten graben auch Gänge und betreiben darin Brutpflege. Nur sehr wenige können Gänge in lebendes Holz graben und instand halten, so dass Individuen über mehrere Generationen gemeinsam dort leben können. Und von diesen wiederum hat nachweislich nur eine Art, der australische Kernkäfer *Platypus incompertus,* eine eusoziale Lebensweise entwickelt. Weil der Lebensraum dieser Art so langlebig ist, konnten ihre wahrscheinlich von derselben Familie bewohnten Tunnelanlagen Schätzungen zufolge bis zu 37 Jahre überdauern.

Auf ganz ähnliche Weise sind die wenigen bekannten eusozialen Blattlaus- und Blasenfußarten allesamt Gallbildner. Die geschwollenen, tumorartigen Auswachsungen treten auf einer ganzen Reihe von Pflanzen auf. Wenn Sie einmal sehen wollen, was Gallen eigentlich sind, schneiden Sie eine frische auf einem lebenden Blatt an; normalerweise finden Sie darin das Insekt, das sie gebildet hat. Die Kolonien von Blattläusen und Blasenfüßen besetzen Aushöhlungen innerhalb der Gallen, wo sie in den Genuss eines reichen Nahrungsvorrats in einer sicheren, gut zu verteidigenden Behausung eigener Herstellung kommen. Die überwiegende Mehrheit anderer bekannter Blattläuse und die nah verwandten Tannenläuse, insgesamt etwa 4000 Arten, sowie die etwa 5000 Blasenfüße leben zwar häufig in dichten Aggregationen, bilden aber keine Gallen und weisen keine Arbeitsteilung auf.

Im seichten Meerwasser der amerikanischen Tropen haben mehrere Arten der Krebsfußgattung *Synalpheus* die Ebene der Eusozialität erreicht, bei weltweit etwa 10 000 bekannten und beschriebenen Zehnfußkrebsen. *Synalpheus*-Krebse sind auch deswegen höchst ungewöhnliche Vertreter der Zehnfußkrebse, weil sie Nester in Schwämme graben und sie verteidigen.

Ein zweites Merkmal, das schon bei den solitären Vorfahren auftaucht und die Arten zur Herausbildung eusozialer Kolonien prädisponiert, wurde an den Bienen der taxonomischen Familie der Halictidae dokumentiert. Brachten die Forscher im Versuch zwei solitäre Bienen der Halictidae-Gattungen *Ceratina* und

Lasioglossum zusammen, so versuchten die gezwungenermaßen zusammenlebenden Insekten wiederholt, die Arbeit in Aspekte wie Nestbau, Nahrungssuche und Bewachung zu teilen. Bei mindestens zwei Arten der *Lasioglossum* übernimmt zudem ein Weibchen eine Führungsrolle und ein anderes eine untergeordnete Rolle. Dieselbe Interaktionsroutine kennzeichnet primitiv eusoziale Arten.

Diese erstaunliche Vorwegnahme von Sozialverhalten bei solitären Bienen, für die sich keine offensichtliche darwinistische Begründung findet, ist offenbar das Ergebnis eines präexistierenden Grundplans, der Arbeit und Lebenszyklus solitärer Arten anleitet. Nach diesem Grundplan neigen solitäre Individuen dazu, nach Erledigung einer Aufgabe zu einer anderen Aufgabe überzugehen. Bei eusozialen Arten wird dieser einfache Arbeitsalgorithmus so umgestaltet, dass die Ausführung einer Aufgabe vermieden wird, wenn eine Nestgefährtin sie bereits ausgeführt hat oder gerade ausführt. Das führt zu einer gleichmäßigeren Verteilung der Arbeit als in der zuerst genannten Kolonie.

Damit sind die solitären, aber progressiv verproviantierenden Bienen stark prädisponiert, gewissermaßen mit einem Trigger ausgestattet, so dass eine rasche evolutionäre Verschiebung zur Eusozialität möglich ist, sobald die natürliche Selektion die dafür charakteristische Arbeitsteilung begünstigt.

Auf der nächstniedrigen Ebene von biologischer Ursache und Wirkung finden wir in der Funktionsweise des Nervensystems selbst eine ähnliche Erklärung für die Erlangung der Bereitschaft zu frühem Sozialverhalten. Die Selbstorganisierung zweier solitärer Bienen, die gezwungenermaßen zusammenleben, passt zum «Fixed-threshold»-Modell für das Aufkommen der Arbeitsteilung bei eusozialen Arten. Dieses Modell der festgelegten Schwelle besagt, dass zwischen Individuen manchmal genetisch, manchmal nicht genetisch bedingte Varianten darin bestehen, wie viel Stimulation notwendig ist, um die Arbeit an bestimmten Aufgaben auszulösen. Stehen zwei oder mehr einzelne Ameisen oder Bienen zusammen derselben auszuführenden Arbeit gegenüber, so machen sich als Erste diejenigen daran, die dafür den niedrigsten Stimulationsgrad benötigen. Ihre Aktivität hemmt nun ihre Partner, die sich dann mit größerer Wahrscheinlichkeit irgendeiner anderen auszuführenden Arbeit zuwenden. Wieder würde hier eine einfache Veränderung im Nervensystem, diesmal zurückzuführen auf die Ersetzung eines einzigen Allels mit eigentlich flexiblem Ergebnis, genügen, um eine präadaptierte Art über die Schwelle zur Eusozialität zu heben.

Kurz vor der Schwelle zu Eusozialität zu stehen, bedeutet für eine solitäre Tierart, dass sie progressive Verproviantierung in einem verteidigenswerten Nest betreibt. Die Annäherung an den Schwellenwert geschieht zufällig durch konventionelle natürliche Selektion am Individuum. Ob ein eusoziales Allel sich als erfolgreich erweist und sich in der Population ausbreitet, ist dem Zufall überlassen. Inwieweit es sich durchsetzen kann, hängt davon ab, ob die speziellen Umweltbedingungen am Nest eusozialen Gruppen einen Vorteil über Individuen geben.

Sind alle nötigen Bedingungen erfüllt – zeigen sich also die richtigen präeusozialen Merkmale, existiert in der Population, wenn auch in sehr geringem Umfang, ein eusoziales Allel und besteht ökologischer Druck, der Gruppenaktivität fördert –, so überschreitet die solitäre Art die Schwelle zur Eusozialität. Überraschend an diesem Entwicklungsschritt ist, dass das Eusozialitätsgen keine neuen Verhaltensformen bedingen muss. Wie auch sonst bei vielen zufälligen Mutationen braucht es nur ein präexistierendes Verhalten abzuschalten, also das Verlassen des Nests bei Eltern und erwachsenen Nachkommen zu verhindern.

Dieses Abschalten bewirkt, dass die Familie im Nest verbleibt. Anders betrachtet, das Eusozialitätsgen, das sie mit der Königin-Mutter teilen, hat sie zu Robotern gemacht, die ein Stadium von deren eigenem flexiblem Phänotyp darstellen. In diesem Sinne, so meine Argumentation, ist die primitive Kolonie ein Superorganismus; im Grunde ist es ein Organismus, in dem die arbeitenden Teile nicht, wie sonst, Zellen, sondern präsubordinierte Organismen sind.

Eusozialität und das, was wir gern als Altruismus bezeichnen, kann aus der flexiblen Expression eines einzelnen Allels oder einer Gruppe von Allelen entstehen, wenn die Eltern bereits Nester gebaut und ihre Jungen progressiv mit Nahrung versorgt haben. Nötig ist dafür nur Gruppenselektion, die an Gruppenmerkmalen angreift und auch im Nest verbleibende Familien begünstigt. Dann kann die Entwicklung zur ökologischen Dominanz starten. Es wurde eine neue Ebene der biologischen Organisation erreicht. *Ein kleiner Schritt für eine Königin mit ihrer neu geschaffenen Arbeiterkaste, ein Riesensprung für die Insekten.*

Die Verschiebung auf die Ebene der Eusozialität beruht letztlich auf dem Druck, den die äußere Umwelt auf die Mutter und ihre kleine Kolonie ausübt. Worin genau besteht dieser ökologische Druck? Die Feld- und Laborstudien zu dieser Frage sind gerade erst angelaufen, aber es liegen bereits ein paar aussagekräftige Beispiele vor – sie liefern ein kleines Puzzlestück des größeren Bildes, eine Ahnung von dem, wie es vielleicht wirklich war. So versorgen zum Beispiel Weibchen der solitären nestbauenden Wespe *Ammophila pubescens* ihren Erdbau mit Raupen und richten im selben Bau nach und nach mehrere Zellen ein, die übereinander angeordnet sind. Da sie das Nest jedes Mal wieder öffnen und verschließen müssen, verlieren sie viele ihrer Eier an die parasitischen Goldwespen, die ständig um das Nest patrouillieren. Es ist eine ganz und gar plausible Vermutung, dass dieser Eierverlust deutlich geringer ausfiele, würde ein zweites *Ammophila*-Weibchen als Wache dienen. Wäre das Paar außerdem dazu in der Lage, auf progressive Verproviantierung umzuschalten, also die aus den Eiern geschlüpften Larven mit Raupen aufzuziehen, die während der Aufzucht nach und nach herangeschafft werden, und würden Mutter und adulte Nachkommen im selben Nest verbleiben, so wäre die Eusozialität erreicht.

Konkrete Beispiele für diese Anpassung und den Übergang, den sie bewirkt, liefern die primitiv eusozialen Halictidae-Bienen und Polistinae-Wespen. In einem vielsagenden, kürzlich wissenschaftlich dokumentierten Fall gingen zwei Arten von Halictidae-Bienen dazu über, nicht mehr den Pollen von vielen, sondern nur noch von wenigen Pflanzenarten zu sammeln; gleichzeitig kehrten sie aus einer primitiv eusozialen Lebensweise zurück zur solitären Lebensweise.[14] Die Erklärung für diese Verschiebung ist ganz offensichtlich. Die Spezialisierung auf eine begrenzte Anzahl von Pflanzenarten ist bei Insekten durchaus verbreitet, wenn sie einen Vorteil gegenüber anderen pflanzenfressenden Insekten bietet. Diese Veränderung der Lebensweise, die auf genetische Veränderungen zurückzuführen sein dürfte, schränkt aber zugleich die Dauer der Erntesaison ein und verhindert also die Überlappung mehrerer Generationen – und damit auch die Bildung einer eusozialen Kolonie und den Vorteil, der sich aus dem Einsatz von Wächterbienen ergeben könnte.

Eine Evolution in umgekehrter Richtung ist leicht vorstellbar und hat sehr wahrscheinlich auch stattgefunden. Eine Anpassung an ein breiteres Spektrum von Futterpflanzen schafft beste Voraussetzungen für mehrere Generationen, die sich dann auch im selben Nest überlappen. Ähnliche Befunde mit sich überlappenden Generationen ergaben auch Untersuchungen an primitiv eusozialen Wespen. Beim Überschreiten der Grenze zur Eusozialität kann ein einzelnes Allel, das die Töchter zum Bleiben bringt, in Populationen umfassend fixiert werden, wenn der Vorteil der kleinen Gruppe über solitäre Individuen größer ausfällt als der Vorteil einer einzelnen Arbeiterin, die das Nest verlässt und sich allein durchschlägt. Kommt es zu dieser Fixierung, so schaltet die Königin eigentlich von der Produktion sich verstreuender Töchter um auf die Produktion roboterartiger Helferinnen. Diese Regel ist aber flexibel: Zur Paarungszeit können einige der weiblichen Nachkommen als jungfräuliche Königinnen aufgezogen werden, die doch wegfliegen und selbst neue Kolonien gründen.[15]

Der letzte Schritt zur Eusozialität, das Hinzutreten eines einzelnen Allels oder einer kleinen Allelgruppe, die die Gene, die das Wegfliegen vom Mutternest vorgeben, abschalten, ist eine klare, real auftretende Möglichkeit. In der großen Vielfalt lebender Ameisenarten ist zum Beispiel das gemeinsame Vorkommen geflügelter reproduktiver Weibchen und flügelloser Arbeiterinnen ein Grundmerkmal des Kolonielebens.[16] Gehen wir von den beiden alten Gruppen der Fliegen (Ordnung Diptera) und der Schmetterlinge (Ordnung Lepidoptera) aus, so wird die biologische Entwicklung der Flügel bei sämtlichen geflügelten Insekten über ein unverändertes Netzwerk regulatorischer Gene gesteuert. Bereits vor 150 Millionen Jahren veränderten die frühesten Ameisen (bzw. ihre direkten Vorfahren) dieses Regelnetzwerk der Flügelentwicklung so, dass einige der Gene unter dem Einfluss der Ernährung oder anderer Umweltfaktoren abgeschaltet werden konnten. Damit bildete sich eine flügellose Arbeiterkaste.

Genauso aufschlussreich dafür, wie eine kleine genetische Veränderung sich später zu einer größeren sozialen Veränderung auswachsen kann, ist das Beispiel der eingeschleppten Feuerameise *Solenopsis invicta* in Bezug auf die Anzahl ihrer Königinnen und das Territorialverhalten.[17] Kolonien der frühen US-Population, Abkömmlinge von Kolonien, die Mitte der 1930er Jahre über Frachtschiffe aus Südamerika eingeführt wurden, enthielten jeweils eine oder sehr wenige aktive Königinnen. Die Kolonien wiesen ein geruchsorientiertes Territorialverhalten auf, die verschiedenen Nester wurden also von unterschiedlichen Kolonien gebaut. Irgendwann in den 1970er Jahren begann dieser Stamm von Feuerameisen einen anderen Stamm hervorzubringen, dessen Kolonien viele Königinnen enthielten und ihre Territorien nicht mehr verteidigten. Wie sich herausstellte, sind die Unterschiede zwischen beiden Stämmen auf eine Variante in einem einzigen Hauptgen, *Gp-9*, zurückzuführen. Die beiden *Gp-9*-Allele wurden sequenziert, und ihr Produkt ist offenbar eine entscheidende molekulare Komponente dafür, dass Nestgefährten am Geruch erkannt werden können. Das Multikönigin-Allel wirkt ganz offensichtlich so, dass die Fähigkeit, Nestgefährten von Mitgliedern anderer Kolonien zu unterscheiden, reduziert oder ganz zerstört wird; ebenso verebbt die Fähigkeit, unter potenziell eierlegenden Königinnen zu unterscheiden. Letzteres führt dazu, dass Kolonien ein bedeutendes Hilfsmittel zur Regulierung der Anzahl von Königinnen verlieren, und das hat tiefgreifende Folgen für die Organisation der Kolonie.[18]

Anders als in den Fällen von Flügellosigkeit und Koloniegeruch ist der genaue genetische Schritt zum frühesten Grad von Eusozialität weiterhin unbekannt, aber die Forschung dürfte das schon bald klären. Biologen vermuten, dass die genetische Grundlage für die flexible Unterscheidung von Arbeiterinnen und Königin bei der Feldwespe *Polistes* dieselbe ist wie die genetisch bedingte Entwicklungsphysiologie, die die Hibernation solitärer Hautflügler steuert.[19] In der Tat kann eine solche Verschiebung als Reaktion auf Umweltbedingungen eine wichtige Rolle spielen. Erstaunlicherweise muss die Veränderung nicht so vor sich gehen, dass per Mutation ein Allel oder eine Allelgruppe aufkommt und sich dann von anfangs niedrigen Frequenzen über Gruppenselektion ausbreitet. Vielmehr kann das entscheidende Allel schon vorher durch direkte Individualselektion und nicht durch Gruppenselektion in der Population fixiert worden sein – schließlich ist unter den meisten Umweltbedingungen solitäres Verhalten die Norm, eusoziales Verhalten hingegen nur unter anderen, seltenen und extremen Umweltbedingungen. Bei einer zeitlichen oder räumlichen Veränderung der herrschenden Umweltbedingungen würde dann eusoziales Verhalten zur Norm. Dass eine Art auf der Schwelle zur Eusozialität das Potenzial hat, diesen Weg zu gehen, zeigt die in Baumstämmen nistende japanische Bienenart *Ceratina flavipes*. Die überwiegende Mehrzahl der Weibchen gründet solitär ein Nest und verproviantiert es mit Pollen und Nektar, doch in etwas mehr als 0,1 Prozent der Fälle kooperieren zwei Individuen. In diesem Fall teilt das Paar die Arbeit: Eine legt

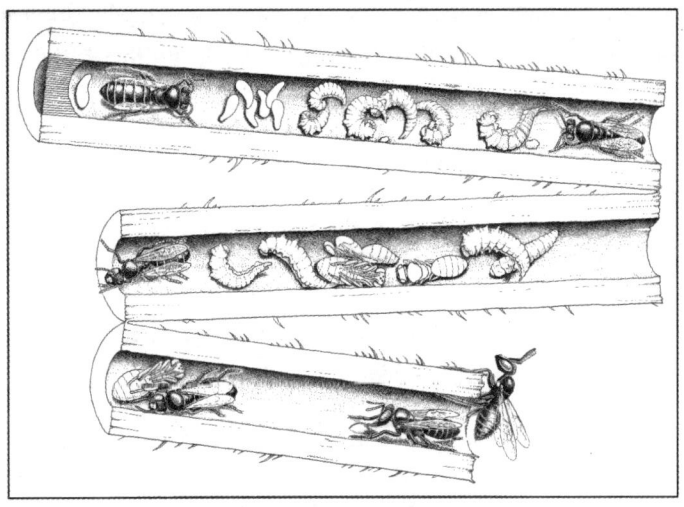

16.1 Eine Kolonie der primitiv eusozialen allodapinen Biene *Braunsapis sauteriella* in einem hohlen *Lantana*-Stängel. Die Königin mit den riesigen Eiern sitzt oben links. Die Arbeiterinnen versorgen die madenartigen Larven progressiv mit Pollenklumpen, die auf den Wänden des hohlen Stängels abgelegt werden.

Eier und bewacht den Nesteingang, während die andere auf Futtersuche geht.[20]

Ein weiteres Beispiel für genetische Flexibilität an der Schwelle zur Eusozialität liefert die am Boden nistende Halictidae-Biene *Halictus sexcinctus*. Diese Art balanciert auf dem Grat der sozialen Evolution. Im südlichen Griechenland gibt es eine Linie, bei der kooperierende Weibchen Kolonien gründen, und eine andere, deren Kolonien von einem einzelnen, territorialen Weibchen gegründet werden, dem seine Nachkommen als Arbeiterinnen dienen.[21]

Obwohl direkte Individualselektion für das Aufkommen der Eusozialität vielleicht eine gewisse Rolle spielt, ist der Faktor, der den Erhalt und den Ausbau der Eusozialität steuert, mit Sicherheit umweltbedingte Gruppenselektion, die an den emergenten Merkmalen der Gruppe insgesamt ansetzt. Eine Untersuchung über das Verhalten der meisten primitiv eusozialen Ameisen, Bienen und Wespen zeigt, dass zu diesen Merkmalen anfangs das Dominanzverhalten zählt, außerdem die Arbeitsteilung bei der Reproduktion sowie sehr wahrscheinlich eine gewisse Form der Alarmkommunikation auf Grundlage von Pheromonen. Eine Art im frühesten Stadium der Eusozialität ist, wie ich hier noch einmal unterstreiche, eine genetische Chimäre. Einerseits begünstigen die unter Eusozialität neu aufgekommenen Merkmale die Gruppe; der überwiegende Rest des Genoms dagegen war ja über Millionen von Jahren vor dem Eusozialitätsereignis der direkten Individualselektion unterworfen und begünstigt weiterhin das Wegfliegen vom Nest und die persönliche Fortpflanzung. Damit die bindenden Kräfte der Gruppenselektion die auflösende Wirkung der direkten Individualselektion aufwiegen können, darf die betreffende Insektenart nur eine sehr geringe evolutionäre Distanz zu durchschreiten haben, in dem Sinne, dass nur noch sehr wenige emergente Merkmale ausgebildet werden müssen, um eine eusoziale Kolonie zu bilden. Voraussetzung dafür ist eine bestimmte Kombination von Präadaptionen, darunter der Bau eines Nests, in dem die Nachkommen aufgezogen werden. Die relative Seltenheit dieser Präadaptionen sowie die hohe Hürde zur Eusozialität, die sich aus der Konkurrenz der direkten Individualselektion ergibt, erklärt vielleicht bereits, warum Eusozialität in der gesamten Stammesgeschichte des Tierreichs so selten ist.

Die einzige genetische Veränderung, die zum Überschreiten der Schwelle zur Eusozialität nötig ist, besteht darin, dass die Gründerin ein Allel besitzen muss, das sie selbst und ihre Nachkommen im Nest zurückhält. Die Präadaptionen liefern die Flexibilität in Körperform und Verhalten, die für die Eusozialität nötig ist, sowie die entscheidenden emergenten Merkmale, die sich aus dem Zusammenspiel der Gruppenmitglieder ergeben. Dann beginnt sofort die Gruppenselektion (auf der Ebene der Kolonie) an diesen beiden Merkmalen anzusetzen. Damit ist das Potenzial für einen extremen Ausbau der sozialen Organisation vorhanden, und tatsächlich wurde das bei Ameisen, Bienen und Termiten viele Male erreicht.

In den frühesten Stadien der Eusozialität ist zu erwarten, dass die Nachkommen, die im Nest verbleiben, die Rolle der Arbeiterinnen übernehmen – passend zu der präexistierenden Verhaltensgrundregel, die sie vom präeusozialen Vorfahren erben. Demnach kann eine morphologische Arbeiterkaste (im Unterschied zur größeren, fruchtbaren Königin-Kaste) entstehen, wenn bei einer weiteren genetischen Veränderung die Genexpression für mütterliche Fürsorge so umgesteuert wird, dass sie Vorrang vor der Futtersuche hat – also eine Umkehrung der normalen Abfolge im Grundplan der biologischen Entwicklung adulter Tiere bei den Vorfahren.[22] Die Umsteuerung ist so programmiert, dass sie Teil der phänotypischen Plastizität der Allele bleibt, die dem gesamten Grundplan zugrunde liegen. Dieses Aufkommen einer anatomisch differenzierten Arbeiterkaste markiert ganz offenbar den Punkt, an dem es in der Evolution kein Zurück mehr gibt, an dem die eusoziale Lebensweise also irreversibel wird.[23] Könnten die Royals der Kolonie sprechen, so würden sie in ihrer Pheromonsprache vielleicht sagen: «Wir stehen alle gemeinsam, auf jedem unserer sechs Beine, oder wir fallen alle gemeinsam.» Ausgleich und Kooperation sind jetzt ein Muss. Gibt es zu viele Königinnen, so sind nicht genug Arbeiterinnen da, die die Kolonie am Leben erhalten können. Gibt es zu viele Arbeiterinnen, so wird die Nahrung in der Umgebung des Nests knapp. Gibt es nicht genug Soldaten, überwältigen Räuber das Nest. Und streifen nicht genug Futtersucherinnen um das Nest, so wird die Kolonie verhungern.

17.
SOZIALE INSTINKTE ALS WERK DER NATÜRLICHEN SELEKTION

Charles Darwin äußerte in *Der Ausdruck der Gefühle bei Mensch und Tier* (Original 1872) erstmals die Vorstellung, dass auch der Instinkt der Evolution durch natürliche Selektion unterliegt. Dieses stilistisch einfache und reich bebilderte Buch – die letzte und am wenigsten bekannte seiner vier großen Veröffentlichungen[24] – postulierte, dass die Verhaltensmerkmale jeder Art genauso erblich sind wie die typischen Merkmale ihrer Anatomie und Physiologie. Dass sie aufgekommen sind und heute existieren, so Darwin, liegt daran, dass sie in der Vergangenheit Überleben und Fortpflanzung gefördert haben.

Darwins grundlegende Einsicht wurde seither wieder und wieder bestätigt. Auf ihr fußt ein Großteil dessen, was wir heute über das Verhalten wissen. Ihre Ausstrahlungskraft ist der Grund dafür, dass einhundert Jahre später Konrad Lorenz, einer der Begründer der modernen Verhaltensforschung an Tieren, Darwin als Schutzheiligen der Psychologie bezeichnete.

Und doch: Keine These der modernen Wissenschaft löste eine größere Kontroverse aus als die, der menschliche Instinkt sei ein Produkt von Mutation und natürlicher Selektion. In den 1950er Jahren überlebte sie den Ansturm des radikalen Behaviorismus nach B. F. Skinner, also die Vorstellung, dass jedes Verhalten sowohl beim Tier als auch beim Menschen irgendwie und in jedem beliebigen Stadium der Entwicklung des Einzelnen ein Produkt des Lernens ist. In den folgenden zwanzig Jahren stellte die Theorie des durch natürliche Selektion herausgeformten Instinkts

diese Vorstellung des Gehirns als unbeschriebenes Blatt in Frage
– zumindest für Tiere. Doch für das menschliche Sozialverhalten
blieb das unbeschriebene Blatt noch weitere zwei Jahrzehnte
aktuell. Viele Autoren der Sozial- und Humanwissenschaften
bestanden weiterhin darauf, dass der Geist ganz und gar ein Produkt seiner Umwelt und seiner persönlichen Vergangenheit sei.
Der freie Wille sei nicht nur existent, sondern auch einflussreich. Letzte Instanz über Willen und Werden sei der Verstand.
Was sich im Geist herausbilde, argumentierten sie im Grunde,
sei ausschließlich kulturell bedingt; eine genetisch bedingte
menschliche Natur gebe es nicht.

Dabei waren die Belege für Instinkt und menschliche Urnatur
schon damals überwältigend. Heute sind sie in Umfang und
Triftigkeit nicht mehr zu leugnen, und mit jeder Untersuchung
mehren sich die Beweise. Instinkt und menschliche Natur sind
immer häufiger Gegenstand von Studien in der Genetik, Neurowissenschaft, Anthropologie und heute sogar in den Sozial- und
Humanwissenschaften selbst.

Wie wirkt die natürliche Selektion bei der Evolution des Instinkts? Um beim Grundsätzlichen zu bleiben, stellen wir uns
eine virtuelle Vogelpopulation vor, die in einem Eichen- und
Kiefernmischwald nistet. Für ihre Behausungen wählen die
Vögel ausschließlich Eichen aus; diese erbliche Prädisposition
wird in der einfachsten möglichen Weise durch ein Allel vorgeschrieben, also durch eine Form von zwei oder mehr Versionen eines bestimmten Gens. Wir bezeichnen dieses Allel als *a*.
Durch den Einfluss des Allels *a* werden Vögel automatisch zu
Eichen hingezogen, wenn sie ihr Nest bauen, und ziehen sie den
vielen Kiefern vor, die im selben Wald stehen. Automatisch
wählt ihr Gehirn Merkmale aus, die Eichen definieren. Abgefragt werden dabei zum Beispiel Merkmale wie Höhe und Form
der Krone oder wie die oberen Äste aussehen und sich anfühlen.

In einem bestimmten Wald kommt es nun zu einer Umweltveränderung. Aufgrund lokaler Klimaveränderungen und dem
Aufkommen neuer Krankheiten werden Eichen selten. Kiefern

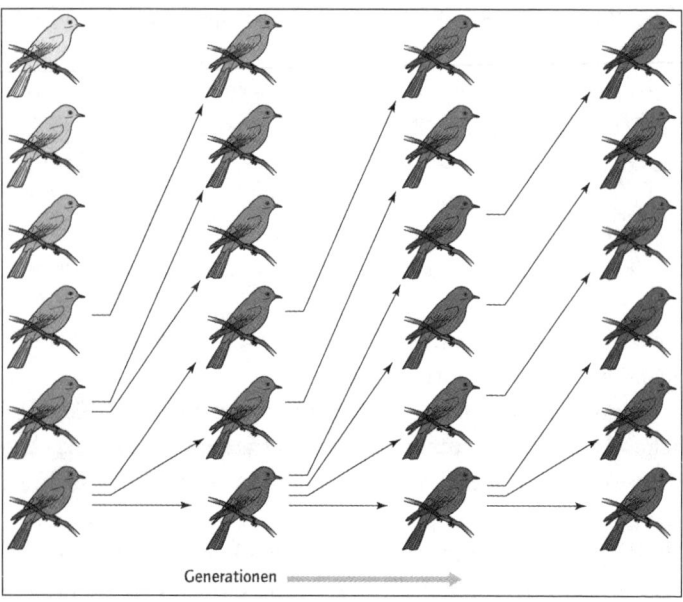

17.1 Genetische Evolution in einfachster Form entsteht, wenn zwei Versionen (Allele) desselben Gens unterschiedliche Merkmale bedingen – in diesem hypothetischen Fall die Gefiederfarbe –, weil eine der beide Versionen (dunkelblau) besser überlebt oder sich besser fortpflanzt oder beides.

sind den neuen Bedingungen besser angepasst und füllen die leeren Standorte langsam auf. Mit der Zeit werden Kiefern in dem Wald dominant. Unterdessen taucht bei den Vögeln eine zweite Form desselben Gens auf, das Allel *b*, eine Mutation des Eichen bevorzugenden Allels *a*. Vielleicht ist *b* auch gar keine wirklich neue Mutation. Vielleicht war sie in sehr geringer Frequenz schon immer vorhanden, aufgrund von Mutationen, die in der Vergangenheit selten, aber wiederholt aufgetreten sind. Oder aber das Kiefern bevorzugende *b* wurde von einem immigrierten Vogel eingetragen, der aus einer anderen, überwiegend Kiefern bevorzugenden Population in einem Nachbarwald stammte.

Egal, woher es kommt – dieses Allel *b* bewirkt jedenfalls, dass die Vögel, die es besitzen, lieber in Kiefern nisten und nicht in Eichen. Im sich verändernden Wald, in dem die Kiefern allmählich die Dominanz über Eichen übernehmen, ist *b* nun erfolgreicher als *a* – oder genauer gesagt sind Vögel, die Träger von *b* sind, erfolgreicher als Träger von *a*. Von einer Generation zur nächsten steigt die Frequenz von *b* innerhalb der Gesamtpopulation von Vögeln an. Irgendwann ersetzt es vielleicht *a* ganz, vielleicht auch nicht. Jedenfalls *ist es zur Evolution gekommen*. Diese Veränderung in der Erblichkeit der Vogelpopulation ist nicht sehr bedeutend im Vergleich zum Rest des gesamten genetischen Codes. Wir haben es mit einem Ereignis der «Mikroevolution» zu tun. Die Folgen sind trotzdem kolossal. Die Verschiebung vom Überwiegen eines Allels *a* zum Überwiegen eines Allels *b* macht es möglich, dass die Vogelart weiterhin einen Wald bewohnt, der nun überwiegend aus Kiefern besteht. Zu dieser evolutionären Veränderung ist es durch natürliche Selektion gekommen. Die Veränderung der natürlichen Umgebung hat zur Bevorzugung des Allels *b* gegenüber dem zuvor dominanten *a* geführt. Ein Ergebnis des Instinkts zur Nistplatzwahl wurde durch ein anderes ersetzt.

In allen Populationen jeder Art kommt es an allen Merkmalen der Art einschließlich des Verhaltens ständig zu solchen Mutationen. Das mögen zufällige Veränderungen an den Basenpaaren sein, den «Buchstaben» der DNA, wie bei der Veränderung von Allel *a* zu Allel *b*; oder der Aufbau kleiner DNA-Abschnitte verändert sich durch Sequenzduplikationen; oder es kommt zu Veränderungen in der Anzahl oder der Anordnung der Chromosomen, den Trägern der DNA-Moleküle. Die meisten Mutationen fügen dem Organismus auf die eine oder andere Weise Schaden zu und verschwinden deswegen schnell – oder halten sich bestenfalls auf extrem niedrigem, «mutationellem» Niveau. Sehr wenige aber bringen wie unser mutiertes Allel *b*, das den Kiefernwald den zuvor auf Eichen spezialisierten Vögeln eröffnete, eben doch einen Vorteil für Überlebens- oder Reproduktionsfähigkeit oder für beides. Ihre Frequenz in der Population nimmt daher zu. Beständig tauchen hie und da im genetischen Code weitere Mutationen auf, überwiegend schlechte, aber auch einige gute. Demnach *geht die Evolution beständig weiter.*

Obwohl mutierte Allele und andere genetische Veränderungen an den Milliarden von DNA-Buchstaben im Erbmaterial durchaus häufig sind, ist ein bestimmtes Gen von einem solchen Ereignis nur sehr selten betroffen. Wir sprechen hier von Zahlen wie eins zu einer Million oder zu zehn Millionen Fällen pro Generation. Kommt es freilich doch zu einer Veränderung, die Überleben und Reproduktion fördert, wie unsere fiktive Mutation am Kiefern bevorzugenden Allel *b*, so kann sie sich schnell ausbreiten. In nur zehn Generationen kann sie zum Beispiel von 10 Prozent Anteil aller Allele in der Population auf 90 Prozent hochschnellen – und das selbst, wenn der Selektionsvorteil nur gering ausfällt.

Heute verfügen wir über eine umfassende wissenschaftliche Literatur zur Evolutionsdynamik, die auf einhundert Jahren mathematischer Theorie sowie auf empirischen Feld- und Laborstudien fußt. Auf Grundlage dieses Wissens nimmt die heutige Evolutionsbiologie an Umfang, Genauigkeit und Einfluss zu. Die Forscher arbeiten an einer breiten Themenfront von sexueller und asexueller Fortpflanzung bis zur molekularen Grundlage der partikulären Vererbung. Andere Wissenschaftler untersuchen das Zusammenspiel verschiedener Gene während der Entwicklung von Zelle und Organismus sowie den Einfluss unterschiedlichen Drucks aus der Umwelt auf die Mikroevolution.

In seinen Details kann das Thema Evolution auf genetischer Ebene abschreckend fachlich werden. Trotzdem lassen sich mehrere generelle Prinzipien festhalten, die unmittelbar einleuchten und zugleich die wesentlichen Eckpunkte für das Verständnis der genetischen Grundlage von Instinkt und Sozialverhalten darstellen.

Eines dieser Prinzipien lautet, im Prozess der Evolution zwischen der Vererbungseinheit einerseits und dem Selektionsziel andererseits zu unterscheiden. Die *Einheit* ist ein Gen oder eine Reihe von Genen, die Teil des Erbmaterials sind (also *a* und *b* bei unseren Waldvögeln). Das *Ziel* der Selektion ist das Merkmal oder die Kombination von Merkmalen, für die die Erbeinheiten codieren und die von der Umwelt begünstigt werden oder nicht. Beispiele für solche Ziele sind beim Menschen eine Neigung zum Bluthochdruck oder die Resistenz gegen eine Krankheit oder im Verhalten von Vögeln die instinktive Entscheidung für einen Nistplatz.

Die natürliche Selektion ist normalerweise eine *Multilevel-Selektion*: Sie greift an Genen an, die Ziele auf mehr als einer biologischen Organisationsebene steuern, etwa Zelle und Organismus oder Organismus und Kolonie. Ein extremes Beispiel der Multilevel-Selektion sind Krebserkrankungen. Die Krebszelle ist ein Mutant, der auf Kosten des Organismus, also der Zellgemeinschaft, auf der nächsthöheren Ebene biologischer Organisation unkontrolliert wächst und sich vermehrt. Die Selektion auf einer Ebene (der Zelle) kann der auf der nächsten Ebene (dem Organismus) genau entgegenwirken. Die außer Kontrolle geratenen Krebszellen verursachen bei der größeren Zellgemeinschaft (dem Organismus), zu der sie ja selbst gehören, Krankheit und Tod. Umgekehrt bleibt die Gemeinschaft gesund, wenn das Wachstum der Krebszellen in Schranken gehalten werden kann.

In Kolonien aus tatsächlich kooperierenden Individuen (also beim Menschen, im Unterschied zu den nur roboterartigen Ausdehnungen des mütterlichen Genoms bei eusozialen Insekten) belohnt die Selektion unter genetisch unterschiedlichen Einzelmitgliedern egoistisches Verhalten. Im menschlichen Gruppenvergleich dagegen belohnt die Selektion normalerweise Altruismus zwischen den Koloniemitgliedern. Betrüger können sich innerhalb einer Kolonie eventuell durchsetzen, indem sie sich entweder einen höheren Anteil an den Ressourcen verschaffen, gefährliche Aufgaben meiden oder Regeln brechen; Kolonien von Betrügern aber sind Kolonien aus kooperierenden Mitgliedern unterlegen. Wie straff organisiert und reguliert eine Kolonie ist, hängt davon ab, wie viele Kooperatoren und wie viele Betrüger sie enthält; und das wiederum beruht sowohl auf der Stammesgeschichte der Art als auch darauf, wie stark Individualselektion oder Gruppenselektion jeweils gewirkt haben.

Merkmale (Ziele), an denen ausschließlich die Selektion zwischen Gruppen angreift, sind solche, die sich aus dem Zusammenspiel der jeweiligen Gruppenmitglieder ergeben. Das trifft auf Kommunikation zu, auf Arbeitsteilung, Dominanz und die Kooperation bei der Erfüllung gemeinsamer Aufgaben. Verschafft die Qualität dieses Zusammenspiels der Kolonie einen Vorteil im Vergleich zu Kolonien, die anders oder weniger stark zusammenspielen, so verbreiten sich in der Population der Kolonien mit jeder Koloniegeneration die Gene, die diesen Handlungen zugrunde liegen.

Das Gegeneinander von Individual- und Gruppenselektion führt bei den Mitgliedern einer Gesellschaft zu einer Mischung aus Altruismus und Egoismus, von Tugend und Sünde. Widmet ein Koloniemitglied sein Leben dem Dienst und nicht der Partnerschaft, so nützt dieses Individuum der Gesellschaft, obwohl es keine persönlichen Nachkommen hat. Ein Soldat, der in die Schlacht zieht, nützt seinem Land, aber er begibt sich in größere Lebensgefahr als einer, der zu Hause bleibt. Ein Altruist nützt der Gruppe; ein Faulenzer oder Feigling dagegen, der seine eigene Energie spart und seine körperlichen Risiken einschränkt, überträgt die entsprechenden sozialen Kosten auf andere.

Ein zweites biologisches Phänomen, dessen Verständnis für die Evolution fortgeschrittenen Sozialverhaltens unabdingbar ist, ist die *phänotypische Plastizität*. Betrachten wir einen Phänotyp, also ein Merkmal eines Organismus, das zumindest teilweise von dessen Genen festgelegt wird. Um zum vorigen Beispiel zurückzukehren: Phänotypisch ist die Neigung eines Vogels, entweder in Eichen oder in Kiefern zu nisten. Betrachten wir nun den Genotyp, also die Gene, die die Neigung zu Eichen oder Kiefern vorgeben, in diesem Fall die bereits erwähnten Allele *a* oder *b*.

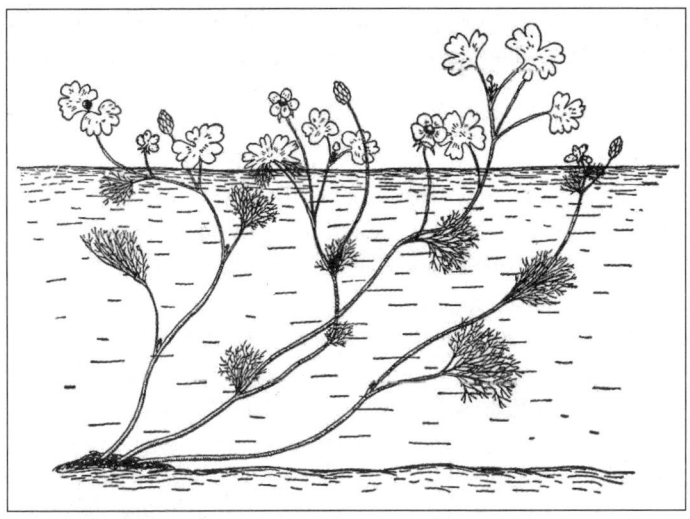

17.2 Beim Wasserhahnenfuß *(Ranunculus aquatilis)* beobachten wir extreme phänotypische Plastizität: Die Blattform hängt von der Lage des Blattes ab.

Ein phänotypisches Merkmal, das von einem bestimmten Genotyp festgelegt wird, kann in seiner Ausbildung starr sein – wir haben immer fünf Finger an einer Hand und eine definierte Augenfarbe. Die Ausbildung eines Genotyps kann aber auch flexibel sein: Dann hängt die genaue Expression vorhersagbar von der Umwelt ab, in der sich ein Individuum entwickelt. Das Allel *b* schreibt vielleicht eine Neigung zu Kiefern vor, aber unter einigen Bedingungen – die durchaus selten sein können – entscheidet der Träger sich doch für Eichen.

Selbst unter manchen Biologen findet freilich nicht genug Beachtung, in welchem Ausmaß der Grad der phänotypischen Plastizität selbst der natürlichen Selektion unterworfen ist. Ein klassisches Beispiel dafür ist der Wasserhahnenfuß. Derselbe Genotyp kann zur Ausbildung einer von zwei Blattformen führen, je nachdem, auf welcher Pflanze oder welchem Pflanzenteil sie wächst: breite, tief gezähnte Schwimmblätter auf der

Wasseroberfläche und haarförmig zerteilte Tauchblätter unter Wasser. Beide Blatttypen werden von derselben Pflanze ausgebildet. Und wenn ein Blatt genau an der Wasseroberfläche wächst, so ist der Teil über Wasser breit und der unter Wasser haarförmig zerteilt.

Drittens müssen wir für unsere Überlegungen zur Evolution durch natürliche Selektion noch einen entscheidenden Unterschied machen zwischen *proximater Kausalität*, also der Frage, wie eine Struktur oder ein Prozess funktioniert, und *ultimater Kausalität*, also der Frage, warum die Struktur oder der Prozess überhaupt existiert. Stellen wir uns wieder unsere Waldvögel vor, die für ihren Nistplatz von Eichen auf Kiefern umschalten. Proximate Ursache für diese Evolution ist der Besitz von Allel *b*, der sie dazu prädisponiert, Kiefern und nicht Eichen zu wählen. Genauer gesagt schreibt das Allel *b* die Entwicklung des endokrinen und des Nervensystems vor, die den Wandel im Nistverhalten von Eiche zu Kiefer umsetzen. Ultimate Ursache dafür ist ein Selektionsdruck aus der Umwelt: Eichen sterben ab und werden durch Kiefern ersetzt, so dass das mutierte Allel *b* einen Vorteil über das zunächst vorherrschende Allel *a* erhält. Letztlich verursacht also der Prozess der natürlichen Selektion den Wechsel der Gesamtpopulation von Allel *a* zu Allel *b*.

Proximate und ultimate Kausalitäten werden im Einzelfall leicht verwechselt, ganz besonders in dem komplexen Multilevel-Prozess der menschlichen Evolution. Häufig lesen wir zum Beispiel, dass die evolutionäre Zunahme der menschlichen Intelligenz durch die Erfindung des kontrollierten Feuers verursacht wurde, durch den Übergang zur Zweibeinigkeit, durch die Praxis der Ausdauerjagd und so weiter, und das jeweils als einzelner Grund oder in Kombination miteinander. Natürlich waren diese Innovationen Meilensteine der menschlichen Evolution, aber primäre Auslöser waren sie nicht. Es waren erste Schritte auf dem Weg zum heutigen hoch entwickelten menschlichen Sozialverhalten. So wie dauerhafte Nester und die progressive Verproviantierung einige Insektenarten im Lauf ihrer Evolution in Reichweite der Eusozialität brachten, war auch hier jeder Schritt eine eigenständige Anpassung mit ihren eigenen ultimaten und proximaten Kausalitäten. In einem letzten Schritt bildete sich das Gehirn des modernen *Homo sapiens*, das dann die kreative Explosion bewirkte, die wir bis heute fortsetzen.

18.
DIE KRÄFTE DER SOZIALEN EVOLUTION

Auf welcher Ebene der biologischen Organisation die natürliche Selektion angreift, ist für die Evolution des Sozialverhaltens eine eminent wichtige Frage. Zielt sie auf Individuen, sodass diese veranlasst werden, ihre Nachkommen in Gruppen zu sammeln und altruistisch zu kooperieren, weil es von großem Vorteil ist, solchen Gruppen anzugehören? Oder erkennen Verwandte einander und bilden altruistische Gruppen, weil Verwandte dieselben Gene besitzen und diese Gene immer noch an die nächste Generation weitergeben können, selbst wenn sie das nicht über persönlichen Nachwuchs bewerkstelligen können? Oder bilden angeborene Altruisten Gruppen, die so kooperativ und gut organisiert sind, dass sie nichtaltruistische Gruppen ausstechen?

Nach den neuesten substanziellen Erkenntnissen weist die Antwort in Richtung der dritten Erklärung – also auf die Gruppenselektion. Warum das so ist, möchte ich wie in Kapitel 16 («Insekten machen den Riesensprung») wissenschaftlich und zugleich für ein breiteres Publikum verständlich erklären. Dieses Gebiet stand über Jahre hinweg im Zentrum meiner Forschung, und ein bestimmter Aspekt der Basistheorie ist in jüngster Zeit zum Gegenstand heißer Kontroversen geworden. Die folgende Darstellung lässt sich deshalb auch als wissenschaftlicher Frontbericht verstehen.

In den vier Jahrzehnten vor dem Wechsel zur Gruppenselektion war die Standarderklärung für die ultimaten Ursachen der Evolution fortgeschrittenen Sozialverhaltens die Theorie der

Gesamtfitness oder der Verwandtenselektion. Die Gesamtfitness-Theorie geht davon aus, dass Verwandtschaft beim Aufkommen des Sozialverhaltens eine entscheidende Rolle spielt. Im Wesentlichen besagt sie, je mehr eng verwandte Individuen eine Gruppe enthält, desto wahrscheinlicher verhalten sie sich altruistisch und kooperativ, und desto wahrscheinlicher wird es demnach, dass sich Arten, die solche Gruppen bilden, zur Eusozialität entwickeln. Das klingt zunächst höchst plausibel. Warum sollten nicht sowohl Ameisen als auch Menschen Verwandte begünstigen und zur Gruppenbildung nach Stammbaumkriterien neigen?

Über vierzig Jahre lang wirkte sich die Gesamtfitness-Theorie sehr stark auf die Interpretation der genetischen Evolution sämtlicher Formen von Sozialverhalten aus. Besonders beliebt war sie als Erklärungsmodell für kollateralen Altruismus, den Fall also, dass Individuen ihren anteilsmäßigen Beitrag zur nächsten fortpflanzungsfähigen Generation zum Teil Gruppenmitgliedern überlassen, die nicht ihre persönlichen Nachkommen sind.

Gesamtfitness ist ein Produkt der Verwandtenselektion, mit dem ein Individuum die Fortpflanzung seiner kollateralen Verwandten (Geschwister und Cousins) beeinflusst. In streng biologischem Sinn ist das Individuum in seinem Einfluss dann altruistisch, wenn die kollateralen Verwandten genetische Fitness gewinnen und der Altruist genetische Fitness verliert. Die «Gesamtfitness» des Individuums ist seine persönliche Fitness, also die Zahl seiner persönlichen Nachkommen, die heranwachsen und selbst Nachkommen haben, *plus* die Auswirkung, die seine Handlungen auf die Fitness seiner kollateralen Verwandten (Geschwister, Tanten, Onkel und Cousins) haben. Steigt die Gesamtfitness des Individuums und die (gleichwohl geringere) Fitness seiner Gruppe insgesamt an, so vermehrt sich laut dieser Theorie das Altruismusgen auch in der gesamten Art. Die Vorstellung der Verwandtenselektion war für Forscher und Öffentlichkeit von Anfang an verlockend – ihnen gefiel daran, dass sie so einfach wirkte und zugleich eine Bestätigung dafür zu liefern schien, wie wichtig Altruismus im sozialen Leben ist.

Die Vorstellung von der Verwandtenselektion wurde zwar zuerst 1955 von dem britischen Biologen J. B. S. Haldane entwickelt, zur vollen Theorie arbeitete sie aber erst 1964 sein jüngerer Landsmann William D. Hamilton aus.[25] Die Grundformel, die gleichsam zum «$e = mc^2$ der Soziobiologie» wurde, formulierte Hamilton mit der Ungleichung $rb > c$: Ein Allel, das Altruismus bewirkt, vermehrt sich in einer Population, wenn der Nutzen b (englisch *benefit*) für den Empfänger des Altruisten, multipliziert mit dem Verwandtschaftsgrad r (englisch *relatedness*), zum Altruisten größer ausfällt als die Kosten c (englisch *costs*) für den Altruisten. Der Parameter r stellte laut Haldane und Hamilton ursprünglich den Anteil von Genen dar, der dem Altruisten und dem Empfänger des Altruismus aufgrund der gemeinsamen Abkunft gemeinsam ist. So entsteht etwa Altruismus, wenn der Nutzen für einen Bruder oder eine Schwester doppelt so hoch ausfällt wie die Kosten für den Altruisten ($r = 1/2$) oder der Nutzen für einen Cousin ersten Grades achtmal so hoch ($r = 1/8$). Um es in einem platten Beispiel auszudrücken: Sie fördern Ihr altruistisches Gen, wenn Sie selbst aus Altruismus keine Kinder haben, Ihre Schwester aber dank Ihres Altruismus ihr gegenüber mehr als doppelt so viele Kinder hat wie ohne Ihren Altruismus.

Niemand hat die Vorstellung der Verwandtenselektion klarer formuliert als Haldane selbst in seiner ursprünglichen Darstellung:

Nehmen wir an, Sie wären Träger eines seltenen Gens, das Ihr Verhalten dergestalt beeinflusst, dass Sie in einen reißenden Fluss springen, um ein Kind zu retten – allerdings bei einer Wahrscheinlichkeit von 1 : 10, dabei selbst zu ertrinken. Ich hingegen hätte das Gen nicht und würde am Ufer stehen bleiben und zusehen, wie das Kind ertrinkt. Handelt es sich bei dem Kind um Ihr eigenes, um Ihren Bruder oder Ihre Schwester, dann besteht eine 50-prozentige Wahrscheinlichkeit, dass es dieses Gen ebenfalls besitzt. Also beträgt die Wahrscheinlichkeit der Rettung eines solchen Gens gegen-

über derjenigen, dass es verloren geht, 5:1. Bei der Rettung eines Enkels oder Neffen beträgt der Vorteil nur 2,5:1. Ist das gerettete Kind nur ein Cousin ersten Grades, so wirkt sich dies nur noch geringfügig aus. Riskieren Sie Ihr Leben, um einen Großcousin zu retten, dann ist es wahrscheinlicher, dass der Population dieses wertvolle Gen verloren geht, als dass es erhalten bleibt. Als ich selbst zweimal in die Lage geriet, Menschen vor dem Ertrinken zu retten (mit einem äußerst geringfügigen Risiko für mich selbst), blieb mir jedoch keine Zeit, derartige Berechnungen anzustellen. Auch die Menschen in der Steinzeit taten dies nicht. Mit Sicherheit hätten Gene, die für ein derartiges Handeln verantwortlich sind, nur in ziemlich kleinen Populationen eine Chance, sich auszubreiten – in Populationen, in denen die meisten Kinder recht nahe mit demjenigen verwandt sind, der sein Leben riskiert. Abgesehen von ganz kleinen Populationen kann man sich nicht so leicht vorstellen, wie sich solche Gene hätten durchsetzen können. In einer Gemeinschaft wie der eines Bienenstocks oder eines Ameisennestes wären die Voraussetzungen dafür natürlich noch besser, denn alle Mitglieder sind im wahrsten Sinne des Wortes Brüder und Schwestern.[26]

Als ich ein Jahr nach der Veröffentlichung von Hamiltons Aufsatz 1964 zum ersten Mal mit der Theorie der Verwandtenselektion konfrontiert wurde, war ich zunächst skeptisch. Die Vielfalt sozialer Organisationsformen in Insektengesellschaften war so enorm und unser Wissen darüber, wie sie sich überhaupt entwickelt hatten, damals so spärlich, dass ich meine Zweifel hatte, diese ganze Komplexität könne sich in eine derart simple Formel fassen lassen wie in Hamiltons Ungleichung. Außerdem schien es mir kaum denkbar, dass ein Neuling in diesem Bereich, noch dazu im (für einen Evolutionsbiologen) jungen Alter von 28 Jahren, einen revolutionär neuen Ansatz präsentieren konnte. (Bei dieser emotionalen Reaktion übersah ich großzügig mein eigenes relativ zartes Alter von 35.) Doch nach genauer Prüfung änderte ich meine Meinung. Bestechend fand ich die Originalität und das große Erklärungspotenzial der Verwandtenselektion. 1965 verteidigte ich an der Seite von Bill Hamilton die Theorie vor einem überwiegend ablehnenden Publikum in der Londoner Royal Entomological Society.

Hamilton war damals überzeugt von der Stichhaltigkeit seiner Arbeit, aber trotzdem deprimiert: Sein Artikel zur Verwandtenselektion war als Doktorarbeit abgelehnt worden. Auf langen Spaziergängen durch London versuchte ich ihn aufzumuntern. Ich versicherte ihm, dass die Arbeit, wenn er sie noch einmal einreichte, bestimmt durchkäme und dass sie in unserem Fachbereich eine bedeutende Wirkung entfalten würde. In beiden Punkten behielt ich recht. Ich ging zurück nach Harvard, und später räumte ich der Verwandtenselektion und der Gesamtfitness einen bedeutenden Platz in meinen Veröffentlichungen ein (*The Insect Societies*, 1971, *Sociobiology: The new synthesis*, 1975, und *Biologie als Schicksal*, 1978). Diese drei Bücher strukturierten die Kenntnisse im Sozialverhalten zu der neuen, auf der Populationsbiologie aufbauenden Disziplin, die ich Soziobiologie nannte und aus der später die Evolutionspsychologie hervorgehen sollte. Allerdings inspirierte mich in den 1960er und 1970er Jahren nicht Hamiltons Ungleichung selbst in ihrer abstrakten Form. Vielmehr war es ein brillanter Vorschlag von Hamilton, später als Haplodiploidie-Hypothese bezeichnet, der seiner Formel ursprünglich ihre Anziehungskraft verlieh. Als Haplodiploidie bezeichnet man den Mechanismus der Geschlechtsdeterminierung, nach dem befruchtete Eier sich zu Weibchen und unbefruchtete Eier zu Männchen entwickeln. Demnach sind Schwestern untereinander enger verwandt ($r = 3/4$, das heißt, drei Viertel ihrer Gene sind wegen der gemeinsamen Abstammung identisch) als Töchter mit ihren Müttern ($r = 1/2$, die Hälfte der Gene sind wegen der gemeinsamen Abstammung identisch). Nun wird bei den Hautflüglern – also bei der Ordnung der Hymenoptera, der Ameisen, Bienen und Wespen angehören – das Geschlecht durch Haplodiploidie bestimmt. Daher wäre zu erwarten, so Hamilton, dass Kolonien altruistischer Schwestern sich in dieser Ordnung häufiger entwickeln als in anderen taxonomischen Ordnungen, deren Geschlecht konventionell diplodiploid bestimmt wird.

Fast alle in den 1960er und 1970er Jahren bekannten eusozialen Arten gehörten zu den Hautflüglern. Das schien die Haplodiploidie-Hypothese mit Macht zu untermauern. Die Annahme, Haplodiploidie und Eusozialität seien ursächlich miteinander verbunden, wurde in der allgemeinen und der Lehrbuchliteratur der 1970er und 1980er Jahre Standard. Das Konzept folgte scheinbar Newton'schen Prämissen, es führte in logischen Schritten von einem einzelnen biologischen Prinzip zu einer bedeutenden evolutionären Auswirkung, nämlich dem Auftretensmuster der Eusozialität. Es machte eine übergreifende Struktur der soziobiologischen Theorie glaubwürdig, die auf der angenommenen Schlüsselstellung der Verwandtschaft beruhte.

In den 1990er Jahren allerdings begann die Haplodiploidie-Hypothese zu bröckeln. Termiten hatten in dieses Erklärungsmodell noch nie hineingepasst. Dann wurden immer mehr eusoziale Arten entdeckt, bei denen das Geschlecht diplodiploid bestimmt wird und nicht haplodiploid, darunter eine Art *Platypus*-Kernkäfer, mehrere unabhängig entstandene Linien in Schwämmen wohnender Knallkrebsarten der Gattung *Synalpheus* sowie zwei unabhängig entstandene Linien Nacktmulle aus der Familie der Bathyergidae. Damit sank die Assoziation von Haplodiploidie und Eusozialität unter die Grenze statistischer Bedeutsamkeit. Und als Folge daraus wird die Haplodiploidie-Hypothese heute von den meisten Experten sozialer Insekten verworfen.

Inzwischen mehren sich die Belege gegen die Grundannahmen der Verwandtenselektion und der Gesamtfitness-Theorie.[27] Dazu gehört zunächst ganz einfach die Seltenheit der Eusozialität, obwohl die angenommene Prädisposition dazu in der Geschichte des Tierreichs immer reichlich vorhanden war. Es gibt sehr viele unabhängig voneinander entstandene Arten, die sich haplodiploid oder per Parthenogenese fortpflanzen; bei Letzterer besteht der höchste mögliche Grad der genetischen Verwandtschaft ($r = 1$), und doch kennen wir dort keinen einzigen Fall von Eusozialität.

Außerdem wissen wir inzwischen von der Existenz kompensierender Selektionskräfte, nach denen enge Verwandtschaft der Evolution des Altruismus tendenziell entgegenwirkt. So wird etwa größere genetische Variabilität von der Gruppenselektion gefördert, wie an den Ameisenarten *Pogonomyrmex occidentalis* und *Acromyrmex echinatior* nachgewiesen wurde, weil sie zumindest im zweiten Fall die Resistenz gegen Krankheiten erhöht.[28] Weiterhin zeigt sich, dass die genetische Variabilität als Prädisposition für Unterkasten von Arbeiterinnen bei *Pogonomyrmex badius* die Arbeitsteilung schärfen und damit die Koloniefitness erhöhen könnte – wobei Letzteres noch nicht im Versuch nachgewiesen wurde.[29] Außerdem wurde bei Honigbienen und *Formica*-Ameisen eine zunehmende Temperaturstabilität in Nestern mit genetischer Vielfalt nachgewiesen.[30] Weitere Faktoren, die wohl dem Vorteil eines hohen Verwandtschaftsgrads entgegenwirken, sind die spalterische Wirkung in nepotistischen Kolonien sowie die insgesamt negativen Auswirkungen der Inzucht, die gleichwohl die genetische Verwandtschaft unter Koloniemitgliedern maximieren könnte.

Die meisten Gegenkräfte entwickeln sich unter dem Einfluss der Gruppenselektion oder, um es für die eusozialen Insekten genauer zu benennen, der Selektion zwischen Kolonien. Wie gesagt, ist diese Selektionsebene die nächsthöhere über der Individualselektion. Sie wirkt an genetisch bedingten Merkmalen, die im Zusammenspiel von Gruppenmitgliedern entstanden sind, insbesondere Kastendetermination, Arbeitsteilung, Kommunikation und gemeinsamem Nestbau. Die Gruppe ist dabei ausreichend abgegrenzt, um sich als Einheit zu reproduzieren und insofern mit solitären Individuen und anderen Gruppen derselben Art im Wettbewerb zu stehen.

Vielleicht sieht es so aus, als ließen sich zumindest theoretisch die verschiedenen Gegenkräfte der eusozialen Evolution unter b, dem Nutzen jedes Merkmals für die individuelle Fitness, und unter c, den Kosten dafür, fassen, so dass wir Hamiltons Ungleichung beibehalten könnten. In der Praxis aber müssten wir dann die Gesamtfitness vollständig berechnen und *b* und *c* genau messen. Das wiederum würde extrem schwierige Feld- und Laborstudien erfordern. So etwas wurde noch nirgends abgeschlossen und nach meiner Kenntnis auch nie unternommen. Außerdem bestehen mathematische Schwierigkeiten bei der Definition von *r*, dem genetischen Verwandtschaftsgrad. Wegen dieser Schwierigkeiten erweist sich die so oft wiederholte Behauptung als fehlerhaft, Gruppenselektion sei dasselbe wie Verwandtenselektion per Gesamtfitness.

Die meisten Autoren in diesem Bereich, einschließlich des weltweit viel gelesenen Richard Dawkins, halten noch an ihrer Meinung fest; ich aber hegte seit Anfang der 1990er Jahre Zweifel.[31] Ich fand es an der Zeit zu fragen: Was hatte die Gesamtfitness-Theorie in den dreißig Jahren, in denen sie als Paradigma der genetischen Sozialevolution vorgeherrscht hatte, zur Erklärung von Altruismus und auf Altruismus beruhenden Gesellschaften bewirkt? Sie veranlasste Messungen von Verwandtschaftskoeffizienten und etablierte diese in der Soziobiologie. Diese Messungen haben einen Wert an sich. Die Theorie wurde zur Prognose einiger Fälle genutzt, in denen die Geschlechterverteilung verzerrt wird, weil Ameisenkolonien in neue fortpflanzungsfähige Tiere investieren;[32] die Belege sind durchwegs solide, wenngleich sie großteils auf Ungleichungen statt auf genau passenden Angaben beruhen. (Die Schlussfolgerung daraus ist aber, wie ich kurz darlegen werde, fehlerhaft.) Die Theorie der Verwandtenselektion führte auch zu der richtigen Prognose der Auswirkungen, die hohe Verwandtschaftsgrade auf Dominanz- und Kontrollverhalten haben.[33] Bienen und Wespen, die enger verwandt sind, kämpfen erwiesenermaßen weniger gegeneinander als weniger eng verwandte Bienen und Wespen. Wieder aber ist die Schlussfolgerung, die Datenlage erweise den Verwandtschaftsgrad als entscheidenden Faktor dafür, nicht die einzig mögliche Interpretation. Und schließlich wurde die Gesamtfitness-Theorie für die Prognose genutzt, Königinnen primitiv eusozialer Bienenarten würden sich nur einmal paaren.³⁴ Hier aber fehlen bei der Beweisführung solitäre Bienenarten als Kontrollart, es lässt sich also aus dieser Studie überhaupt keine Schlussfolgerung ziehen.³⁵

Die Ergebnisse eines so langen Zeitraums intensiver theoretischer Forschung müssen in jeder Beziehung als dürftig gelten. Im selben Zeitraum war dagegen die empirische Forschung an eusozialen Organismen, insbesondere an Insekten, äußerst fruchtbar und legte die vielfältigen Details des Kastensystems, der Kommunikation, der Lebenszyklen und anderer Phänomene offen, und das sowohl auf der Ebene der Individual- wie der Gruppenselektion. Fast keiner dieser Fortschritte wurde von der Gesamtfitness-Theorie unterstützt oder vorangebracht, die in hohem Maße ein abstraktes Eigenleben entwickelt hatte.³⁶

Dass die Theorie als inadäquat gelten muss, liegt zum Großteil daran, dass r, also der Begriff des Verwandtheitsgrads oder -koeffizienten selbst, in den verschiedenen Interpretationen von Hamiltons Ungleichungen so ungenau definiert wird. In ihrem ursprünglichen Ansatz bestimmten die Theoretiker der Gesamtfitness r als genetischen Verwandtschaftsgrad, also die Nähe der Gruppenmitglieder im Stammbaum. So sind sich etwa Geschwister dort näher als Cousins ersten Grades. Diese absolut logische Definition betrifft den durchschnittlichen Anteil von Genen, die zwei Individuen aufgrund der gemeinsamen Abstammung gemeinsam haben. Bald aber wurde klar, dass diese Definition des Verwandtschaftsgrads in den meisten realen und theoretischen Anwendungen von Hamiltons Gleichung nicht funktionierte. Deshalb wurden je nach den Bedürfnissen des zu entwerfenden Modells jeweils unterschiedliche Definitionen verwendet; und das auch bei den Modellen, die Verwandtenmodelle mit Modellen der natürlichen Multilevel-Selektion gleichsetzen sollten.³⁷ Unter bestimmten Umständen konnte Verwandtschaft auch den gemeinsamen Besitz eines einzigen Allels bedeuten, egal ob das auf genetische Verwandtschaft zurückzuführen war oder nicht – oder sogar auf unabhängig voneinander erfolgte Mutationen.³⁸

Kurz, irgendwann bestand offenbar die einzige Gemeinsamkeit darin, dass r, ursprünglich der genetische Verwandtschaftsgrad, ebendas darstellte, was Hamiltons Ungleichung funktionieren lässt. Dabei ging der Ungleichung selbst der Sinn eines theoretischen Konzepts verloren, und sie wurde als Werkzeug zur Einrichtung von Versuchen oder zur komparativen Datenanalyse im Grunde unbrauchbar. In einem einfachen Modell zeichenbasierter Kooperation zum Beispiel werden zur Berechnung von r Dreierbeziehungen verwendet. Aus einer Gruppe müssen per Zufall drei Individuen ausgewählt werden, einer davon ist der Kooperator, die beiden anderen sind Träger desselben phänotypischen Zeichens, etwa desselben Aussehens oder Verhaltens (metaphorisch ist hier häufig vom «Greenbeard-Effekt» die Rede). Die meisten Biologen, die die Gesamtfitness-Theorie nur aus der Ferne kannten, waren überrascht zu hören, dass es bei der tatsächlichen Berechnung der Messungen keinen einheitlichen biologischen Begriff für den Parameter des «Verwandtschaftsgrads» gab.

Es wurden viele Modelle vorgeschlagen, die im Grunde einen Ansatz aus natürlicher Selektion und Spieltheorie verfolgen und dabei von der Annahme ausgehen, Reproduktion sei proportional zum Erfolg im Spiel. Nachweislich ist die natürliche Selektion normalerweise, zumindest in gewissem Ausmaß, eine Multilevel-Selektion: Ihre Konsequenzen auf der Ebene des primären Zielmerkmals wirken sich nach oben und unten auch auf andere Ebenen der biologischen Organisation aus, und das vom Molekül bis zur Population. Viele der Modelle, die natürliche Selektion und Spieltheorie verbinden, ließen sich in den Begriffen der Verwandtenselektion umformulieren, und das ist auch geschehen. Noch einmal: Dieser Ansatz betrachtet nicht die direkte Fitness des Individuums, sondern nimmt mit hinein, wie sich die Handlungen des Einzelnen auf ihn selbst und auf alle Individuen in der Gruppe auswirken, und zwar gewichtet nach dem Grad der «Verwandtschaft» zwischen Handelndem und dem jeweiligen Adressaten der Handlung.

Es lässt sich nachweisen, dass dieses Problem der unterschiedlichen Berechnungen sehr leicht lösbar ist. Wir betrachten eine allgemeine Aussage zur dynamischen genetischen Selektion und versuchen sie auf beide Weisen zu interpretieren. Dabei stellt sich heraus, dass die Interpretation über die klassische natürliche Selektion in allen Fällen anwendbar ist, die Interpretation über die Verwandtenselektion dagegen zwar in sehr seltenen Fällen möglich ist, sich aber nicht so verallgemeinern lässt, dass alle Situationen abgedeckt werden, ohne das Konzept des «Verwandtschaftsgrades» bis zur Bedeutungslosigkeit überzustrapazieren.

Eine vollständigere Grundlagenanalyse hat gezeigt, dass Hamiltons Ungleichung es nur unter äußerst strengen Bedingungen möglich macht, dass Kooperatoren in einer Gruppe mehr werden als Randerscheinungen. Zudem beschreibt sie nicht die fundamentale Evolutionsdynamik, in der die Bedingungen für eine stabile Verteilung während der Evolution entstehen.[39]

Um die Grenzen der Verwandtenselektion in realen Populationen richtig zu bewerten, benötigen wir dringend das Konzept der schwachen Selektion.[40] Das Spiel zwischen den konkurrierenden Genotypen impliziert einerseits Selektion, die sich aus verwandtschaftsbedingten Reaktionen ergeben könnte, andererseits Selektion, die an jedem anderen erblichen Unterschied zwischen Individuen greift, also an allen Individuen und allem, was dem Individuum zustößt und wie es sein Leben lang reagiert. Sind zwei Individuen miteinander sehr eng verwandt, so können sie durchaus der Verwandtenselektion unterliegen – vorausgesetzt, sie existiert überhaupt; doch diese Nähe vermindert dann die Variabilität im übrigen Genom der Individuen, verteilt die Selektionskraft auf die tatsächlich vorhandene Variabilität und reduziert damit den überhaupt möglichen Spielraum der dynamischen Evolution. Unter bestimmten Annahmen sind im Fall der schwachen Selektion der Ansatz der Gesamtfitness und die Multilevel-Selektion identisch. Verlässt man dagegen den Bereich der schwachen Selektion oder sind die Annahmen nicht erfüllt, so lässt sich der Ansatz der Verwandtenselektion nicht weiter verallgemeinern, ohne ihn so breitzutreten und zu abstrahieren, dass er seine ganze Bedeutung verliert. So gesehen stellt sich vernünftigerweise folgende Frage: Wenn es eine allgemeine Theorie gibt, die für alle Fälle funktioniert (natürliche Multilevel-Selektion), und eine Theorie, die nur für bestimmte Fälle funktioniert (Verwandtenselektion), und wenn in den wenigen Fällen, in denen die zweite Theorie funktioniert, diese mit der allgemeinen Theorie der Multilevel-Selektion übereinstimmt – warum behalten wir dann nicht einfach überall die allgemeine Theorie bei?

Schlimmer noch: Der Glaube an die vermeintliche Schlüsselrolle der Verwandtschaft bei der sozialen Evolution hat uns dazu geführt, dass die normale Reihenfolge biologischer Forschung umgekehrt wurde. In der Evolutionstheorie wie in den meisten Naturwissenschaften ist es erwiesenermaßen die beste Methode, ein Problem zu definieren, das sich aus der empirischen Forschung ergibt, und dann die geeignete Theorie zu seiner Lösung auszuarbeiten. Bei der Gesamtfitness-Theorie ist fast die gesamte Forschung umgekehrt verlaufen: Erst wurde hypothetisch die zentrale Rolle der Verwandtschaft und der Verwandtenselektion festgelegt, dann wurde nach Beweisen gesucht, die diese Hypothese belegen sollten.

Die größte Schwäche dieses Ansatzes besteht darin zu verhindern, mehrere konkurrierende Hypothesen in Betracht zu ziehen. Untersucht man die biologischen Details bestimmter Einzelfälle, bevor man die Gesamtfitness-Theorie darauf anwendet, so geraten solche alternativen Sichtweisen schnell ins Blickfeld. Selbst bei den am sorgfältigsten analysierten Fällen, die als Belege für die Verwandtenselektion gelten, kommen – ausgehend von der klassischen Theorie der natürlichen Selektion – leicht Erklärungen in Betracht, die mindestens genauso valide sind. Sie beruhen auf direkter individueller oder auf Gruppenselektion oder auf beidem. Verwandtenselektion tritt vielleicht hinzu, aber kein Fall lässt den zwingenden Schluss zu, dass sie die treibende Kraft der Evolution war.

Ein klassisches Beispiel zum Beweis dafür, dass wir mehrere konkurrierende Hypothesen brauchen, liefern biologische Biofilme und die stielbildenden zellulären Schleimpilze. Frei lebende einzellige Organismen bilden entweder Schichten (etwa Bakterien) oder werden von anderen Individuen desselben genetischen Stammes angezogen und bilden dichte Aggregationen (Schleimpilze). Viele nehmen dann Positionen ein, die ihre eigene Reproduktion mindern oder ganz opfern – und das eindeutig zugunsten der Gruppe. Die Theoretiker der Gesamtfitness postulieren, hinter diesem Altruismus stehe die Verwandtenselektion. Dabei lautet doch ganz offenbar die geradlinigere und verständlichere Erklärung, dass hier Gruppenselektion die «egoistische» Individualselektion aussticht.[41]

Eine ähnliche Wechselwirkung zwischen den Kräften der Multilevel-Selektion wird sichtbar, wenn man eingehend untersucht, wie häufig eusoziale Ameisen, Bienen und Wespen sich paaren. Eine Forschungsgruppe aus Gesamtfitness-Theoretikern stellte fest, dass Arten mit relativ geringer sozialer Organisation sich mit nur einem Männchen paaren und demnach eng verwandte Nachkommen produzieren. Die Autoren stellen ihre Daten als korrelativen Beleg für die Verwandtenselektion dar.[42] Allerdings wurden keine Vergleichsdaten von solitären Arten erhoben, die mit den eusozialen Beispielen eng verwandt sind; mithin gab es keine stabilen Anhaltspunkte für die Schlussfolgerung, dass Einfachpaarung das Aufkommen von eusozialem Verhalten fördert. Eigentlich ist es logisch anzunehmen, dass auch Königinnen solitärer Arten sich mit nur einem Männchen paaren, und zwar aufgrund eines Umstands, der mit der Verwandtenselektion nichts zu tun hat: Längere Paarungsflüge erhöhen für junge Weibchen die Bedrohung durch Fressfeinde. Umgekehrt weisen viele Gesamtfitness-Forscher darauf hin, dass die Königinnen vieler Hautflüglerarten mit fortgeschrittener Kolonie-Organisation sich mehrmals paaren. Sie schlossen daraus, dass die Verwandtenselektion in späteren Evolutionsstadien gelockert wird. Obwohl das aus ihren eigenen Daten hervorging, übersahen sie aber, dass sich die Paarung mit mehreren Männchen so gut wie vollständig auf Arten mit außerordentlich großen Arbeiterpopulationen beschränkt. Hier ist es doch plausibler, dass die treibende Kraft die Gruppenselektion ist, die die Speicherung von Spermien oder die Resistenz gegen die Bedrohung von Krankheitserregern in großen Nestern oder auch beides begünstigt.[43]

Ein weiterer Typ von Erklärungen für das Aufkommen fortgeschrittenen Sozialverhaltens, der sich aus der Beurteilung von Einzelfällen im Licht der natürlichen Selektionstheorie ergibt, ist die Diskordanz von Gruppenmitgliedern als Evolutionsfaktor für Physiologie und Verhalten. Je entfernter die Mitglieder verwandt sind, desto geringer wird die Wahrscheinlichkeit, dass sie effizient kommunizieren, auf dieselben Umweltreize reagieren und ihre Aktivitäten präzise koordinieren. Eine genetisch sehr variable Gruppe neigt zu weniger Harmonie und damit zur Aussonderung durch die Gruppenselektion. Dasselbe Prinzip gilt bis zum Extrem für den geläufigen Fall von Krebszellen in einem Organismus sowie, auf einer anderen biologischen Organisationsebene, für die genetischen Isolationsmechanismen, die einzelne Arten in zwei oder mehr Tochterarten teilen. Auch die Wechselwirkung von Individual- und Gruppenselektion bei Gesellschaften von Mikroorganismen lässt sich als Abschaltung der Diskordanz zwischen den teilnehmenden Zellen verstehen. Bei dieser Interpretation, einer Alternative zur Sichtweise der Gesamtfitness, sind erfolgreich kooperierende Zellen plastische Varianten desselben Genotyps, und die Koloniebildung ist ein Ergebnis der Gruppenselektion, die gegen die Diskordanz mutierter Phänotypen wirkt.

Dasselbe Grundargument gilt auch für die Rolle, die die Ernährung für die Steuerung der Königin-Produktion bei den Honigbienen spielt: Hier füttern die Arbeiterinnen die Larven mit besonderer Nahrung, dem Gelée Royale, so dass sie zu Königinnen heranreifen. Relevant ist es generell in Insektengesellschaften auch für die Einschränkung und Überwachung der Reproduktionskontrolle von Arbeiterinnen. Beide Phänomentypen wurden zeitweise in der Sprache der Verwandtenselektion und ihrem Produkt, der Gesamtfitness, formuliert, aber die Diskordanzreduktion durch Gruppenselektion und ohne Verwandtenselektion ist mindestens genauso plausibel.[44]

Als Stütze für die Gesamtfitness-Theorie diente lange die Erklärung, wie und warum Ameisenkolonien die Menge der Nahrung steuern, die sie in die Produktion von fortpflanzungsfähigen Weibchen bzw. von Männchen investieren. Hatte die Mutter sich einmalig gepaart, so sollte sie theoretisch ein Verhältnis von einem Männchen zu einem Weibchen anstreben, da sie mit ihren Töchtern, den Jungköniginnen, und ihren Söhnen, den reproduktiven Männchen, im gleichen Ausmaß verwandt ist (die Hälfte der Gruppe hat durch gemeinsame Abstammung Gene gemeinsam). Robert L. Trivers und Hope Hare argumentierten nun 1976,[45] und Gesamtfitness-Theoretiker arbeiteten ihre These an Ameisenarten ausführlich aus, dass Arbeiterinnen dagegen mehr in fortpflanzungsfähige Weibchen (ihre Schwestern) investieren dürften, da sie wegen der gemeinsamen Abstammung und der haplodiploiden Geschlechtsbestimmung drei Viertel ihrer Gene teilen. Mit den Männchen, ihren Brüdern, dagegen teilen sie nur ein Viertel ihrer Gene. Daher, so das Argument, stehen die Königin (Mutter) und ihre Arbeiterinnen (Töchter) im Konflikt um das Geschlechterverhältnis des fortpflanzungsfähigen Nachwuchses in der Kolonie. Tatsächlich zeigen viele Studien, dass das von der Königin angestrebte Verhältnis zugunsten der Produktion von Königinnen verzerrt wird. Damit haben scheinbar die Arbeiterinnen den Konflikt gewonnen, und die Gesamtfitness-Theorie ist bestätigt.

Der Ansatz der Gesamtfitness-Theorie über die Bestimmung des Geschlechterverhältnisses bei fortpflanzungsfähigen Ameisen ist eines der am ausführlichsten behandelten und dokumentierten Theoriegebiete der Evolutionsbiologie. Allerdings geht er von zwei Prämissen aus, nämlich dass genetische Verwandtschaft ein primärer Bestimmungsfaktor für das Geschlechterverhältnis ist und dass folglich Gruppen innerhalb der Kolonie, die auf Gruppenebene unterschiedliche Verwandtschaftskoeffizienten aufweisen, miteinander in Konflikt stehen. Was aber, wenn eine oder beide dieser Prämissen nicht zutreffen? Denn ganz ohne Verwandtenselektion bietet die elementare Theorie der natürlichen Selektion eine einfachere und direktere Erklärung. Ziel der gesamten Kolonie ist es, so viele künftige Eltern wie möglich in die nächste Generation zu bringen. Bei Ameisen sind Männchen generell und häufig sogar erheblich kleiner und leichter als Jungköniginnen, weil diese bedeutende Fettreserven bei sich tragen müssen, um neue Kolonien gründen zu können. Männchen verursachen bei ihrer Aufzucht geringere Kosten, und wenn das Verhältnis der Energieinvestition 1 : 1 betrüge, so stünden zur Paarung mehr Männchen als Weibchen zur Verfügung. Üblicherweise haben die jungen fortpflanzungsfähigen Tiere nur eine einzige Gelegenheit zur Paarung, so dass im Durchschnitt die Produktion zu vieler Männchen für die Kolonie Verschwendung wäre. Nur wenn die Kolonie wüsste, dass in anderen Kolonien die Produktionsverhältnisse gestört wären oder wenn die Sterblichkeit von Männchen beim Hochzeitsflug höher wäre, könnte sie sich anders entscheiden. Demnach steht es im Interesse sowohl der Königin-Mutter als auch ihrer Töchter, die Energieinvestition zugunsten der Jungköniginnen zu verlagern. Diese Erklärung kommt ganz ohne die Annahmen der Verwandtenselektion aus und bietet unter Hinzunahme der Selektion auf Kolonie-Ebene eine datenkonformere Erklärung als die Gesamtfitness-Theorie. Bei Arten mit mehreren Königin-Müttern sowie bei Sklavenhalter-Kolonien brauchen Jungköniginnen üblicherweise keine so umfangreichen Körperreserven, wie sie zur selbständigen Gründung von Kolonien notwendig sind; im Einklang mit den empirischen Beobachtungen liegt damit das ideale Verhältnis erwartungsgemäß näher bei 1 : 1. Diese Tendenzen stimmen auch mit der Datenlage überein. Weitere Verschiebungen des Geschlechterverhältnisses beruhen offenbar auf dem Selektionsdruck der jeweiligen Umweltbedingungen, wenn die Kolonien entweder ihre Jungköniginnen und Männchen zum Hochzeitsflug aussenden oder sie bis zur Paarung zu Hause behalten.[46]

In einer ganz anderen Situation hat eine ähnlich akribische Forschungsanalyse erwiesen, dass bei der periodisch subsozialen Röhrenspinne *Stegodyphus lineatus* Gruppen von Jungspinnen, die Geschwister sind, einer gemeinsamen Beute mehr Nährstoffe entziehen als Gruppen von Jungspinnen mit künstlich gemischten Eltern.[47] Weil die Forscher glauben, dass Jungspinnen sich bei der Injektion von Verdauungsenzymen zurückhalten, um deren Nutzung durch Fremde zu vermeiden, akzeptieren sie die Hypothese der Verwandtenselektion. Doch schon eine schnelle Berechnung zeigt, dass ein solches Verhalten auch den durchschnittlichen Erfolg für jedes Einzeltier reduzieren würde, auch für diejenigen, die ihre Verdauungsenzyme zurückhalten. Die insgesamt niedrigere Aufnahme von Nährstoffen ließe sich leichter damit erklären, dass zwischen nicht verwandten Jungspinnen eine Merkmalsdiskordanz besteht oder dass sie in offenem Konflikt zueinander stehen.

Die Annahme der Vererbung ist ein dritter Prozess, der zu scheinbar verwandtschaftsbedingtem Altruismus führen kann, sich aber einfacher und realistischer als direktes Ergebnis der Individualselektion erklären lässt. Bei einem kleinen Anteil von Vogel- und Säugetierarten bleiben die Nachkommen im Nest ihrer Geburt und helfen ihren Eltern bei der Aufzucht der weiteren Brut. Damit verschieben sie ihre eigene Reproduktion und steigern noch die Reproduktion ihrer Eltern. Gesamtfitness-Forscher schreiben dieses Phänomen der Verwandtenselektion zu und stützen ihre Argumentation mit dem Hinweis auf eine positive, artenübergreifende Korrelation zwischen Verwandtschaftsgrad und dem Umfang der am Nest den Eltern geleisteten Hilfe.[48] Genauere, ältere Studien mit einem breiten Spektrum historischer Lebensdaten verschiedener Arten hatten jedoch bereits zu einer anderen Erklärung gefunden: nämlich derjenigen einer Multilevel-Selektion mit starkem Gewicht auf der Individualselektion.[49] Unter bestimmten Umständen, die nicht mit der Verwandtenselektion in Zusammenhang stehen, wird das Verbleiben erwachsener Jungtiere im Geburtsnest begünstigt. Solche Umstände können etwa eine ungewöhnliche Einschränkung von Nistplätzen, Territorien oder beidem sein, alternativ auch eine geringe Erwachsenensterblichkeit oder relativ unveränderte Bedingungen innerhalb einer stabilen Umwelt. Nach dem längeren Aufenthalt erben die Helfer nach dem Tod der Eltern das Nest oder das Territorium. Die positive artenübergreifende Korrelation zwischen Verwandtschaft und Helferverhalten, von dem die Gesamtfitness-Forscher berichten, beruht auf nur wenigen Messwerten und lässt sich logisch dadurch erklären, dass einige Arten gemeinhin eine «Fluktuationsstrategie» verfolgen, bei der Individuen von Nest zu Nest wandern und den Umfang ihrer Hilfe verteilen. Je stärker sie fluktuieren, desto weniger sind sie durchschnittlich verwandt und desto weniger Hilfe steuern sie zu jedem Nest bei.

Ich selbst konnte das Helfer-Phänomen am Kokardenspecht untersuchen, als ich mich bei einem Besuch im westlichen Florida mit Forschern über eine Population austauschte, deren individuelle Lebensgeschichten in freier Natur über Markierungen verfolgt worden waren. Der Kokardenspecht ist weltweit die einzige Spechtart, so erfuhr ich, die ihr Nest in die Stämme lebender Bäume schlägt. Ein junges Männchen braucht ein ganzes Jahr, um ein solches Nest anzulegen, das zudem noch außerhalb des Territoriums etablierter Familien liegen muss. Bis dahin ist es sowohl für Töchter als auch für Söhne von Vorteil, zu Hause zu bleiben. Zudem kann es vorkommen, dass während der Wartezeit ein oder beide Eltern sterben, so dass das Geburtsnest übernommen werden kann. Andererseits ist es von Vorteil für die Eltern, erwachsene Jungtiere weiter zu tolerieren, wenn sie als Helfer mitarbeiten.

Im Wesentlichen verläuft die Argumentation der Gesamtfitness-Theorie folgendermaßen: Man geht aus von der Existenz der Verwandtenselektion, die in vielen biologischen Systemen im Grunde unvermeidlich ist. Kommt es zur Verwandtenselektion, dann folgt sie Hamiltons Ungleichung, die im einfachsten Fall mindestens prognostiziert, ob Altruismusgene in der Population zunehmen oder nicht. Wird Hamiltons Ungleichung auf alle Mitglieder einer Gruppe angewandt, so ergibt sich daraus die Gesamtfitness für die Gruppe, deren Wert aussagen kann, ob eine Population solcher Gruppen in Richtung einer altruismusbasierten sozialen Organisation evolviert.

Keine dieser Annahmen aber hat sich als tragbar erwiesen. Die Empiriker, die genetische Verwandtschaft messen und die Gesamtfitness für ihre Argumentation nutzen, sind bis heute der Meinung, ihre Überlegungen würden auf einer soliden theoretischen Grundlage fußen. Doch das ist nicht der Fall. Die Gesamtfitness ist ein mathematischer Einzelfall mit so vielen Einschränkungen, dass sie unbrauchbar wird. Anders als weithin angenommen, handelt es sich dabei nicht um eine allgemeine Evolutionstheorie; sie charakterisiert weder die Dynamik der Evolution noch die Distribution von Genfrequenzen.

Für die Extremfälle, in denen die Gesamtfitness-Theorie vielleicht funktioniert, sind biologische Bedingungen nötig, die in der Natur nachweislich nicht existieren. Das System muss sich, so zeigt sich, auf die mathematische Einschränkung der «schwachen Selektion» zubewegen, bei der alle Mitglieder einer Gruppe sich derselben Fitness annähern und alle alternativen Reaktionen in etwa gleich häufig sind. Zudem müssen alle Interaktionen zwischen Gruppenmitgliedern additiv und paarweise 1 : 1 auftreten. Tatsächlich widersprechen alle bekannten Gesellschaften außer Geschlechtspartnern dieser Bedingung. Andere Interaktionen sind tendenziell synergistisch in einem Ausmaß, das mit den stetig wechselnden Bedingungen der Kolonie variiert. Und schließlich lässt sich die Gesamtfitness-Theorie nur in statischen Strukturen nutzen, in denen die Intensität des Zusammenspiels nicht von einem Kontakt zum nächsten variiert; außerdem muss zyklisch eine globale Aktualisierung stattfinden.

Diese Frage der theoretischen Biologie ist bedeutsam, weil die intuitiven Annahmen, die die Gesamtfitness-Theorie liefert, allgemein, aber zu Unrecht als grundsätzlich korrekt aufgefasst wurden. Ohne stichhaltige Modelle, wie Feld- und Laborforscher sie normalerweise benutzen, führen Darlegungen, die mit der Gesamtfitness argumentieren, in die Irre. Wie abwegig diese Schlussfolgerung ausfallen kann, zeigt sich in dem mathematischen Beweis, wonach in zwei Systemen zwar alle Messwerte des Verwandtschaftsgrads identisch sein können, die Kooperation aber in einem System gefördert wird und im anderen nicht. Umgekehrt können zwei Populationen diametral entgegengesetzte Verwandtschaftsgrade aufweisen, beide Strukturen aber gleich wenig in der Lage sein, die Evolution der Kooperation voranzubringen.

Eine weitere verbreitete Fehlmeinung lautet, dass Berechnungen zur Gesamtfitness einfacher sind als die der klassischen Modelle mit natürlicher Selektion. Das ist schlicht falsch. In den seltenen Fällen, in denen die Gesamtfitness sich in abstrakten Modellen formulieren lässt, sind die beiden Theorien gleichwertig und erfordern die Erhebung derselben Messwerte.

Das alte Paradigma der sozialen Evolution, das nach vier Jahrzehnten fast schon Heiligenstatus genießt, ist damit gescheitert. Seine Argumentation von der Verwandtenselektion als Prozess über Hamiltons Ungleichung als Bedingung für Kooperation bis zur Gesamtfitness als darwinschem Status der Koloniemitglieder funktioniert nicht. Wenn es bei Tieren überhaupt zur Verwandtenselektion kommt, dann nur bei einer schwachen Form der Selektion, die ausschließlich unter leicht verletzbaren Sonderbedingungen auftritt. Als Gegenstand einer allgemeinen Theorie ist die Gesamtfitness ein trügerisches mathematisches Konstrukt; unter keinen Umständen lässt es sich so fassen, dass es wirkliche biologische Bedeutung erhält. Auch für den Nachvollzug der Evolutionsdynamik genetisch bedingter sozialer Systeme ist es unbrauchbar.

Das Missgeschick der Gesamtfitness-Theorie wurzelt in dem Glauben, eine einzige abstrakte Formel, in diesem Fall Hamiltons Ungleichung, hätte Auswirkungen, die sich Schicht für Schicht untersuchen ließen, um mit immer größerer Detailgenauigkeit die soziale Evolution zu erklären. Diesen Glauben widerlegen sowohl mathematische Logik als auch empirische Belege. Welchen Weg aber sollen wir stattdessen einschlagen, um das entwickelte Sozialverhalten zu begreifen?

19.
DAS AUFKOMMEN EINER NEUEN THEORIE DER EUSOZIALITÄT

Der evolutionäre Ursprung eines komplexen biologischen Systems lässt sich stets nur dann korrekt rekonstruieren, wenn man es als Ergebnis einer Geschichte von Einzelstadien versteht, die lückenlos verfolgt werden. Ausgehend von empirisch bekannten biologischen Phänomenen in jedem Stadium – sofern vorhanden –, erforscht man dabei das Spektrum von theoretisch möglichen Phänomenen. Jeder Übergang von einem Stadium zum nächsten verlangt eine eigene Modellierung, und jedes Stadium muss in seinen eigenen Kontext möglicher Ursachen und Wirkungen versetzt werden. Nur so lässt sich vorstoßen zu dem, was die fortgeschrittene soziale Evolution und die «Conditio humana», die Natur des Menschen, bedeuten.

Das erste erkennbare Stadium beim Aufkommen der Eusozialität, das Arbeitsteilung mit dem Anschein von Altruismus zur Folge hat, ist die Bildung von Gruppen in einer frei vermischten Population ansonsten solitärer Individuen. Theoretisch kann es dazu in der Realität auf vielerlei Weise kommen. Gruppen können sich finden, wenn Nistplätze oder Nahrungsquellen, auf die eine Art spezialisiert ist, nur lokal verteilt sind, wenn Eltern und Nachkommen zusammenbleiben, wenn migrierende Kolonnen sich vor einer Niederlassung wiederholt verzweigen oder wenn Herden ihren Anführern an bekannte Futterstellen folgen. Sogar zufällig können sie über gegenseitige lokale Attraktion zusammenfinden.[50]

Der Prozess der Gruppenbildung wirkt sich vermutlich stark auf die Wahrscheinlichkeit einer Entwicklung hin zur Eusozialität aus. Am wichtigsten ist dabei die Verstärkung der Gruppenkohäsion und -persistenz. Wie bereits dargestellt, weisen alle bekannten lebenden Evolutionslinien mit primitiv eusozialen Arten (stacheltragende Wespen, Wildbienen der Unterfamilien Halictinae und Xylocopinae, schwammbewohnende Krebse, Termiten der Familie Termopsidae, in Kolonien lebende Blattläuse und Blasenfüße, Ambrosiakäfer und Nacktmulle) Kolonien auf, die verteidigenswerte Nester bauen und bewohnen. In wenigen Fällen bündeln nichtverwandte Individuen ihre Kräfte und bilden kleine Festungen. Nicht miteinander verwandte Kolonien von *Zootermopsis angusticollis* zum Beispiel fusionieren im Lauf mehrerer Kämpfe zu einer Superkolonie mit einem einzigen Königspaar.[51] In den meisten Fällen tierischer Eusozialität dagegen startet die Kolonie mit einer einzelnen begatteten Königin (zum Beispiel bei den Hautflüglern) oder einem begatteten Paar (Termiten). Daher wächst die Kolonie in den meisten Fällen über die Nachkommen, die als nichtreproduktive Arbeiter dienen. Bei wenigen, primitiveren eusozialen Arten beschleunigt sich das Wachstum, indem fremde Arbeiter aufgenommen werden oder nicht miteinander verwandte Gründerköniginnen kooperieren.

Die Gruppierung in Familien kann die Verbreitung eusozialer Allele beschleunigen, führt aber nicht selbst zu fortgeschrittenem Sozialverhalten. Dessen eigentliche Ursache ist der Vorteil eines verteidigenswerten Nestes, insbesondere wenn es aufwändig zu bauen ist und in Reichweite einer nachhaltigen Futterquelle liegt. Aufgrund dieser Vorbedingung bei den Insekten ist enge genetische Verwandtschaft bei der primitiven Koloniegründung die Folge und nicht die Ursache eusozialen Verhaltens.

Das zweite Stadium ist die zufällige Häufung anderer Merkmale, die den Übergang zur Eusozialität immer wahrscheinlicher machen. Am wichtigsten ist dabei eine fürsorgliche Pflege der im Nest heranwachsenden Brut – die Jungen werden progressiv befüttert, die Brutkammern werden gereinigt oder bewacht, womöglich eine Kombination der drei Faktoren. Wie zum Bau eines verteidigenswerten Nests durch den solitären Vorfahren kommt es zu diesen Präadaptionen durch Individualselektion; dass sie später beim Aufkommen der Eusozialität eine Rolle spielen werden, ist nicht geplant (die Evolution durch natürliche Selektion kann die Zukunft nicht prognostizieren). Die Präadaptionen sind Produkte der adaptiven Radiation, in deren Verlauf sich Arten auffächern und ökologisch unterschiedliche Nischen besetzen. Je nachdem, auf welche Nischen sie sich spezialisieren, ist es für einige Arten mehr oder weniger wahrscheinlich, dass sie Präadaptionen mit hohem Potenzial erwerben. Einige Arten etwa leben per Zufall in Lebensräumen ohne viele Fressfeinde. Da die Notwendigkeit, die Brut zu beschützen, hier weniger drängend ist, werden sie wahrscheinlich in ihrer sozialen Evolution stabil bleiben oder sich ganz in Richtung einer solitären Lebensform entwickeln. Andere Arten sind in ihrem Lebensraum dagegen ständig gefährlichen Feinden ausgesetzt – sie werden sich stärker der Schwelle zur Eusozialität annähern und diese auch wahrscheinlicher überschreiten. Die Theorie dieses Stadiums ist die Theorie der adaptiven Radiation, die unabhängig von den Untersuchungen zur Eusozialität schon umfassend formuliert wurde.

Der dritte Evolutionsschritt hin zum fortgeschrittenen Sozialverhalten ist die Entstehung eusozialer Allele, entweder durch Mutation oder durch Immigration mutierter Individuen von außen. Zumindest bei präadaptierten Hautflüglern (Bienen und Wespen) kann dieses Ereignis auch als Punktmutation auftreten. Außerdem muss die Mutation nicht unbedingt den Aufbau eines neuen Verhaltens vorschreiben. Sie kann auch einfach alte Verhaltensformen abschalten. Um die Schwelle zur Eusozialität zu überschreiten, müssen nur ein Weibchen und seine erwachsenen Nachkommen sich *nicht* verstreuen, um neue, individuelle Nester zu gründen, sondern im alten Nest verbleiben. Wenn an diesem Punkt der umweltbedingte Selektionsdruck stark genug ist, fangen die «sprungbereiten» Präadaptionen an zu wirken, und die Gruppenmitglieder beginnen das Zusammenspiel, das sie zu einer eusozialen Kolonie macht.

Bisher wurden eusoziale Gene noch nicht identifiziert, aber wir kennen mindestens zwei andere Gene oder kleine Gengruppen, die größere Veränderungen an sozialen Merkmalen steuern, indem sie Mutationen an präexistierenden Merkmalen abschalten. Diese Beispiele lassen auf Fortschritte sowohl in der Theorie als auch in der Genanalyse hoffen; zugleich bringen sie uns zur vierten Phase in der Evolution der Eusozialität bei Tieren. Sobald die verwandten und untergeordneten Nachkommen im Nest verbleiben wie bei primitiv sozialen Bienen- oder Wespenfamilien, kommt es zur Gruppenselektion; diese zielt ausnahmslos auf die emergenten Merkmale, die sich aus dem Zusammenspiel der Koloniemitglieder ergeben. Die Selektionskräfte führen mit hoher Wahrscheinlichkeit zur Herausbildung eines Warnsystems über Alarmrufe oder chemische Signale. Es kommt zur Entwicklung von Körpergerüchen, um die eigene von fremden Kolonien zu unterscheiden. Wahrscheinlich werden Möglichkeiten erfunden, Nestgefährten zu neu entdecktem Futter zu führen. Und zumindest in den fortgeschritteneren Stadien kommt es zwischen den reproduktiven Königinnen und der dienenden Arbeiterkaste zur Evolution von Unterschieden in Anatomie und Verhalten.

Betrachtet man die emergenten Merkmale, an denen die Gruppenselektion greift, so ist eine neue Form der theoretischen Forschung vorstellbar. Hervorgehoben wurde etwa kürzlich das Phänomen, dass die unterschiedlichen Rollen der reproduktiven Eltern und ihres nicht reproduktiven Nachwuchses nicht genetisch bedingt sind. Forschungsergebnisse an primitiv eusozialen Arten beweisen vielmehr, dass beide alternative Phänotypen desselben Genotyps sind. Anders gesagt, bei Königin und Arbeiterinnen werden Kaste und Arbeitsteilung von identischen Genen vorgegeben, obwohl gleichzeitig andere Gene durchaus stark variieren. Dieser Umstand untermauert die Vorstellung, dass sich die Kolonie als individueller Organismus betrachten lässt oder, genauer, als individueller Superorganismus. In der Frage des Sozialverhaltens vollzieht sich die Vererbung von Königin zu Königin, die Arbeiter sind jeweils nur ihre Extension.[52] Es kommt weiterhin zur Gruppenselektion, aber sie vollzieht sich an den Merkmalen der Königin und an der extrasomatischen Projektion ihres persönlichen Genoms.[53] Dieses Verständnis wirft eine neue Form theoretischer Untersuchungen auf, außerdem Fragen, die sich nur durch neue Ansätze empirischer Forschung entscheiden lassen.

In der vierten Phase werden diejenigen Umweltkräfte identifiziert, die die Gruppenselektion vorantreiben – folgerichtig ein Thema für kombinierte Untersuchungen der Populationsgenetik und der Verhaltensökologie. In diesem Gebiet werden nur zögerlich die ersten Forschungsprogramme ausgeschrieben, was zum Teil darauf zurückzuführen ist, dass den Selektionskräften der Umwelt, die die frühe eusoziale Evolution bewirken, nur ein vergleichsweise geringes Augenmerk gilt. Die Naturgeschichte der primitiven eusozialen Tiere und besonders die Struktur ihrer Nester sowie der Umstand, dass sie erbittert verteidigt werden, legen nahe, dass die Verteidigung gegen Feinde (Parasiten, Fressfeinde und rivalisierende Kolonien) ein Schlüsselelement im Aufkommen der Eusozialität ist. Um diese und möglicherweise konkurrierende Hypothesen zu prüfen, wurden aber bisher nur wenige Feld- und Laborstudien ausgewiesen.

In der fünften und letzten Phase werden bei den fortgeschritteneren eusozialen Arten durch Gruppenselektion (zwischen Kolonien) Lebenszyklus und Kastensystem geformt. Viele Evolutionslinien haben dabei sehr spezialisierte, ausgefeilte soziale Systeme entwickelt. Vorreiter bei diesen Systemen ist nicht der Mensch, sondern sind die Insekten, insbesondere die auf der fortgeschrittensten Ebene – Honigbienen, stachellose Bienen, Blattschneiderameisen, Weberameisen, Heeresameisen und hügelbauende Termiten.

Knapp zusammengefasst, muss eine vollständige Theorie der eusozialen Evolution aus einer Folge von experimentell überprüften Stadien bestehen, von denen folgende bereits klar identifiziert sind:
1. Gruppenbildung.
2. Das Auftreten einer minimalen, notwendigen Kombination präadaptiver Merkmale in den Gruppen, die die Gruppenkohäsion erheblich stärken. Zumindest bei Tieren gehört dazu ein wertvolles, verteidigenswertes Nest. Die Nest-Bedingung erhöht die Wahrscheinlichkeit, dass primitiv eusoziale Gruppen Familien sind – Eltern und Nachwuchs bei Insekten und anderen Wirbellosen, erweiterte Familien bei Wirbeltieren.
3. Das Auftreten von Mutationen, die die Beständigkeit der Gruppe vorgeben, am wahrscheinlichsten durch das Abschalten von Verhaltensstreuungen. Ganz offensichtlich bleibt ein dauerhaftes Nest der Schlüsselfaktor bei der Erhaltung der Prävalenz. Primitive Eusozialität kann in unmittelbarer Folge «sprungbereiter» Präadaptionen auftreten, die sich in früheren Stadien entwickelt haben und per Zufall Gruppen dazu veranlassen, sich eusozial zu verhalten.
4. Bei Insekten werden durch Gruppenselektion unter dem Einfluss von Umweltkräften emergente Merkmale herausgeformt, die entweder durch das Vorhandensein roboterartiger Arbeiterinnen oder durch das Zusammenspiel der Gruppenmitglieder entstehen.
5. Gruppenselektion bewirkt häufig extrem bizarre Veränderungen im Lebenszyklus und den Sozialstrukturen der Insektenkolonie, so dass differenzierte Superorganismen entstehen.

Da die beiden letzten Schritte nur bei Insekten und anderen Wirbellosen vollzogen wurden, stellt sich die Frage, wie die Spezies Mensch ihre einzigartige, auf der Kultur fußende soziale Lebensform erreicht hat. Welchen Stempel hat der aus Kultur und Genetik kombinierte Prozess der menschlichen Natur aufgeprägt? Oder anders gesagt, *was sind wir?*

V.
WAS SIND WIR?

ਘਰਿ ਗਾਵਹੁ ਸੋਹਿਲਾ ਸਿਵਰਿਹੁ
ਸਿਰਜਨਹਾਰੋ॥੧॥ ਤੁਮ ਗਾਵਹੁ ਮੇਰੇ
ਨਿਰਭਉ ਕਾ ਸੋਹਿਲਾ ॥ ਹਉਵਾਰੀ

20.
WAS IST DIE NATUR DES MENSCHEN?

In einem sind sich alle einig: Eine klare Definition der menschlichen Natur ist der Schlüssel zum Verständnis der Conditio humana insgesamt. Doch die Formulierung dieser Definition gestaltet sich außerordentlich schwierig. Sichtbar ist die Natur des Menschen in ihrer alltäglichen Erscheinungsform. Ihr intuitiver Ausdruck bildet die Substanz der Kunst und den Grundstock der Sozialwissenschaften. Und doch ist weiterhin schwer zu fassen, was sie wirklich ist. Vielleicht hat diese andauernde Unschärfe einen emotionalen, sehr menschlichen Grund. Sollte die rohe, ungeformte Natur des Menschen entdeckt, der Stein des Weisen damit gefunden werden, wie sähe sie aus? Worin bestünde sie? Würde sie uns gefallen? Vielleicht noch besser gefragt: Wollen wir das wirklich wissen?

Vielleicht möchten die meisten Menschen einschließlich vieler Gelehrter die Natur des Menschen zumindest teilweise lieber im Dunkeln halten. Sie ist das Ungeheuer im Fiebersumpf des öffentlichen Diskurses. Ihre Wahrnehmung wird durch den idiosynkratischen, persönlichen Blick auf sich selbst und die Erwartung an die eigene Person verzerrt. Die Ökonomen haben die menschliche Natur im Großen und Ganzen umfahren, während die Philosophen, die so kühn waren, sie erkunden zu wollen, sich unterwegs immer verrannt haben. Theologen neigen zur Kapitulation und weisen sie in unterschiedlichen Anteilen Gott und dem Teufel zu. Politische Ideologien von Anarchismus bis Faschismus definieren sie zu ihrem egoistischen Vorteil.

Dass es eine Natur des Menschen überhaupt gibt, leugneten die meisten Sozialwissenschaftler im vergangenen Jahrhundert ganz. Obwohl sich die Beweise mehrten, folgten sie dem Dogma, alles Sozialverhalten sei erlernt, die gesamte Kultur sei das Produkt der Geschichte, die von einer Generation an die nächste weitergereicht wird. Die Anführer der konservativen Religionen dagegen neigten zu dem Glauben, die Natur des Menschen sei eine fixe, von Gott gewährte Eigenschaft – und nur die Privilegierten, die Seinen Willen verstehen, könnten sie für die Massen auslegen. In seiner Enzyklika *Humanae Vitae* erklärte etwa Paul VI. im Jahr 1969: «Nur wenn der Mensch sich an die von Gott in seine Natur eingeschriebenen und darum weise und liebevoll zu achtenden Gesetze hält, kann er zum wahren, sehnlichst erstrebten Glück gelangen.» Insbesondere, so erklärte er, verböten die göttlichen Gesetze über die Natur des Menschen jeglichen Einsatz künstlicher Empfängnisverhütung.

Meines Erachtens macht umfassendes Material aus den verschiedensten Zweigen der Natur- und Geisteswissenschaften es heute möglich, die Natur des Menschen klar zu definieren. Doch bevor ich diese Definition vorlege, möchte ich zunächst erklären, was sie nicht ist. Die Natur des Menschen sind nicht die Gene, die sie bedingen. Diese legen die Regeln fest, nach denen sich Gehirn, Sinnesorgane und Verhalten entwickeln, die dann die Natur des Menschen hervorbringen. Genauso wenig lassen sich die von der Anthropologie identifizierten Universalien der Kultur kollektiv als menschliche Natur definieren. Folgende 67 sozialen Verhaltensweisen und Institutionen etwa sind all den Hunderten von Gesellschaften gemeinsam; George P. Murdock listete sie in seiner klassischen Studie von 1945[1] in den *Human Relations Area Files* auf (hier in alphabetischer Reihenfolge):

Aberglaube über Glück und Unglück, Alterseinteilungen, Arbeitsteilung, Begräbnisriten, Besänftigung übernatürlicher Wesen, Bestrafung, Besuchen, Bevölkerungspolitik, Brautwerbung, Chirurgie, Eheschließung, Eigentumsrechte, Erbschaftsregeln, Erziehung, Eschatologie, Ethik, Ethnobotanik,

Etikette, Familienfeiern, Folklore, Gastfreundschaft, Geburtshilfe, Geistheilung, Gesetze, Gesten, Grußsitten, Haartracht, Handel, Hellseherei, Hygiene, Inzesttabus, Kalenderführung, Kochen, kooperative Arbeit, Körperschmuck, Kosmologie, Magie, Mahlzeiten, Medizin, Nutzung des Feuers, Organisation der Gemeinschaft, Personennamen, Regierung, religiöse Rituale, Sauberkeitstraining, Schenken, Scherzen, Schmuckkunst, Schwangerschaftsbräuche, Seelenbegriff, sexuelle Grenzen, Spiel, sportliche Betätigung, Sprache, Statusdifferenzierung, tabuisierte Nahrungsmittel, Tanz, Traumdeutung, Übergangsriten, Verwandtschaftsgruppen, Verwandtschaftsnamen, Weben, Werkzeugherstellung, Wetterbeobachtung, Wochenbettfürsorge, Wohngesetze, Wohnstätten.

Allzu gerne würde man davon ausgehen, diese Liste sei nicht nur wirklich bezeichnend für Menschen, sondern unausweichlich für die Evolution jeder Art in egal welcher Galaxie, solange sie auf das menschliche Niveau hoher Intelligenz und komplexer Sprache vordringt, unabhängig davon, welche erblichen Voranlagen sie mitbringt. Und doch ist das nahezu sicher nicht der Fall, weil man sich durchaus andere Welten vorstellen kann, in denen große Landlebewesen andere Kombinationen kultureller Merkmale ausbilden. Es wäre voreilig, davon auszugehen, dass jede dieser theoretischen Universalien genetischer Natur ist. Besser betrachtet man jedenfalls die menschlichen Universalien als prognostizierbare Produkte von etwas Grundsätzlicherem.

Wenn der genetische Code hinter der Natur des Menschen zu eng an seiner molekularen Grundlage klebt und kulturelle Universalien zu weit davon entfernt sind, so folgt daraus, dass man nach einer erblichen Natur des Menschen am besten dazwischen sucht, also in den von den Genen vorgegebenen Regeln der Entwicklung, über die die Universalien der Kultur geschaffen werden.

Die Natur des Menschen besteht in den ererbten Regelmäßigkeiten der mentalen Entwicklung, die für unsere Art typisch ist. Gemeint sind damit die «epigenetischen Regeln», die über einen langen Zeitraum der frühen Vorgeschichte durch die Wechselwirkung der genetischen und der kulturellen Evolution entstanden sind. Diese Regeln benennen die genetischen Vorlieben dafür, wie unsere Sinne die Welt wahrnehmen, die symbolische Codierung, in der wir die Welt darstellen, die Handlungsmöglichkeiten, die wir uns automatisch eröffnen, und die Reaktionen, die uns am einfachsten und lohnendsten erscheinen. Epigenetische Regeln beeinflussen etwa, wie wir Farbe sehen und sprachlich einordnen, und das in Prozessen, die allmählich in den Blick der Physiologie und gelegentlich gar der Genetik geraten. Epigenetische Regeln bewirken, dass wir die Ästhetik von Kunstwerken nach abstakten Elementarformen und dem Grad ihrer Komplexität beurteilen. Sie bestimmen, welche Individuen wir grundsätzlich sexuell am attraktivsten finden. Sie führen uns differenziert zum Erwerb von Ängsten und Phobien vor Umweltgefahren, etwa vor Schlangen oder vor großer Höhe; zur Kommunikation über bestimmte Gesichtsausdrücke und Formen der Körpersprache; zur Eltern-Kind-Bindung; zur Partnerbindung; und so weiter, quer durch die verschiedensten Kategorien des Verhaltens und des Denkens. Die meisten epigenetischen Regeln sind offensichtlich sehr alt, stammen aus unserer Millionen Jahre alten Säugetiergeschichte. Andere, etwa die Stadien der Sprachentwicklung, sind nur etliche hunderttausend Jahre alt. Und zumindest eine, die adulte Laktosetoleranz für Milch und damit das Potenzial für eine Milchprodukt-basierte Kultur in einigen Populationen, ist nur wenige tausend Jahre alt.

Wie es die Vorsilbe *epi-* im Wort «epigenetisch» impliziert, sind die Regeln der physiologischen Entwicklung genetisch nicht fest vorgegeben. Sie sind nicht bewusst steuerbar, genauso wenig wie das autonome «Verhalten» des Herzschlags und des Atemvorgangs. Zugleich sind sie weniger starr als reine Reflexe wie Augenzwinkern und Kniesehnenreflex. Der komplexeste Reflex ist die Schreckreaktion. Tauchen Sie unbemerkt hinter einer anderen Person auf und machen ein plötzliches lautes Geräusch – einen Schrei oder der Knall zweier zusammenstoßender Gegenstände –, so reagiert diese Person schneller, als der

Frontallappen im Gehirn die Reaktion verarbeiten kann, indem sie den Körper entspannt, die Augen schließt, den Mund aufreißt, den Kopf nach vorne fallen lässt und die Knie leicht beugt. In der freien Natur wie im modernen Leben bereitet diese Reaktion uns sofort und unbewusst auf die Kollision oder den Hieb vor, der gleich zu erwarten ist. Oder die Reaktion rettet uns das Leben vor dem Angriff eines Feindes oder Raubtiers. Die Schreckreaktion ist starr genetisch programmiert und nicht Teil der menschlichen Natur, obwohl wir das intuitiv meinen. Sie ist ein typischer Reflex, der vollständig außerhalb des Bewusstseins abläuft.

Verhaltensformen, die auf epigenetischen Regeln beruhen, sind nicht fest programmiert wie Reflexe. Vorangelegt sind vielmehr die epigenetischen Regeln, und genau sie stellen den wahren Kern der menschlichen Natur dar. Diese Verhaltensformen werden erlernt, aber der Lernprozess ist, wie es in der Psychologie heißt, «vorbereitet». Beim vorbereiteten Lernen besteht eine angeborene Bereitschaft zum Lernen, eine Option wird also eher verstärkt als eine andere. Andere Optionen unterliegen einer «Gegenbereitschaft», gelegentlich werden sie sogar aktiv vermieden. Wir sind zum Beispiel vorbereitet, Angst vor Schlangen sehr schnell zu erlernen (und sogar zu echten Phobien auszuweiten); instinktiv nicht vorbereitet sind wir dagegen, auch auf andere Reptilien wie Schildkröten und Eidechsen mit ähnlichem Ekel zu reagieren. Vorbereitetes Lernen bewirkt, dass wir eine grüne Flusslandschaft schön finden, uns aber tief in dunklen Wäldern spontan nicht wohlfühlen. Solche Reaktionen erscheinen uns «natürlich», obwohl sie erst erlernt werden müssen – und genau das ist der Punkt.

Wie geht die Evolution solcher epigenetischen Regeln vor sich? Ich begann mich in den 1970er Jahren intensiv mit diesem Prozess auseinanderzusetzen, als die Anlage-Umwelt-Debatte tobte und die Kontroverse über genetischen oder kulturellen Einfluss auf die Entwicklung politisch interpretiert wurde und die Debattierenden zur Weißglut trieb. Am Ursprung des Problems lag meines Erachtens die Art und Weise, wie die Evolution der Gene die Evolution der Kultur beeinflusst. Diese Wechselwirkung barg, wie sich herausstellte, eine theoretische Herausforderung von außerordentlich interessanter Schwierigkeit.

1979 forderte ich Charles J. Lumsden, einen jungen theoretischen Physiker, der sein Talent schon unter Beweis gestellt hatte, auf, zu diesem Thema mit mir eine Studie durchzuführen. Schon bald merkten wir, dass der Prozess sich nur dann entwirren ließ, wenn wir das Rätselhafte daran nicht als ein, sondern als zwei ungelöste Probleme behandelten. Erstens mussten wir die instinktive, also nichtkulturelle Grundlage der menschlichen Natur identifizieren. Zweitens lautete das noch weniger lösbare Problem, einen kausalen Zusammenhang zwischen der Evolution von Genen und der Evolution der Kultur herzustellen, die «Gen-Kultur-Koevolution», wie wir ihn zu nennen beschlossen. Seit einiger Zeit war klar, dass viele Eigenschaften des menschlichen Sozialverhaltens erblich sind, und das sowohl in Bezug auf die Art insgesamt als auch auf Unterschiede zwischen den Mitgliedern derselben Population. Ebenso war klar, dass die angeborenen Eigenschaften der menschlichen Natur sich zwangsläufig als Anpassungen herausgebildet hatten. Außerdem mutmaßten wir, dass des Rätsels Lösung darin lag zu bestimmen, inwieweit beim Menschen eine Bereitschaft oder eine «Gegenbereitschaft» zum Erlernen von Kultur besteht. Nach zweijähriger Arbeit präsentierten Lumsden und ich schließlich die erste Theorie der Gen-Kultur-Koevolution.[2]

Andere Forscher übernahmen diesen Begriff, legten aber starke Betonung auf die kulturelle Evolution. Sie betrachteten die genetische Evolution vor allem als Potenzial, das die Kulturfähigkeit ermöglichte, oder aber als eines von zwei parallel verlaufenden Gleisen, das mehr oder weniger unabhängig neben der kulturellen Evolution her verlief. Wenig Augenmerk legten sie auf das Zusammenspiel, die epigenetischen Regeln oder die genetischen Komponenten der Koevolution.

20.1 Die einzelnen Phasen, die von der individuellen Entscheidung zur Schaffung der Vielfalt bei den Kulturen führen, werden hier am Beispiel der Körperbemalung bei den Tapirapé-Indianern in Brasilien illustriert. Die Vorgänge werden in abstrakter Form dargestellt, um sie in die quantitative Theorie der Gen-Kultur-Koevolution einzufügen. Die Reihenfolge der Vorgänge von oben nach unten: Der Einzelne entscheidet, ob er seinen Körper bemalen will oder nicht, und wechselt mehr oder weniger oft von der einen Option zur anderen. Wie oft er seinen Entschluss ändert, hängt von der Häufigkeit ab, mit der andere sich für diese oder jene Alternative entscheiden. Jedes Individuum einer Familiengruppe 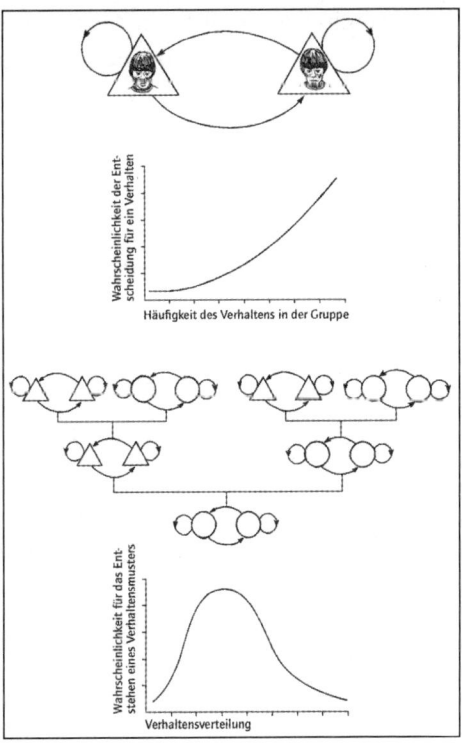 (die dritte Gruppe von oben) oder Gesellschaft bemalt entweder den Körper oder nicht. Nach diesen Feststellungen kann der Anthropologe (unterste Gruppe) die Wahrscheinlichkeit dafür abschätzen, dass ein bestimmter Prozentsatz der Angehörigen der Gruppe den Körper bemalt, das heißt, dass zu einem bestimmten Zeitpunkt eine bestimmte Verhaltensverteilung für die gesamte Gruppe gilt.

Diese Einseitigkeit ist erstaunlich, schließlich gab es bereits in den 1970er und 1980er Jahren Belege für genetische Eigenschaften, die üblicherweise als Teil der «menschlichen Natur» betrachtet werden und einige Aspekte der kulturellen Evolution greifbar beeinflussten. Diese Schieflage ist vielleicht auf eine übertriebene Rücksicht auf die Sicht des Geistes als «unbeschriebenes Blatt» zurückzuführen, die die Existenz eines Instinkts beim Menschen ganz leugnete. In den 1970er und 1980er Jahren herrschte eine generelle Präferenz für etwas, das man die «Prometheus-Gen»-Hypothese nennen könnte. Genetische Evolution bringe Kultur hervor, so die Anhänger dieser Theorie, aber nur in dem Sinn, dass sie die Fähigkeit zur Kultur schaffe. Mit wenigen bemerkenswerten Ausnahmen akzeptierten die Sozialwissenschaftler damals sowohl das «unbeschriebene» Gehirn als auch das «Prometheus-Gen», um so die Autonomie der Sozial- und Geisteswissenschaften zu bekräftigen. Diese biologisch eindimensionale Sicht der sozialen Evolution wurde außerdem von einer zweiten Kernhypothese abgeleitet, nämlich der seelischen Einheit der Menschheit. Demnach hatte sich die menschliche Kultur in einem zu kurzen Zeitraum entwickelt, als dass genetische Evolution gleichzeitig hätte stattfinden können – zumindest jenseits des prometheischen Allzweck-Genotyps, der die Menschheit von den anderen Tierarten trennte.

Auf den ersten Blick könnte es tatsächlich so aussehen, als würde die kulturelle Evolution die genetische Evolution tendenziell hemmen oder gar umkehren. Dadurch, dass der Mensch Feuer, geschlossene Wohnstätten und warme Kleidung benutzte, konnte er in Teilen der Welt überleben und sich fortpflanzen, in denen es sonst unmöglich gewesen wäre, durch den Winter zu kommen. Und die verbesserten Jagdmethoden und das Kultivieren von Nutzpflanzen ermöglichten es, dass Menschen in Lebensräumen Fuß fassten, in denen sie normalerweise verhungert wären. Warum, so lautet eine berechtigte Frage, sollten wir von Genen gesteuert sein, wenn kulturelle Veränderungen in so kurzen Zeiträumen zu demselben Ergebnis führen können?

Tatsächlich besteht kein Zweifel, dass die kulturelle Evolution die genetische Evolution tendenziell abfedert. Trotzdem häufen sich in den vielen Lebensräumen der Welt nie da gewesene Herausforderungen und Gelegenheiten, denen sich auch – oder zumindest effizienter – durch eine genetische Veränderung unter

Führung der natürlichen Selektion begegnen lässt: etwa neue Nahrungsmittel, Krankheiten und Klimabedingungen. Die Explosion an Mutationen nach der Auswanderung aus Afrika vor etwa 60 000 Jahren schuf eine Vielzahl solcher potenziell adaptiver neuer Gene. Es wäre erstaunlich, wenn es bei den verschiedenen Populationen in dem Maße, wie sie die Welt besiedelten, nicht zur genetischen Evolution gekommen wäre.[3]

Das Schulbeispiel der Gen-Kultur-Koevolution in den letzten Jahrtausenden ist die Entwicklung der Laktosetoleranz bei Erwachsenen. Bei allen vorausgehenden menschlichen Generationen wurde Laktase, also das Enzym, das den Milchzucker Laktose in abbaubare Zucker umwandelt, nur bei Kleinkindern produziert. Wurden Kinder von der Muttermilch entwöhnt, so stellten ihre Körper automatisch die weitere Laktaseproduktion ein. Als vor 9000 bis 3000 Jahren die Viehzucht aufkam, und zwar unabhängig voneinander an verschiedenen Orten in Europa und Ostafrika, breiteten sich kulturell bedingt Mutationen aus, die die Laktaseproduktion bis ins Erwachsenenalter beibehielten, so dass weiterhin Milch verzehrt werden konnte. Der Überlebens- und Fortpflanzungsvorteil aus dem Verzehr von Milch und Milchprodukten erwies sich als grandios. Kuh-, Ziegen- und Kamelherden gehören zu den produktivsten und zuverlässigsten Futterquellen, die dem Menschen ganzjährig zur Verfügung stehen. Genetiker haben vier unabhängige Mutationen entdeckt, die die Laktaseproduktion verlängern, eine in Europa und drei in Afrika.[4]

Die Laktosetoleranz ist ein Beispiel dafür, was Ökologen und Evolutionsforscher als «Nischenkonstruktion» bezeichnen. Bei der Gen-Kultur-Koevolution der Laktaseproduktion wurde die Nische erschaffen, um die Viehhaltung als wichtige neue Nahrungsquelle zu integrieren. Mutierte Gene waren zunächst in sehr geringen Frequenzen vorhanden und ersetzten schnell die anderen, älteren Varianten. Überwiegend handelte es sich dabei um Protein-codierende Gene, die am häufigsten für Veränderungen in bestimmten Gewebetypen verantwortlich sind, in diesem Fall im Darmtrakt.[5]

In den letzten fünfzig Jahren wurden von Anthropologie und Psychologie zahlreiche weitere solcher ineinandergreifenden Prozesse entdeckt. Insgesamt bilden sie eine Klasse genetischer Veränderungen, die sich vom lokalen Erwerb der Laktosetoleranz erheblich unterscheiden. In der modernen Menschheit sind sie so universell wie uralt – es gab sie schon vor dem Aufkommen des modernen *Homo sapiens* und zumindest in einzelnen Fällen selbst vor der Trennung von Mensch und Schimpanse vor über sechs Millionen Jahren. Da sie auf kognitiver und emotionaler Ebene arbeiten, haben sie sich äußerst tiefgreifend auf die Evolution von Sprache und Kultur ausgewirkt. Ihnen verdankt sich ein Gutteil dessen, was wir intuitiv als «Natur des Menschen» bezeichnen.

Eines der wichtigsten und am besten erforschten Beispiele ist die Inzestvermeidung.[6] Inzesttabus sind eine kulturelle Universalie. Alle von den mehreren hundert Gesellschaften, die anthropologisch untersucht wurden, tolerieren und fördern gelegentlich sogar Ehen zwischen Cousins ersten Grades, verbieten sie aber zwischen Geschwistern und Halbgeschwistern. Sehr wenige Gesellschaften haben in historischer Zeit den Bruder-Schwester-Inzest für einige ihrer Mitglieder institutionalisiert. Das ist oder war der Fall bei den Inkas, auf Hawaii, in Thailand, im alten Ägypten, im Munhumutapa-Reich in Simbabwe, in Ankale, Buganda und Bunyoro in Uganda, in der kenianischen Provinz Nyanza, bei den Zande und Schilluk im Südsudan und in Dahomey. Diese Praxis war jeweils in Rituale eingebettet und beschränkte sich auf die Königsfamilie oder andere hochrangige Gruppen. Politische Macht wurde über die männliche Linie vererbt, und die Männer konnten mehrere Frauen haben, so dass sie auch nichtinzestuöse Kinder zeugen konnten.

Ansonsten wird der Inzest zwischen Bruder und Schwester strikt vermieden. Die persönliche Abscheu dagegen wird in den meisten Kulturen über Tabus und Gesetze sozial verstärkt. Das Risiko für Fehlbildungen bei Kindern von inzestuösen Paaren ist gut erforscht. Durchschnittlich besitzt jeder Mensch irgendwo auf seinen 32 Chromosomenpaaren wenigstens zwei Stellen mit rezessiven Genen, die in gewissem Ausmaß defekt und im Extremfall tödlich sind. An jedem dieser Orte kommt das rezessive Gen auf einem Chromosom vor, das Gegenüber auf dem anderen Chromosom ist normal. Enthalten beide Chromosomen das defekte Gen, so entwickelt der Träger die Krankheit – oder zumindest ein erhöhtes Erkrankungsrisiko. Der Defekt kann schon im Mutterleib auftreten und zur spontanen Fehlgeburt führen. Ist dagegen eines der beiden Gene normal, so übertrifft es die Wirkung des defekten Gens, und das Kind entwickelt sich normal. Deswegen bezeichnet man das Gen als «rezessiv»: Es zieht sich gleichsam hinter sein normales, «dominantes» Doppel zurück. Anfällig sind nach heutigem Wissensstand sowohl Protein-codierende Gene als auch die Regulationsbereiche der DNA zwischen den Genen. Zu den genetisch bedingten Krankheiten, die entweder klar rezessiv oder fast rezessiv sind, gehören Makuladegeneration, chronisch-entzündliche Darmerkrankungen (CED), Prostatakrebs, Fettleibigkeit, Diabetes Typ 2 und Herzfehler.[7]

Die zerstörerischen Folgen des Inzests treten generell nicht nur beim Menschen, sondern auch bei Pflanzen und Tieren auf. Fast alle Arten, die für mäßige oder schwere Inzuchtdepression anfällig sind, setzen in irgendeiner Form biologisch programmierte Methoden zur Inzuchtvermeidung ein. Bei Menschenaffen und geschwänzten Affen sowie anderen nichtmenschlichen Primaten ist diese Methode zweischichtig. Erstens neigen bei allen neunzehn sozialen Arten, deren Paarungsmuster untersucht wurden, junge Individuen zu dem, was man beim Menschen als Exogamie bezeichnet. Bevor sie ganz ausgewachsen sind, verlassen sie die Gruppe ihrer Geburt und schließen sich einer anderen an. Bei den Lemuren auf Madagaskar und bei den meisten Alt- und Neuweltaffen emigrieren die Männchen. Beim Roten Stummelaffen, Mantelpavian, Gorilla und beim afrikanischen Schimpansen verlassen die Weibchen die Gruppe. Beim mittel- und südamerikanischen Brüllaffen emigrieren beide Geschlechter. Dabei werden die Jungtiere dieser verschiedenen Primatenarten nicht etwa durch aggressive Erwachsene aus der Gruppe vertrieben – offenbar gehen sie vollständig freiwillig.

Beim Menschen kommt es zu genau demselben Phänomen in Form der Exogamie, bei der junge Erwachsene, in der Regel Frauen, zwischen Stämmen ausgetauscht werden. Dieser exogame Frauentausch hat vielerlei kulturelle Folgen, die von Anthropologen detailliert untersucht wurden.[8] Um den Ursprung der Exogamie als Instinkt mit deutlich genetischer Prägung zu erklären, müssen wir nicht weiter gehen als zu dem universellen Muster, dem auch alle anderen Primatenarten folgen.

Worin ihr evolutionärer Ursprung auch letztlich liegt und wie immer sie den Fortpflanzungserfolg ansonsten beeinflusst – jedenfalls senkt die Emigration junger Primaten vor dem Erreichen der vollständigen Geschlechtsreife die Wahrscheinlichkeit der Inzucht. Gegen die Inzucht stemmt sich aber noch eine zweite Schranke: die Vermeidung sexueller Aktivität zwischen eng verwandten Individuen innerhalb ihrer Herkunftsgruppe. Bei allen sozialen nichtmenschlichen Primatenarten, deren sexuelle Entwicklung genau untersucht wurde – darunter die südamerikanischen Marmosetten und Tamarine, asiatische Makaken, Paviane und Schimpansen –, weisen sowohl Männchen als auch Weibchen den «Westermarck-Effekt» auf: Individuen, mit denen sie in frühester Kindheit in enger häuslicher Gemeinschaft aufgewachsen sind, sind für sie sexuell nicht attraktiv. Mütter und Söhne kopulieren im Grunde nie, und Brüder und Schwestern, die zusammen aufgewachsen sind, paaren sich sehr viel seltener als entfernter verwandte Individuen.

Diese elementare Reaktion entdeckte – nicht etwa an Affen, sondern am Menschen – der finnische Anthropologe Edvard A. Westermarck und veröffentlichte sie erstmals in seinem Hauptwerk *The History of Human Marriage* (1891).[9] Dass dieses Phänomen tatsächlich existiert, wurde seither aus vielen Quellen belegt.[10] Die weitaus überzeugendste davon ist die Studie über taiwanesische «Kinderehen» von Arthur P. Wolf und seinen Mitarbeitern an der Stanford University. Bei einer Kinder- oder Simpua-Ehe, einst im südlichen China weit verbreitet, werden nichtverwandte Mädchen im Kleinkindalter von Familien adoptiert und wachsen dort mit den biologischen Söhnen in einem gewöhnlichen Geschwisterverhältnis auf, um später mit einem Sohn verheiratet zu werden. Motivation für diese Praxis war es offenbar, den Söhnen Partnerinnen zu sichern, wenn ein unausgeglichenes Geschlechterverhältnis sich so mit ökonomischem Wohlstand kombinierte, dass sich unter jungen Männern extreme Konkurrenz auf dem Heiratsmarkt entwickelte.

Über vierzig Jahre hinweg, von 1957 bis 1995, untersuchte Wolf die Geschichten von 14 200 taiwanesischen Frauen, die im späten 19. und frühen 20. Jahrhundert solche Kinderehen erlebt hatten. Zusätzlich zu den Statistiken führte er Interviews mit vielen dieser «kleinen Schwiegertöchter» oder *Sim-pua*, wie sie in Hokkien heißen, und mit ihren Freunden und Verwandten.

Obwohl er das ursprünglich gar nicht vorgehabt hatte, führte Wolf damit ein kontrolliertes Experiment über die psychologischen Ursachen einer wesentlichen menschlichen Sozialverhaltensform durch. Die *Sim-pua* und ihre Männer waren biologisch nicht verwandt, alle erdenklichen Faktoren der engen genetischen Ähnlichkeit schieden somit aus. Aber sie wuchsen in so intimer Gemeinschaft auf wie bei Brüdern und Schwestern in taiwanesischen Familien üblich.

Die Ergebnisse stützen ganz zweifelsfrei die Westermarck-Hypothese. Wurde die künftige Ehefrau früher als im Alter von dreißig Monaten adoptiert, so lehnte sie später die Ehe mit ihrem Quasi-Bruder ab. Häufig mussten die Eltern das Paar zum Vollzug der Ehe zwingen, in Einzelfällen sogar unter Androhung körperlicher Strafe. Die Ehen endeten dreimal so häufig mit der Scheidung wie «Erwachsenenehen» in denselben Gemeinschaften. Es gingen beinahe 40 Prozent weniger Kinder aus ihnen hervor, und ein Drittel der Frauen beging den Berichten zufolge Ehebruch, gegenüber etwa zehn Prozent der Frauen in Erwachsenenehen.

In einer Serie akribischer Kreuzanalysen identifizierten Wolf und seine Mitarbeiter als entscheidenden Hemmfaktor die große Nähe in den ersten dreißig Lebensmonaten eines oder beider Partner. Je länger und enger die Assoziation in dieser kritischen Phase, desto stärker und anhaltender war die Wirkung. Nach den erhobenen Daten lassen sich andere Faktoren, deren Mitwirkung denkbar wäre, reduzieren oder ausschließen, etwa die Erfahrung der Adoption, der finanzielle Status der Gastfamilie, Gesundheit, Alter bei der Heirat, Geschwisterrivalität und die natürliche Aversion gegen Inzest, die sich daraus hätte ergeben können, dass das Paar wie echte, genetische Geschwister behandelt wurde.

Ein gleichermaßen unbeabsichtigtes Experiment wurde in israelischen Kibbuzim durchgeführt, wo Kinder in Kinderhäusern in so enger Gemeinschaft aufwachsen wie Geschwister in normalen Familien. Der Anthropologe Joseph Shepher und seine Mitarbeiter berichteten 1971, dass von 2769 Ehen junger Erwachsener, die in dieser Umwelt aufgewachsen waren, keine zwischen Kibbuzniks geschlossen wurde, die seit Geburt zusammen aufgewachsen waren. Es gab nicht einmal einen einzigen Fall heterosexueller Aktivität, obwohl die Erwachsenen im Kibbuz das gar nicht explizit ablehnten.

Aus diesen Beispielen und vielfältigen weiteren anekdotischen Belegen aus anderen Gesellschaften wird ganz deutlich, dass das menschliche Gehirn so programmiert ist, dass es einer einfachen Grundregel folgt: *Habe kein sexuelles Interesse an denjenigen, die dir schon in deinen frühesten Lebensjahren besonders vertraut waren.*

Kann es sein, dass der Mensch nicht dem Westermarck-Effekt unterliegt, sondern stattdessen ganz einfach seine Intelligenz und sein Gedächtnis nutzt, um zu erkennen, dass Inzest zwischen Geschwistern und zwischen Eltern und Nachkommen zu Erbschäden führt? Die Antwort ist ein klares Nein. Als der Anthropologe William H. Durham die Glaubensvorstellungen von 60 Gesellschaften weltweit nach Bezügen auf irgendeine Form rationalen Verständnisses von den Folgen des Inzests untersuchte, bestand nur bei zwanzig von ihnen überhaupt eine Spur von Bewusstsein dafür. Die Tlingit-Indianer am nordwestlichen Pazifik etwa begriffen ganz klar, dass geschädigte Kinder häufig der Paarung sehr enger Verwandter entstammen. Andere Gesellschaften wussten das nicht nur, sondern entwickelten sogar volkstümliche Theorien zur Erklärung dafür. Die skandinavischen Lappen sprachen von *Mara*, dem Verhängnis, das Partner durch Inzest erschaffen und an ihre Nachkommen weiterreichen. Auf derselben Schiene glaubten die Kapauku auf Neuguinea, beim Vollzug des Inzests werde die Lebenssubstanz beschädigt. Das indonesische Volk der Sulawesi neigte einer eher kosmischen Interpretation zu. Ihnen zufolge wird bei jeder Paarung zwischen Partnern mit bestimmten konfliktuellen Beziehungen, etwa zwischen nahen Verwandten, die Natur auf den Kopf gestellt.[11]

Erstaunlicherweise fanden sich zwar bei 56 von Durhams 60 Gesellschaften Inzestmotive in einem oder mehreren ihrer Mythen, aber nur fünf enthielten Berichte von negativen Folgen. Etwas häufiger wurde solchen Transgressionen ein Nutzen zugeschrieben, insbesondere die Zeugung von Riesen und Helden. Doch selbst da galt Inzest als etwas Besonderes, wenn nicht Anormales.

Der Westermarck-Effekt ist insofern eine epigenetische Regel der Gen-Kultur-Koevolution, als er die ererbte Veranlagung von Individuen darstellt, sich für eine von mehreren (in diesem Fall zwei) Optionen zu entscheiden und sie über die Kultur zu vermitteln. Eine medizinisch-genetische Parallele dazu sind die sogenannten Suszeptibilitätsgene für Krebs, Alkoholismus, chronische Depression und viele andere der über eintausend bekannten Erbkrankheiten. Wer diese Gene besitzt, ist nicht zwangsläufig dazu verurteilt, das Merkmal zu erwerben, in bestimmten Umgebungen besteht für ihn aber ein überdurchschnittliches Risiko dafür. Wer genetisch zum Mesotheliom neigt und in einem Gebäude mit Asbeststaub arbeitet, bildet die Krankheit mit höherer Wahrscheinlichkeit aus als seine Kollegen. Wer genetisch zum Alkoholismus veranlagt ist und im Umfeld von Alkoholikern so-

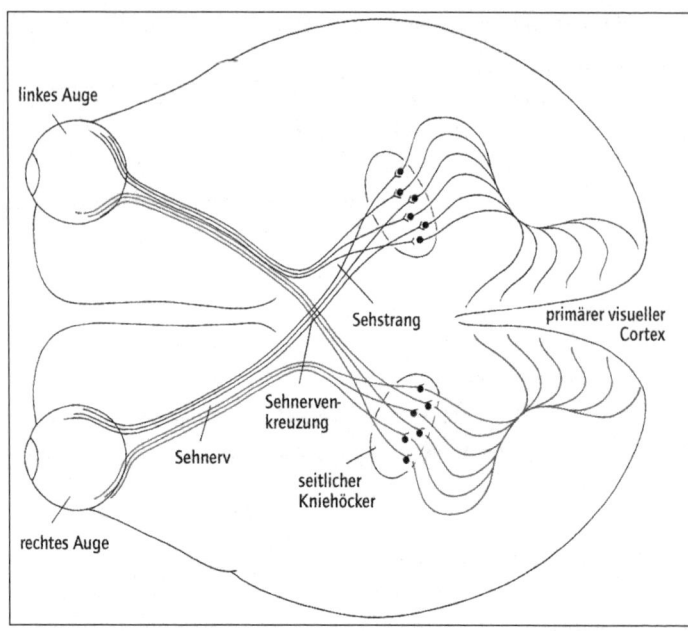

20.2 Wie das Gehirn Farbe erschafft. Lichtfrequenzen werden in der Netzhaut in grobe Kategorien unterteilt, die vom Gehirn als Farben klassifiziert werden sollen. Nervenimpulse gehen von der Netzhaut durch den Sehnerv zu den lateralen Kniehöckern im Zwischenhirn, eine Art großes Durchgangs- und Kontrollzentrum. Von dort aus geht die visuelle Information weiter zu den verarbeitenden Zentren im primären visuellen Cortex und in anderen Gehirnregionen.

zialisiert wird, neigt stärker zur Entwicklung einer Abhängigkeit als seine genetisch weniger veranlagten Freunde. Die epigenetischen Verhaltensregeln, die die Kultur formen und durch natürliche Selektion entstanden sind, wirken genauso, aber in entgegengesetzter Richtung. Sie sind die Norm, und starke Abweichungen davon werden wahrscheinlich entweder durch kulturelle oder durch genetische Evolution oder durch beides abgeschliffen. So gesehen erfüllen sowohl die genetischen Regeln der Gen-Kultur-Koevolution als auch Krankheitsanfälligkeiten

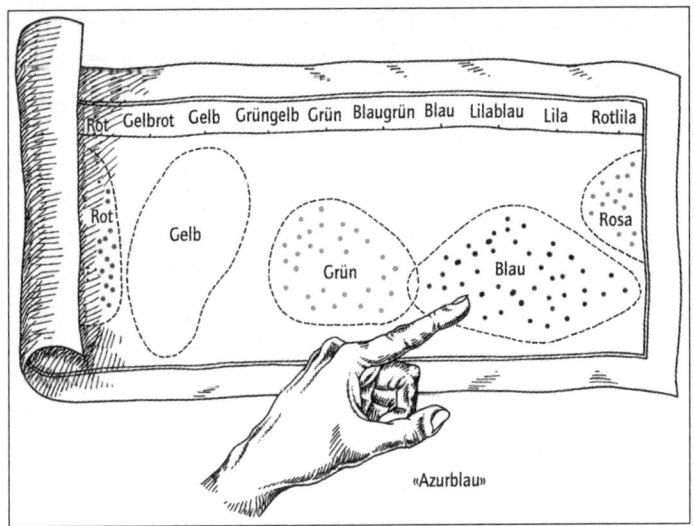

20.3 Das Berlin/Kay-Experiment weist nach, dass die angeborene Wahrnehmung der Primärfarben die Evolution des Farbvokabulars steuert. Muttersprachler konzentrieren ihre Bezeichnungen dort, wo die Farbwahrnehmung bei veränderter Lichtwellenfrequenz am stabilsten ist.

die weite Definition des Wortes «Epigenetik» durch das amerikanische National Institute of Health als «Veränderungen in der Regulation der Genaktivität und -expression, die nicht durch die Gensequenz festgelegt sind», und zwar «sowohl erbliche Veränderungen der Genaktivität und -expression (bei den Nachkommen von Zellen oder Individuen) als auch stabile, langfristige Veränderungen im Transkriptionspotenzial einer Zelle, die nicht zwangsläufig erblich sind».[12]

In eine radikal andere Kategorie gehört ein zweiter Fall der Gen-Kultur-Koevolution, der ebenso gut untersucht wurde: das Vokabular für Farben.[13] Der gesamte Weg von den Genen, die die Farberkennung festlegen, bis zur abschließenden sprachlichen Umsetzung der Farberkennung wurde von Wissenschaftlern nachgezeichnet.

In der Natur gibt es keine Farben – zumindest nicht in der Form, in der wir sie sehen. Sichtbares Licht besteht aus kontinuierlich variierenden Wellenlängen, die an sich keine Farbe enthalten. Erst die lichtempfindlichen Zapfenzellen auf der Netzhaut und die damit verbundenen Nervenzellen im Gehirn bewirken die Farbsicht. Als Erstes wird dabei die Lichtenergie von drei unterschiedlichen Pigmenten in einem Typ Rezeptorenzellen, den Zapfen, absorbiert; je nachdem, welche lichtempfindlichen Pigmente diese enthalten, werden sie als blaue, grüne und rote Zellen klassifiziert. Die molekulare Reaktion, die die Lichtenergie auslöst, wird in elektrische Signale umgewandelt, und diese werden an die retinalen Ganglienzellen übermittelt, die den Sehnerv bilden. Die Informationen über die Wellenlängen werden hier so rekombiniert, dass sich die entstehenden Signale auf zwei Achsen verteilen. Das Gehirn wird später die eine Achse als Grün bis Rot und die andere als Blau bis Gelb interpretieren, wobei Gelb als Mischung aus Grün und Rot definiert ist. Eine bestimmte Ganglienzelle wird also etwa durch einen Input von roten Zapfen erregt und durch einen Input von grünen Zapfen gehemmt. Aus der Stärke des elektrischen Signals, das sie dann übermittelt, kann das Gehirn erschließen, wie viel Rot oder Grün die Netzhaut empfängt. Solche Informationen aus sehr vielen Zapfen und vermittelnden Ganglienzellen werden gesammelt an das Gehirn weitergeleitet, und zwar über die Sehnervenkreuzung an die seitlichen Kniehöcker im Zwischenhirn, wo dicke Bündel von Nervenzellen etwa in der Mitte des Gehirns eine Relaisstation bilden. Von dort gehen die Informationen an die Zellanordnungen des primären visuellen Cortex, der Sehrinde ganz hinten im Gehirn.

Innerhalb von Millisekunden breitet sich die nunmehr farbcodierte visuelle Information in verschiedene Hirnbereiche aus. Wie das Gehirn reagiert, hängt vom Input weiterer Informationen und von den dadurch geweckten Erinnerungen ab. Ergeben etwa sehr viele solche Kombinationen ein bestimmtes Muster, so bewirkt dies, dass die Person Wörter denkt, die dieses Muster benennen, etwa: «Das ist die amerikanische Flagge; ihre Farben sind Rot, Weiß und Blau.» Wer die menschliche Natur für etwas ganz Selbstverständliches hält, führe sich den Vergleich mit der Tierwelt vor Augen: Ein vorbeifliegendes Insekt würde ganz andere Wellenlängen empfangen und sie in andere Farben aufbrechen – oder je nach Spezies auch nicht –, und wenn es irgendwie sprechen könnte, würden sich seine Worte nur schwer in unsere übersetzen lassen. Seine Flagge sähe sehr anders aus als unsere, weil sie der Natur des Insekts (und nicht der des Menschen) folgt. «Das ist die Ameisenflagge; ihre Farben sind ultraviolett und grün» (Ameisen können im Gegensatz zu uns Ultraviolett sehen, dafür aber kein Rot).

Der chemische Aufbau der drei Zapfenpigmente – also der Aminosäuren, aus denen sie bestehen, und der Form, in die sich deren Ketten auffalten – ist bekannt; ebenso die DNA-Struktur in den Genen auf dem X-Chromosom, die dafür codieren, sowie die Struktur der Genmutationen, die Farbenblindheit verursachen.

Über vererbte und relativ gut verstandene molekulare Prozesse zerlegen also das sensorische System des Menschen und das Gehirn die kontinuierlich variierenden Wellenlängen des sichtbaren Lichts in ein Feld mehr oder weniger abgegrenzter Einheiten, das wir als Farbspektrum bezeichnen. Nach streng biologischen Begriffen ist diese Anordnung völlig willkürlich, denn sie ist nur eine von vielen, die sich in den letzten Jahrmillionen hätten entwickeln können. In kulturellen Begriffen dagegen ist sie keineswegs willkürlich, denn nachdem sie genetisch evolviert wurde, lässt sie sich weder durch Lernen noch per Erlass verändern. Alle menschlichen Kulturmerkmale, die mit Farbe zu tun haben, leiten sich von diesem einheitlichen Prozess ab. Als biologisches Phänomen korreliert die Farbwahrnehmung mit der Wahrnehmung der Lichtintensität, neben der Frequenz die zweite Grundeigenschaft des sichtbaren Lichts. Variieren wir graduell die Lichtintensität, etwa indem wir einen Lichtschalter langsam auf- oder abdimmen, so nehmen wir die

Veränderung als den kontinuierlichen Prozess wahr, der er tatsächlich ist. Verwenden wir aber monochromatisches Licht, also immer nur Licht einer einzigen Wellenlänge, und verändern graduell die Wellenlänge, so nehmen wir diese Kontinuität so nicht wahr. Gehen wir über die gesamte Skala von den Kurz- zu den Langwellen, dann sehen wir zuerst einen breiten Streifen Blau (oder zumindest wird er mehr oder weniger als Blau wahrgenommen), dann Grün, dann Gelb und schließlich Rot. Dazu kommen noch Weiß, das in der Kombination der Farben entsteht, und Schwarz, wenn gar kein Licht vorhanden ist.

Das Aufkommen von sprachlichen Farbbezeichnungen unterlag weltweit denselben biologischen Zwängen. In einem berühmten Experiment untersuchten in den 1960er Jahren Brent Berlin und Paul Kay die Farbbegriffe bei den Sprechern von 20 Sprachen, darunter Arabisch, Bulgarisch, Kantonesisch, Katalanisch, Hebräisch, Ibibio, Tzeltal und Urdu.[14] Die Testpersonen sollten ihr Farbvokabular dabei direkt und präzise beschreiben. Sie bekamen eine Munsell-Farbtafel vorgelegt, eine Verteilung von Plättchen, von links nach rechts durch die Varianten des Farbspektrums und von unten nach oben nach Helligkeit sortiert. Nun sollten sie für die wichtigsten Farbbegriffe ihrer Muttersprache jeweils ein Kärtchen auf dasjenige Farbplättchen legen, das der Bedeutung des Wortes am nächsten kam. Obwohl die Begriffe von einer Sprache zur anderen in Wortstamm und Lautbild erheblich variierten, häuften sich die Kärtchen der verschiedenen Sprecher im Farbspektrum bei den Plättchen, die zumindest ungefähr den Grundfarben Blau, Grün, Gelb und Rot entsprachen.

Wie stark diese Wahrnehmung das Lernen beeinflusst, zeigte sich sehr deutlich an einem Experiment zur Farbwahrnehmung, das Eleanor Rosch Ende der 1960er Jahre vornahm.[15] Auf ihrer Suche nach «natürlichen Kategorien» der Kognition nutzte sie die Tatsache, dass das Volk der Dani auf Neuguinea keine Wörter kennt, um Farben zu benennen; sie verwenden nur die Wörter *mili* (etwa für «dunkel») und *mola* («hell»). Rosch stellte folgende Frage: Fällt es erwachsenen Dani leichter, ein Farbvokabular zu erlernen, wenn die Farbbezeichnungen dem angeborenen Farbempfinden entsprechen? Anders gefragt, würde eine kulturelle Innovation in gewissem Ausmaß von den genetischen Bedingungen kanalisiert? Rosch teilte 68 freiwillige männliche Probanden der Dani in zwei Gruppen ein. Sie brachte einer Gruppe eine Reihe frei erfundener Farbbezeichnungen bei und benannte damit die wichtigsten Farbtöne im Spektrum (Blau, Grün, Gelb, Rot), für die die anderen Kulturen am häufigsten natürliche Vokabeln kennen. Der zweiten Gruppe brachte sie eine Reihe erfundener Bezeichnungen bei, die dezentral lagen, also von den Stellen abwichen, an denen sich Bezeichnungen in anderen Sprachen häufen. Die erste Versuchsgruppe, die der «natürlichen» Neigung der Farbwahrnehmung folgte, lernte etwa doppelt so schnell wie die Gruppe, die die weniger natürlichen Farbbezeichnungen übernehmen sollte. Außerdem entschieden sie sich eher für diese Bezeichnungen, wenn sie die Wahl hatten.

Es blieb die Frage übrig, die beantwortet werden muss, wenn wir den Übergang von den Genen zur Kultur vollständig erfassen wollen. Dass die Farbsicht genetisch bedingt ist und dass sie sich auf das Farbvokabular erheblich auswirkt, war bewiesen – aber wie stark streuen sich die Merkmale in den verschiedenen Kulturen? Zumindest teilweise können wir die Frage beantworten. Im Westermarck-Effekt und der sich daraus ergebenden Inzestvermeidung stimmen alle Gesellschaften fast vollständig überein. Farbbezeichnungen dagegen unterscheiden sich erheblich voneinander. Einige Gesellschaften kümmern sich kaum um Farbe und begnügen sich mit einer rudimentären Klassifizierung. Andere unterscheiden innerhalb der Grundfarben sehr fein nach Farbton und -intensität. Sie haben ihr Vokabular klar untergliedert.

War diese Untergliederung von Farbbezeichnungen zufällig? Ganz offenbar nicht. Bei späteren Untersuchungen beobachteten Berlin und Kay, dass jede Gesellschaft zwei bis elf Bezeichnungen für Grundfarben kennt, die Schwerpunkte in den vier grundlegenden Farbblöcken aus der Munsell-Tafel bilden. Vollständig sind das, mit deutschen Bezeichnungen: schwarz, weiß, rot, gelb, grün, blau, braun, lila, rosa, orange und grau. Jede dieser Bezeichnungen lässt sich in allen Kulturen mit einer der elf Farbbezeichnungen oder mit einer Kombination davon gleichsetzen. Sagen wir zum Beispiel «rosa», dann gibt es in einer anderen Sprache eine gleichbedeutende Bezeichnung oder zum Beispiel eine Bezeichnung, die für uns «rosa» und/oder «orange» bedeutet. Die Sprache der Dani zum Beispiel kennt wie gesagt nur zwei der Bezeichnungen, das Englische und das Deutsche alle elf. Geht man von Gesellschaften mit einfachen zu solchen mit komplizierten Klassifikationen, so wächst die Palette der Grundbegriffe für Farben regelmäßig nach folgender Hierarchie an:

Sprachen mit nur zwei Grundbegriffen für Farben verwenden diese zur Unterscheidung von Schwarz und Weiß.
Sprachen mit nur drei Grundbegriffen haben Wörter für Schwarz, Weiß und Rot.
Sprachen mit nur vier Grundbegriffen haben Wörter für Schwarz, Weiß, Rot und entweder Grün oder Gelb.
Sprachen mit nur fünf Grundbegriffen haben Wörter für Schwarz, Weiß, Rot, Grün und Gelb.
Sprachen mit nur sechs Grundbegriffen haben Wörter für Schwarz, Weiß, Rot, Grün, Gelb und Blau.
Sprachen mit nur sieben Grundbegriffen haben Wörter für Schwarz, Weiß, Rot, Grün, Gelb, Blau und Braun.
Die übrigen vier Grundfarben (Lila, Rosa, Orange und Grau) treten ohne eine solche feste Abfolge zu den ersten sieben hinzu.

Würden Grundbegriffe für Farben in jeder Sprache zufällig gewählt, was eindeutig nicht der Fall ist, so würden sich die menschlichen Farbvokabulare beliebig aus den 2036 mathematisch möglichen Kombinationen zusammensetzen. Die Berlin-Kay-Progression beweist, dass sie zum überwiegenden Teil nur aus 22 Kombinationen bestehen.

Neuere Arbeiten haben bestätigt, dass die elf Grundwörter

für Farben wirklich existieren, und zwar so, dass die Wörter einer Sprache sich mit denen aus anderen Sprachen gleichsetzen lassen – sei es eins zu eins, viele zu eins oder eins zu viele. Wo genau die Begriffe sich innerhalb jeder der Hauptfarben situieren, ist je nach Sprache verschieden. Die Platzierung hängt ganz offenbar davon ab, wie wichtig die Farbe an der Stelle des Schwerpunktbereichs ist, an der sie liegt. Weiterhin ist entscheidend, wie klar die Lage die Grundfarbe von der benachbarten Farbe unterscheidet.

Eine Grundfrage zur Gen-Kultur-Koevolution im Spannungsfeld zwischen Farbkategorien und Sprache lautet, inwieweit sich beide gegenseitig beeinflussen. Nach der viel beachteten Hypothese, die Benjamin Lee Whorf Ende der 1930er Jahre vertrat, dient Sprache nicht nur dazu, unsere Wahrnehmungen vom Rest der Welt mitzuteilen, sondern sie beeinflusst auch, was wir überhaupt wahrnehmen. Für das Gebiet der Farbbezeichnungen kommt man in der Forschung heute zu der gemäßigten Ansicht, dass das Gehirn echte Farben in gewisser Hinsicht durchaus filtert und verzerrt, ihre Kategorien aber nicht allein festlegt.[16]

Direkte Belege für das Verhältnis von Farbe und Sprache ergaben kürzlich Kernspin-Untersuchungen von Gehirnaktivitäten.[17] Die Wahrnehmung von Farbkategorien korreliert stärker mit dem rechten Gesichtsfeld des Gehirns. Wurden Probanden mehrere Sequenzen von Farbkategorien gezeigt, so war – wie zu erwarten – das Muster ihrer Gehirnaktivität im rechten Gesichtsfeld für Farben in unterschiedlichen Farbkategorien stärker als für Farben in derselben Farbkategorie. Unterschiedliche Farbkategorien lösten aber auch eine stärkere Aktivierung in der Sprachregion der linken Gehirnhälfte aus. Diese Daten legen nahe, dass die Sprachregion in gewissem Ausmaß eine Top-down-Kontrolle über die Aktivität auf der Sehrinde ausübt.

Die Evolutionsbiologie dagegen lotet inzwischen die Frage aus, warum menschliche Kulturen generell eine bestimmte Abfolge von Farbkategorien auswählen, wenn sie neue Bezeichnungen in ihr Vokabular aufnehmen. Eine vielversprechende Lösung könnte die Dominanz der Farbe Rot sein, die deshalb in der evolutionären Sequenz sehr früh auftaucht. Nach André A. Fernandez und Molly R. Morris lautet eine ähnliche Erklärung, dass Rot und Orange Farben sind, die für Früchte typisch sind.[18] Frühe, auf Bäumen lebende Primaten hätten einen Vorteil davon, sich in einer sonst überwiegend grünen und braunen Umwelt auf diese Farbe zuzubewegen. Und als einige Arten sozial wurden, so die Hypothese weiter, wählten sie diese Farben, um ihre sexuelle Bereitschaft zu bekunden. Nach der allgemeinen Theorie der Instinktevolution wurden rote und rötliche Farbtöne bei sehr frühen Altweltaffen «ritualisiert», um sich zur visuellen Kommunikation nutzen zu lassen.

21.
DIE EVOLUTION DER KULTUR

Im kongolesischen Goualougo Triangle Forest bricht ein Schimpanse einen Zweig von einem jungen Baum, streift die Blätter ab und steckt ihn in einen nahe gelegenen Termitenhügel. Im Bau fliehen die weichen weißen Arbeiterinnen vor dem Zweig, während Soldatentermiten sich darauf stürzen und sich mit ihren nadelspitzen Mundwerkzeugen daran festbeißen. Genau das weiß der Schimpanse. Er wartet kurz ab, bis genügend Verteidiger zusammengekommen sind, dann zieht er den Stock heraus, streicht die Soldatinnen herunter und frisst sie. Diese Verhaltensweise findet sich nicht überall. Sie gehört lediglich in manchen Populationen zu einer lokalen Schimpansenkultur, die erlernt wird, indem ein Individuum ein anderes beobachtet und nachahmt.

Im Land der Yanomamo zwischen Rio Negro und Rio Branco im Grenzgebiet von Brasilien und Venezuela verlässt eine kleine Gruppe Dorfbewohner eine Mehrfamilienhütte und geht zu einem drei Kilometer entfernten Fluss. Sie geben das Gift Timbó ins Wasser, warten und sammeln die Fische ein, die an die Oberfläche treiben. Der Fang wird nach Hause getragen und mit den anderen Dorfbewohnern geteilt. Praktiziert wird dieser Fischfang im Sommer. Ansonsten kommen Frauen allein an den Fluss. Sie fangen die Fische mit der Hand und beißen ihnen ins Genick, um sie zu töten. Vor der Küste von Alaska – und in einem ganz anderen Maßstab – werfen professionelle Tiefseefischer lange Taue mit Reihen von Krallen auf den bis über 1000 m tiefen Meeresboden des Pazifiks. Damit werden Kohlenfische heraufgeholt (oder Gindara beim Sushi). Der Fang wird gereinigt und tiefgekühlt, zu Großmärkten an der Küste verbracht und weltweit an hochklassige Restaurants und Privathaushalte ausgeliefert.

Die Praxis der Fischerei ist eine bestimmte Form der Kultur, die sich wahrscheinlich über Millionen von Jahren herausgebildet hat, anfangs extrem langsam, dann schneller, immer schneller und schließlich explosionsartig schnell. Der Weg eines Kohlenfischs auf den Esstisch ist nur eine der unzähligen kulturellen Kategorien, die seit dem Anbruch der Jungsteinzeit dem Geist des Menschen entsprungen sind, sich verzweigt und Querverbindungen gebildet haben und schließlich gemeinsam die Substanz der modernen globalen Zivilisation bildeten. Erfunden haben die Kultur nicht wir, sondern die gemeinsamen Vorfahren von Schimpansen und Vormenschen. Wir haben ausgebaut, was unsere Vorgänger entwickelt hatten, und wurden so zu dem, was wir heute sind.

Nach einer bei Anthropologen und Biologen verbreiteten Definition ist Kultur die Kombination von Merkmalen, die eine Gruppe von einer anderen unterscheidet. Ein Kulturmerkmal ist ein Verhalten, das entweder in einer Gruppe neu erfunden oder von einer anderen Gruppe erlernt und dann zwischen den Gruppenmitgliedern weitervermittelt wird. Die meisten Forscher sind sich auch einig, dass der Begriff der Kultur auf Tier und Mensch gleichermaßen angewandt werden sollte, um damit die Kontinuität zwischen beiden zu unterstreichen, ungeachtet der ungleich größeren Komplexität im menschlichen Verhalten.[19]

Die fortgeschrittensten bekannten Kulturen bei Tieren sind die von Schimpansen und ihren nahen Verwandten, den Bonobos. Komparative Untersuchungen von Schimpansenpopulationen in Afrika ergaben eine erstaunliche Zahl von Kulturmerkmalen und große Unterschiede in der Kombination solcher Merkmale von einer Population zur nächsten.

Welche Rolle bei der Ausbreitung von Kulturmerkmalen die Nachahmung eines Gruppenmitglieds durch ein anderes spielt, zeigten Experimente mit zwei Schimpansenkolonien. Dabei wählten Forscher ein ranghohes Weibchen aus jeder Gruppe aus und wiesen sie persönlich darin ein, aus einem eigens entwickelten Behälter Futter zu bekommen. Mit dem Futter als Belohnung erwiesen sich die Schimpansen als schnelle Lerner. Eines der beiden Weibchen erlernte eine «Stocher»-Technik, das andere eine «Hebe»-Technik. Zurück in der eigenen Gruppe, praktizierten beide die erlernte Technik weiter. Bald schon begann eine große Mehrheit ihrer Gruppengefährten dieselbe Methode zu nutzen, um den Behälter zu öffnen. Vielleicht imitierten sie dabei direkt die «Lehrerin», aber es ist auch denkbar, dass die «Schüler» lernten, indem sie die Mechanik des Futterautomaten untersuchten. Würde sich Letzteres bestätigen, so könnten weitere Untersuchungen ergeben, dass sich das soziale Lernen beim Schimpansen stark von dem des Menschen unterscheidet.[20]

Auch bei Orang-Utans und bei Delfinen wurde das Vorhandensein einer authentischen Kultur überzeugend dokumentiert. Ein eindrucksvolles Beispiel für Innovation und kulturelle Transmission bei Delfinen sind die Großen Tümmler in der australischen Shark Bay, die zum Fischen Schwämme verwenden.[21] Eine kleine Minderheit ihrer Weibchen stülpt sich dabei ein Stück Schwamm über die Schnauze und durchkämmt damit die engen Verstecke von Fischen zwischen den Sandbänken der Bucht. Dass Delfine Kultur besitzen, sollte nicht besonders überraschen. Sie gehören zu den intelligentesten Tieren überhaupt und rangieren dabei direkt hinter den Affen. Da Delfine in ihren sozialen Interaktionen zudem hochimitativ sind, scheint es sehr wahrscheinlich, dass die Innovatoren aus der Shark Bay tatsächlich kulturelle Transmission praktizieren. Warum aber sind dann Delfine und andere Wale mit großen Gehirnen, deren Evolution Millionen von Jahren zurückreicht, in der sozialen Evolution nicht weiter fortgeschritten? Drei Gründe zeichnen sich ab: Anders als Primaten haben sie keine Nester oder Lagerstätten. Ihre vorderen Gliedmaßen sind Flossen. Und in ihrem

Wasserreich ist ihnen der Einsatz kontrollierten Feuers für immer versagt.

Um eine Kultur zu entwickeln, ist ein Langzeitgedächtnis unabdingbar, und in dieser Fähigkeit ist der Mensch allen anderen Tieren weit überlegen. Die Unmengen von Erinnerungen in unserem übergroßen Vorderhirn machen uns zu vollendeten Geschichtenerzählern. Wir speichern Träume und gesammelte Erfahrungen eines ganzen Lebens und nutzen sie, um Szenarien für Vergangenheit und Zukunft zu entwerfen. Wir leben in unserem Bewusstsein mit den Folgen unseres Handelns, ob sie real sind oder nur vorgestellt. Indem wir unsere inneren Geschichten in alternative Versionen auslagern, können wir Wünsche, die wir eigentlich sofort befriedigen möchten, zugunsten von aufgeschobenem Vergnügen zurückstellen. Durch langfristiges Planen beschwichtigen wir zumindest zeitweilig das Drängen unserer Emotionen. Dieses Innenleben ist der Grund dafür, dass jeder Mensch einzigartig und wertvoll ist. Bei seinem Tod erlischt eine ganze Bibliothek von Erfahrungen und Vorstellungen.

Wie viel aber löscht der Tod wirklich aus? Ich glaube, ich kann das ganz gut ermessen. Gelegentlich schließe ich die Augen und kehre in Gedanken zurück nach Mobile und an die nahe Golfküste im Alabama der 1940er Jahre. Wenn ich erst da bin, fahre ich wieder als kleiner Junge auf meinem Schwinn-Fahrrad mit Ballonreifen und ohne Gangschaltung von einem Ende des Landkreises zum anderen. Und rasch kommen mir Einzelheiten in den Sinn. Ich erinnere mich lebhaft an meine ausgedehnte Familie, jeder mit seiner persönlichen Clique, jeder mit Erinnerungen, die er oder sie zum Teil mit anderen teilt. Nach ihrem eigenen Empfinden lebten sie im Zentrum der Welt und im Zentrum der Zeit. Sie lebten, als würde das Mobile von damals sich nie großartig verändern. Auf alles kam es an, auf jedes Detail, zumindest eine Zeitlang. Irgendwie war in der einen oder anderen Form alles, woran sie sich kollektiv erinnerten, für irgendjemanden von Belang. Heute sind diese Menschen alle weg. Fast alles, was ihr umfangreiches kollektives Gedächtnis enthielt, ist vergessen. Ich weiß, dass bei meinem Tod meine Erinnerungen und mit ihnen diese frühere Welt und das umfassende Wissen, das sie enthielt, auch weg sein werden. Aber ich weiß auch, dass all diese Netzwerke und diese ganze Bibliothek der Erinnerungen, selbst wenn sie vergehen, doch für einen Teil der Menschheit lebensnotwendig waren. Um ihretwillen habe ich gelebt und gearbeitet.

Auch Tiere haben ein Langzeitgedächtnis, das ihnen zum Überleben sehr nützlich ist. Tauben können sich bis zu 1200 Bilder merken. Der Kiefernhäher, ein Vogel, der wie Eichhörnchen Samenvorräte anlegt, erinnerte sich in Laborstudien an bis zu 25 Verstecke in einem Raum mit 69 Verstecken, und das über ganze 285 Tage. Noch übertroffen werden diese beiden Vogelarten, wie nicht anders zu erwarten, von Pavianen. In Tests zeigte sich, dass diese sichtlich intelligenten Primaten mindestens 5000 Einheiten memorisieren können und diese mindestens drei Jahre lang behalten.[22] Das Langzeitgedächtnis des Menschen ist wiederum sehr viel größer als das jedes sonst bekannten Tieres. Meines Wissens wurde bisher keine Methode entwickelt, um seine Kapazität beim Individuum auch nur in gröbster Näherung zu messen.

Die großartige Gabe des bewussten menschlichen Gehirns ist die Fähigkeit – und damit der unwiderstehliche, angeborene Trieb – zum Entwerfen von Szenarien. Für jede Geschichte wiederum nutzt das Bewusstsein nur einen winzigen Bruchteil des Langzeitgedächtnisses. Wie das genau vor sich geht, bleibt umstritten. Für die einen Neurowissenschaftler werden Fragmente des Langzeitgedächtnisses aus dem Langzeitspeicher umgeformt und gerinnen im Arbeitsgedächtnis zu Szenarien. Nach Ansicht einer zweiten Schule, die mit denselben Messwerten arbeitet, beruht der Prozess lediglich auf dem Wiederabrufen von Langzeiterinnerungen – ohne Transfer von einem Gehirnsektor in einen anderen.

Klar ist jedenfalls, dass innerhalb von relativ kurzen drei Millionen Jahren der Evolution die Gattung *Homo* etwas hervorbrachte, was keine andere Tierart je auch nur im Ansatz schaffte: einen Gedächtnisspeicher in einer überdimensionierten Hirnrinde aus über zehn Milliarden Neuronen, wobei jedes Neuron im Schnitt über 10 000 Verzweigungen mit anderen Nervenzellen verbunden ist. Diese Verdrahtungen, die Grundeinheiten des Hirngewebes, bilden komplizierte Wege aus Nervenbahnen und integrierenden Schaltstellen. Netzwerke aus Nervenbahnen und Schaltstellen, die sogenannten Module, organisieren sämtliche Instinkte und Erinnerungen des menschlichen Gehirns.[23]

Zunächst stellte die unglaubliche Komplexität der Gehirnarchitektur eine große Schwierigkeit dar, um die theoretischen Modelle der Genetik auf die Evolutionstheorie anzuwenden. Das menschliche Genom umfasst lediglich 20 000 Protein-codierende Gene. Von ihnen steuert nur ein Bruchteil unser Sinnes- und Nervensystem. Es ergibt sich also folgendes Problem: Wie kann eine derart komplizierte Zellarchitektur von so wenigen Genen überhaupt programmiert werden?

Das Dilemma der Genknappheit wurde durch ein Konzept aus der Entwicklungsgenetik gelöst.[24] Zahlreiche Module, so die Forschungsergebnisse, lassen sich über Anweisungen aufbauen, die zunächst nach einem einheitlichen Programm repliziert werden; danach greifen getrennte Programme (und getrennte Gene), unter deren Steuerung jedes Modulgewebe sich je nach Lage im Gehirn spezialisiert. Eine weitere Spezialisierung kann dann der Input erwirken, der aus der außergehirnlichen Umwelt eingeht. Um einen einfachen Vergleich zu nennen: Ein Tausendfüßer braucht nicht Tausende von Genen, um die biologische Entwicklung seiner sprichwörtlich tausend Beinpaare zu steuern. Dafür genügen schon ein paar wenige. Wir wissen noch längst nicht alles über die genetische Steuerung der Hirnentwicklung, aber zumindest theoretisch ist erwiesen, dass die menschlichen Gene dazu in der Lage sind.

Da das Rätsel um die genetische Codierung für die Entwicklung des menschlichen Gehirns grundsätzlich geklärt ist, können wir uns dem Aufkommen von Geist und Sprache zuwenden. Längst glauben Naturwissenschaftler nicht mehr an die Vorstellung vom Gehirn als leerem Blatt, auf dem die gesamte Kultur erst durch Lernen niedergeschrieben würde. Nach dieser archaischen Ansicht wäre die gesamte Leistung der Evolution lediglich eine außergewöhnliche Lernfähigkeit auf Grundlage der extrem ausgebildeten Kapazität des Langzeitgedächtnisses. Heute herrscht eine andere Ansicht vor: Das Gehirn verfügt über einen komplexen ererbten Aufbau. Auf diesem Fundament konnte als Produkt dieser Architektur das Bewusstsein entstehen, und zwar durch Gen-Kultur-Koevolution, ein kompliziertes Zusammenspiel genetischer und kultureller Evolution.

Gemeinsam mit Genetikern und Neurowissenschaftlern bemühen sich heute Archäologen darum, den evolutionären Ursprung von Sprache und Geist zu verstehen. Um die Schritte und zeitlichen Abläufe dieser schwer greifbaren Ereignisse nachzuzeichnen, begründeten sie eine neue Fachrichtung, die «kognitive Archäologie». Auf den ersten Blick mag eine derart hybride Disziplin wenig Erfolg versprechen. Schließlich sind außer ausgegrabenen Gebeinen die einzigen Fundstücke der ersten Menschen die Asche von Lagerfeuern, Bruchstücke von Werkzeugen, weggeworfene Überreste von Mahlzeiten und sonstiger Abfall. Trotzdem konnten die Forscher dank der neuen Analyse- und Versuchsmethoden immerhin so viel feststellen: Abstraktes Denken und syntaktischer Sprachgebrauch entstanden vor mindestens 70 000 Jahren. Entscheidend für diese Schlussfolgerung sind bestimmte Artefakte und die Deduktion der mentalen Prozesse, die zur Herstellung dieser Artefakte nötig sind. Besonderen Wert hat in dieser Argumentation die Befestigung von Steinspitzen an Speeren. Aufgekommen war dieses Praxis bereits vor 200 000 Jahren sowohl bei den europäischen Neandertalern als auch beim frühen afrikanischen *Homo sapiens*. Schon für sich genommen war dies eine bedeutende technologische Erfindung; über logisches Denken und Kommunikation sagt sie uns freilich wenig.

21.1 Dass die Kultur der Neandertaler im Lauf der Artgeschichte keine wesentlichen Fortschritte machte, liegt wahrscheinlich daran, dass die verschiedenen Gebiete der Intelligenz nicht vernetzt werden konnten, um neue abstrakte Muster zu schaffen und komplexe Szenarien zu erfinden.

Vor 70 000 Jahren aber machte der *Homo sapiens* einen bedeutenden Fortschritt, der nach neuesten Analysen Licht in die kognitive Evolution bringt. Die Befestigung, so die Ergebnisse der Studie, war sehr viel raffinierter geworden. Für die Herstellung der Speere wurden mehrere Arbeitsschritte durchlaufen, vom Erhitzen und Schärfen des abgeschlagenen Steins bis zur Verwendung von Akaziengummi, Bienenwachs und anderen Artefakten, um die Spitze zu befestigen. Was uns das über die Kognition sagen kann, fasste Thomas Wynn schön zusammen:

«*Um die Eigenschaften ihres Arbeitsmaterials zu begreifen (zum Beispiel die Kohäsionskraft), mussten die Handwerker in der Lage sein, die Auswirkungen der Temperatur einzuschätzen, in ihrer Aufmerksamkeit zwischen einzelnen, schnell veränderbaren Variablen hin und her zu schalten und außerdem so flexibel sein, dass sie sich der Variabilität natürlicher Materialien anpassen konnten.*»[25]

Und die Sprache? Ein Bewusstsein, das Abstraktionen vornehmen und sie zu einem komplexen Szenario zusammenbauen

21.2 Möglicher Ablauf im Fortschritt der spätaltsteinzeitlichen Intelligenz und Kultur des *Homo sapiens*. Der bemerkenswerte Fortschritt der spätaltsteinzeitlichen Kultur des Menschen verdankte sich eindeutig der Fähigkeit, gespeicherte Erinnerungen in verschiedenen Hirnregionen zu verknüpfen und daraus neue Formen der Abstraktion und der Metapher zu bilden.

kann, kann wohl auch eine syntaktische Sprache mit der Abfolge von Subjekt, Verb und Objekt generieren.

Auf der Suche nach den Ursprüngen einer Art wird üblicherweise die komparative Biologie bemüht, um zu erfahren, wie andere, eng verwandte Arten lebten und sich entwickelt haben könnten. Die Wissenschaftler, die das Entstehen des menschlichen Geistes erforschen, untersuchten daher auch sehr genau die Neandertaler *(Homo neanderthalensis)*, über die wir inzwischen eine ganze Menge wissen. Die Schwesterart der modernen Menschheit lebte in Europa, als der *Homo sapiens* in Afrika gerade seine fortgeschrittenen kognitiven Fähigkeiten entwickelte. Über 200 000 Jahre blieben die Neandertaler dort. Der letzte Vertreter dieser Art, von dem wir Funde besitzen, starb vor etwa 30 000 Jahren in Südspanien. Es ist nahezu sicher, dass

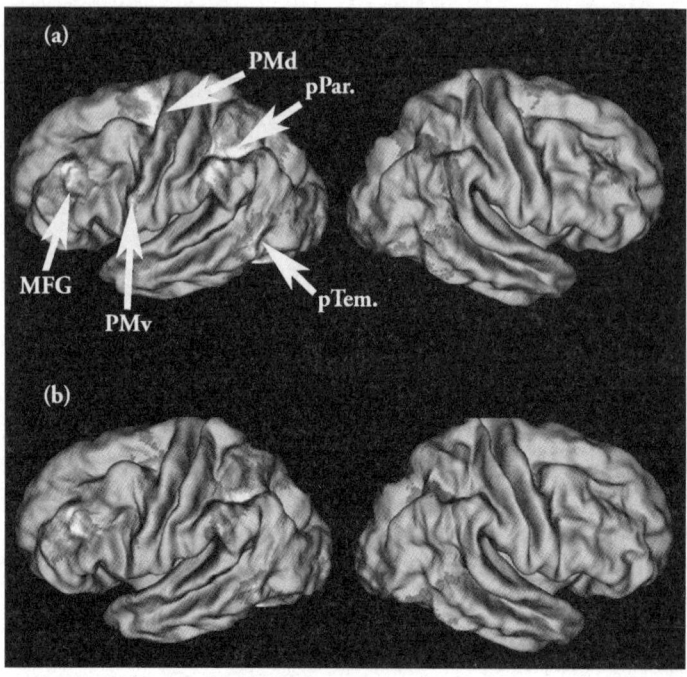

21.3 Die komplexen Wechselwirkungen verschiedener Funktionen im Gehirn des modernen Menschen lassen sich durch die Aktivität in verschiedenen Gehirnregionen illustrieren, wenn ein Erwachsener a) über Werkzeuggebrauch nachdenkt und b) dasselbe Werkzeug pantomimisch darstellt. Die Aktivitätskarten wurden über funktionale Magnetresonanztomographie (fMRT) erstellt.

die Art durch den *Homo sapiens* ausgelöscht wurde, als diese anpassungsfähigere Art sich in Europa nach und nach Richtung Norden und Westen ausbreitete.

Zunächst war es ein fairer Wettkampf. Die Neandertaler starteten Schulter an Schulter mit dem Gegner *Homo sapiens*, als der noch in Afrika lebte. Ihre Steinwerkzeuge waren anfangs genauso ausgefeilt wie die des *Homo sapiens*. Ihre Messer hatten gerade, scharfe Kanten und dienten wahrscheinlich zum Schaben. Andere hatten gezähnte Klingen – wahrschein-

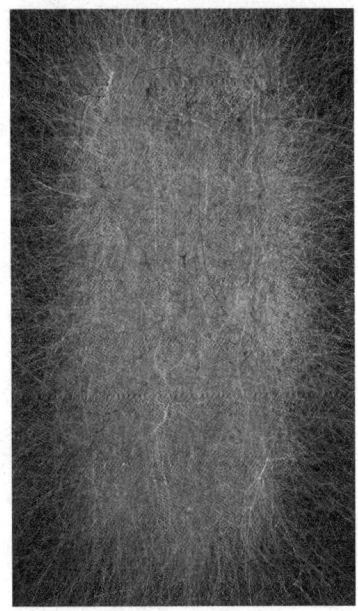

21.4 Die schier grenzenlose Komplexität des menschlichen Gehirns wird vorstellbar bei diesem Modell der 100 000 Neurone in einem Schnitt (0,5 mm × 2 mm) eines zwei Wochen alten Nagetier-Gehirns. Solche Einheiten wiederholen sich im menschlichen Gehirn mehrere Millionen Mal.

lich Sägen. Sehr spitze Abschläge waren einfach an Stöcken befestigt und dienten als Speere. Die Werkzeugpalette der Neandertaler scheint wie gemacht für das Leben der Art als Großwildjäger. Mit Sicherheit waren die Neandertaler viel unterwegs, wie es bei Fleischfressern zu erwarten ist. Sie kochten Fleisch, räucherten es vielleicht, trugen Kleidung und wärmten sich in bitterkalten Wintern in ihren dürftigen Lagern mit Hilfe des Feuers. Seit der kürzlich erfolgten Sequenzierung ihres Genoms, für sich schon eine außerordentliche wissenschaftliche Leistung, wissen wir, dass sie das FOXP2-Gen besaßen, das mit der Sprachfähigkeit assoziiert wird, und das in einer bestimmten Codierungssequenz, die sie nur mit dem *Homo sapiens* teilten. Es kann also gut sein, dass sie eine Sprache hatten. Bei erwachsenen Neandertalern war das Gehirn durchschnittlich etwas größer als beim *Homo sapiens*. Zudem wuchs das Gehirn ihrer Babys und Kinder schneller als beim *Homo sapiens*.[26]

Die Neandertaler faszinieren in jeder Hinsicht als weitere menschliche Art parallel zum *Homo sapiens* – ein Experiment der Evolution, mit dem wir unsere eigene Evolution vergleichen können. Das Interessanteste an ihnen ist aber vielleicht nicht, was sie waren, sondern was sie nicht geworden sind. In ihrer Technologie und Kultur gab es in den 200 000 Jahren ihrer Existenz im Grunde keinen Fortschritt. Keine Tüftelei bei der Werkzeugherstellung, keine Kunst, keinen persönlichen Schmuck – zumindest findet sich nichts davon in den bisher bekannten archäologischen Funden.[27]

Tabelle 21.1 Die Kulturen verschiedener wild lebender Schimpansengruppen in Afrika definieren sich über die Kombination ihres sozial erlernten Verhaltens.

	Mit Steinen Nüsse und Früchte knacken	Blattschwämme benutzen	Ins Wasser gehen	Termiten angeln	Tanzen vor Unwetter	Steine werfen	Kleinwild jagen	Beim Lausen über den Köpfen Hände halten	Blätter zerbeißen u. a. bei Angst
Assirik, Senegal	x	x	–	–	?	x	x	x	–
Fongoli, Senegal	x	x	x	x	x	x	x	x	x
Bossou, Guinea	x	x	x	–	x	x	x	–	x
Taï Nat. Park, Elfenbeinküste	x	x	–	–	x	x	x	x	x
Goualougo Triangle, Kongo	–	x	–	x	x	–	–	x	–
Budongo Forest Reserve, Uganda	–	x	–	–	x	–	x	–	–
Kibale Nat. Park, Uganda	–	x	–	–	x	x	x	x	x
Gombe Nat. Park, Tansania	x	x	–	x	x	x	x	–	–
Mahale-K, Tansania	–	–	–	x	x	x	x	x	x
Mahale-M, Tansania	–	x	x	x	x	x	x	x	x

21.5 Die Mammutsteppe, Schauplatz der kreativen Kulturexplosion, existiert noch in den Wiesentälern und Bergwäldern wie diesen Landschaften im heutigen Arctic National Wildlife Refuge. In der Eiszeit wanderte der frühe *Homo sapiens* durch Eurasien, immer südlich des Kontinentalgletschers, jagte große Tiere und ersetzte seine Schwesterart *Homo neanderthalensis*.

Unterdessen preschte der *Homo sapiens* vorwärts, und etwa zu der Zeit, als die Neandertaler von der Bühne gingen, blühten die kognitiven Leistungen des *Homo sapiens* geradezu auf. Die erste Population drang vor etwa 40 000 Jahren an der Donau entlang nördlich ins europäische Binnenland vor. 10 000 Jahre später gab es schon die ersten Innovationen, die die Spätaltsteinzeit prägten: elegante darstellende Höhlenmalerei; Bildhauerei, darunter ein Löwenkopf auf einem menschlichen Körper; Knochenflöten; kontrollierte Waldbrände mit Pferchen, um Wild zu lenken und zu fangen; verkleidete Schamanen.

Was katapultierte den *Homo sapiens* auf dieses Niveau? Die Fachleute sind sich einig, dass ein verbessertes Langzeitgedächtnis, insbesondere im Arbeitsgedächtnis, und damit die Fähigkeit, Szenarien zu entwerfen und in kurzen Zeiträumen Strategien zu planen, dafür ausschlaggebend waren, und das in Europa und anderswo und sowohl vor als auch nach der Auswanderung aus Afrika. Welche Triebkraft führte zur Schwelle der komplexen Kultur? Offensichtlich war es die Gruppenselektion. Eine Gruppe, deren Mitglieder Absichten verstehen und miteinander kooperieren konnten und außerdem in der Lage waren, die Handlungen der konkurrierenden Gruppen abzusehen, hätte einen außerordentlichen Vorsprung vor Gruppen gehabt, die darin weniger begabt waren. Zweifellos bestand Wettbewerb zwischen den Gruppenmitgliedern und führte zur natürlichen Selektion von Merkmalen, die einem Individuum einen Vorteil über ein anderes gab. Wichtiger für eine Art, die unter sich verändernden Umweltbedingungen mit mächtigen Rivalen konkurrierte, waren aber Zusammenhalt und Kooperation innerhalb der Gruppe. Moralität, Konformität, Religiosität und Kampffähigkeit in Kombination mit Vorstellungskraft und Gedächtnis kürten schließlich den Sieger.[28]

22.
DER URSPRUNG DER SPRACHE

Die wahre Explosion von Innovationen, der die Menschheit ihre Dominanz auf der Erde verdankt, war sicher nicht das Ergebnis einer einzigen hochpotenten Mutation. Noch weniger wahrscheinlich ist, dass sie auf irgendeiner mystischen Inspiration beruhte, die auf unsere Vorfahren in ihrem Existenzkampf herniederging. Genauso wenig kann der Stimulus in neuen Revieren und reichen Ressourcen bestanden haben – auch relativ wenig fortschrittliche Arten von Pferden, Löwen und Affen waren ihm ausgesetzt. Aller Wahrscheinlichkeit nach gab es eine graduelle Annäherung an einen Tipping Point, einen Umkipp-Punkt, bis ein Schwellenwert kognitiver Fähigkeit überschritten war, die den *Homo sapiens* für Kultur extrem empfänglich machte.

Der Aufstieg hatte schon mindestens zwei Millionen Jahre zuvor in Afrika begonnen, nämlich mit dem *Homo habilis* als Vorfahren des *Homo erectus*. Damals schon begann das Vorderhirn sein phänomenales Wachstum, das in der halben Milliarde Jahre der Tierevolution bei jeder anderen komplexen Struktur seinesgleichen sucht. Was war der Zünder für diesen Wandel? Die Präadaptionen für die Eusozialität, die fortgeschrittenste Ebene sozialer Organisation, waren alle vorhanden, aber das galt auch für die vielen anderen damaligen Arten von Australopithecina, von denen keine andere den Weg zum schnellen Gehirnwachstum nahm. Der entscheidende Punkt für die Fortentwicklung zum *Homo* lag meines Erachtens in der kritischen Präadaption, die auch bei den wenigen anderen Tierarten in der Geschichte des Lebens vorlag, die die Schwelle zur Eusozialität überschreiten konnten: Ohne Ausnahme verteidigte jede von diesen etwa zwei Dutzend Insekten- und Schalentierarten sowie Nacktmullen ein Nest, von dem aus die Gruppenmitglieder ausziehen konnten, um ausreichend Futter für die Kolonie zu beschaffen. In den seltenen Momenten, in denen solche Kolonien sich gegen solitäre Individuen durchsetzen konnten, blieben sie im Nest, statt sich zu zerstreuen und den Zyklus des solitären Lebens weiterzuführen.

Es ist kein Zufall, dass zu der Zeit, als der *Homo erectus* aufkam – und wahrscheinlich schon früher, also bei seinem unmittelbaren Vorfahren *Homo habilis* –, kleine Gruppen mit der Einrichtung von Lagerstätten begonnen hatten. Diese Entsprechung zu den Nestern der Tiere konnten die Urmenschen anlegen, weil sie ihre Ernährung umgestellt hatten und jetzt nicht mehr ausschließlich Pflanzen-, sondern Allesfresser waren, wobei das Fleisch einen wesentlichen Anteil ausmachte. Sie weideten Aas aus und jagten selbst, und allmählich verlegten sie sich auf die äußerst hohe Kalorienzufuhr aus gegartem Tierfleisch. Archäologische Funde beweisen, dass ihre Verbände nicht mehr beständig durch ein Territorium wanderten und Früchte oder andere pflanzliche Nahrung sammelten, wie es die gleichzeitig lebenden Schimpansen und Gorillas taten. Sie suchten jetzt verteidigenswerte Stellen aus und befestigten sie, und einige von ihnen blieben über längere Zeiträume dort und schützten die Jungen, während die anderen jagten. Als an der Lagerstätte zudem noch kontrolliertes Feuer genutzt wurde, war der Vorteil dieser Lebensform unabweisbar.

Und doch können Fleisch und Lagerfeuer allein das schnelle Gehirnwachstum nicht erklären. Das fehlende Glied ist, nach meiner festen Überzeugung, in der Hypothese von der kulturellen Intelligenz auszumachen, die der biologische Anthropologe Michael Tomasello und seine Mitarbeiter in den letzten dreißig Jahren erarbeiteten.

Ihnen zufolge liegt der ursprüngliche und entscheidende Unterschied zwischen der Kognition des Menschen und der anderer Tierarten (auch unserer nächsten genetischen Verwandten, der Schimpansen) in der Fähigkeit zu kollaborieren, um so gemeinsame Ziele und Intentionen zu verwirklichen. Die Besonderheit des Menschen ist seine Intentionalität, ausgehend von einem extrem umfangreichen Arbeitsgedächtnis. Wir wurden zu Experten im Gedankenlesen und zu Weltmeistern im Erfinden von Kultur. Wir interagieren nicht nur intensiv miteinander – das tun auch andere Tiere mit entwickelter Sozialorganisation –, sondern in einzigartigem Ausmaß tritt dazu der Drang zur Zusammenarbeit. Wir bringen unsere Intentionen dem Zeitpunkt angemessen zum Ausdruck und lesen die der anderen hervorragend ab; so kollaborieren wir eng und kompetent beim Bau von Werkzeugen und Unterschlüpfen, bei der Erziehung der Jungen, bei der Planung von Jagdexpeditionen, beim Mannschaftsspiel, bei fast allem, was wir zum Überleben als Menschen tun müssen. Jäger und Sammler wie Börsenmakler schwatzen bei jedem sozialen Zusammentreffen, sie bewerten andere, schätzen ihre Vertrauenswürdigkeit ein und spekulieren über ihre Absichten. Unsere Anführer entwickeln ihre politischen Strategien mit dem Instrumentarium der sozialen Intelligenz. Geschäftsleute nutzen das Gedankenlesen, das Erspüren von Intentionen, um ihre Deals einzufädeln, und ein Großteil der Kunst dient ihrem Ausdruck. Als Individuen können wir kaum einen Tag ohne den Einsatz kultureller Intelligenz überleben, und sei es nur in den häufigen Probeläufen in unseren privaten Gedanken.

Menschen sind in sozialen Netzwerken verwoben. Wie der sprichwörtliche Fisch im Wasser können wir uns nur schwer einen anderen Platz vorstellen als dieses mentale Umfeld, das wir in der Evolution herausgebildet haben. Von Kindesbeinen an sind wir dazu veranlagt, die Intentionen der anderen zu lesen und sehr schnell zu kooperieren, wenn sich nur ein Hauch von gemeinsamem Interesse abzeichnet. In einem aufschlussreichen Experiment wurde Kindern gezeigt, wie sie die Tür zu einem Behälter öffnen konnten. Wenn Erwachsene bei dem

Versuch, die Tür zu öffnen, vorgaben, nicht zu wissen, wie das ging, unterbrachen die Kinder das, womit sie gerade beschäftigt waren, und kamen ihnen quer durch den Raum zu Hilfe. Schimpansen, die im kooperativen Bewusstsein sehr viel weniger fortgeschritten sind, machten sich diese Mühe unter denselben Umständen nicht.

In einem anderen Experiment wurden bei Schimpansen Intelligenztests abgehalten und deren Ergebnisse mit denen von 2,5 Jahre alten Kindern verglichen, die noch keinerlei formale Bildung erhalten hatten. Bei der Lösung physikalischer und räumlicher Aufgaben (sie mussten etwa eine versteckte Belohnung finden, verschieden große Mengen unterscheiden, die Eigenschaften von Werkzeugen begreifen, einen Stock verwenden, um einen nicht zugänglichen Gegenstand zu erreichen) lagen Schimpansen und Kleinkinder völlig gleich auf. Bei einer Reihe sozialer Tests dagegen wiesen die Kinder sehr viel weiter entwickelte Fähigkeiten auf als die Schimpansen. Sie lernten mehr, wenn sie bei einer Vorführung zusahen, begriffen besser Hinweise auf die Lokalisierung einer Belohnung, folgten dem Blick anderer auf ein Ziel und erfassten die Intention hinter den Handlungen anderer auf der Suche nach einer Belohnung. Menschen sind offenbar nicht deshalb erfolgreich, weil sie eine höhere allgemeine Intelligenz besitzen, die bei allen Herausforderungen greift, sondern weil sie geborene Spezialisten in sozialen Fähigkeiten sind. Durch Kooperation über Kommunikation und das Ablesen von Intentionen können Gruppen sehr viel mehr erreichen als ein Einzelner aller Anstrengung zum Trotz.[29]

Die frühen Populationen des *Homo sapiens* oder ihre unmittelbaren Vorfahren in Afrika näherten sich dem höchsten Niveau der sozialen Intelligenz an, indem sie eine Kombination von drei besonderen Attributen erwarben. Sie entwickelten geteilte Aufmerksamkeit – also die Neigung, in einem Ereignisablauf demselben Gegenstand Beachtung zu schenken wie die anderen. Sie erwarben das hochgradige Bewusstsein, das sie brauchten, um beim Erreichen eines gemeinsamen Ziels (oder bei der Behinderung der Versuche anderer) gemeinschaftlich zu handeln. Und sie erwarben eine «Theory of Mind», die Erkenntnis, dass ihr eigener geistiger Zustand von anderen geteilt wird.

Als diese Eigenschaften ausreichend ausgebildet waren, entwickelten sich Sprachen, die den heute gebräuchlichen vergleichbar sind. Zu diesem Fortschritt kam es mit Sicherheit vor der Auswanderung aus Afrika vor 60 000 Jahren. Die Kolonisten besaßen bereits die vollständige Sprachfähigkeit ihrer modernen Nachfahren und verwendeten wahrscheinlich differenzierte Sprachen. Hauptbeweis dafür ist die Tatsache, dass heutige Aborigines-Populationen, die direkten Nachfahren der Kolonisten, welche heute noch in niedergelassenen Restpopulationen von Afrika bis Australien zu finden sind, alle solche hoch entwickelten Sprachen sowie die mentalen Eigenschaften besitzen, die notwendig sind, um sie zu erfinden.

Die Sprache war der Gral der menschlichen Sozialevolution. Als sie erst installiert war, verlieh sie der menschlichen Spezies geradezu Zauberkraft. Die Sprache nutzt willkürlich Symbole und Wörter, um Bedeutung zu übermitteln und eine potenziell unbegrenzte Zahl von Botschaften zu generieren. Sie ist letztlich in der Lage, zumindest grob alles auszudrücken, was die menschlichen Sinne wahrnehmen können, jeden Traum und jede Erfahrung, die der menschliche Geist sich vorstellen kann, und jede mathematische Aussage, die unsere Analysen erstellen können. Es scheint logisch, dass nicht die Sprache den Geist erschaffen hat, sondern umgekehrt. Die Abfolge der kognitiven Evolution ging von intensiver sozialer Interaktion an den frühen Lagerstätten über das Zusammenwirken mit der wachsenden Fähigkeit, Intentionen zu lesen und dementsprechend zu handeln, bis zu der Fähigkeit, im Umgang mit anderen und der Außenwelt zu abstrahieren, und schließlich zur Sprache. Die ersten Grundlagen der menschlichen Sprache waren wohl die essentiellen befähigenden geistigen Eigenschaften, die sich in ihrem Aufeinandertreffen gegenseitig förderten und gemeinsam evolvierten. Doch es ist hochgradig unwahrscheinlich, dass die Sprache am Anfang stand. Michael Tomasello und seine Koautoren legen den Fall folgendermaßen dar:

Sprache ist nicht grundlegend; sie ist abgeleitet. Sie beruht auf denselben bedingenden kognitiven und sozialen Fähigkeiten, die Kinder dazu bringen, auf Dinge zu weisen und anderen Menschen bestimmt und informativ Dinge zu zeigen, so wie das andere Primaten nicht tun; diese Fähigkeiten führen sie auch dazu, kollaborative Aktivitäten mit geteilter Aufmerksamkeit mit anderen aufzunehmen, wie es unter Primaten ebenfalls einzigartig ist. Die Grundfrage lautet: Was ist Sprache, wenn nicht eine Reihe von Koordinationsmitteln, über die die Aufmerksamkeit anderer gelenkt wird? Welcher Sinn läge in der Aussage, dass Sprache es möglich macht, Intentionen zu verstehen und zu teilen, wo doch in Wirklichkeit linguistische Kommunikation ohne diese bedingenden Fähigkeiten unvorstellbar ist? Und so ist es zwar richtig, dass die Sprache ein Hauptunterschied zwischen Menschen und anderen Primaten ist; aber wir sind der Meinung, dass sie eigentlich ein abgeleitetes Ergebnis von der einzigartigen menschlichen Fähigkeit ist, Intentionen zu lesen und mit anderen zu teilen – wobei diese Fähigkeit auch andere ausschließlich menschliche Fähigkeiten garantiert, die mit der Sprache einhergehen, etwa deklarative Gesten, Kollaboration, Täuschung und imitierendes Lernen.

Gelegentlich hört man, auch Tiere hätten eine Sprache. Das beste Beispiel dürften die Honigbienen sein, die dieser Ansicht nach mit abstrakten Signalen kommunizieren, etwa bei ihren Tänzen auf den Waben des Stocks oder auf den dicht gedrängten Körpern ihrer Stockgefährtinnen beim Ausschwärmen an einen neuen Nistplatz. Tatsächlich übermittelt die tanzende Biene Richtung und Entfernung des Zielpunkts, also einer Nektar- und Pollenquelle oder eines möglichen neuen Nistplatzes. Allerdings ist dieser Code fixiert, und das wahrscheinlich seit Millionen von Jahren. Zudem ist der Tanz kein abstraktes Zeichen wie die Kombination menschlicher Wörter und Sätze. Vielmehr spiegelt er den Flug wider, den die Bienen unternehmen müssen, um das Ziel zu erreichen. Bewegt sich die Tänzerin im Kreis, so bedeutet das, dass das Ziel nah am Nest liegt («Bewegt euch dicht um das Nest, um das Ziel zu finden»).

Der Schwänzeltanz dagegen, eine wieder und wieder aufgeführte Acht, weist auf ein entfernteres Ziel hin. Der Querbalken der 8 – eigentlich sieht es eher aus wie bei dem griechischen Buchstaben Θ – entspricht der Richtung relativ zum Sonnenstand, und die Länge des Querbalkens ist proportional zur Entfernung des Ziels. So beeindruckend das ist – jedoch nur Menschen können etwas sagen wie: «Geh durch den Eingang, bieg nach rechts, bleib auf dieser Straße bis zur ersten Ampel, danach siehst du das Restaurant auf halber Höhe des Blocks, es liegt gleich an der nächsten Ecke.»[30]

Anders als in der Kommunikation von Bienen und anderen Tieren konnte die menschliche Sprache allmählich auch abstrakt repräsentieren, sich also auf Objekte und Ereignisse beziehen, die nicht in unmittelbarer Nähe vorhanden sind – oder auch überhaupt nicht existieren. Außerdem übermittelt die menschliche Sprache noch zusätzliche Informationen durch die Satzmelodie, die Betonung bestimmter Wörter und den Rhythmus ihres Flusses, um eine Stimmung zu übermitteln, etwas hervorzuheben oder eine Satzbedeutung gegen eine andere abzugrenzen. Die menschliche Sprache kennt die Ironie, ein raffiniertes Spiel mit Übertreibung und Irreführung, das dem Satz eine andere Bedeutung verleiht als die, die der Wortsinn eigentlich ausdrückt. Sprache kann indirekt sein, eine Botschaft also nur andeuten, statt sie direkt darzulegen, und damit Platz für mögliche Einwände lassen. Das ist zum Beispiel der Fall bei unverhohlenen, selbst klischeehaften sexuellen Aufforderungen («Darf ich dir meine Briefmarkensammlung zeigen?»); bei höflichen Bitten («Ich wäre Ihnen ewig dankbar, wenn Sie mir helfen würden, diesen Reifen zu wechseln»); bei Drohungen («Hübscher Laden hier. Wäre doch zu schade, wenn dem etwas zustoßen würde»); bei einem Spendenaufruf («Wir hoffen auf Ihre Unterstützung für unser Förderprogramm»). Steven Pinker und anderen Experten zufolge hat der indirekte Sprechakt zwei Funktionen: Information zu übermitteln und zwischen Sprecher und Hörer ein Verhältnis herzustellen.[31]

Da Sprache für den Menschen von zentraler Bedeutung ist, ist es wichtig zu wissen, wie ihre Evolution vor sich ging. Behindert werden wir dabei durch die Tatsache, dass Sprache zugleich das vergänglichste aller Artefakte ist. Archäologische Funde reichen nur bis zur Erfindung der Schrift zurück, also etwa 5000 Jahre, als die entscheidenden genetischen Veränderungen am *Homo sapiens* längst abgeschlossen waren und die raffinierten Regeln zum Sprachgebrauch weltweit in sämtlichen Gesellschaften funktionierten.

Dennoch finden sich im Sprachgebrauch einige Muster, die sich als Produkte der Evolution zitieren lassen. Eine solche Spur sind Gesprächslücken in einer Unterhaltung. Hartnäckig hält sich gemeinhin der Eindruck, Kulturen würden sich darin unterscheiden, wie viel Zeit vergeht, bevor der Gesprächspartner eine Antwort gibt. In Skandinavien, so die verbreitete Meinung, entstehen lange Pausen zwischen den letzten Worten des einen Gesprächspartners und der Antwort des anderen. Und glaubt man der komödiantischen Darstellung von New Yorker Juden, so sprechen diese am liebsten so gut wie gleichzeitig. Bei einer genauen Messung der Gesprächslücken bei Sprechern von zehn Sprachen weltweit zeigte sich aber, dass Überschneidungen (nicht aber Unterbrechungen) von allen vermieden werden, und die Dauer der Gesprächslücken erwies sich als im Grunde identisch. Andererseits ergaben Gespräche zwischen Sprechern unterschiedlicher Muttersprachen erheblich variierende Gesprächslücken, da die Sprecher Mühe hatten, Bedeutung und Intention des Gesagten zu erfassen. Dieser verständliche Effekt ist wahrscheinlich die Ursache für den Eindruck, Kulturen würden sich in ihrem Gesprächsrhythmus unterscheiden.[32]

Als weitere Spur der frühen Sprachevolution wurden kürzlich nonverbale Stimmlaute dokumentiert, deren Äußerung wahrscheinlich älter ist als die Sprache. Stimmlaute, die negative Emotionen kommunizieren (Ärger, Ekel, Angst und Traurigkeit), sind diesen Untersuchungen zufolge beispielsweise bei europäischen Muttersprachlern des Englischen dieselben wie bei Sprechern der Sprache Hima, die sich in abgelegenen, kulturell isolierten Siedlungen in Nord-Namibia findet. Nonverbale Stimmlaute, die positive Emotionen kommunizieren (Erfolg, Belustigung, Sinneslust und Erleichterung), passen dagegen nicht in der gleichen Weise zusammen. Der Grund für diesen Unterschied ist unklar.[33]

Die Grundfrage zum Ursprung der Sprache betrifft jedoch weder Gesprächspausen in Unterhaltungen noch vorsprachliche Äußerungen, sondern die Grammatik. Ist die Reihenfolge, in der Wörter und Sätze zusammengebaut werden, erlernt oder in irgendeiner Hinsicht angeboren? 1959 kam es zu diesem Thema zu einem historischen Gelehrtenstreit zwischen B. F. Skinner und Noam Chomsky, und zwar in Form einer langen Rezension Chomskys zu Skinners Buch *Verbal Behavior* (1957).[34] Skinner, der Begründer des Behaviorismus, vertrat darin die Ansicht, Sprache sei vollständig erlernt. Das bestritt Chomsky. Eine Sprache mit all ihren Grammatikregeln zu erlernen, verlangt einem Kind im zur Verfügung stehenden Zeitraum eine viel zu große Gedächtnisleistung ab. Chomsky schien in der Auseinandersetzung zunächst die Oberhand zu behalten. Er untermauerte seine Argumentation später, indem er eine Reihe von Regeln vorlegte, denen seiner Ansicht nach das Gehirn während seiner Entwicklung spontan folgt. Allerdings drückte er diese Regeln nahezu unverständlich aus – ein unglückliches Beispiel dafür sei hier zitiert:

Zusammenfassend sind wir unter der Annahme, daß die Spur einer Kategorie der Ebene Null echt regiert sein muß, zu folgenden Schlußfolgerungen gelangt. 1. Die VP wird von I α-markiert. 2. Nur lexikalische Kategorien sind L-Markierer, so daß die VP von I nicht L-markiert wird. 3. A-Rektion ist ohne die Einschränkung (35) auf die Schwesterbeziehung beschränkt. 4. Nur das terminale Glied einer X°-Kette kann α-markieren oder Kasusmarkieren. 5. Kopf-zu-Kopf-Bewegung bildet eine A-Kette. 6. Die Kongruenz zwischen SPEC und Kopf und die Ketten werden gleich indiziert. 7. Koindizierung in Ketten gilt für die Glieder einer erweiterten Kette. 8. Es gibt keine zufällige Koindizierung von I. 9. I-V-Koindizierung ist eine Form von

Kopf-zu-Kopf-Kongruenz; wenn sie auf aspektuelle Verben beschränkt ist, dann zählen basisgenerierte Strukturen der Form (174) als Adjunktionsstrukturen. 10. Möglicherweise regiert ein Verb sein α-markiertes Komplement nicht echt.[35]

Die Gelehrten mühten sich zu begreifen, was sich als tiefschürfende neue Einsicht in die Arbeitsweise des Gehirns präsentierte (ich gehörte in den 1970er Jahren zu ihnen). Die generative Transformationsgrammatik oder Universalgrammatik, wie sie wahlweise genannt wurde, wurde zum Steckenpferd geradezu berauschter intellektueller Kreise und Proseminare. Chomsky war lange so erfolgreich, weil er selten die Demütigung erfuhr, verstanden zu werden.

Irgendwann konnten die Kommentatoren in verständliche Sprache und Diagramme umsetzen, was Chomsky und seine Anhänger meinten. Am zugänglichsten und leserfreundlichsten war dabei Steven Pinkers Bestseller *Der Sprachinstinkt* (Original 1994).

Doch selbst nach der Entschlüsselung Chomskys blieb eine Frage offen: Gibt es die Universalgrammatik wirklich? Mit Sicherheit existiert ein überwältigend machtvoller Instinkt zum Spracherwerb. Innerhalb der kognitiven Entwicklung eines Kindes besteht ein besonders empfängliches Zeitfenster, in dem es am schnellsten lernt. Tatsächlich: So schnell der Spracherwerb auch vor sich geht, so stark bemüht sich das Kind ums Sprechenlernen – Skinners Argumentation ist also vielleicht doch nicht von der Hand zu weisen. Vielleicht gibt es einen Zeitpunkt in der frühen Kindheit, an dem die Fähigkeit, Wörter und Wortstellung zu erlernen, so effizient arbeitet, dass wir ein bestimmtes Hirnmodul für Grammatik gar nicht brauchen.

Die jüngste Experimental- und Feldforschung zeichnet indessen ein anderes Bild von der Evolution der Sprache als das der Transformationsgrammatik. Ihr zufolge greifen in der Evolution der Sprachen einzelner Kulturen epigenetische Regeln, die «vorbereitetes Lernen» bewirken. Die Zwänge bei der Umsetzung dieser Regeln aber sind sehr lose. Der Psychologe und Philosoph Daniel Nettle beschreibt ihre Entstehung und die Möglichkeiten, die sie für neue linguistische Forschung eröffnen:

Alle menschlichen Sprachen erfüllen dieselbe Funktion, und die Gesamtheit der Merkmale, die sie dafür verwenden, unterliegt wahrscheinlich erheblichen Zwängen. Diese Zwänge ergeben sich aus der Basisarchitektur des menschlichen Geistes, die die Sprache dadurch beeinflusst, wie er hört, artikuliert, sich erinnert und lernt. Doch innerhalb dieser Zwänge besteht ein breiter Spielraum für Variationen zwischen den einzelnen Sprachen. Die Hauptkategorien Subjekt, Verb und Objekt zum Beispiel treten in unterschiedlichen Ordnungen auf, und einige Sprachen signalisieren grammatische Unterschiede überwiegend durch die Syntax oder das Kombinieren von Wörtern, während andere dasselbe hauptsächlich über die Morphologie, also die interne Veränderung der Wörter, leisten.[36]

Heute bieten sich uns mehrere geeignete neue Wege, um tiefer in das Geheimnis der Sprache einzudringen; dabei lösen wir die Linguistik von der Betrachtung steriler Diagramme und rücken sie mehr in die Nähe der Biologie. Ein Aspekt ist die Frage, inwieweit die äußere Umwelt die Restriktionen innerhalb der Sprachevolution lockert oder verschärft, sei es durch genetische oder kulturelle Evolution oder durch beides. In warmen Klimazonen, um ein einfaches Beispiel zu nennen, haben sich weltweit die Sprachen so entwickelt, dass sie mehr Vokale und weniger Konsonanten verwenden, so dass sie kräftiger klingen. Grund dafür könnte ganz einfach eine Frage der akustischen Effizienz sein. Klangvolle Laute tragen weiter, und das passt dazu, dass man in einem warmen Klima mehr Zeit draußen verbringt und sich in größerer Entfernung zueinander aufhält.[37]

Ein weiterer Faktor für die Entstehung der sprachlichen Vielfalt könnte die Genetik sein. Betrachten wir etwa die geografische Verteilung für den Einsatz der Tonalität als Träger von Grammatik und Wortbedeutung: Sie korreliert mit der Frequenz der Gene namens *ASPM* und *Microcephalin*, die an der Entwicklung der Tonalität mitwirken.[38]

Die Haupteigenschaften der geistigen und sprachlichen Evolution traten fast sicher schon vor dem Entstehen der Sprache selbst auf. Ihren Ursprung vermutet man in der noch älteren, grundlegenderen Architektur der Kognition. Wie flexibel sich die Syntax entwickeln kann, zeigt die Unterschiedlichkeit der Wortstellung in erst kürzlich evolvierten Sprachen wie Kreol, Pidgin und Gebärdensprachen, die auf allen Kontinenten sehr umfassend genutzt werden. Zwar muss man davon ausgehen, dass die Syntax durch frühkindlichen Kontakt mit konventionellen Sprachen verzerrt wird,[39] jedoch lässt sich ein solcher Einfluss in mindestens einem Fall widerlegen, nämlich für die Gebärdensprache der Al-Sayyid-Beduinen. Alle Mitglieder dieser Gruppe leben in der israelischen Negev-Wüste, und sie leiden an angeborener Taubheit. Gegründet wurde die Gruppe vor zweihundert Jahren von 150 Individuen, und ihre Mitglieder sind die Nachkommen von zwei der fünf Söhne des Gründers. Durch einen Fehler auf dem rezessiven Gen auf Chromosom 13q12 litten sie an schwerem prälingualem Gehörverlust auf allen Frequenzen. Ein Ergebnis der seither praktizierten Inzucht ist, dass heute alle 3500 Al-Sayyid diese Bedingung aufweisen. Die Gemeinschaft verwendet eine Gebärdensprache, die schon früh in ihrer Geschichte entwickelt wurde und unabhängig entwickelte Wortstellungen nutzt. Diese Strukturen unterscheiden sich von denen beider von ihnen selbst und in ihrer Nähe gesprochenen Sprachen und anderer Gebärdensprachen benachbarter Gemeinschaften.[40]

Darüber hinaus wurde die natürliche Variabilität der Grammatik durch Untersuchungen belegt, bei denen die Abfolge der Aktivitäten bei Menschen, die bestimmte Aufgaben erledigten, mit der Wortstellung verglichen wurde, die sie zur Beschreibung derselben Abfolge verwendeten. In einer Studie sollten Sprecher von vier Sprachen (Englisch, Türkisch, Spanisch und Chinesisch) ein Ereignis erst sprachlich und dann separat mit Hilfe von Bildern rekonstruieren. Dabei verwendeten alle Probanden bei der nonverbalen Kommunikation dieselbe Reihenfolge (nämlich Agens–Patiens–Akt, das entspricht in der Sprache Subjekt–Objekt–Verb). Ungefähr so also denken Menschen in einem nichtsprachlichen Handlungsszenario. Weniger konsistent waren dagegen die gesprochenen Sprachen. Die Reihenfolge Subjekt–Objekt–Verb findet sich zwar in vielen Sprachen auf der Welt – insbesondere in den sich neu entwickelnden Gebärdensprachen. Offensichtlich existiert eine epigenetische Regel für die Wortstellung, die in unserer tieferen kognitiven Struktur eingebettet ist, aber die Endprodukte in der Grammatik der Einzelsprachen sind hochflexibel und erlernt.[41] Mithin haben anscheinend sowohl Skinner als auch Chomsky recht, aber Skinner ein Stück mehr.

Dass die Evolution der Elementarsyntax so vielfältig verlaufen kann, lässt vermuten, dass den Spracherwerb des einzelnen Menschen wenige oder gar keine Regeln leiten. Der Grund dafür wurde in den jüngsten mathematischen Modellen der Gen-Kultur-Koevolution von Nick Chater und seinem Team von Kognitionswissenschaftlern aufgedeckt. Die schnell sich wandelnde Sprachumwelt liefert ganz einfach keine stabile Umwelt für die natürliche Selektion. Die Sprache variiert über die Generationen hinweg und zwischen den verschiedenen Kulturen zu schnell, als dass eine solche Evolution stattfinden könnte. Demnach besteht nur wenig Grund für die Erwartung, dass die willkürlichen Eigenschaften der Sprache, etwa die abstrakten syntaktischen Prinzipen für Satzbau und Genusmarkierung, von der Evolution im Gehirn in ein eigenes «Sprachmodul» eingebaut wurden. «Die genetische Grundlage des menschlichen Spracherwerbs», so schließen die Forscher, «koevolvierte nicht mit der Sprache, sondern lag bereits vor dem Aufkommen der Sprache vor. Wie von Darwin vermutet, passen Sprache und ihre bedingenden Mechanismen deswegen zusammen, weil die Sprache sich passend zum menschlichen Gehirn entwickelte, und nicht umgekehrt.»[42]

Ich denke, es führt nicht zu weit, wenn wir ergänzen, dass das Scheitern der natürlichen Selektion, eine unabhängige Universalgrammatik zu erschaffen, ein wesentlicher Beitrag dazu war, dass sich die Kultur in einer solchen Vielfalt ausbilden und, ausgehend von dieser Flexibilität und dem potenziellen Erfindungsreichtum, das menschliche Genie eine solche Blüte erleben konnte.

23.
DIE EVOLUTION DER KULTURVIELFALT

Die Gen-Kultur-Koevolution, also der Einfluss der Gene auf die Kultur und umgekehrt der Kultur auf die Gene, ist ein Prozess, der für die Natur-, Sozial- und Geisteswissenschaften von gleichrangiger Bedeutung ist. Über ihn lassen sich diese drei großen akademischen Fakultäten in ein Netz von Kausalitäten einbinden.

Wem dieser Anspruch allzu gewagt erscheint, der betrachte nur die kulturelle Varianz zwischen Gesellschaften. Gemeinhin gilt die Annahme, wenn zwei Gesellschaften in derselben Kategorie unterschiedliche Kulturmerkmale aufweisen – etwa Monogamie vs. Polygamie oder aggressive Politik vs. friedfertige Politik –, dann muss die Evolution dieser Varianzmuster und sogar die Kategorie selbst vollständig auf kultureller Ebene abgelaufen sein, ohne dass die Gene darauf irgendeinen Einfluss hatten.

Dieses voreilige Urteil ist auf ein mangelhaftes Verständnis des Verhältnisses zwischen Genen und Kultur zurückzuführen. Was Gene vorschreiben oder vorzuschreiben helfen, ist nicht ein Merkmal im Gegensatz zu einem anderen, sondern die Häufigkeit von Merkmalen und das Muster, das sie bilden, sobald kulturelle Innovation sie verfügbar macht. Die Genexpression kann plastisch sein, das heißt, eine Gesellschaft kann aus einer Vielfalt von Möglichkeiten ein oder mehrere Merkmale auswählen. Oder aber sie ist *nicht* plastisch – dann können alle Gesellschaften nur ein Merkmal auswählen.

Nehmen wir ein geläufiges Beispiel variierender Plastizität an anatomischen Merkmalen. Die Gene, die die Entwicklung des Fingerabdrucks vorschreiben, exprimieren sich sehr plastisch, erlauben also sehr viele unterschiedliche Varianten. Keine zwei Personen auf der Welt haben vollständig identische Fingerabdrücke. Die Gene dagegen, die die Anzahl von Fingern an jeder Hand vorschreiben, sind relativ stabil. Es werden fünf Finger, immer fünf. Nur ein extremer Zwischenfall während der Entwicklung oder eine Genmutation kann zu einer anderen Anzahl führen.

Das Prinzip der variierenden Plastizität lässt sich auch auf Kulturmerkmale leicht anwenden. Dass wir uns überhaupt um Kleidung kümmern, vom Lendenschurz bis zum großen Gesellschaftsanzug, ist genetisch bedingt. Doch da die entsprechenden Gene extrem (und fast schon grenzenlos) plastisch sind und sie so vielen unterschiedlichen Emotionen Ausdruck geben, entscheiden sich die Individuen im Lauf ihres Lebens für mehrere oder gar für Hunderte verschiedene Optionen. Am anderen Extrem findet sich das Beispiel des Inzests, der in allen normalen Familienstrukturen instinktiv vermieden wird (aufgrund des Westermarck-Effekts, dem zufolge Personen, die in früher Kindheit in enger häuslicher Gemeinschaft aufgewachsen sind, psychologisch nicht in der Lage sind, sich als Erwachsene miteinander zu paaren).

Entwicklungsbiologen haben festgestellt, dass der Grad der Plastizität bei der Genexpression ebenso wie das Vorhandensein oder Fehlen der Gene überhaupt der Evolution durch natürliche Selektion unterliegt. Für den Erfolg des Einzelnen spielt es eine Rolle, ob er der Mode seiner Gruppe folgt und die richtigen Insignien trägt, die seinem Rang, seiner Beschäftigung und seinem Status entsprechen. In einfacheren Gesellschaften, wie sie während der menschlichen Evolution größtenteils existierten, spielte das sogar noch eine größere Rolle und konnte gar über Leben und Tod entscheiden. Und der Westermarck-Effekt spielte einst wie heute überall und unter allen Umständen eine Rolle, weil er der gesamten Menschheit eine automatische Abwehr gegen die fatalen Auswirkungen der Inzucht bot.

Alle Gesellschaften und jedes Individuum in ihnen spielt das Spiel der genetischen Fitness, dessen Regeln über unzählige Generationen durch die Gen-Kultur-Koevolution herausgebildet wurden. Gilt eine Regel unumstößlich, etwa die Schädigung durch Inzest, so können wir nur eine einzige Karte spielen; in diesem Fall heißt sie «Auszucht». Ist dagegen ein Teil der Umwelt unvorhersagbar, so ist man gut beraten, wenn man einer Mischstrategie folgt, die sich durch Plastizität erreichen lässt. Ist ein Merkmal oder eine Reaktion nicht angemessen, so kann man innerhalb des genetischen Repertoires auf eine andere Option umschalten. Der Grad der Plastizität innerhalb einer kulturellen Kategorie hängt nicht von einer expliziten Beurteilung der künftigen Ereignisse ab, sondern vom Ausmaß der Herausforderungen, denen die Merkmals- oder Verhaltenskategorie während der Gen-Kultur-Koevolution in den letzten Generationen ausgesetzt war.[43]

Seit den 1970er Jahren kennen Biologen die genetischen Prozesse, über die die Evolution der Plastizität wohl abläuft. Wahrscheinlich kommt es nicht zu Mutationen an Protein-codierenden Genen, die eine Basis einer Aminosäure und damit den Aufbau eines Proteins verändern würden. Wahrscheinlich treten solche Veränderungen eher an regulatorischen Genen auf, die steuern, in welchem Tempo und unter welchen Bedingungen die Proteine produziert werden. Kleine Veränderungen an Regulatorgenen machen auf den ersten Blick nicht viel her, aber sie können die Proportionen anatomischer Strukturen und physiologischer Aktivitäten erheblich modifizieren. Wahlweise können sie auch mit größerer Präzision auf bestimmte Körperteile und bestimmte physiologische Prozesse abzielen. Außerdem programmieren sie gegebenenfalls die Empfindlichkeit für ausgewählte Reize, die während der Entwicklung auf den Organismus einwirken: Unterschiedliche Umwelten bewirken so die Herausbildung einzelner Varianten, die dann die beste Anpassung an die jeweilige Nische darstellen. Schließlich ist es bei Regulatorgenen, die ja nur Wechselwirkungen im Entwicklungsprozess beeinflussen, weniger wahrscheinlich, dass Mutationen sich schädlich auswirken, als das bei Mutationen an Protein-codierenden Genen der Fall wäre. Sie produzieren ja kein neues Protein, also keine darauf beruhende neue Struktur oder Verhaltensform; eine solche Veränderung nämlich könnte die Entwicklung im übrigen Organismus leicht aus dem Lot bringen. Vielmehr regeln sie die Häufigkeit eines bereits existierenden Proteins und können damit fein austarierte Veränderungen an einer existierenden Struktur oder Verhaltensform vornehmen.[44]

Ameisen und andere soziale Insekten illustrieren die Evolution dieser adaptiven Plastizität bis ins Extrem. Die Arbeiterinnen in Ameisen- oder Termitenkolonien unterscheiden sich häufig so stark voneinander, dass man sie leicht versehentlich verschiedenen Arten zuweist. Dabei sind in Kolonien mit einer einzigen Königin, die sich mit nur einem einzigen Männchen gepaart hat, alle Kasten eines Geschlechts genetisch nahezu identisch. In Anatomie und Verhalten unterscheiden sie sich aber, weil sie während ihres Reifeprozesses entweder mehr oder weniger Nahrung erhielten als die anderen, was sie größer oder kleiner wachsen ließ. Außerdem wuchsen auch ihre einzelnen Gewebepartien in unterschiedlichem Ausmaß, so dass größere und kleinere Individuen unterschiedliche Körperproportionen herausbildeten. Die unreifen Tiere waren auch empfindlich für die Pheromone der erwachsenen, und diese beeinflussten ebenfalls, in welche Richtung sie sich entwickelten und wie groß sie selbst wurden. Die Forschung kennt noch weitere Faktoren für die Einteilung von Koloniemitgliedern in Kasten. Jede Kaste spezialisiert sich ihr Leben lang auf ihre eigenen Aufgaben. Eine Kolonie kann ohne signifikante Genvarianz folgende Kasten enthalten: Jungköniginnen, kleine, zurückhaltende Minor-Arbeiterinnen und riesige Soldatinnen mit grotesk vergrößerten Köpfen und Kiefern.

Speziell bei Ameisen ist die Herausbildung von Kasten aufgrund der Plastizität nur Teil eines raffinierten Prozesses, der sogenannten adaptiven Demographie. Die Kasten übernehmen

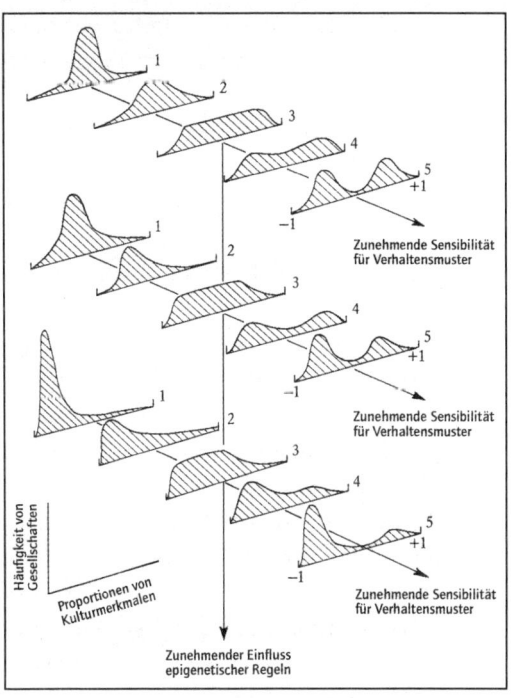

23.1 Die Evolution kultureller Varianz am einfachen Beispiel zweier Merkmale in derselben Kulturkategorie (etwa Inzestvermeidung oder Kleidungswahl). Die Varianz misst sich über die Anzahl der Gesellschaften, die in drei Kulturkategorien (von oben nach unten) eines von zwei Merkmalen auswählen. Die Neigung, andere zu imitieren, wird als Sensibilität für Verhaltensmuster bezeichnet.

nicht nur spezielle Aufgaben, sondern sie folgen zudem einem Programm, nach dem sie entsprechend ihrer natürlichen Sterberate in einer bestimmten Frequenz neu produziert werden, damit das Verhältnis der Kasten zueinander für die Kolonie als Ganzes insgesamt optimal bleibt. Zum Beispiel haben Mitglieder der großen Major-Kaste bei Weberameisen, die für die Kolonie die meiste Arbeit außerhalb des Nests erledigen und außerdem die Kolonie gegen Feinde verteidigen, eine höhere Sterberate als Minor-Arbeiterinnen, die innerhalb des Nests als Ammen dienen. Ganz offensichtlich produziert die Kolonie deswegen pro Mitglied mehr Majores als Minores, damit das optimal erscheinende Gleichgewicht zwischen den beiden Kasten gehalten werden kann.[45]

Beim Menschen wird kulturelle Varianz vor allem von zwei Eigenschaften des Sozialverhaltens bestimmt, die beide der Evolution durch natürliche Selektion unterliegen. Erstens ist das die Frage, wie stark der Einfluss epigenetischer Regeln ist – bei der Kleiderwahl sehr gering, bei der Inzestvermeidung sehr stark. Die zweite Eigenschaft der kulturellen Variation ist die Wahrscheinlichkeit, dass individuelle Gruppenmitglieder andere Mitglieder derselben Gesellschaft imitieren, die das Merkmal adaptiert haben («Sensibilität für Verhaltensmuster»).

Um die Lösung für die Streitfrage «Gene oder Kultur» zu illustrieren, halten wir zunächst fest, dass die drei Reihen kultureller Kategorien, die in Abbildung 23.1 dargestellt sind, sich genetisch voneinander unterscheiden. Wählen Sie eine der drei Kategorien und betrachten Sie je einen Punkt unter den beiden Scheiteln, die sich herausgebildet haben (rechts unten, aufgrund der weiter entwickelten Neigung, die Handlungen anderer zu imitieren). Die Punkte stehen für zwei Gesellschaften. Beide Gesellschaften haben wahrscheinlich unterschiedliche Kulturmerkmale ausgebildet, obwohl sie genetisch gleich dafür bedingt sind, nach welchen Regeln sie sie auswählen. Entscheidend für die Divergenz sind die epigenetischen Regeln und die Neigung, andere zu imitieren, und beides ist durch Gen-Kultur-Koevolution entstanden.

Die Feinheiten der Gen-Kultur-Koevolution sind eine unverzichtbare Grundlage für das Verständnis der Conditio humana. In ihrer Komplexität wirken sie auf den ersten Blick vielleicht befremdlich, weil sie so ungewohnt sind. Doch wenn die Forschung unter der Führung der Evolutionstheorie die richtigen Messungen und Analysen vornimmt, lassen sie sich in ihre wesentlichen Elemente zerlegen.

24.
DER URSPRUNG VON MORAL UND EHRBEGRIFF

Ist der Mensch von Natur aus gut, wird aber von der Macht des Bösen verdorben? Oder ist er vielmehr von Natur aus verschlagen und nur durch die Macht des Guten zu retten? Beides trifft zu. Und wenn wir nicht unsere Gene verändern, wird es auch immer dabei bleiben; denn das menschliche Dilemma wurde in unserer Evolution festgelegt und ist mithin ein unveränderlicher Teil der menschlichen Natur. Der Mensch und seine sozialen Ordnungen sind von Grund aus unvollkommen – zum Glück. In einer beständig im Wandel befindlichen Welt brauchen wir die Flexibilität, die nur aus der Unvollkommenheit erwachsen kann.

Das Dilemma zwischen Gut und Böse beruht auf der Multilevel-Selektion, bei der Individualselektion und Gruppenselektion gleichzeitig, aber großteils in entgegengesetzter Richtung auf das Individuum einwirken. Zur Individualselektion kommt es im Überlebens- und Fortpflanzungswettkampf zwischen den Mitgliedern derselben Gruppe. Sie formt bei jedem Mitglied Instinkte heraus, die gegenüber den anderen Mitgliedern grundlegend egoistisch sind. Die Gruppenselektion dagegen ergibt sich aus dem Wettkampf zwischen Gesellschaften, sowohl durch direkten Konflikt als auch durch verschieden hohe Kompetenz bei der Nutzung der Umwelt. Die Gruppenselektion formt Instinkte heraus, die Individuen tendenziell zu Altruisten machen (allerdings nicht gegenüber Mitgliedern anderer Gruppen). Die Individualselektion verantwortet daher einen Großteil dessen, was wir als Sünde bezeichnen, die Gruppenselektion dagegen den größeren Teil der Tugend. Beide begründen den Konflikt zwischen den guten und bösen Anteilen unserer Natur.

Genau definiert, ergibt sich Individualselektion aus dem unterschiedlichen Überlebens- und Fortpflanzungserfolg von Individuen im Wettkampf mit anderen Gruppenmitgliedern. Gruppenselektion ist der unterschiedliche Überlebens- und Fortpflanzungserfolg der Gene, die für die Merkmale der Interaktionen zwischen Gruppenmitgliedern codieren; wirksam wird sie im Wettkampf mit anderen Gruppen.

Den ewigen Gärungsprozess der Multilevel-Selektion gedanklich zu durchdringen und anzuwenden, ist die Rolle der Sozial- und Geisteswissenschaften. Ihn zu erklären, ist die Rolle der Naturwissenschaften, und wenn das gelingt, sollte das die Harmonie zwischen den drei Hauptrichtungen der Wissenschaft fördern. Die Sozial- und Geisteswissenschaften widmen sich den proximaten, äußerlich sichtbaren Phänomenen der menschlichen Wahrnehmungen und Gedanken. So, wie die deskriptive Naturgeschichte in Bezug zur Biologie steht, so verhalten sich die Sozial- und Geisteswissenschaften zum menschlichen Selbstverständnis. Sie beschreiben, wie Einzelne fühlen und handeln, und in Geschichte und Schauspiel erzählen sie einen repräsentativen Bruchteil der unendlichen Geschichten, die menschliche Beziehungen generieren können. Das alles aber spielt sich in engen Grenzen ab. Diese bestehen, weil Wahrnehmung und Denken von der menschlichen Natur gesteuert werden, und auch die menschliche Natur steckt in engen Grenzen. Nur eine von einer Vielzahl möglicher Naturen konnte sich entwickeln. Unsere ist das Ergebnis des unwahrscheinlichen Wegs, den unsere genetischen Vorfahren über Millionen von Jahren zurückgelegt haben und an dessen Ende wir stehen. Erkennt man die menschliche Natur als Produkt dieser evolutionären Laufbahn, so entschlüsselt man die ultimaten Ursachen unserer Wahrnehmungen und Gedanken. Eine Gesamtschau dieser proximaten und ultimaten Ursachen ist der Schlüssel zum Selbstverständnis, der Spiegel, in dem wir uns selbst so sehen, wie wir wirklich sind, um danach die Welt außerhalb der engen Grenzen zu erforschen.

Suchen wir nach den ultimaten Ursachen für das Wesen des Menschen, so lassen sich die verschiedenen Ebenen der natürlichen Selektion in Anwendung auf das menschliche Verhalten nicht akkurat unterscheiden. Egoistisches Verhalten, vielleicht einschließlich Verwandtenselektion und dem daraus folgenden Nepotismus, kann in gewisser Hinsicht die Interessen der Gruppe durch Innovation und Unternehmergeist fördern. Als vor und nach der Auswanderung aus Afrika vor 60 000 Jahren letzte Hand an die kognitive Evolution gelegt wurde, gab es wahrscheinlich schon Vorläufer der Medicis, Carnegies und Rockefellers, die sich und ihre Familien auf eine Weise voranbrachten, dass auch ihre Gesellschaften davon profitierten. Die Gruppenselektion wiederum förderte die genetischen Interessen der Individuen mit Privilegien und hohem Status als Belohnung für außerordentliche Leistungen zum Vorteil des Stammes.

Trotz allem gilt in der genetischen Sozialevolution eine eiserne Regel. Demnach sind egoistische Individuen altruistischen Individuen überlegen, während Gruppen von Altruisten Gruppen von egoistischen Individuen überlegen sind. Der Sieg ist nie endgültig; das Gleichgewicht der Selektionsdrücke kann sich nie an eines der Extreme verlagern. Würde die Individualselektion dominieren, so würden sich die Gesellschaften auflösen. Bei einer Dominanz der Gruppenselektion würden die menschlichen Gruppen irgendwann Ameisenkolonien gleichen.

Jedes Mitglied einer Gesellschaft verfügt sowohl über Gene, an deren Produkten die Individualselektion, als auch über Gene, an denen die Gruppenselektion angreift. Jedes Individuum ist in ein Netzwerk mit anderen Gruppenmitgliedern eingebunden. Seine eigene Überlebens- und Fortpflanzungsfähigkeit hängt zum Teil von seiner Interaktion mit den anderen Netzwerkteilnehmern ab. Verwandtschaft beeinflusst die Struktur des Netzwerkes, stellt aber nicht seinen entscheidenden Evolutionsantrieb dar, wie es die Gesamtfitness-Theorie fälschlich annimmt. Was zählt, ist vielmehr die ererbte Neigung, unendlich viele Bündnisse, Begünstigungen, Informationsflüsse und Betrügereien herauszubilden, die das tägliche Leben im Netzwerk bestimmen.

In der gesamten prähistorischen Zeit, als die Menschheit ihre kognitive Dominanz herausbildete, war das Netzwerk jedes Einzelnen im Grunde identisch mit dem der Gruppe, der er angehörte. Man lebte in verstreuten Verbänden von einhundert oder weniger Individuen (häufig waren wohl Verbände mit dreißig Mitgliedern). Sie wussten von benachbarten Verbänden, und aus der Lebensform heutiger Jäger und Sammler zu schließen, bildeten Nachbarn in gewissem Ausmaß Bündnisse. Sie praktizierten Handel und tauschten junge Frauen aus, waren aber auch in Rivalitäten und Rachefeldzüge verstrickt. Kern der sozialen Existenz jedes Einzelnen aber war der Verband, und dessen Zusammenhalt wurde durch die Kohäsionskraft des Netzwerks gestärkt, das er bildete.

Als in der Jungsteinzeit vor etwa 10 000 Jahren Dorfgemeinschaften und dann Stammesfürstentümer aufkamen, erfuhren die Netzwerke einen radikalen Wandel. Sie nahmen an Größe zu und zerbrachen in Segmente. Diese Untergruppen überlappten sich und wurden zugleich hierarchisch und durchlässig. Das Individuum lebte jetzt in einer bunten Mischung von Familienmitgliedern, Religionsgefährten, Mitarbeitern, Freunden und Fremden. Seine soziale Existenz war sehr viel weniger stabil als noch bei den Jägern und Sammlern. In den modernen Industrieländern sind die Netzwerke mittlerweile derart komplex, dass unser ererbter steinzeitlicher Geist davon völlig überfordert wird. Unsere Instinkte wünschen sich noch heute die überschaubaren, geeinten Banden-Netzwerke, die in vorgeschichtlicher Zeit über Hunderttausende von Jahren vorherrschten. Auf die Zivilisation sind unsere Instinkte weiterhin nicht vorbereitet.

Diese Tendenz hat die Gruppenbildung unterwandert, immerhin einen der mächtigsten Impulse des Menschen. Wir unterliegen einem Drang, oder besser noch, einer dringenden Notwendigkeit, die bei unseren frühen Primaten-Vorfahren anfing. Jede

Der Ursprung von Moral und Ehrbegriff . 293

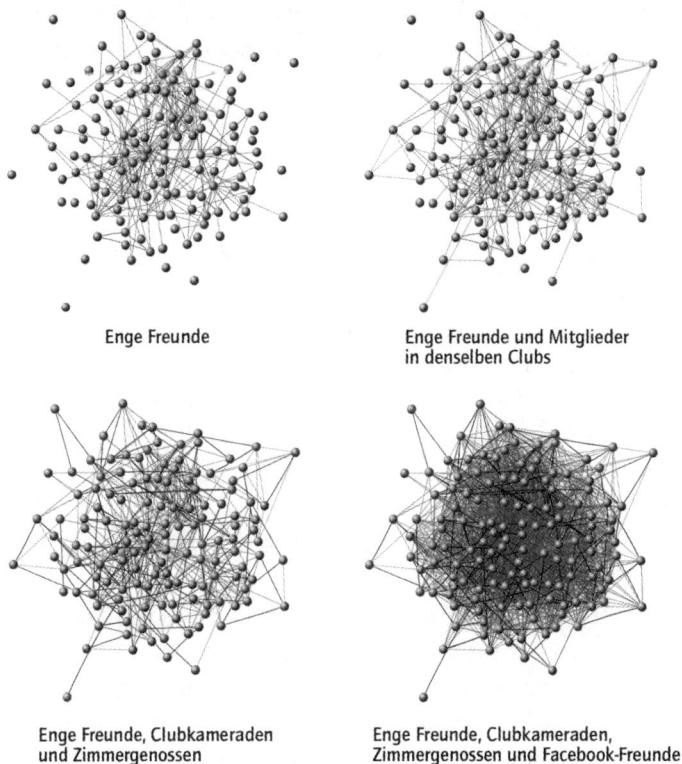

Enge Freunde

Enge Freunde und Mitglieder in denselben Clubs

Enge Freunde, Clubkameraden und Zimmergenossen

Enge Freunde, Clubkameraden, Zimmergenossen und Facebook-Freunde

24.1 In der modernen Gesellschaft wurden soziale Netzwerke (zum Teil dargestellt sind hier die für 140 Universitätsstudenten) viel größer und uneinheitlicher als in prähistorischer und früher historischer Zeit. Die Internet-Revolution, die Anordnungen wie Facebook generierte, katapultierte die Netzwerke jüngst auf eine wieder neue Ebene.

Person ist von Natur aus auf der Suche nach einer Gruppe, also ein echtes Stammestier. Befriedigt wird dieses Bedürfnis wahlweise in einer ausgedehnten Familie, in einer organisierten Religionsgemeinschaft, einer Ideologie, ethnischen Gruppe oder einem Sportverein, und das einzeln oder mehrfach. Die Möglichkeiten sind vielfältig. In jeder unserer Gruppen herrschen Wettkampf um Status, aber auch Vertrauen und Tugend, die kennzeichnenden Produkte der Gruppenselektion. Wir machen uns Sorgen. Wir fragen uns, wem in dieser unsteten Welt der zahllos sich überlappenden Gruppen wir unser Vertrauen schenken sollen.

Unterdessen sind alle unsere Instinkte weiterhin ungeordnet am Werk, aber schon ganz wenige können uns, wenn wir ihnen klugerweise folgen, retten. So empfinden wir zum Beispiel Empathie. Oder wir halten uns zurück. Umfassende neuere Forschung hat uns Einsichten darin vermittelt, wie die Moralimpulse innerhalb des Gehirns funktionieren könnten. Es gibt vielversprechende Ansätze zur Erklärung der Goldenen Regel, die sich vielleicht als einzige Vorschrift in allen organisierten Religionen findet. Die Goldene Regel ist für jede moralische Überlegung grundlegend. Als der große Theologe und Philosoph Rabbi Hillel einmal aufgefordert wurde, die gesamte Tora in der Zeit zu erklären, in der er auf einem Bein stehen konnte, sagte er: «Was dir nicht lieb ist, das tue auch deinem Nächsten nicht. Das ist die ganze Tora und alles andere ist nur die Erläuterung.»

Genauso gut hätte er von «zwangsläufiger Empathie» sprechen können; das heißt, jeder, der nicht psychisch krank ist, spürt automatisch den Schmerz anderer. Das Gehirn, so argumentiert der Neurobiologe Donald W. Pfaff in seinem Buch *The Neuroscience of Fair Play*,[46] ist ein Organ, das nicht nur einfach in mehrere Bestandteile zerfällt, sondern in widerstreitende Teile. Wir wissen inzwischen viel über die molekularen und zellulären Grundlagen der Urangst, die als Reaktion auf stress- oder wuterzeugende Reize ausgelöst wird. Dagegen wirkt ein automatisches Abschalten angsterzeugender Gedanken, wenn geeignetes altruistisches Verhalten gezeigt wird. Ist ein Individuum im Begriff, sich feindselig und potenziell gewalttätig zu verhalten, so «löst» es sich psychologisch auf. Beim Schlagabtausch von Emotionen überträgt es seine eigene Identität ein Stück weit auf den anderen.

Das Gehirn unserer janusköpfigen Art ist ein höchst komplexes System sich kreuzender Nervenzellen, Hormone und Neurotransmitter. Es begründet Prozesse, die einander je nach Kontext unterschiedlich verstärken oder ausschalten.

Angst ist zum Teil eine Folge von Impulsen an die Amygdala, eine mandelförmige Struktur im Gehirn mit Verbindungen zu Nervenbahnen, die gleichzeitig zu Angst, der Erinnerung an Angst und der Unterdrückung von Angst beitragen. Signale, die durch diese Verbindungen gehen, werden verarbeitet und dann an andere Teile des Vorder- und Mittelhirns weitergeleitet. Offenbar kommen die Emotionen der Angst aus der Amygdala, komplexere Angstgedanken über eine bestimmte Person oder einen Gegenstand entstammen aber eher den informationsverarbeitenden Zentren des Zerebralcortex.

Ein zweiter Hinweis darauf, nach welchen Automatismen die Angst- und Wutunterdrückung verläuft, wurde in den Kreisläufen des vorderen singulären Cortex und der Insula gefunden, die die emotionale Reaktion auf Schmerzempfindung regeln. Diese Nervenbahnen betreffen nicht nur die Reaktion auf eigenen Schmerz, sondern auch die Wahrnehmung von Schmerzen anderer Personen.

Pfaff ist ein namhafter Wissenschaftler, der sehr zurückhaltend dabei ist, solche Bruchstücke der neueren Hirnforschung so zusammenzusetzen, dass dabei ein Gesamtbild entsteht. Dennoch weiß auch er, wie hilfreich es ist, eine zumindest plausible Arbeitsthese zu einem Phänomen aufzustellen, dessen Bedeutung für das Verständnis des menschlichen Verhaltens derart unabweisbar ist. Die in die Gehirnbahnen eingebaute «Unschärferelation», die wahlweise durch Angst, mentalen Stress oder andere Emotionen ausgelöst werden kann, ermöglicht ein nahezu grenzenloses Spektrum ethisch akzeptabler Verhaltensentscheidungen. Pfaff illustriert diesen Prozess mit einem einleuchtenden Beispiel:

Die Theorie enthält vier Schritte. Im ersten Schritt erwägt eine Person eine bestimmte Handlung gegenüber einer anderen; Frau Abbott erwägt zum

Beispiel, Herrn Besser mit einem Messer in den Bauch zu stechen. Bevor die Handlung umgesetzt wird, wird sie wie jede Handlung im Gehirn des planenden Täters repräsentiert. Für das andere Individuum wird sie Folgen haben, die der angehende Täter verstehen, voraussehen und memorisieren kann. Zweitens stellt Frau Abbott sich das Ziel dieser Handlung vor, Herrn Besser. Drittens folgt der entscheidende Schritt: Sie verwischt den Unterschied zwischen der anderen Person und sich selbst. Statt die Folgen ihrer Tat auf Herrn Besser und die grausigen Auswirkungen auf dessen Eingeweide zu beziehen, hebt sie die mentale und emotionale Trennung zwischen seinen Eingeweiden und ihren eigenen auf. Der vierte Schritt ist dann die Entscheidung. Es ist jetzt weniger wahrscheinlich, dass Frau Abbott Herrn Besser angreift, weil sie seine Angst teilt (oder genauer gesagt die Angst, die er hätte, wenn er wüsste, was sie vorhat).

Für den Neurowissenschaftler weist diese Erklärung einer ethisch begründeten Entscheidung der angehenden Messerstecherin ein sehr attraktives Merkmal auf: Es geht hier nur um den Verlust von Information und nicht um die aufwändige Aufnahme oder Speicherung neuer Information. Das Erlernen komplexer Informationen und ihre Speicherung im Gedächtnis sind willentliche, mühsame Prozesse, aber der Verlust von Informationen scheint ganz ohne Probleme vonstattenzugehen. Die Schwächung von irgendeinem der vielen Mechanismen, die am Gedächtnis mitwirken, kann die Verwischung der Identität erklären, die dieser Theorie zugrunde liegt. In dem Beispiel von Frau Abbott und Herrn Besser bewirkt diese Identitätsverwischung – eigentlich ein Individualitätsverlust –, dass die Angreiferin sich zeitweise in die andere Person hineinversetzt. Sie vermeidet eine unmoralische Handlung, weil sie die Angst des anderen teilt.

Sollte sich diese Erklärung für eine moralisch begründete Entscheidungsfindung erhärten, so wird sie sich auf das Verständnis der Evolutionsbiologie für die Gruppenselektion niederschlagen. Der Mensch neigt zur Moralität – das Richtige zu tun, sich zurückzuhalten, anderen zu helfen, manchmal sogar auf eigenes Risiko –, weil die natürliche Selektion diese Interaktionen zwischen Gruppenmitgliedern gefördert hat, insofern sie der Gruppe als Ganzem nützen.

Neben dem Aufkommen instinktiver Empathie kann die Gruppenselektion zumindest teilweise auch die Kooperation erklären, ein noch wichtigeres Merkmal der menschlichen Natur.

2002 umrissen Ernst Fehr und Simon Gächter das wissenschaftliche Problem ganz klar: «Menschliche Kooperation ist ein evolutionäres Rätsel. Anders als andere Lebewesen kooperieren Menschen häufig mit genetisch nicht verwandten Fremden, häufig in großen Gruppen, mit Menschen, denen sie nie wieder begegnen werden, und selbst wenn der Gewinn in Hinsicht auf die Fortpflanzung gering ausfällt oder ganz fehlt. Als Erklärung für diese Kooperationsmuster taugen weder die Evolutionstheorie der Verwandtenselektion noch die egoistischen Motive, die mit der Zeichentheorie oder der Theorie des reziproken Altruismus assoziiert werden.»[47]

Die Verwandtenselektion kann, wie ich bereits dargelegt habe, das besagte Paradox nicht klären. Es ist eventuell denkbar, dass sie in den Verbänden der frühen Jäger und Sammler funktioniert hätte, weil dort wegen der wenigen Beteiligten die Verwandtschaft zwischen den Gruppenmitgliedern relativ eng war. Doch mathematische Analysen haben gezeigt, dass die Verwandtenselektion an sich als Antriebskraft der Evolutionsdynamik unbrauchbar ist. Wenn eng verwandte Individuen zusammentreffen, so dass Kooperatoren mit höherer Wahrscheinlichkeit auf andere genetische Kooperatoren treffen, so wird dadurch das Aufkommen von Kooperation keineswegs automatisch gefördert. Nur die Gruppenselektion, bei der Gruppen mit mehr Kooperatoren gegen Gruppen mit weniger Kooperatoren antreten, kann zu einer Verschiebung auf Artenebene führen, so dass die instinktive Kooperation in Ausmaß und Anzahl zunimmt.

In den ersten zehn Jahren des 21. Jahrhunderts konzentrierten Biologen und Anthropologen sich stark auf die Evolution der Kooperation. Ihre Schlussfolgerung lautet, dass das Phänomen in der Vorgeschichte der Menschheit durch eine Mischung angeborener Reaktionen aufkam. Diese Reaktionen umfassen das Streben des Individuums nach höherem Status, die Nivellierung hochrangiger Individuen durch die Gruppe sowie der Impuls zu Strafe und Vergeltung für diejenigen, die sich zu weit von den Gruppennormen entfernen. Jede dieser Verhaltensweisen enthält Elemente von Egoismus *und* Altruismus. Alle sind in Ursache und Wirkung miteinander verbunden, und alle sind auf Gruppenselektion zurückzuführen.[48]

Das Gewirr von Impulsen, die im bewussten Gehirn aufkommen, wurde von Steven Pinker in *Das unbeschriebene Blatt* (2002) sorgfältig katalogisiert:

Die ablehnenden Emotionen, die zur Verurteilung anderer Menschen führen – Verachtung, Ärger und Abscheu –, veranlassen uns, Betrüger zu bestrafen. Die anerkennenden Emotionen, die zur Akzeptanz anderer Menschen führen – Dankbarkeit und eine Emotion, die man als Erhebung, moralische Hochachtung oder Rührung bezeichnen könnte –, veranlassen uns, Altruisten zu belohnen. Die sympathischen Emotionen, die Einblick in das Leiden anderer Menschen gewähren – Mitgefühl, Mitleid und Empathie –, veranlassen uns, denen zu helfen, die unserer Hilfe bedürfen. Die selbstbezogenen Emotionen schließlich, die sich mit den eigenen negativen Aspekten befassen – Schuld, Scham und Verlegenheit –, veranlassen uns, auf Betrug zu verzichten oder seine Auswirkungen wieder gutzumachen.[49]

Die Früchte des seltsamen Erbes, das den menschlichen Geist steuert, sind ständige Ambivalenz und Mehrdeutigkeit. Mensch zu sein heißt auch, andere herabzusetzen, insbesondere diejenigen, die scheinbar mehr bekommen, als sie verdienen. Selbst unter Eliten werden noch subtile Spiele gespielt, um den eigenen Status weiter zu erhöhen und gleichzeitig durch die immer neuen Reihen eifersüchtiger Rivalen hindurchzusteuern. Benimm dich bescheiden, immer bescheiden, lautet die unbedingte Strategie – ein durchaus heikles Unterfangen. Schon der Essayist François de La Rochefoucauld beobachtete im 17. Jahrhundert: «Mäßigung ist die Furcht, dem Neid und der Verachtung anheimzufallen, die diejenigen verdienen, die ihr Glück trunken macht; es ist eine eitle Zurschaustellung unserer Geisteskraft; bei Menschen in höchster Stellung schließlich ist Mäßigung ein Wunsch, dem Schicksal überlegen zu erscheinen.»[50]

Nützlich ist es auch, seinen Ruf durch eine Strategie zu verbessern, die in der Forschung als indirekte Reziprozität bezeichnet wird: Demnach wird einem Individuum sogar dann der Ruf von Altruismus und Kooperationsbereitschaft zugestanden, wenn die Handlungen, auf denen das beruht, gar nicht überdurchschnittlich sind. «Tue Gutes und rede darüber», sagt das Sprichwort. Das öffnet Türen, und Gelegenheiten für Freundschaften und Bündnisse mehren sich.[51]

Da alle das Spiel kennen, durchkreuzt es gerne, wem sich eine risikofreie Gelegenheit dafür bietet. Wir sind höchst sensibel für Unehrlichkeit und immer bereit, diejenigen herabzusetzen und in ihre Schranken zu weisen, die bei ihrem Aufstieg keine ganz perfekte Bilanz aufzuweisen haben. Allen «Gleichmachern», das heißt so gut wie jedem, steht dafür ein großartiges Arsenal zur Verfügung. Sie können sticheln, lächerlich machen, parodieren und auslachen – zum Schaden der allzu hochnäsigen Ehrgeizlinge. Diese Herabsetzung ist eine Kunst, für die man Witz braucht, das Salz in einer Unterhaltung, das nie würzig genug sein kann. Eines der berühmtesten Beispiele in dieser Hinsicht ist wohl die schlagfertige Antwort von Samuel Foote an John Montagu, den vierten Earl von Sandwich, der ihn gewarnt hatte, er würde entweder am Schanker sterben oder durch den Strick: «My Lord, das wird davon abhängen, ob ich mich an Euer Durchlaucht Geliebte halte oder an Euer Durchlaucht Moral.»[52]

Natürlich bewirkt menschliche Kooperation sehr viel mehr als nur die wirksame und vorsorgliche Demontage von Anmaßung. Alle gesunden Menschen sind zu echtem Altruismus in der Lage. Unter allen Tieren sind wir die Einzigen, die in solchem Ausmaß ihre Kranken und Verletzten pflegen, die Armen unterstützen, Hinterbliebene trösten und sogar bereitwillig unser eigenes Leben riskieren, um Fremde zu retten. So mancher Helfer in einem Notfall hinterlässt nicht einmal seinen Namen. Und wenn doch, so tun sie ihr Heldentum als ganz grundlos ab: «Das war doch das Mindeste» oder «Ich habe doch nur getan, was ich mir von anderen auch erwarten würde.»[53]

Authentischer Altruismus ist eine Realität, erklären Samuel Bowles und andere Forscher. Er stärkt Macht und Wettbewerbsfähigkeit von Gruppen, und im Lauf der menschlichen Evolution wurde er auf Gruppenebene durch natürliche Selektion gefördert.[54]

Weitere Studien lassen vermuten (wenngleich der Beweis noch aussteht), dass selbst Gleichmacherei für die fortgeschrittensten modernen Gesellschaften von Vorteil ist. Wo die Bürger die beste Lebensqualität genießen – von Bildung und medizinischer Versorgung über Verbrechensbekämpfung bis zum kollektiven Selbstbewusstsein –, besteht auch der geringste Einkommensunterschied zwischen den reichsten und ärmsten Bürgern. 2009 analysierten Richard Wilkinson und Kate Pickett 23 der reichsten Länder der Welt und US-Bundesstaaten und stellten fest, dass Japan, die skandinavischen Länder und der US-Staat New Hampshire sowohl die geringsten Vermögensunterschiede aufwiesen als auch den durchschnittlich höchsten Lebensstandard. Ganz unten in der Liste rangierten Großbritannien, Portugal und der Rest der USA.[55]

Es verschafft uns eine tiefe Befriedigung, wenn wir nicht einfach nur gleichmachen und kooperieren. Außerdem gefällt es uns, wenn diejenigen bestraft werden, die nicht kooperieren (Schmarotzer, Kriminelle) oder auch nur keinen statusgemäßen Beitrag zur Gemeinschaft leisten (reiche Müßiggänger). Der Impuls, das Böse zu Fall zu bringen, wird in der Regenbogenpresse und im Krimi voll bedient. Es zeigt sich, dass wir nicht nur Übeltäter und Faulenzer unbedingt bestraft haben wollen; wir tragen zur Erteilung der gerechten Strafe auch gerne selbst bei – sogar auf eigene Kosten. Einen Autofahrer ausschimpfen, der bei Rot über die Ampel fährt, den Chef auspfeifen, eine Straftat anzeigen – das machen viele, selbst wenn sie die Schuldigen gar nicht persönlich kennen und wenn ihnen für ihren guten Bürgersinn Kosten drohen, und sei es nur der Zeitverlust.[56]

Im Gehirn aktiviert die Erteilung solcher «altruistischer Strafen» beidseitig die vordere Insula, eine Gehirnregion, die auch auf Schmerz, Wut und Ekel reagiert. Der Gesellschaft nützen sie, weil sie für Ordnung sorgen und dafür, dass die Ressourcen der Öffentlichkeit weniger egoistisch genutzt werden. Das liegt nicht daran, dass der Altruist ständig Bilanzen durchrechnet. Er hat höchstens eine vage Vorstellung von den ultimaten Auswirkungen auf ihn selbst und seine Verwandtschaft. Echter Altruismus beruht auf einem biologischen Instinkt für das Allgemeinwohl des Stammes, der über Gruppenselektion entwickelt wurde, weil Gruppen aus Altruisten in vorgeschichtlicher Zeit Gruppen von Individuen in egoistischer Unordnung überlegen waren. Unsere Art ist kein *Homo oeconomicus*. Unterm Strich zeigt sich, dass sie komplizierter ist und interessanter. Wir sind der *Homo sapiens*, unvollkommene Wesen, die sich aufgrund gegensätzlicher Impulse durch eine unvorhersagbare, unerbittlich bedrohliche Welt kämpfen und das Beste machen aus dem, was sie haben.

Und jenseits der gewöhnlichen altruistischen Instinkte ist sogar noch etwas anzutreffen: zerbrechlich und flüchtig, aber für jeden, der die betreffende Erfahrung gemacht hat, außerordentlich prägend. Ich meine *Ehre*, ein Gefühl, das aus angeborener Empathie und Kooperationsbereitschaft entstanden ist. Hier ruht die letzte Altruismus-Reserve, die uns vielleicht noch retten kann.

Ehre ist natürlich eine zweiseitige Medaille. Auf der einen Seite stehen Hingabe und Opferbereitschaft im Krieg. Diese Reaktionen beruhen auf dem Urinstinkt der Gruppe, sich dem Feind zu stellen und gegen ihn zu verteidigen, wenn er als Bedrohung für die Gruppe empfunden wird. Perfekt erfasst hat die entsprechende Stimmung 1914 der junge englische Dichter Rupert Brooke, bevor der Erste Weltkrieg seinen unsäglichen Schrecken zeigte, in dem er selbst zu Tode kam.

> Blast, Trompeten, blast! Sie brachten uns Darbenden
> das so lang entbehrte Heilige und Liebe und Schmerz.
> Als Königin ist die Ehre zurückgekehrt auf die Erde

> und beschenkt ihre Untertanen mit königlichem Lohn.
> Und Edelmut wandelt wieder unter uns;
> wir haben unser Erbe angetreten.

Die andere Seite der Medaille zeigt die Ehre des Einzelnen, der der Menge gegenübersteht und manchmal auch einer vorherrschenden Moral oder gar einer Religion. Elegant bringt das Kwame Anthony Appiah in seinem Buch *Eine Frage der Ehre* zum Ausdruck, in dem er den Widerstand Einzelner sowie von Minderheiten gegen organisierte Ungerechtigkeit beschreibt:

Vielleicht fragen Sie angesichts dieser Geschichten, ob denn die Ehre hier etwas bewirkt, was nicht schon die Moral fordert. Schon moralisches Empfinden wird Soldaten davon abhalten, die Menschenwürde von Gefangenen zu verletzen. Und es wird sie veranlassen, das Tun derer zu missbilligen, die Gefangene misshandeln. Aufgrund moralischen Empfindens können auch Frauen, die auf schlimmste Weise missbraucht worden sind, wissen, dass ihre Vergewaltiger eine Strafe verdienen. Aber es bedarf eines Gefühls für Ehre, um als Soldat nicht nur richtig zu handeln und falsches Tun zu verurteilen, sondern auch etwas zu unternehmen, wenn andere auf der eigenen Seite niederträchtige Dinge tun. Es bedarf eines Gefühls für Ehre, um sich durch das Tun anderer mitbetroffen zu fühlen.

Und es bedarf eines Gefühls für die eigene Würde, um gegen alle Widerstände auf dem eigenen Recht auf Gerechtigkeit zu beharren in einer Gesellschaft, die den Frauen solche Gerechtigkeit nur selten gewährt. Und eines Gefühls für die Würde aller Frauen, um auf die eigene brutale Vergewaltigung nicht nur mit Empörung und dem Wunsch nach Rache zu reagieren, sondern auch mit dem festen Entschluss, das eigene Land zu verändern, damit die Frauen dort mit dem Respekt behandelt werden, der ihnen zusteht. Wer solche Entscheidungen trifft, entscheidet sich für ein Leben voller Schwierigkeiten und oft sogar voller Gefahren. Aber auch und keineswegs zufällig für ein ehrenvolles Leben.[57]

Das naturalistische Verständnis der Moral führt nicht zu absoluten Vorschriften und Gewissheiten, sondern warnt davor, diese blind auf Religion und ideologischem Dogma fußen zu lassen. Sind solche Vorschriften verfehlt, was nicht gerade selten ist, dann liegt das normalerweise an der Unkenntnis derer, die sie erlassen: Irgendein wichtiger Faktor wurde bei der Ausformulierung versehentlich übersehen. Nehmen wir zum Beispiel das päpstliche Verbot gegen künstliche Empfängnisverhütung. Den Entschluss traf – sicher mit den besten Absichten – eine einzelne Person, Papst Paul VI. in seiner Enzyklika *Humanae Vitae*. Seine Begründung klingt zunächst völlig vernünftig. Gott, so sagt er, möchte, dass der Geschlechtsverkehr allein dem Ziel dient, Kinder zu zeugen. Die Logik in *Humanae Vitae* ist aber falsch: Sie lässt einen entscheidenden Punkt aus. Unzählige Beweise aus Psychologie und Fortpflanzungsbiologie, viele davon seit den 1960er Jahren bekannt, zeigen, dass Geschlechtsverkehr noch einen weiteren Zweck erfüllt. Beim Menschen sind die äußeren Geschlechtsmerkmale der Frau verborgen, die Brunstzeit ist damit unsichtbar – anders als bei den Weibchen anderer Primatenarten. Sowohl Männer als auch Frauen fördern, sobald sie aneinander gebunden sind, beständigen, häufigen Geschlechtsverkehr. Es handelt sich dabei um eine genetische Adaption: Sie stellt sicher, dass die Frau und ihr Kind vom Vater unterstützt werden. Für die Frau ist die Verbindlichkeit, die durch lustvollen nichtreproduktiven Verkehr gesichert wird, bedeutsam und in vielen Umständen sogar überlebenswichtig. Damit ein Kleinkind sein komplexes Gehirn und seine hohe Intelligenz ausbilden kann, durchläuft es während der Entwicklung eine ungewöhnlich lange Zeit der Hilflosigkeit. Die Mutter kann von der Gemeinschaft, selbst in den eng verwobenen Gruppen der Jäger und Sammler, keine gleichwertige Unterstützung erwarten wie die, die sie von einem sexuell und emotional gebundenen Geschlechtspartner erhält.

Ein zweites Beispiel dafür, wie dogmatische Ethik aus mangelndem Wissen in die Irre führt, ist die Homophobie. Im Grunde ist der Gedankengang derselbe wie bei der Ablehnung der Pille: Sex, der nicht der Fortpflanzung dient, muss abartig, muss Sünde sein. Unzählige Belege aber erweisen das Gegenteil. Feste Homosexualität, die sich bereits in der Kindheit bemerkbar macht, ist erblich. Das Merkmal ist zwar nicht immer fixiert, aber zum Teil wird die erhöhte Wahrscheinlichkeit, dass sich eine Person zum Homosexuellen entwickelt, von anderen Genen vorgeschrieben als denen, die zur Heterosexualität führen. Zudem weiß man inzwischen, dass die erblich bedingte Homosexualität weltweit zu häufig auftritt, als dass sie allein auf Mutationen zurückzuführen sein kann. In der Populationsgenetik gibt es eine Faustregel für Frequenzen in dieser Größenordnung: Kann ein Merkmal nicht ausschließlich zufälligen Mutationen zugeschrieben werden, so muss es, obwohl es die Fortpflanzung seiner Träger einschränkt oder ganz verhindert, von der natürlichen Selektion gefördert werden, die also an einem anderen Ziel angreift. So wäre etwa denkbar, dass ein geringer Anteil von Genen, die zur Homosexualität veranlagen, einem praktizierenden Heterosexuellen im Selektionskampf Vorteile verleiht. Oder aber Homosexualität bringt der Gruppe einen Vorteil, weil sie besondere Talente, ungewöhnliche Persönlichkeitsmerkmale, gesonderte Rollen und spezielle Berufe hervorbringt. Es gibt umfassende Hinweise darauf, dass das sowohl in schriftlosen wie in modernen Gesellschaften der Fall ist. Jedenfalls sind Gesellschaften schlecht beraten, Homosexualität deshalb abzulehnen, weil Schwule und Lesben andere sexuelle Vorlieben haben und weniger Kinder bekommen. Stattdessen sollten wir sie wertschätzen für das, was sie konstruktiv zur menschlichen Vielfalt beitragen. Eine Gesellschaft, die Homosexualität verurteilt, schadet sich selbst.

Ein Prinzip lässt sich aus den biologischen Ursprüngen des moralischen Denkens ableiten: Abgesehen von den klarsten ethisch-moralischen Vorschriften, etwa der Ablehnung von Sklaverei, Kindesmissbrauch und Genozid, gegen die nach allgemeinem Einverständnis überall ausnahmslos vorgegangen werden muss, gibt es eine breite Grauzone, die an sich schwer zu überblicken ist. Daraus ethische Vorschriften und Urteile abzuleiten, setzt vollständige Einsicht in die Gründe voraus, zu diesem Thema so oder so zu denken, und dazu gehört auch die

Biologie der damit verbundenen Emotionen. Diese Hinterfragung hat noch nicht stattgefunden. Eigentlich ist noch selten jemand überhaupt auf diesen Gedanken gekommen.

Wenn wir uns erst besser selbst verstehen, wie werden wir dann über Moral und Ehre denken? Ich bin mir ganz sicher, dass in vielen Fällen, vielleicht sogar in deren großer Mehrzahl, die Vorschriften, die heute die meisten Gesellschaften teilen, den biologischen Realismustest bestehen werden. Andere, etwa das Verbot der künstlichen Befruchtung, die Verurteilung homosexueller Vorlieben und die Zwangsverheiratung junger Mädchen, werden durchfallen. Egal, wie das Ergebnis ausfallen wird, klar scheint jedenfalls, dass es der philosophischen Ethik guttun wird, wenn ihre Vorschriften auf Basis sowohl der Naturwissenschaften als auch der Kultur neu begründet werden. Wenn dieses tiefere Verständnis zu dem «moralischen Relativismus» führt, den die dogmatisch Rechtschaffenen so leidenschaftlich schmähen, dann soll es mir recht sein.

25.
DER URSPRUNG DER RELIGION

Seit dem ausgehenden 20. Jahrhundert spitzt sich der Harmagedon im Konflikt zwischen Naturwissenschaft und Religion deutlich zu (wenn mir diese starke Metapher nachgesehen wird). Es geht darum, dass die Naturwissenschaft die Religion von Grund auf zu erklären versucht – nicht als unabhängige Realität, in der die Menschheit ihren Platz sucht, nicht als Gehorsam gegenüber einer göttlichen Macht, sondern als Produkt der Evolution durch natürliche Selektion. Im Grunde geht es in dem Kampf nicht um Menschen, sondern um Weltanschauungen. Menschen sind nicht verfügbar, Weltanschauungen schon.

Wurde der Mensch erschaffen nach dem Bild Gottes, oder wurde Gott nach dem Bild des Menschen erschaffen? Das ist der Kern des Dissenses zwischen Religion und wissenschaftlich begründetem Atheismus. Für welche Option man sich entscheidet, wirkt sich tiefgreifend auf das Selbstverständnis des Menschen und auf den Umgang mit den Mitmenschen aus. Wenn Gott den Menschen nach seinem Bild geschaffen hat, wie es die Schöpfungsmythen und Darstellungen der meisten Religionen suggerieren, so lässt sich vernünftigerweise davon ausgehen, dass ihm persönlich an den Menschen gelegen ist. Hat aber Gott die Menschheit nicht nach seinem Bild geschaffen, dann kann es sehr gut sein, dass das Sonnensystem in den ungefähr 10^{36} Sternensystemen des Universums keine große Besonderheit ist. Wäre diese Annahme weithin verbreitet, so würde die Zugehörigkeit zu den organisierten Religionen rapide abnehmen.

Kommen wir also zur ultimaten Frage, die die Theologen meines Erachtens jahrhundertelang ohne Not verkompliziert haben. Gibt es Gott? Und wenn es ihn gibt, ist es ein persönlicher Gott, einer, zu dem wir beten können in der Erwartung, dass er uns antwortet? Und wenn ja, können wir dann erwarten, dass wir unsterblich sind und, sagen wir für den Anfang, die nächsten Billionen Billionen Jahre in Frieden und Freude leben werden?

An diesen Grundfragen entlang vertiefte sich im Laufe des 20. Jahrhunderts die Kluft zwischen religiös Gläubigen und atheistischen Wissenschaftlern. 1910 ergab eine Erhebung unter angesehenen Wissenschaftlern im *American Men of Science*, dass immerhin 32 Prozent von ihnen an einen persönlichen Gott glaubten und 37 Prozent an die Unsterblichkeit. Als die Erhebung 1933 wiederholt wurde, glaubten nur noch 13 Prozent an Gott und 15 Prozent an die Unsterblichkeit. Die Tendenz ist weiter fallend. 1998 gingen die Werte für die Mitglieder der US-Akademie der Wissenschaften, ein vom Bund gesponserter Verband von Elite-Forschern, gegen null. Nur 10 Prozent gaben an, entweder an Gott oder an die Unsterblichkeit zu glauben. Zu ihnen gehörten gerade einmal zwei Prozent der Biologen.[58]

In modernen Gesellschaften hat es allgemein keine übergeordnete Bedeutung mehr, ob man einer organisierten Religion angehört. Das bezeugen etwa die erheblichen religiösen Unterschiede zwischen den Menschen in den USA und in Europa. Umfragen aus den späten 1990er Jahren ergaben, dass über 95 Prozent der Amerikaner an Gott oder irgendeine universelle Lebenskraft glaubten, gegenüber 61 Prozent der Briten. 84 Prozent der Amerikaner glauben an Jesus als Gott oder Gottes Sohn, aber nur 46 Prozent der Briten tun das. 1979 glaubten laut einer Umfrage 70 Prozent der Amerikaner an ein Leben nach dem Tod, aber nur 46 Prozent der Italiener, 43 Prozent der Franzosen und 35 Prozent der Skandinavier. Beinahe 45 Prozent der Amerikaner gehen heute noch mehr als einmal pro Woche in die Kirche, gegenüber 13 Prozent der Briten, 10 Prozent der Franzosen, 3 Prozent der Dänen und 2 Prozent der Isländer.[59]

Ich werde oft gefragt, worauf diese Unterschiede zwischen den Kontinenten zurückzuführen sind, obwohl doch die meisten Amerikaner europäischer Abkunft sind. Für viel Verwunderung sorgen auch immer wieder die weit verbreitete wörtliche Auslegung der Bibel und die Tatsache, dass die Hälfte der US-Bevölkerung die biologische Evolution leugnet. Ich wurde selbst als Südlicher Baptist erzogen, in einer evangelikalen Gruppierung also, der auch ein Großteil der amerikanischen christlichen Fundamentalisten angehören, und so kenne ich sehr gut die Macht der King-James-Bibel, die menschliche Wärme und Großmut der unter ihr Vereinten und das Gefühl des Ausgeliefertseins in einer Kultur, die in ihren Augen immer gottloser wird. Die unbestechliche, unwiderlegbare Bibel bedient alle geistlichen Bedürfnisse. Ihre hehren Worte sind ein nie versiegender Quell von Sinn. In einsamen Momenten findet der Gläubige darin Geleit, im Kummer findet er Trost, und auf einem moralischen Irrweg erwartet er Erlösung. «Welch ein Freund ist Jesus», tönt ein beliebtes Kirchenlied, «der uns unsre Sünden trägt! Welch ein Glück: Wir dürfen alles auf Gott werfen im Gebet!» Es gibt historische Gründe, aus denen es in Amerika so viele fundamentalistische Protestanten gibt, und ich überlasse es den Historikern, sie darzulegen. Wer aber glaubt, seine Kultur drohe unter dem Gelächter der Vernunft zu zerbrechen, dem sage ich: Denk noch einmal nach. Es gibt Umstände, unter denen intelligente, gebildete Menschen ihre Identität und den Sinn ihres Lebens mit ihrer Religion gleichsetzen, und das ist ein solcher Umstand.

Wenn ein persönlicher Gott oder mehrere Götter oder immaterielle Geister gewissermaßen nicht allgemein anerkannt sind, wie wäre es dann mit einer göttlichen Macht als Schöpfer des Universums? Könnten wir alle so einen Schöpfer verehren – auch wenn er sich nicht besonders um uns kümmern würde? So lautet das Argument des Deismus: Die materielle Existenz begann, weil etwas oder jemand das wollte. Wenn das stimmt, liegt der Grund für die Erschaffung des Universums bis heute im Dunkeln – 13,7 Milliarden Jahre nach dem Urknall. Ein paar ernsthafte Wissenschaftler argumentieren, dass es zumindest einen Schöpfergott gegeben haben muss. Kern ihrer Überlegung ist das anthropische Prinzip, dem zufolge die Gesetze der Physik und ihre Parameter genau austariert werden mussten, damit das Sternensystem sich entwickeln und das kohlenstoffbasierte Leben darin evolvieren konnte. Das ist in dem grundlegend habitablen Universum der Fall, das uns mit seinen physikalischen Einheiten und Kräften umgibt – nicht zu viel hiervon, nicht zu viel davon. Wäre zum Beispiel der Urknall ein kleines bisschen stärker ausgefallen, so wäre die Materie zu schnell explodiert, als dass sich Sterne und Planeten hätten bilden können. Zugegeben, das anthropische Prinzip lässt aufhorchen. Doch der Historiker Thomas Dixon erläutert die Probleme:

Woher wissen wir, ob wir über irgendeine gegebene Konfiguration physikalischer Konstanten staunen müssen? Ist denn nicht jede Kombination im Grunde unendlich unwahrscheinlich? Und woher wissen wir überhaupt, dass diese Konstanten frei variieren können, so wie diese Argumentation es annimmt, und dass sie nicht einfach von Natur aus fixiert sind oder auf eine Weise zusammenhängen, die wir nicht durchschauen? Und sollte die heute angenommene Existenz von Billionen anderer Universen, gemessen an ihrer schier möglichen Existenz, wirklich bewirken, dass wir weniger staunen über die Existenz und die physikalische Gestalt unseres eigenen Universums (angenommen, wir hätten anfangs gestaunt, was ich ehrlich gesagt gar nicht getan habe)?[60]

Dieses Gegenargument spiegelt die Einsichten von David Humes Philosophie: «Ich habe in zu vielen anderen, uns weit vertrauteren Dingen die Unvollkommenheiten, ja Widersprüche der menschlichen Vernunft kennengelernt, als daß ich mir von ihren schwachen Hypothesen über einen so erhabenen und vom Kreis unserer Beobachtung so weit entfernten Gegenstand jemals irgendwelchen Erfolg versprechen könnte.»[61]

Nehmen wir an, entgegen diesen Überlegungen würden wir irgendwie die physikalischen Gesetze des Universums als Beweis für ein übernatürliches oberstes Wesen interpretieren. Dann wäre es ein riesiger Glaubenssprung, die biologische Geschichte, die sich auf diesem Planeten abgespielt hat, einem göttlichen Eingriff zuzuschreiben. Wenn die Beweise aus Biologie und Anthropologie irgendetwas zu bedeuten haben, dann wäre es ein ebenso großer Fehler, wie Platon und Kant universelle moralische Vorschriften zu formulieren, die unabhängig von den Idiosynkrasien des menschlichen Lebens existieren, also eine gottgewollte Moral, wie sie C. S. Lewis und andere christliche Apologeten so wortreich verfechten. Nein, wir haben guten Grund, den Ursprung von Religion und Moral als besondere Ereignisse in der Evolutionsgeschichte der Menschheit und mithin als Folge der natürlichen Selektion zu erklären.[62]

Vielfache Belege weisen darauf hin, dass organisierte Religion ein Ausdruck des Tribalismus ist. Jede Religion lehrt ihre Anhänger, dass sie auserwählt sind und dass ihre Schöpfungsgeschichte, ihre Moralvorschriften und ihre göttlich gewährten Privilegien denen aus anderen Religionen überlegen sind. Wohltätigkeit und andere altruistische Handlungen konzentrieren sich auf Religionsgenossen; wenn sie auch auf Außenstehende ausgedehnt werden, dann gewöhnlich aus missionarischen Gründen und um damit den Stamm und seine Verbündeten zu stärken. Kein religiöser Anführer fordert je dazu auf, rivalisierende Religionen kennenzulernen und sich für die zu entscheiden, die einem für sich persönlich und für die Gesellschaft am geeignetsten erscheint. Stattdessen ist der Konflikt zwischen Religionen häufig ein Katalysator, wenn nicht eine direkte Ursache für Kriege. Tief Gläubige stellen ihren Glauben über alles andere und brausen leicht auf, wenn er provoziert wird. Die Macht der organisierten Religionen beruht darauf, dass sie soziale Ordnung und persönliche Sicherheit zu festigen helfen, nicht aber auf ihrem Beitrag zur Wahrheitssuche. Ziel der Religionen ist die Unterwerfung unter den Willen und das Allgemeinwohl des Stammes.

Die mangelnde Logik von Religionen ist keine Schwäche, sondern ihre wesentliche Stärke. Die Akzeptanz der bizarren Schöpfungsmythen bindet die Mitglieder aneinander. In den verschiedenen großen christlichen Konfessionen findet sich der Glaube, dass diejenigen, die all ihr Wollen Jesus anheimstellen, schon bald leiblich in den Himmel auffahren werden, während die Zurückgebliebenen tausend Jahre Leid erwartet, bis die Welt untergeht. Eine rivalisierende Glaubensrichtung sieht das anders, empfiehlt aber die Kommunion mit Christus auf Erden, indem man sein Fleisch isst und sein Blut trinkt – was durch den Akt der Transsubstantiation beides wörtlich zu nehmen ist. Wenn Außenstehende solche Dogmen offen in Frage stellen, gilt das als Einmischung in die Privatsphäre und als persönliche Beleidigung. Und wer sich als Anhänger einen Zweifel erlaubt, macht sich der Häresie schuldig.

Ein derart starker Stammesinstinkt konnte in der realen Welt nur durch die Evolution über Gruppenselektion aufkommen, also im Kampf von Stamm gegen Stamm. Die charakteristischen Eigenschaften der Religiosität sind die logische Folge aus dem Wirken der dynamischen Kräfte auf dieser höheren Ebene biologischer Organisation.

Das Herzstück der traditionellen organisierten Religionen sind ihre Schöpfungsmythen. Wo in der Geschichte der wirklichen Welt haben sie ihren Ursprung? Die einen stammen teilweise aus volkstümlichen Erinnerungen an prägende Ereignisse – etwa ein Auszug in neue Siedlungsgebiete, gewonnene oder verlorene Kriege, Überschwemmungen oder Vulkanausbrüche. Über Generationen hinweg wurden sie ausgestaltet und ritualisiert. Der vermeintliche Auftritt göttlicher Wesen auf der Bühne verdankt sich den persönlichen Gedankenprozessen der Propheten und Gläubigen. Sie gehen davon aus, dass die Götter genauso fühlen, denken und planen wie sie selbst. Im Alten Testament etwa ist Jahwe verschiedentlich von Liebe, Eifersucht, Zorn und Rache getrieben – genauso wie seine sterblichen Kinder.

Der Mensch projiziert seine Menschlichkeit auch auf Tiere, Maschinen, Orte und selbst fiktive Wesen. Wo solche Übertragungen üblich waren, war es ein relativ einfacher Schritt von menschlichen Herrschern hin zu unsichtbaren göttlichen Wesen. Gott ist zum Beispiel in allen drei abrahamitischen Religionen (Judentum, Christentum und Islam) ein Patriarch ganz wie die Herrscher über die Wüstenstämme, bei denen diese Religionen aufkamen.[63]

Selbst noch die phantastischsten Elemente der Schöpfungsmythen – das Auftreten von Dämonen und Engeln, unsichtbaren Stimmen, die Auferstehung der Toten und das Innehalten der Sonne auf ihrer Bahn – sind leicht erklärbar: nicht nach physikalischen Gesetzen, sondern im Licht der modernen Physiologie und Medizin. Die Clanführer und Schamanen sprechen immer gern mit Göttern und Geistern, wenn sie träumen, unter dem Einfluss von Drogen halluzinieren oder bei Schüben von Geisteskrankheit. Besonders lebhaft sind Episoden des unwillkürlichen Erlebens in der Schlafparalyse, bei der ansonsten gesunde Menschen eine Nebenwelt voller bedrohlicher Ungeheuer und zerrüttender Angst betreten. Ein Patient des Psychologen J. Allan Cheyne beschreibt etwa «den Schatten einer sich bewegenden Gestalt mit vorgereckten Armen, der mit absoluter Sicherheit übernatürlich und böse war». Ein anderer Patient war sich genauso sicher, dass er beim Aufwachen ganz real «ein halb Schlangen-, halb Menschenwesen» vorfand, das ihm «unverständliche Laute ins Ohr schrie». Die überzeugenden Erlebnisse in der Schlafparalyse ähneln in ihrer Bildlichkeit stark den Eindrücken von Entführungen durch Außerirdische, die zumindest in einigen Fällen mit einer Hyperaktivität im Parietallappen des Gehirns assoziiert werden. Weiterhin berichten Patienten, während der Schlafparalyse das Gefühl gehabt zu haben, sie würden fliegen oder fallen oder ihren Körper verlassen. Die primäre Emotion dabei ist Angst, doch wandelt sie sich manchmal zu Aufregung, Erheiterung oder Verzückung.[64]

Eine noch größere Rolle dürften bei der Entstehung von Schöpfungsmythen halluzinogene Drogen spielen, unter deren Einfluss Illusionen zu längeren Geschichten werden, die von Symbolik durchzogen und nach der Wahrnehmung des Träumers mit mystischer Bedeutung aufgeladen sind. Schamanen und ihre Anhänger in primitiven Gesellschaften nutzen Drogen, um mit der Geisterwelt in Kontakt zu treten. Eine solche Substanz ist das besonders gut untersuchte Ayahuasca, ein Halluzinogen, das bei Eingeborenenstämmen im Amazonasbecken weit verbreitet ist. Unter dem Einfluss von Ayahuasca erfährt man lebhaft-realistische Visionen, die zunächst bunt durcheinandergewürfelt sind, aber dann in eine Art Geschichte münden. Verschiedentlich sieht man seltsame geometrische Muster, Jaguare, Schlangen und andere Tiere, außerdem den eigenen Tod und die Reise in eine andere Welt. Folgendes Beispiel stammt von einem Siona-Indio aus Kolumbien nach der Einnahme von *Yagé* (so die lokale Bezeichnung für Ayahuasca):

Aber dann kam eine alte Frau und wickelte mich in ein großes Gewand, ließ mich an ihrer Brust saugen, und dann flog ich davon, sehr weit weg, und plötzlich war ich an einem ganz hellen Ort, strahlend hell, und alles war da friedlich und heiter. Da, wo das Volk der Yagé lebt, wie wir, nur besser, da kommen wir am Ende hin.

Solche Visionen lassen sich als Eingang in den Himmel deuten. Es folgt eine Höllenvision, wie sie eine chilenische Drogenkonsumentin europäischer Abstammung erlebte. (Tiger sind hier Jaguare, die einheimischen Großkatzen in Südamerika.)

Zuerst lauter Tigergesichter. … Dann der Tiger. Der größte und stärkste von allen. Ich weiß (ich kann seine Gedanken lesen), dass ich ihm folgen muss. Ich sehe die Hochebene. Er geht entschlossen geradeaus. Ich folge ihm; aber als ich an den Rand des Abgrunds gelange und das Gleißen sehe, kann ich ihm nicht mehr folgen.

Sie blickt in eine runde Grube voll flüssigem Feuer; Menschen schwimmen darin.

Der Tiger will, dass ich da hingehe. Aber ich weiß nicht, wie ich hinunterkommen soll. Ich umklammere den Schwanz des Tigers, und er springt. Dank seiner Muskeln ist der Sprung geschmeidig und langsam. Der Tiger schwimmt durch das flüssige Feuer, ich sitze auf seinem Rücken ... Auf dem Tiger steige ich ans Ufer ... Da ist ein Krater. Wir warten eine Zeitlang, dann kommt es zu einem riesigen Ausbruch. Der Tiger sagt mir, ich soll mich in den Krater stürzen ...[65]

Diese blanken Visionen sind keineswegs bizarrer als diejenigen, die in den großen Weltreligionen als Grundwahrheiten gelten. Einige solche Visionen enthält auch die Offenbarung des Johannes, das letzte Buch der Bibel. Entstanden ist es im 1. Jahrhundert, wahrscheinlich 96 n. Chr., auf der griechischen Insel Patmos. In Johannes' Vision kehrt Jesus von seinem Himmelsthron zur Rechten Gottes zurück auf Erden und spricht durch die Stimme der Engel. Johannes wird von einer seltsamen Stimme aufgeschreckt.

Und ich wandte mich um, zu sehen nach der Stimme, die mit mir redete. Und als ich mich umwandte, sah ich sieben goldene Leuchter und mitten unter den Leuchtern einen, der war einem Menschensohn gleich, angetan mit einem langen Gewand und gegürtet um die Brust mit einem goldenen Gürtel. Sein Haupt aber und sein Haar war weiß wie weiße Wolle, wie der Schnee, und seine Augen wie eine Feuerflamme und seine Füße wie Golderz, das im Ofen glüht, und seine Stimme wie großes Wasserrauschen; und er hatte sieben Sterne in seiner rechten Hand, und aus seinem Munde ging ein scharfes, zweischneidiges Schwert, und sein Angesicht leuchtete, wie die Sonne scheint in ihrer Macht.[66]

Jesus ist bei seiner Wiederkunft (nicht bei der des Weltgerichts, die er dem Johannes hier erst verkündet) voller Zorn. Er ist unzufrieden über die sieben Gemeinden, für die die Leuchter stehen, und er schickt sich an, Mitglieder dieser Gemeinden niederzustrecken, die vom Glauben an ihn abgefallen sind. Er nennt sich das A und das O, der «die Schlüssel des Todes und der Hölle» hält. Besonders hasst Jesus die Werke der Nikolaïten. Und

25.1 Aufenthalt des Toten zu Hause und in der Geisterwelt. Wir sehen einen im Feuerrauch mumifizierten Stammesältesten in einem Kukukuku-Dorf auf Neuguinea im Kreis seiner Familie.

den abtrünnigen Gemeindemitgliedern auf Patmos, die auch zur Lehre der Nikolaïten übergetreten sind, droht er in scharfen Worten: «Tue Buße; wenn aber nicht, so werde ich bald über dich kommen und gegen sie streiten mit dem Schwert meines Mundes.»[67] In der Offenbarung des Johannes kündet Jesus durch die Stimme der Engel von Verzückung und Bedrängnis, vom Kampf zwischen den Mächten Gottes und des Satans, aus dem Gott schließlich siegreich hervorgeht.

Vielleicht wurde Johannes ja wirklich von Gott heimgesucht, wie er es berichtet. Sehr viel wahrscheinlicher aber ist es, dass er nach der Einnahme halluzinogener Drogen träumte – zu seiner Zeit war das in Südosteuropa und dem Nahen Osten noch eine weit verbreitete Praxis. Die stärksten dieser Rauschmittel wurden aus der schwarzen Tollkirsche *(Atropa belladonna)*, aus Stechapfel (der Gattung *Datura*), aus dem Mutterkornpilz *(Claviceps purpurea*, ein auf Gräsern und Getreide wachsender Pilz, aus dem sich LSD gewinnen lässt) und aus Hanf *(Cannabis sativa)* gewonnen.

Genauso gut könnte Johannes an Schizophrenie gelitten haben. Die Halluzinationen, die sie auslöst, sind mit Johannes'

25.2 Auf der Suche nach Visionen durch Selbstquälerei. Bei den Mandan-Indianern suchten in einem Ritual Krieger nach Visionen, indem sie sich Lederriemen durch das Fleisch zogen und so lange drehen ließen, bis sie ohnmächtig wurden.

Visionen vergleichbar: Stimmen und weitere Geräusche wie Gespräche und Befehle; diese werden manchmal als sehr mächtige und wichtige Gedanken empfunden, sind häufig beruhigend, aber gelegentlich auch bedrohlich. Die Wahnvorstellungen weiten sich auch zu längeren Geschichten aus und könnten zu phantastisch begründeten Weltanschauungen verschmelzen.[68] Der Fall des Sehers Johannes ist deshalb besonders wichtig, weil das Buch der Offenbarung, Höhe- und Schlusspunkt des Neuen Testaments, konservativen Evangelikalen als Handbuch dient. Johannes' Träume prägen zutiefst die Weltsicht von Millionen völlig gesunder und verantwortungsvoller Menschen und beeinflussen in unterschiedlichem Ausmaß ihre Lebensführung. Man mag seine Erklärungen vielleicht für wahr halten, aber nach meinem nüchternen Urteil klafft das Bild eines unheilvollen Jesus, der damit droht, Abtrünnige mit einem antiken Schwert

25.3 Anführer der Mandan Buffalo Bull Society.

zu zerschneiden, so weit mit dem übrigen Neuen Testament auseinander, dass ich eine einfache biologische Erklärung vorziehe.

Ohne sich von den übernatürlichen Annahmen der traditionellen Theologie beirren zu lassen, zeichnen jedenfalls heute Historiker gemeinsam mit anderen Gelehrten aus evolutionärer Perspektive die Schritte nach, die zu den hierarchischen und dogmatischen Strukturen moderner Religionen geführt haben.[69] Irgendwann in der späten Altsteinzeit begann der Mensch über seine eigene Sterblichkeit nachzudenken. Die frühesten bekannten Begräbnisstätten, die Zeichen der Ritualisierung tragen, sind 95 000 Jahre alt. Damals (oder schon früher) müssen die Lebenden gefragt haben: Wohin gehen alle diese Toten? Die Antwort hätte für sie dann auf der Hand gelegen. Die Gegangenen lebten weiter und besuchten die Lebenden regelmäßig wieder – in ihren Träumen. Die verstorbenen Verwandten lebten in der Geisterwelt der Träume und noch lebendiger in den durch Rauschmittel induzierten Halluzinationen, gemeinsam mit Verbündeten, Feinden, Göttern, Engeln, Dämonen und Ungeheuern.

Ähnliche Visionen ließen sich, wie spätere Gesellschaften herausfanden, auch durch Fasten, Erschöpfung und Selbstquälerei heraufbeschwören. Heute wie damals verlässt das Bewusstsein jedes Menschen im Schlaf den Körper und tritt in die Geisterwelt ein, die in der neuronalen Brandung seines Gehirns auftaucht.

Sehr früh schon traten Schamanen auf und übernahmen die Interpretation der Visionen, insbesondere ihrer eigenen, die sie als besonders bedeutsam einschätzten. Sie behaupteten, die Erscheinungen bestimmten über das Schicksal des Stammes. Man nahm an, die übernatürlichen Wesen hätten dieselben Emotionen wie lebende Menschen, und deshalb mussten sie durch Zeremonien verehrt und besänftigt werden. Man musste sie bei Übergangsriten um ihren Segen anflehen – beim Übergang ins Erwachsenenalter, bei Hochzeit und Tod. Mit der jungsteinzeitlichen Revolution und besonders beim Aufkommen von Staaten, als Handels- und Kriegsallianzen geschlossen wurden und verschiedene Stämme um die religiöse Vorherrschaft rangen, wurden manchmal auch die Götter übernommen.

Mit zunehmender sozialer Komplexität wuchs auch die Verantwortung der Götter für die Aufrechterhaltung der sozialen Stabilität, was ihre menschlichen Vertreter, die Priester, über politische Kontrolle von oben nach unten erreichten. Wirkten politische, militärische und religiöse Anführer zu diesem Zweck zusammen, so wurde das Dogma zur unverrückbaren Tradition. Setzten sich politische Revolutionen durch, so konnten sich religiöse Anführer in der Regel an die neuen Umstände anpassen – typischerweise schlugen sie sich auf die Seite der Aufständischen und milderten die Dogmen der alten Oberschicht ab.

Als sich bei den Israeliten die ersten Anfänge dessen herausbildeten, was sich später zu den mächtigen abrahamitischen Religionen entwickeln sollte, herrschten noch viele Götter über das auserwählte Volk. In Psalm 86,8 etwa heißt es: «Herr, es ist dir keiner gleich unter den Göttern, und niemand kann tun,

Der Ursprung der Religion . 319

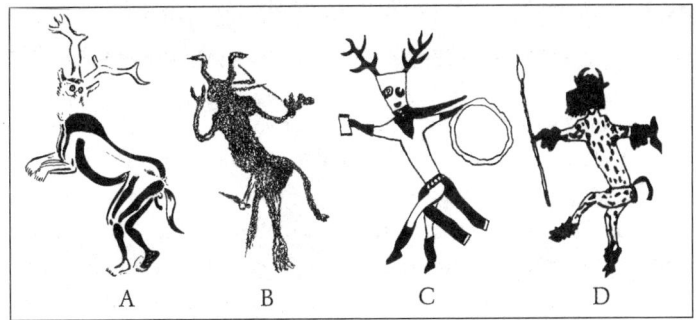

25.4 Prähistorische und frühe historische Tänzer in mystischer Verkleidung mit Tierköpfen. (A) Paläolithische Höhlenmalerei in Trois Frères, Frankreich. (B) Prähistorische San-Malerei in Afvallingskop, Südafrika. (C, D) Gemälde von Sioux aus der amerikanischen Prärie.

was du tust.» Mit der Zeit gewann Jahwe die absolute Macht über die Israeliten. Später empfahl er eher Toleranz gegenüber den Gottheiten benachbarter Reiche, wenn die Zeiten gut waren, und befahl ansonsten mitleidlose Unterdrückung.

Wie in alten Zeiten interessieren sich auch heute die Gläubigen in der Regel nicht besonders für Theologie und schon gar nicht für die Evolutionsschritte, in denen die heutigen Weltreligionen entstanden sind. Stattdessen geht es ihnen um den religiösen Glauben und den Gewinn, den er ihnen verschafft. Die Schöpfungsmythen erklären alles, was sie von der Urgeschichte wissen müssen, um die Einheit des Stammes zu gewährleisten. In Zeiten von Wandel und Gefahr bietet der persönliche Glaube Stabilität und Frieden. Leiden sie unter der Bedrohung oder dem Wettkampf anderer Gruppen, so versichern ihre Mythen den Gläubigen, dass sie in Gottes Augen das Höchste sind. Religiöser Glaube verleiht die psychologische Sicherheit, die nur aus der Zugehörigkeit zu einer Gruppe entspringt, zumal zu einer von Gott gesegneten Gruppe. Zumindest den großen Massen der Anhänger abrahamitischer Religionen verspricht er ewiges Leben nach dem Tod, und zwar im Himmel, nicht in der Hölle – besonders wenn wir uns unter den vielen möglichen Konfessionen für die richtige entscheiden und geloben, deren Riten gläubig zu befolgen.

Was immer Ehrfurcht und Staunen erregen konnte – beides Fähigkeiten des menschlichen Geistes –, eigneten sich über die Jahrhunderte die religiösen Glaubensrichtungen an, in den Meisterwerken der Literatur, der bildenden Kunst, der Musik und Architektur. Dreitausend Jahre Jahwe haben diesen Künsten eine sonst unerreichte ästhetische Macht verliehen. Ich jedenfalls kenne nichts Bewegenderes als das römisch-katholische Luzernar, bei dem das *lumen Christi* (Licht Christi) der Osterkerze eine dunkle Kathedrale erleuchtet; oder die Choralgesänge für die Gläubigen evangelikaler Gemeinden, die bei einem Altarruf aufstehen und nach vorne ziehen.

Der Genuss dieser Wohltaten erfordert eine Unterwerfung unter Gott oder seinen Sohn, den Erlöser, oder unter beide oder unter seinen als Letztes erwählten Propheten Mohammed. Das ist zu einfach. Man braucht sich nur unterzuordnen, sich einzulassen, die heiligen Schwüre zu wiederholen. Doch fragen wir ganz offen: Wem gilt dieser Gehorsam wirklich? Etwa einem Wesen, das vielleicht in dem Bereich, den der menschliche Geist erfassen kann, überhaupt keine Bedeutung hat – oder vielleicht auch gar nicht existiert? Ja, vielleicht gilt der Gehorsam wirklich Gott. Vielleicht aber auch lediglich einem Stamm, der durch einen Schöpfungsmythos geeint ist. Im zweiten Fall interpretieren wir religiösen Glauben besser als unsichtbare Falle, die in der biologischen Geschichte unserer Art unvermeidlich war. Und wenn das stimmt, dann gibt es sicher Wege der spirituellen Erfüllung, die ohne Selbstaufgabe und Versklavung auskommen. Die Menschheit hat etwas Besseres verdient.

26.
DER URSPRUNG DER KREATIVEN KÜNSTE

So reich und scheinbar grenzenlos die Künste erscheinen mögen, so muss doch jede von ihnen die engen biologischen Kanäle der menschlichen Kognition passieren. Unsere sinnlich erfahrbare Welt, also alles, was wir ohne fremde Hilfe über die außerkörperlichen Realitäten wahrnehmen können, ist erbärmlich klein. Unsere Sehfähigkeit beschränkt sich auf einen winzigen Ausschnitt aus dem elektromagnetischen Spektrum, dessen Wellenlängen von der Gammastrahlung am oberen Ende bis hinunter zum Niederfrequenzbereich reichen, der für besondere Kommunikationsformen genutzt wird. Wir sehen nur ein winziges Fenster in der Mitte davon und bezeichnen es als «Lichtspektrum». Unser optischer Apparat teilt diesen wahrnehmbaren Ausschnitt dann in die verschwommenen Zonen ein, die wir Farben nennen. Gleich hinter Blau kommt bei den Frequenzen Ultraviolett, das Insekten sehen können, wir aber nicht. Von sämtlichen Klangfrequenzen in unserer Umwelt hören wir nur ganz wenige. Fledermäuse orientieren sich über das Echo von Ultraschall, dessen Frequenz aber so hoch ist, dass unsere Ohren ihn nicht wahrnehmen können, und Elefanten kommunizieren über ein für unsere Belange allzu tieffrequentes Grollen.

Tropische Nilhechte nutzen zur Orientierung und Kommunikation im trüben, schlammigen Wasser elektrische Impulse und haben sich daher höchst effizient auf eine Sinneswahrnehmung spezialisiert, die dem Menschen völlig abgeht. Ebenso wenig nehmen wir das Magnetfeld der Erde wahr, das manche

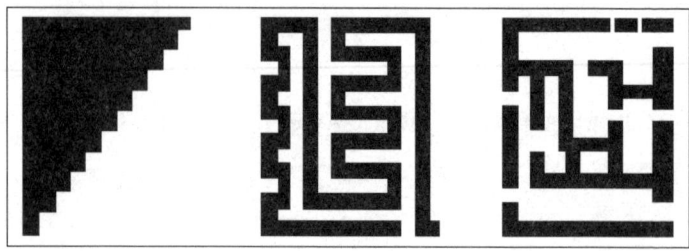

26.1 Optische Anregung in visuellen Mustern. Von den drei computergenerierten Figuren stimuliert das mittlere, das einen mittleren Komplexitätsgrad aufweist, automatisch am meisten.

Zugvogelarten zur Orientierung nutzen. Auch die Polarisierung des Sonnenlichts in kleinen Himmelsfetzen sehen wir nicht; Honigbienen nutzen sie an wolkigen Tagen, um von ihren Stöcken zu Blumenbeeten und zurück zu finden.

Unsere größte Schwäche aber ist unser erbärmlich schlecht ausgebildeter Geschmacks- und Geruchssinn. Über 99 Prozent aller Lebewesen vom Mikroorganismus bis zum Tier nutzen olfaktorische Wahrnehmungen, um sich in ihrer Umwelt zu orientieren. Auch die Fähigkeit, über besondere chemische Stoffe, die sogenannten Pheromone, zu kommunizieren, haben sie perfektioniert. Der Mensch dagegen gehört mit Affen und Vögeln zu den wenigen Formen des Lebens, die überwiegend audiovisuell geprägt sind und deren Geschmacks- und Geruchssinn dementsprechend verkümmert ist. Verglichen mit Klapperschlangen und Bluthunden sind wir geradezu stumpfsinnig. Dass wir so schlecht schmecken und riechen können, zeigt sich auch im geringen Umfang unseres chemosensorischen Vokabulars, so dass wir meistens auf Vergleiche und andere Formen von Metaphern zurückgreifen müssen. Ein Wein hat ein delikates Bouquet, sagen wir, sein Geschmack ist vollmundig und leicht fruchtig. Und riechen kann etwas nach Rosen, Kiefernnadeln oder nach frisch gefallenem Regen.

So tapsen wir denn durch unser chemisch höchst an-

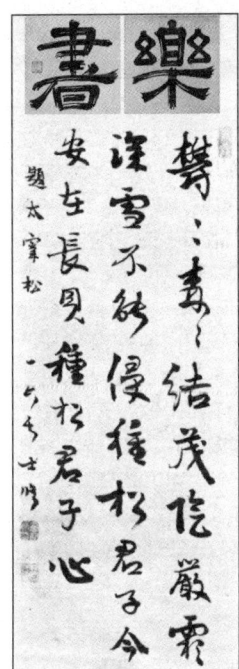

26.2 Die natürliche Anregung durch die Komplexität der japanischen Schriftzeichen verstärkt noch die Stimmung, die durch die Kalligraphie zum Ausdruck gebracht wird. Oben stehen zwei Beispiele der einfach-linearen, klaren Kanzleischrift *reisho*, wie sie für Schlagzeilen in Zeitungen und in Steingravuren verwendet wird. Unten sehen wir die weiche, elegante *wayo*-Schrift, die bis Anfang des zwanzigsten Jahrhunderts sehr verbreitet war.

spruchsvolles Leben in einer chemosensorischen Biosphäre und nutzen dabei Klang und Sicht, die vor allem für das Leben auf den Bäumen evolviert wurden. Nur dank Wissenschaft und Technik konnte die Menschheit in die grenzenlosen sinnlichen Welten im Rest der Biosphäre eindringen. Über Messinstrumente können wir die Sinneswelten der anderen Lebewesen in unsere eigene übersetzen. Und dabei sind wir inzwischen beinah imstande, bis an den Rand des Universums zu sehen und sogar den Zeitpunkt seines Entstehens abzuschätzen. Wir werden uns nie orientieren, indem wir das Magnetfeld der Erde erfühlen, wir werden nie in Pheromonen singen, aber wir können die gesamte Information, die in solchen Sinneswelten enthalten ist, in unser eigenes kleines Sinnesreich herüberholen.

26.3 Die immanente Schönheit eines Panjabi-Texts wird wie bei vielen anderen Sprachen auch dadurch verstärkt, dass seine Symbole sehr nah am höchsten automatischen Erregungswert liegen.

Indem wir diese Fähigkeit nutzen und darüber hinaus die Geschichte des Menschen betrachten, können wir Einblick in Ursprung und Natur ästhetischer Urteilsfindung nehmen. So ergaben etwa neurobiologische Messungen, insbesondere Erhebungen der Ströme von Alpha-Wellen während der Wahrnehmung abstrakter Muster, dass das Gehirn am meisten von Mustern stimuliert wird, deren Elemente ungefähr zu 20 Prozent redundant sind – das entspricht in etwa dem Komplexitätsgrad eines einfachen Labyrinths, von zwei Umdrehungen einer logarithmischen Spirale oder eines asymmetrischen Kreuzes. Vielleicht ist es Zufall (obwohl ich das nicht glaube), dass etwa derselbe Grad der Komplexität auch in sehr vielen Teilbereichen der Kunst vorherrscht – bei Friesen, Schmiedearbeiten, Signets, Logogrammen und Flaggenmustern. Selbst in den Hieroglyphen aus dem alten Ägypten und aus Mittelamerika findet er sich, ebenso in den Piktogrammen und Buchstaben moderner asiatischer Sprachen. Dasselbe Komplexitätsniveau liegt zum Teil der

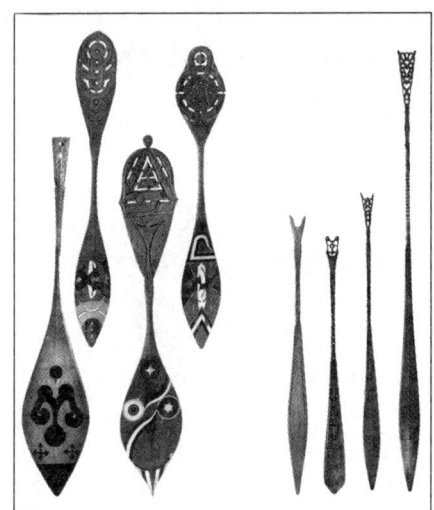

26.4 Die Komplexität der «primitiven» Kunst situiert sich typischerweise nah an der des höchsten Erregungsgrads. Die Ruder wurden von Dorfbewohnern in Surinam geschaffen.

Attraktivität von primitiver Kunst und modernem abstraktem Design zugrunde. Das dürfte daran liegen, dass dieser Komplexitätsgrad dem entspricht, was das Gehirn in einem Augenblick maximal verarbeiten kann; so können wir etwa mit einem einzigen Blick nicht mehr als sieben Gegenstände zählen. Ist ein Bild komplexer, so erfasst das Auge seinen Inhalt, indem es Sakkaden durchführt oder bewusst von einem Sektor zum anderen springt. Eine Eigenschaft großer Kunst besteht darin, dass sie in der Lage ist, die Aufmerksamkeit so von einem ihrer Teile auf einen anderen zu führen, dass es gefällig, informativ und provokant wirkt.

In einen anderen Bereich der visuellen Kunst fällt die Biophilie, also der Umstand, dass Menschen sich aus einem angeborenen Bedürfnis heraus auch zu nichtmenschlichen Lebewesen hingezogen fühlen und die Nähe zur Natur suchen. In Studien zeigte sich, dass Menschen, die sich frei für die Lage ihrer Wohnung oder ihres Arbeitsplatzes entscheiden konnten, sich ungeachtet ihrer Herkunft zu einer Umwelt hingezogen fühlen, die drei Merkmale vereint (und Landschaftsarchitekten und Immobilienmakler grei-

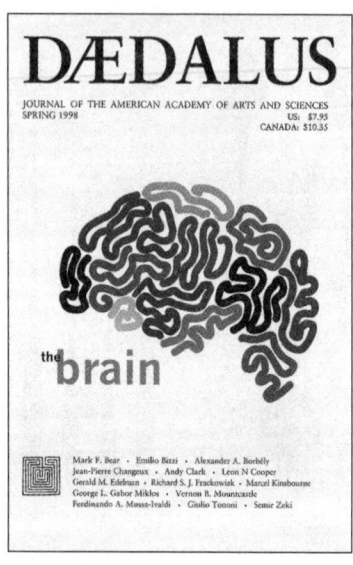

26.5 Grafische Kunst und ihre Muster bewegen sich häufig am automatischen maximalen Erregungsgrad, so wie die Wörter, die Darstellung des Gehirns und links unten das Logo des Verlags illustrieren.

fen diese intuitiv auf): Sie möchten von einer Anhöhe hinunterblicken können, mögen am liebsten offenes, savannenartiges Gelände mit verstreuten Bäumen und Baumgruppen, und sie wollen in der Nähe eines Gewässers sein, also an einem Fluss, einem See oder dem Meer. Selbst wenn alle diese Elemente rein ästhetischen und keinerlei funktionalen Wert haben, bezahlen Wohnungskäufer erhebliche Summen für einen solchen Blick.

Mit anderen Worten, die Menschen ziehen es vor, in solchen Umgebungen zu leben, in denen unsere Art sich in Afrika über Millionen von Jahren hinweg entwickelt hat. Instinktiv sammeln sie sich am Savannenwald (Parklandschaft) und Übergangswald, überblicken aus sicherem Posten gewisse Distanzen und zuverlässige Nahrungs- und Wasserquellen. Das ist keinesfalls ein seltsamer Zufall, wenn man es als biologisches Phänomen betrachtet. Alle beweglichen Tierarten lassen sich von Instinkten leiten, die sie in Lebensräume führen, in denen ihre Überlebens- und Fortpflanzungschancen am größten sind. Es

26.6 Vom Menschen von Natur aus bevorzugte Habitate üben einen signifikanten Einfluss auf die Landschaftsarchitektur aus. Viele Wissenschaftler gehen davon aus, dass die Vorlieben sich während der prähumanen Evolution im afrikanischen Savannenwald herausgebildet haben. Bevorzugt werden Siedlungen in erhöhter Lage in Reichweite eines Gewässers und mit Blick auf eine fruchtbare Parklandschaft (und auf große Tiere, selbst wenn es nur Skulpturen sind). In diesem Beispiel sehen wir den Hauptsitz von Deere & Company in Moline, Illinois.

ist keineswegs überraschend, dass der Mensch in der relativ kurzen Zeitspanne seit der Jungsteinzeit diese uralten Bedürfnisse noch nicht vollständig verlernt hat.[70]

Wenn es überhaupt einen Grund gibt, Geistes- und Naturwissenschaften stärker einander anzunähern, dann den, dass wir die wahre Natur der menschlichen Sinneswelt verstehen und sie von derjenigen der übrigen Lebensformen abgrenzen müssen. Doch spricht für die Verständigung zwischen den großen Fakultäten der Wissenschaft auch ein weiterer, noch bedeutenderer Grund: Es liegen heute überzeugende Belege dafür vor, dass sich das menschliche Sozialverhalten durch Multilevel-Evolution genetisch entwickelt hat. Erweist sich dieses Verständnis als richtig, und immer mehr Evolutionsbiologen und Anthropologen sind dieser Ansicht, so können wir davon ausgehen, dass der Konflikt zwischen Verhaltensweisen, die von der Individualselektion, und solchen, die von der Gruppenselektion gefördert werden, andauert. Selektion am Individuum führt tendenziell zu Wettbewerb und egoistischem Verhalten zwischen Gruppenmitgliedern in den Bereichen Status, Paarung und Ressourcensicherung. Die Selektion zwischen Gruppen dagegen lässt eher selbstloses Verhalten aufkommen, das sich in mehr Großzügigkeit und Altruismus ausdrückt, und das wiederum fördert besseren Zusammenhalt und die Stärke der Gruppe insgesamt.

Die einander entgegenwirkenden Kräfte der Multilevel-Selektion führen unausweichlich zu einer ständigen Ambiguität im Geist des einzelnen Menschen, und so gibt es zahllose Szenarien, in denen sich Menschen binden, lieben, zusammenschließen, betrügen, miteinander teilen, sich aufopfern, stehlen, täuschen, belohnen, bestrafen, aneinander appellieren und übereinander urteilen. Der Kampf, der im Gehirn jedes Menschen tobt und den die breite Überwölbung der kulturellen Evolution widerspiegelt, ist der Urquell der Geisteswissenschaften. Einen Shakespeare in der Ameisenwelt beträfe dieser Krieg zwischen Ehre und Verrat nicht; er läge in den Ketten der starren Befehle des Instinkts und verfügte lediglich über ein winziges Repertoire an Gefühlen. So könnte er nur ein einziges Schauspiel des Triumphs und eines der Tragödie schreiben. Jeder gewöhnliche Mensch dagegen kann endlos verschiedene solche Geschichten erfinden und eine unbegrenzte Symphonie von Stimmungen und Launen komponieren.

Was genau sind dann eigentlich die Geisteswissenschaften? Ein ernsthafter Definitionsversuch findet sich im US-Bundesgesetz von 1965, das die staatlichen Stiftungen für Geisteswissenschaften (NEH) und für Kultur und Kunst (NEA) einrichtete:

Der Begriff «Geisteswissenschaften» umfasst, beschränkt sich aber nicht auf das Studium folgender Gebiete: moderne und klassische Sprachen, Linguistik, Literatur, Geschichte, Rechtswissenschaften, Philosophie, Archäologie, komparative Theologie, Ethik, Geschichte, Kritik und Theorie der Kunst; außerdem diejenigen Aspekte der Sozialwissenschaften, die humanistische Inhalte und humanistische Methoden verwenden; sowie Studium und Anwendung der Geisteswissenschaften auf die Umwelt des Menschen mit besonderer Rücksicht auf die Wiedergabe unseres unterschiedlichen Erbes, der Traditionen und der Geschichte sowie auf die Relevanz der Geisteswissenschaften für die heutigen Bedingungen des staatlichen Lebens.

Diese Gebiete also umfassen die Geisteswissenschaften – doch kein Wort über das Verständnis der kognitiven Prozesse, die sie alle einen, nichts über ihr Verhältnis zur erblichen Natur des Menschen oder zu ihrem prähistorischen Ursprung. Wir werden die Geisteswissenschaften nie in voller Reife erleben, solange diese Dimensionen fehlen.

Seit dem Ende der Aufklärung Ende des 18., Anfang des 19. Jahrhunderts steckt die Vernetzung der Geistes- und Naturwissenschaften in einer Sackgasse. Einen möglichen Ausweg daraus bietet etwa ein Vergleich der kreativen Prozesse und Darstellungsformen von Literatur und wissenschaftlicher Forschung. Und das ist sogar weniger schwierig, als es zunächst scheint. In beiden Gebieten sind die Innovatoren im Grunde Träumer und Geschichtenerzähler. In den frühen Schaffensstadien hat sowohl in der Kunst als auch in der Wissenschaft alles im Kopf die Gestalt einer Geschichte. Irgendwo gibt es eine Vorstellung davon, wie es ausgehen soll, und vielleicht einen Anfang sowie verschiedene Bruchstücke und Bauteile, die dazwischenpassen könnten. In der Literatur wie in der Wissenschaft ist jeder Baustein austauschbar; allerdings wirkt sich ein Wechsel auf die anderen Teile aus, einige fallen weg, andere treten hinzu. Die übrigen Bausteine werden zusammengesetzt, untergliedert und verschoben, während sich die Geschichte herausschält. Ein Szenario klärt sich, dann ein anderes. Und diese Szenarien, die literarischen genauso wie die wissenschaftlichen, stehen im Wettbewerb miteinander. Wörter und Sätze (oder Gleichungen und Experimente) werden getestet. Schon früh konzipiert man ein Ende für den gesamten Gedankengang. Ein erstaunliches Ende (oder ein wissenschaftlicher Durchbruch). Aber ist es das Beste, und ist es wahr? Zu einem passenden Ende zu kommen, ist das Ziel des kreativen Geistes. Doch egal, worum es geht, wo es liegt, wie es zum Ausdruck gebracht wird, es beginnt immer als Phantom, das bis zum letzten Augenblick vielleicht noch verblasst und ausgetauscht wird. An den Rändern huschen mit Worten nicht greifbare Gedanken umher. Wenn die brauchbarsten Bruchstücke sich herauskristallisieren, werden sie nach und nach in eine Ordnung gebracht, und die Geschichte nimmt Form an, wächst und erreicht ihr stimmiges Ende. Flannery O'Connor fragte ganz richtig im Namen aller literarischen und wissenschaftlichen Autoren: «Woher soll ich wissen, was ich meine, bevor ich sehe, was ich sage?» Der Romancier fragt: «Funktioniert das?», und der Wissenschaftler: «Kann das irgend wahr sein?»

Ein erfolgreicher Naturwissenschaftler denkt wie ein Dichter, aber er arbeitet wie ein Buchhalter. Er schreibt für Gleichgesinnte, in der Hoffnung, dass Wissenschaftler mit hohem Status, solche also, die selbst aufgrund ihrer Leistungen hoch angesehen sind, seine Entdeckungen akzeptieren. Nichtwissenschaftlern ist selten klar, wie wissenschaftlicher Fortschritt entsteht: Die Anerkennung der Kollegen ist dafür genauso wichtig wie die fachliche Korrektheit. Reputation ist die bare Münze einer wissenschaftlichen Karriere. Wie die Filmlegende James Cagney beim Empfang einer Auszeichnung für sein Lebenswerk könnte auch ein Wissenschaftler sagen: «In diesem Business bist du immer nur so gut, wie die anderen meinen.»

Langfristig aber steht und fällt wissenschaftliche Reputation mit der Anerkennung für echte Entdeckungen. Schlussfolgerungen werden wiederholt geprüft, und sie müssen der Überprüfung standhalten. Das Datenmaterial muss einwandfrei sein, oder die Theorien zerfallen in Stücke. Von anderen aufgedeckte Fehler können eine Reputation ruinieren. Bestrafung wegen Betrug ist ein regelrechtes Todesurteil – für den guten Ruf und für die weitere Karriere. In der Literatur wäre das äquivalente Kapitalverbrechen Plagiat. Betrug aber ist hier geduldet. In der Belletristik wie in anderen Künsten wird erwartet, dass die Phantasie freien Lauf hat. Und solange sie sich als ästhetisch gefällig oder sonst wie anregend erweist, wird sie gefeiert.

Der entscheidende Unterschied zwischen literarischem und wissenschaftlichem Schreibstil ist der Einsatz von Metaphern. In wissenschaftlichen Texten sind Metaphern in gewissem Ausmaß zulässig – solange sie unaufdringlich bleiben und vielleicht einen Hauch Ironie oder Selbstironie enthalten. Folgendes etwa wäre in der Einleitung oder der Diskussion eines Forschungsberichts denkbar: «Wenn sich dieses Ergebnis erhärtet, wird es unseres Erachtens den Weg freimachen für weitere fruchtbare Untersuchungen.» Nicht erlaubt ist: «Wir gehen davon aus, dass dieses Ergebnis, das uns ein hartes Stück Arbeit abverlangt hat, geradezu eine Quelle wird, der mit Sicherheit viele wasserreiche Ströme neuer Forschung entspringen werden.»

Entscheidend in der Wissenschaft ist die Bedeutsamkeit der Entdeckung. In der Literatur sind es die Originalität und die Macht der Metapher. Wissenschaftliche Texte fügen unserem Wissen über die materielle Welt ein überprüftes Stück hinzu. Poetischer Ausdruck in der Literatur dagegen ist ein Hilfsmittel, um Emotion direkt vom Schreiber zum Leser zu kommunizieren. Dieses Ziel kennt ein wissenschaftlicher Text nicht; hier will der Autor den Leser durch Beweis und Argumentation von der Gültigkeit und der Bedeutung der Entdeckung überzeugen. In der Fiktion muss die Sprache umso poetischer sein, je drängender das Bedürfnis ist, Emotionen mitzuteilen. Im Extremfall mag die Aussage offensichtlich falsch sein, wenn Autor und Leser es eben so wollen. Für den Dichter geht die Sonne im Osten auf und im Westen unter, und dabei zeichnet sie unseren Tageszyklus nach, ist Symbol für die Geburt, den Zenit des Lebens, für Tod und Wiedergeburt – und das alles, obwohl die Sonne sich de facto überhaupt nicht bewegt. Nur stellten sich unsere frühen Vorfahren eben die Himmelssphäre und den Sternenhimmel so vor. Sie verbanden seine zahlreichen Rätsel mit den Rätseln ihres eigenen Lebens und hielten sie über Jahrhunderte in heiligen Schriften und in der Poesie fest. Es wird noch lange dauern, bis ein solcher literarischer Ehrenplatz dem wirklichen Sonnensystem zukommt, in dem die Erde sich auf einer Laufbahn um einen eher zweitrangigen Stern dreht.

Zu dieser anderen Wahrheit, also der besonderen Wahrheit, die die Literatur anstrebt, fragt E. L. Doctorow:

Wer würde denn für einen «echten» historischen Bericht auf die Ilias verzichten? Natürlich trägt der Schriftsteller, sei es als feierlicher Dolmetscher oder als Satiriker, eine Verantwortung dafür, dass seine Komposition einer klaren Wahrheit dient. Aber das verlangen wir von allen Künstlern, gleichgültig in welchem Medium. Außerdem weiß der Leser eines Romans, in dem eine bekannte öffentliche Gestalt etwas sagt und tut, was sonst nirgends bezeugt ist, dass er einen fiktiven Text liest. Er weiß, dass der Autor mit dieser Lüge einer höheren Wahrheit zu dienen hofft, als der reine Tatsachenbericht sie liefern kann. Der Roman ist ein ästhetisches Werk, das eine öffentliche Gestalt in ihrem Porträt genauso interpretiert, wie es ein Porträt auf einer Leinwand tut. Der Roman wird nicht gelesen wie die Zeitung; er wird gelesen, wie er geschrieben wird, im Geist der Freiheit.[71]

Picasso fasste denselben Gedanken so zusammen: «Kunst ist die Lüge, die uns die Wahrheit erkennen lässt.»

Kunst als ein evolutionärer Fortschritt wurde möglich, als der Mensch die Fähigkeit zum abstrakten Denken entwickelte. Jetzt konnte der menschliche Geist eine abstrakte Form für eine Gestalt, einen Gegenstand oder eine Handlung bilden, und er konnte eine konkrete Darstellung des Gedankens an andere weiterreichen. Hier liegt auch der Ursprung echter, produktiver Sprache, die sich aus willkürlichen Wörtern und Symbolen zusammensetzt. Der Sprache folgten die darstellende Kunst, Musik, Tanz und die religiösen Rituale.[72]

Wann genau der Prozess zu echter bildender Kunst führte, ist unbekannt. Bereits vor 1,7 Millionen Jahren formten die Vorfahren des modernen Menschen, höchstwahrscheinlich der *Homo erectus,* grobe tropfenförmige Steinwerkzeuge. Sie wurden wahrscheinlich in der Hand gehalten und dienten dem Zerkleinern von Gemüse und Fleisch. Ob sie auch als mentale Abstraktion repräsentiert oder nur auf dem Weg der Nachahmung hergestellt wurden, ist unbekannt.

Vor 500 000 Jahren, in der Zeit des schon sehr viel größeren Gehirns beim *Homo heidelbergensis,* einer zeitlichen und anatomischen Zwischenform zwischen *Homo erectus* und *Homo sapiens,* waren Faustkeile schon raffinierter, und dazu kamen sorgfältig hergestellte Steinklingen und Pfeilspitzen. Nochmals 100 000 Jahre später benutzte der Mensch hölzerne Speere, für deren Bau mehrere Tage und viele Einzelschritte nötig waren. Damals in der mittleren Steinzeit begann bei den Vorfahren des Menschen die Evolution einer Technologie, die auf echter, auf Abstraktion begründeter Kultur fußte.

Als Nächstes kamen durchlöcherte Muschelschalen, die wohl als Anhänger an Ketten um den Hals getragen wurden, des Weiteren immer raffiniertere Werkzeuge, darunter sorgfältig geformte Knochenpfeilspitzen. Am erstaunlichsten sind dabei gravierte Ocker-Stücke. Ein 77 000 Jahre altes Exemplar zeigt drei geritzte Linien, die eine Reihe von neun X-Zeichen verbinden. Was und ob es überhaupt etwas bedeutete, wissen wir nicht, aber dass es sich um ein abstraktes Muster handelt, scheint klar.

Mit Bestattungen wurde vor mindestens 95 000 Jahren begonnen, wie eine Ausgrabung von dreißig Individuen in der israelischen Qafzeh-Höhle belegt. Einer der Toten, ein neunjähriges Kind, wurde mit gebeugten Beinen und einem Hirschgeweih in den Armen bestattet. Allein schon diese Anordnung verweist nicht nur auf ein abstraktes Todesbewusstsein, sondern auf eine Form existenzieller Angst. Bei zeitgenössischen Jägern und Sammlern ist der Tod ein Ereignis, das mit Hilfe von Zeremonie und Kunst bewältigt wird.

Die Anfänge der heute praktizierten bildenden Kunst werden vielleicht für immer ein Rätsel bleiben. Jedenfalls waren sie durch die genetische und kulturelle Evolution so weit eingerichtet, dass es vor etwa 35 000 Jahren in Europa zur «kreativen Explosion» kommen konnte. Von damals an und mehr als 20 000 Jahre lang bis in die späte Altsteinzeit blühte die Höhlenmalerei. In über zweihundert Höhlen beiderseits der Pyrenäen in Südwestfrankreich und Nordostspanien wurden Tausende Figuren, meist Großwild, gefunden. Zusammen mit Felsenzeichnungen aus anderen Erdteilen stellen sie eine verblüffende Momentaufnahme des Lebens kurz vor dem Aufkommen der Zivilisation dar.

Der Louvre der altsteinzeitlichen Höhlenmalerei ist die Grotte Chauvet in der südfranzösischen Ardèche. Das Meisterstück dort stammt aus der Hand eines einzelnen Künstlers, der mit rotem Ocker, Holzkohle und Gravuren eine Herde aus vier parallel laufenden Individuen einer damals in Europa heimischen Wildpferdart schuf. Dargestellt sind nur ihre Köpfe, aber jedes Tier ist ein eigener Charakter. Die Tiere sind dicht gedrängt und schräg angeordnet, als würde man sie leicht von oben links betrachten. Die Ränder der Mäuler wurden als Basrelief herausgemeißelt, um sie markanter zu machen. Genaue Analysen haben ergeben, dass verschiedene Künstler zunächst zwei männliche Nashörner im Zweikampf malten, dann zwei Auerochsen, die einander den Rücken zuwenden. In den verbleibenden Freiraum dazwischen setzte dann der Einzelkünstler seine kleine Pferdegruppe.

Die Nashörner und Auerochsen wurden auf ein Alter von 32 000 bis 30 000 Jahren datiert, und man hatte zunächst angenommen, dass die Pferde genauso alt sind. Doch die Eleganz der Pferde und die offenbar benutzte Technik bringen einige Experten heute dazu, sie ins Magdalénien zu datieren, also zwischen 17 000 und 12 000 vor heute. Dann würde ihre Entstehung in die gleiche Zeit wie die großartigen Höhlenmalereien im französischen Lascaux und im spanischen Altamira fallen.

Abgesehen von der genauen Datierung der Herde in der Grotte Chauvet bleibt auch ungewiss, welche bedeutende Funktion die Höhlenmalerei hatte. Es gibt keinen Grund zu der Annahme, die Höhlen hätten als eine Art Proto-Kirchen gedient, in denen sich die Menschengruppen zur Anbetung der Götter versammelt hätten. Die Böden sind bedeckt mit den Überresten von Feuerstellen, Tierknochen und anderen Belegen für längere Bewohnung. Die ersten Vertreter des *Homo sapiens* kamen vor etwa 45 000 Jahren nach Mittel- und Osteuropa. Höhlen dienten in dieser Zeit offenbar als Unterschlupf, in denen die Menschen die harten Winter der Mammutsteppe überstehen konnten, deren Grasland sich unterhalb der kontinentalen Gletscherplatte über das gesamte Eurasien und bis in die Neue Welt erstreckte.

Vielleicht, so argumentierten einige Autoren, sollten die Höhlenmalereien wohlwollenden Zauber beschwören und den Jagderfolg mehren. Diese Vermutung stützt die Tatsache, dass die dargestellten Gestalten überwiegend große Tiere sind. Zudem zeigen 15 Prozent der Malereien Tiere, die mit Speeren oder Pfeilen verletzt wurden.

Ein zusätzliches Argument für eine rituelle Funktion der europäischen Höhlenmalerei stellt die Entdeckung eines Motivs dar, das wahrscheinlich einen Schamanen mit einer Hirschmaske zeigt oder vielleicht mit einem echten Hirschkopf. Erhalten sind weiterhin Skulpturen von drei «Löwenmännern» mit Menschenkörper und Löwenkopf – Vorläufer der Chimären, halb Tier und halb Gott, wie sie in der Frühgeschichte des Nahen Ostens auftauchten. Zugegebenermaßen haben wir keine stichhaltige Vorstellung davon, was die Schamanen taten oder wofür die Löwenmenschen standen.

Eine konträre Meinung über die Rolle der Höhlenmalerei vertritt der Naturforscher R. Dale Guthrie, dessen Hauptwerk *The Nature of Paleolithic Art* die gründlichste Veröffentlichung zu diesem Thema überhaupt ist. Fast die gesamte Malerei lässt sich, so Guthrie, als Darstellung des Alltags im Aurignacien und Magdalénien deuten. Die dargestellten Tiere gehören den Arten an, die von den Höhlenbewohner regelmäßig gejagt wurden (und einige wenige, etwa Löwen, jagten vielleicht auch umgekehrt die Menschen). Jedenfalls kamen sie ganz selbstverständlich regelmäßig in Gesprächen und visueller Kommunikation vor. Außerdem finden sich mehr menschliche Gestalten oder zumindest Teile der menschlichen Anatomie, als üblicherweise in Veröffentlichungen zur Höhlenmalerei genannt werden. Diese Gestalten sind gewöhnlich zu Fuß unterwegs. Häufig schufen die Bewohner Schablonendrucke, indem sie ihre Hände auf die Wände hielten und mit dem Mund Ockerpuder daraufsprühten, so dass die Umrisse der gespreizten Finger zu sehen blieben. Die Größe der Hände weist darauf hin, dass das überwiegend Kinder taten. Darüber hinaus finden sich recht viele Graffiti, bedeutungslose Kritzeleien, darunter häufig grobe Darstellungen männlicher und weiblicher Genitalien. Es gibt Skulpturen grotesk dickleibiger Frauen, vielleicht Opfergaben an die Geister oder Götter, um die Fruchtbarkeit zu fördern – die kleinen Verbände brauchten so viele Nachkommen wie möglich. Andererseits könnten die Skulpturen ganz einfach auch eine übertriebene Darstellung der fülligen Gestalt sein, nach der sich die Frauen in den häufig harten Wintern der Mammutsteppe sehnten.[73]

Die utilitaristische Theorie der Höhlenmalerei, der zufolge die Gemälde und Gravuren das Alltagsleben darstellen, ist mit großer Wahrscheinlichkeit zum Teil korrekt, aber nicht ganz ausreichend. Nur wenige Experten berücksichtigen, dass, um ein ganz anderes Gebiet zu nennen, zur gleichen Zeit die Musik aufkam. Das spricht dafür, dass zumindest einige der Malereien und Skulpturen im Leben der Höhlenbewohner sehr wohl eine magische Komponente hatten. Einige Autoren argumentieren, dass die Musik aus darwinscher Perspektive nicht von Bedeutung war, dass sie als Nebenprodukt der Sprache gleichsam ein «auditiver Käsekuchen» sei, wie ein Autor es einmal formulierte. In der Tat haben wir nur sehr spärliche Belege dafür, worin die Musik selbst bestand – so wie wir übrigens selbst von der griechischen und römischen Musik keine Notierung und deshalb keine Überlieferung besitzen und lediglich die Instrumente kennen. Musikinstrumente aber gab es schon früh in der Periode der kreativen Explosion. Gefunden wurden «Flöten» aus Vogelknochen, technisch wohl besser als Pfeifen zu bezeichnen, die 30 000 Jahre oder älter sind. Im französischen Isturitz und an anderen Fundorten wurden etwa 225 vermeintliche Pfeifen registriert, bei einigen davon ist freilich die Authentizität nicht gesichert. An den besterhaltenen Instrumenten finden sich Fingerlöcher, die auf einer gerundeten schrägen Linie so angeordnet sind, dass sie anscheinend zu den Fingern einer menschlichen Hand passen. Außerdem sind die Löcher so abgekantet, dass die Fingerspitzen sie dicht verschließen können. Der moderne Flötist Graeme Lawson spielte auf einer Nachbildung einer solchen Pfeife, aber natürlich ohne steinzeitliche Noten.

Auch weitere bei Ausgrabungen gefundene Artefakte lassen sich plausibel als Musikinstrumente interpretieren, beispielsweise feine Feuersteinscheiben, die zusammen aufgehängt werden und beim Aneinanderschlagen angenehme Klänge produzieren wie ein Windspiel. Vielleicht ist es auch nur ein Zufall, aber die Wandbereiche, auf denen die Malereien angebracht wurden, werfen faszinierende Echos zurück.[74]

War Musik ein darwinsches Evolutionskriterium? Trug sie für die altsteinzeitlichen Stämme, die sie praktizierten, zum Überlebenserfolg bei? Untersucht man die Gebräuche heutiger Jäger-und-Sammler-Kulturen weltweit, so kann man kaum zu einem anderen Schluss kommen. Gesänge, gewöhnlich begleitet von Tänzen, sind nahezu universell. Und da die australischen Aborigines seit der Ankunft ihrer Vorfahren vor etwa 45 000 Jahren isoliert waren, ihre Gesänge und Tänze aber grundsätzlich denen anderer Jäger-und-Sammler-Kulturen ähneln, lässt sich begründet annehmen, dass sie auch denen ähneln, die schon ihre altsteinzeitlichen Vorfahren praktizierten.

Anthropologen schenken normalerweise der Musik heutiger Jäger und Sammler nur wenig Beachtung und überlassen das eher Musikspezialisten; ähnlich halten sie es auch mit Linguistik und Ethnobotanik (dem Studium der Pflanzen, die die Stämme nutzten). Dabei sind Gesang und Tanz wichtige Elemente aller Jäger-und-Sammler-Gesellschaften. Zudem werden sie üblicherweise kollektiv praktiziert und betreffen ein weites Spektrum an Lebenssituationen. Die Lieder der gut untersuchten Inuit, Pygmäen im Gabun und der Aborigines von Arnhemland sind in ihrem Detailreichtum und ihrer Komplexität durchaus vergleichbar mit denen der fortgeschrittenen modernen Zivilisationen. Die Musik moderner Jäger und Sammler dient generell als Hilfsmittel zur Belebung ihres Alltags. Inhaltlich behandelt sie Geschichten und Mythen des Stammes sowie praktisches Wissen über Land, Pflanzen und Tiere.

Besonders wichtig für die Interpretation der Wildmotive in der europäischen altsteinzeitlichen Höhlenmalerei ist der Umstand, dass die Tänze moderner Stämme überwiegend die Jagd betreffen. Sie handeln von verschiedenen Beutetieren; sie rufen die Jagdwaffen und die Hunde an; sie beruhigen die Tiere, die sie getötet haben oder gleich töten werden; und sie huldigen dem Land, auf dem sie jagen. Sie erinnern und feiern erfolgreiche Jagdzüge der Vergangenheit. Sie ehren die Toten und bitten um die Gunst der Geister, die ihre Geschicke lenken.

Es ist ganz selbstverständlich, dass die Gesänge und Tänze zeitgenössischer Jäger- und Sammlervölker sowohl auf individueller als auch auf Gruppenebene wirken. Sie einen die Stammesmitglieder, schaffen gemeinsames Wissen und eine gemeinsame Zielsetzung. Sie schüren die Bereitschaft zu leidenschaftlichem Einsatz. Sie nutzen Mnemotechniken, stimulieren und fördern die Erinnerung an Informationen, die dem Stamm insgesamt nützlich sind. Und nicht zuletzt verleiht die Kenntnis der Lieder und Tänze denjenigen Stammesmitgliedern Macht, die sie am besten beherrschen.[75]

Musik zu ersinnen und zu praktizieren, ist ein menschlicher Instinkt und eine der echten Universalien unserer Spezies. Ein extremes Beispiel beschreibt der Neurowissenschaftler Aniruddh

D. Patel mit dem kleinen Stamm der Pirahã im brasilianischen Amazonasgebiet: «Die Mitglieder dieser Kultur sprechen eine Sprache ohne Zahlen oder das Konzept des Zählens. Ihre Sprache kennt keine festen Begriffe für Farben. Sie haben keine Schöpfungsmythen, und sie zeichnen nichts als einfache Strichmännchen. Doch Musik haben sie jede Menge, Musik in Form von Liedern.»[76]

Patel bezeichnet die Musik als «transformative Technologie». Im gleichen Ausmaß wie Sprache und Schrift verändert sie die Weltsicht der Menschen. Das Erlernen eines Musikinstruments verändert sogar die Gehirnstruktur, von den subkortikalen Nervenbahnen, die Klangmuster verarbeiten, über die Nervenfasern, die die beiden Gehirnhälften verbinden, bis hin zu den Mustern, nach denen die Dichte der grauen Substanz in bestimmten Regionen des Zerebralkortex verteilt ist. Musik wirkt sich beträchtlich auf das menschliche Fühlen und auf die Interpretation von Ereignissen aus. Die neuronalen Schaltkreise, die sie nutzt, sind außerordentlich kompliziert; offenbar löst sie in mindestens sechs verschiedenen Gehirnmechanismen Emotionen aus.

In der mentalen Entwicklung ist Musik eng mit Sprache verbunden und leitet sich in gewisser Hinsicht offenbar von der Sprache ab. Die Unterscheidungsmuster für hohe und tiefe Tonlagen sind dieselben. Doch während der Spracherwerb bei Kindern schnell und weitgehend autonom abläuft, wird Musik langsamer erworben und benötigt Unterricht und Übung. Zudem existiert für den Spracherwerb ein deutliches Zeitfenster, in dem die Fertigkeiten schnell und leicht aufgenommen werden; für Musik ist eine solche sensible Phase nicht bekannt. Aber sowohl Sprache als auch Musik funktionieren syntaktisch, sind also aus einzelnen Elementen zusammengesetzt – Wörtern, Tönen und Akkorden. Von Menschen mit angeborener Amusie («Unmusikalität»; etwa 2 bis 4 Prozent der Bevölkerung) leiden etwa 30 Prozent gleichzeitig an einer Wahrnehmungsschwäche für Tonalitäten; dasselbe gilt für sprachliche Störungen.

Insgesamt ist zu vermuten, dass Musik in der menschlichen Evolution relativ spät aufkam. Es ist gut möglich, dass sie sich aus der Sprache heraus entwickelte. Diese Annahme rechtfertigt freilich nicht den Schluss, dass Musik lediglich eine kulturelle Weiterentwicklung der Sprache ist. Zumindest ein Merkmal teilt sie nicht mit der Sprache: das Metrum, das sich zudem noch vom Lied auf den Tanz übertragen lässt.

Es scheint plausibel anzunehmen, dass die neuronale Verarbeitung der Sprache als Präadaption für Musik diente und dass Musik, als sie einmal entstanden war, sich als so vorteilhaft erwies, dass sich eine eigene genetische Prädisposition dafür herausbildete. In diesem Bereich steht noch viel lohnenswerte Forschung aus; sie müsste Elemente aus Anthropologie, Psychologie, Neurowissenschaften und Evolutionsbiologie zu einer Synthese führen.

VI.
WOHIN GEHEN WIR?

27.
EINE NEUE AUFKLÄRUNG

Wissenschaftliche Erkenntnis und Technologie verdoppeln sich je nach Fachgebiet alle zehn bis zwanzig Jahre. Dieses exponentielle Wachstum macht es unmöglich, die Zukunft weiter als um ein Jahrzehnt vorauszusehen, geschweige denn um Jahrhunderte oder Jahrtausende. Aus dieser Verlegenheit heraus stellen Futuristen gerne Überlegungen dazu an, in welche Richtung die Menschheit ihres Erachtens gehen sollte. Angesichts unseres erbärmlichen Selbstverständnisses als Spezies könnte es freilich derzeit ein besseres Ziel sein, sich zu entscheiden, wohin es *nicht* gehen sollte. Was also sollten wir tunlichst vermeiden? Wenn wir darüber nachdenken, kommen wir immer wieder auf die existenziellen Fragen zurück: Woher kommen wir? Was sind wir? Wohin gehen wir?

Der Mensch ist eine Figur in einer Geschichte. Wir sind die Wachstumsspitze eines unvollendeten Epos. Die Antwort auf die existenzielle Frage muss in der Geschichte liegen, und genau diesen Ansatz wählen natürlich die Geisteswissenschaften. Doch die konventionelle Geschichtswissenschaft ist selbst verkürzt, sowohl was die zeitliche Reichweite als auch was die Wahrnehmung des menschlichen Organismus angeht. Geschichte ohne Vorgeschichte ergibt keinen Sinn, und genauso sinnlos bleibt Vorgeschichte ohne Biologie.

Der Mensch ist eine biologische Art in einer biologischen Welt. In jeder Funktion unseres Körpers und unseres Geistes, auf jeder ihrer Ebenen sind wir außerordentlich gut dem Leben auf genau diesem Planeten angepasst. Wir gehören in die Biosphäre unserer Geburt. Obwohl wir in vielerlei Hinsicht herausragen, sind und bleiben wir eine Tierart der globalen Fauna. Unser Leben unterliegt der Einschränkung durch die beiden Gesetze der Biologie: Alle Einheiten und Prozesse des Lebens folgen den Gesetzen der Physik und Chemie; und alle Einheiten und Prozesse des Lebens sind in der Evolution durch natürliche Selektion entstanden.

Je mehr wir über unsere physikalische Existenz lernen, desto offensichtlicher wird es, dass noch die komplexesten Formen des menschlichen Verhaltens letztlich biologisch begründet sind. Sie stellen die Spezialisierungen dar, die unsere Primaten-Vorfahren über Millionen von Jahren ausgebildet haben. Der unzerstörbare Stempel der Evolution wird sichtbar daran, wie idiosynkratisch die Sinneskanäle des Menschen unsere Wahrnehmung der Wirklichkeit einengen, sofern wir uns keiner Hilfsmittel bedienen. Bestätigt wird er dadurch, wie Programme zur genetischen Bereitschaft und Gegenbereitschaft die geistige Entwicklung bestimmen.

Und doch können wir der Frage nach dem freien Willen nicht ausweichen, der uns, wie einige Philosophen immer noch argumentieren, vor den anderen Lebewesen auszeichnet. Das unbewusste Entscheidungszentrum des Gehirns vermittelt dem Zerebralkortex die Illusion unabhängigen Handelns. Je weiter die wissenschaftliche Forschung die physikalischen Prozesse des Bewusstseins offenlegt, desto weniger Platz bleibt für irgendein Phänomen, das sich berechtigt als freier Wille bezeichnen lässt. Wir sind frei als unabhängige Wesen, aber unsere Entscheidungen sind nicht von sämtlichen organischen Prozessen zu entkoppeln, die unser persönliches Gehirn und unsere Kognition entstehen ließen. Freier Wille ist demnach letztlich biologisch begründet.

Und doch ist es nach allem Ermessen eine Tatsache, dass die Menschheit die weitaus größte Leistung des Lebens ist. Wir sind der Geist der Biosphäre, des Sonnensystems und – wer weiß? – vielleicht der Galaxie. Indem wir über unseren Tellerrand blickten, haben wir gelernt, die sinnlichen Modalitäten anderer Organismen in unsere beengten audiovisuellen Systeme zu übersetzen. Wir wissen viel über die physikalisch-chemischen Grundlagen unserer eigenen Biologie. Bald schon werden wir im Labor einfache Organismen erschaffen können. Wir kennen die Geschichte des Universums und können fast bis an seine Ränder blicken.

Unsere Vorfahren waren eine der etwa zwei Dutzend Tierlinien, die jemals die Eusozialität herausbildeten, die nächsthöhere Ebene biologischer Organisation über dem Organismus. Dabei bleiben Gruppenmitglieder über zwei oder mehr Generationen zusammen, kooperieren, pflegen die Jungen und teilen die Arbeit so, dass die Reproduktion einiger Individuen zulasten anderer gefördert wird. Die Vormenschen waren körperlich sehr viel größer als jedes eusoziale Insekt und Wirbeltier. Von Anfang an besaßen sie ein sehr viel größeres Gehirn. Irgendwann erreichten sie die symbolbasierte Sprache, die Schriftlichkeit und die wissenschaftsbasierte Technologie, die uns weit über den Rest des Lebens stellen. Abgesehen davon, dass wir uns meistens wie Affen verhalten und darunter leiden, dass unsere Lebensspanne genetisch begrenzt ist, sind wir geradezu gottgleich.

Welche dynamische Kraft hob uns auf diese hohe Stufe? Diese Frage ist für unser Selbstverständnis von erheblicher Bedeutung. Es war ganz offensichtlich die natürliche Multilevel-Selektion. Auf der höheren der beiden relevanten Ebenen biologischer Organisation konkurrieren Gruppen mit Gruppen und fördern kooperative soziale Merkmale bei den Mitgliedern derselben Gruppe. Auf der unteren Ebene konkurrieren Mitglieder derselben Gruppe so miteinander, dass eigennütziges Verhalten gefördert wird. Der Gegensatz zwischen den beiden Ebenen der natürlichen Selektion hat in jedem einzelnen Menschen zu einem chimären Genotyp geführt. Er macht jeden von uns halb zum Heiligen, halb zum Sünder.

Die Interpretation der am Menschen greifenden Selektionskräfte, wie ich sie in diesem Buch auf der Grundlage neuester

Forschung darstelle, widerspricht der Gesamtfitness-Theorie und ersetzt sie durch ein Modell, bei dem Standardmodelle der Populationsgenetik auf verschiedene Ebenen der natürlichen Selektion angewandt werden. Die Gesamtfitness beruht auf der Verwandtenselektion, bei der Individuen je nach dem Grad ihrer genetischen Verwandtschaft kooperieren oder nicht. Dieser Selektionstyp musste nur weit genug definiert werden und sollte dann alle Formen des Sozialverhaltens erklären, einschließlich der fortgeschrittenen sozialen Organisation. Die alternative Erklärung einschließlich einer mathematischen Kritik der Gesamtfitness-Theorie wurde zwischen 2004 und 2010 vollständig entwickelt.

Angesichts der technischen Komplexität und der Bedeutung des Gegenstands ist zu erwarten, dass die Kontroverse, die der neue Ansatz auslöst, noch über Jahre andauert, vielleicht auch dann noch, wenn ich persönlich neue Sachverhalte schon lange nicht mehr erfassen kann. Für den Fall aber, dass die Gesamtfitness-Theorie auch weiterhin weithin Anwendung findet, sollte sich das kaum darauf auswirken, dass die Gruppenselektion als Antriebskraft für unsere Herkunft und unseren weiteren Weg wahrgenommen wird. Die Theoretiker der Gesamtfitness selbst argumentieren, dass die Verwandtenselektion sich in Gruppenselektion übersetzen lässt, wenngleich diese Annahme inzwischen mathematisch widerlegt wurde. Noch wichtiger ist, dass die Gruppenselektion ganz klar der Prozess ist, der für das fortgeschrittene Sozialverhalten verantwortlich ist. Zugleich enthält sie die beiden Elemente, die Voraussetzung für die Evolution sind. Erstens wurde erwiesen, dass Merkmale auf Gruppenebene, also Kooperation, Empathie und Muster der Vernetzung, mit anderen beim Menschen erblich sind – das heißt, in gewissem Ausmaß ist ihre Variation von einem Menschen zum anderen genetisch bedingt. Zweitens beeinflussen Kooperativität und Zusammenhalt nachweislich die Überlebensfähigkeit von Gruppen im Wettbewerb.[1]

Weiterhin ist klar, dass die Wahrnehmung der Gruppenselektion als Hauptantriebskraft für die Evolution gut zu einer Reihe der typischsten – und verblüffendsten – Merkmale der menschlichen Natur passt. Resonanz findet sie zudem in Forschungsergebnissen aus den ansonsten so divergierenden Gebieten der Sozialpsychologie, der Archäologie und der Evolutionsbiologie, denen zufolge der Mensch von Natur aus stark stammesorientiert ist. Ein Grundelement der menschlichen Natur lautet, dass der Mensch sich zur Zugehörigkeit zu einer Gruppe genötigt fühlt und die eigene Gruppe als konkurrierenden Gruppen überlegen erachtet.

Die Multilevel-Selektion (also die Kombination der Gruppen- und der Individualselektion) erklärt auch die Tatsache, dass verschiedene Motivationen häufig im Konflikt zueinander stehen. Jeder gesunde Mensch spürt den Sog des Gewissens, das Tauziehen zwischen Heldentum und Feigheit, Wahrhaftigkeit und Betrug, Engagement und Rückzug. Es ist unser Schicksal, dass wir uns durch die großen und kleinen Dilemmata quälen, wenn wir uns unseren Weg durch die riskante, widrige Welt bahnen, die uns hervorgebracht hat. Wir haben gemischte Gefühle. Wir wissen nicht, ob wir so oder so handeln sollen. Wir begreifen allzu gut, dass niemand so weise und großartig ist, dass er vor einem katastrophalen Fehler gefeit wäre, und keine Organisation so ehrwürdig, dass sie nicht korrumpierbar wäre. Wir, jeder Einzelne von uns, leben unser Leben in Konflikt und Widerstreit.

Die Konflikte, die sich aus der Multilevel-Selektion ergeben, sind zugleich der Urquell der Geistes- und Sozialwissenschaften. Der Mensch ist fasziniert von anderen Menschen, so wie alle anderen Primaten von ihren eigenen Artgenossen fasziniert sind. Es bereitet uns nie endendes Vergnügen, unsere Verwandten, Freunde und Feinde zu mustern und zu analysieren. Klatsch und Tratsch waren schon immer eine menschliche Lieblingsbeschäftigung, und das in jeder Gesellschaft von den Verbänden der Jäger und Sammler bis an die Höfe der Könige. Die Absichten und die Vertrauenswürdigkeit derer, die unser eigenes persönliches Leben beeinflussen, so sorgfältig wie möglich abzuwägen, ist zugleich sehr menschlich und höchst adaptiv. Ebenso adaptiv ist es zu bewerten, wie sich das Verhalten anderer auf das Wohlergehen der Gruppe auswirkt. Wir sind Genies darin, die Absichten der anderen zu lesen, die ja selbst auch in jedem Moment mit ihren eigenen Engeln und Dämonen kämpfen. Um den Schaden zu begrenzen, den wir mit unseren unvermeidlichen Fehltritten anrichten, haben wir unsere bürgerlichen Gesetzbücher.

Erschwert wird die Konfusion noch dadurch, dass die Menschheit in einer von Mythen und Geistern heimgesuchten Welt lebt. Das schulden wir unserer frühen Geschichte. Als unseren entfernten Vorfahren vor wahrscheinlich 100 000 bis 75 000 Jahren ihre persönliche Sterblichkeit bewusst wurde, suchten sie nach einer Erklärung dafür, wer sie waren, und nach einem Sinn für die Welt, die jeder Mensch schon bald würde verlassen müssen. Wahrscheinlich fragten sie: Wohin gehen die Toten? In die Welt der Geister, glaubten viele. Und wie können wir sie vielleicht wiedersehen? Möglich war das jederzeit im Traum oder unter dem Einfluss von Rauschmitteln, Zauberei, von Selbstkasteiung und Selbsttortur.

Die frühen Menschen hatten jenseits der Reichweite ihrer Territorien und Handelsnetze keinerlei Kenntnis von der Erde. Sie wussten nichts über den Himmel jenseits des Himmelsgewölbes, über dessen Innenseite Sonne, Mond und Sterne wanderten. Um die Rätsel ihrer Existenz zu erklären, glaubten sie an höhere Wesen, die im Übrigen waren wie sie selbst, göttliche Wesen, die eben nicht nur Steinwerkzeuge und Hütten erbauten, sondern das gesamte Universum. Mit dem Aufkommen von Stammesfürstentümern und später politischen Staaten entwickelte sich die Vorstellung, dass es über den erdgebundenen Herrschern, denen sie gehorchten, noch übernatürliche Herrscher geben musste.

Die frühen Menschen brauchten eine Geschichte für alles Wichtige, das ihnen zustieß, weil das Bewusstsein ohne Geschichten und Erklärungen seiner eigenen Bedeutung nicht funktionieren kann. Die beste, ja die einzige Möglichkeit, mit der unsere Vorfahren eine Erklärung für die Existenz an sich aufbauen konnten, war ein Schöpfungsmythos. Und ausnahmslos jeder Schöpfungsmythos statuierte die Überlegenheit des Stammes, der ihn erfand, über alle anderen Stämme. Ausgehend von dieser Annahme, empfand sich jeder religiös Gläubige als Auserwählter.

Organisierte Religionen und ihre Götter wurden zwar im Unwissen über einen Großteil der realen Welt erdacht, aber bedauerlicherweise schon in der frühen Geschichte in Stein gemeißelt. Wie in ihren Anfängen sind sie überall noch heute Ausdruck des Tribalismus, in dem die Mitglieder ihre eigene Identität und ihr besonderes Verhältnis zur übernatürlichen Welt begründen. Ihre Dogmen kodifizieren Verhaltensregeln, die der Gläubige ohne jedes Zögern übernehmen kann. Den heiligen Mythos zu hinterfragen bedeutet, die Identität, den Wert desjenigen zu hinterfragen, der daran glaubt. Deswegen werden Skeptiker sowie Anhänger anderer, ebenso absurder Mythen so rundheraus abgelehnt. In manchen Ländern drohen ihnen Gefängnis oder gar der Tod.

Doch genau die biologischen und historischen Umstände, die uns in die Sümpfe der Ignoranz geführt haben, haben auf andere Weise der Menschheit sehr gute Dienste geleistet. Organisierte Religionen walten über die Übergangsriten von der Geburt bis zum Erwachsensein, von der Ehe bis zum Tod. Sie bieten das Beste, was ein Stamm geben kann: eine engagierte Gemeinschaft, die ehrliche emotionale Unterstützung leistet, die die Menschen annimmt und ihnen verzeiht. Der Glaube an Götter, an einen einzelnen wie an eine Vielfalt, sakralisiert Gemeinschaftshandlungen, etwa die Einsetzung von Herrschern, das Befolgen der Gesetze oder die Erklärung von Kriegen. Der Glaube an die Unsterblichkeit und an eine letzte göttliche Gerechtigkeit ist ein kostbarer Trost; in schwierigen Zeiten stärkt er Entschlossenheit und Kampfeskraft. Über Jahrtausende waren die organisierten Religionen die Quelle für die großartigsten Werke der Kunst.

Warum sind wir dann gut beraten, die Mythen und Götter der organisierten Religionen offen in Frage zu stellen? Weil sie verdummen und entzweien. Weil jede und jeder nur eine Version einer konkurrierenden Vielfalt von Szenarien ist, die eventuell wahr sein könnten. Weil sie die Ignoranz befördern, die Menschen davon abhält, die Probleme der realen Welt zu erkennen, und die sie häufig auf falsche Wege und in katastrophale Handlungen führt. Getreu ihrer biologischen Herkunft spornen die Religionen leidenschaftlich zum Altruismus zwischen ihren Mitgliedern an und weiten ihn auch systematisch auf Außenstehende aus, allerdings gewöhnlich verbunden mit dem Ziel der Bekehrung. Das Engagement für einen bestimmten Glauben ist per definitionem religiöse Engstirnigkeit. Kein protestantischer Missionar rät jemals seiner Herde, den Katholizismus oder den Islam als möglicherweise überlegene Alternative zu betrachten. Aus innerer Logik heraus muss er sie für unterlegen erklären.

Und doch wäre es töricht zu glauben, organisierte Religionen ließen sich in nächster Zeit ganz und gar aufheben und durch eine vernunftbegründete Begeisterung für moralisches Handeln ersetzen. Mit größerer Wahrscheinlichkeit kommt es dazu schrittweise, wie derzeit schon in Europa; mehrere Tendenzen tragen dazu bei. Die stärkste Schubkraft haben die Versuche, religiösen Glauben mit immer größerer wissenschaftlicher Genauigkeit als Produkt der Evolutionsbiologie zu rekonstruieren. Betrachtet man diese Rekonstruktionsversuche im Gegensatz zu den Schöpfungsmythen und deren theologischen Exzessen, so müssen sie jedem, der auch nur ein wenig aufgeschlossen ist, zunehmend plausibel erscheinen. Eine weitere Tendenz, die der unseligen sektiererischen Frömmigkeit entgegenwirkt, ist die Ausbreitung des Internets und die Globalisierung von Institutionen und deren Nutzern. Eine Untersuchung hat kürzlich ergeben, dass die zunehmende Vernetzung von Menschen weltweit deren kosmopolitische Einstellung fördert. Maßgeblich ist dabei, dass Faktoren wie ethnische Zugehörigkeit, räumliche Herkunft und Nationalität als Identifikationsquellen geschwächt werden.[2] Gestärkt wird dadurch zudem eine weitere Tendenz, nämlich die Homogenisierung der Menschheit hinsichtlich Hautfarbe und ethnischer Zugehörigkeit durch Mischehen. Unvermeidlich wird dadurch der Glaube an Schöpfungsmythen und sektiererische Dogmen geschwächt.

Als erster Schritt zur Befreiung der Menschheit von den oppressiven Formen des Tribalismus würde sich anbieten, mit dem gegebenen Respekt die Anmaßung derjenigen Machthaber zurückzuweisen, die von sich behaupten, im Namen Gottes zu sprechen, besondere Stellvertreter Gottes zu sein oder über eine exklusive Kenntnis von Gottes Willen zu verfügen. Zu diesen Lieferanten für theologischen Narzissmus gehören Möchtegern-Propheten, die Gründer religiöser Kulte, leidenschaftliche evangelikale Pastoren, Ayatollahs, Vorsteher der heiligen Moscheen, Großrabbiner, Rosch-Jeschiwas, der Dalai-Lama und der Papst. Dasselbe gilt auch für dogmatische politische Ideologien, die auf einer unwiderlegbaren Lehre fußen, sei es von rechts oder von links, und besonders wenn sie mit den Dogmen organisierter Religionen gerechtfertigt werden. Womöglich enthalten sie intuitive Weisheit, die durchaus der Beachtung wert ist. Womöglich haben ihre Anführer die besten Absichten. Aber die Menschheit hat genug gelitten unter der grob verfälschten Geschichte, wie falsche Propheten sie erzählt haben.

Ich erinnere mich an eine Geschichte, die mir vor langer Zeit ein medizinischer Entomologe erzählte; es ging um die Übertragung des Rückfallfiebers durch *Ornithodorus*-Zecken in Westafrika. Wenn das Fieber zu sehr wütete, so erzählte er, zogen die Menschen dort mit ihrem gesamten Dorf an einen neuen Ort. Als er eines Tages einen solchen Umzug miterlebte, sah er einen alten Mann, der einige der hässlichen, entfernt mit Spinnen verwandten Tiere vom schmutzigen Boden einer Hütte hob und sie vorsichtig in eine kleine Schachtel setzte. Auf die Frage, warum er das tat, antwortete der Mann, er nehme sie mit in die neue Siedlung, «weil ihre Geister uns vor dem Fieber schützen».

Ein anderes Argument für eine neue Aufklärung lautet, dass wir auf diesem Planeten mit allem, was wir an Vernunft und Verständnis aufbringen können, allein und damit als Einzige für unsere Handlungen als Art verantwortlich sind. Der Planet, den wir erobert haben, ist nicht einfach eine Station auf dem Weg in eine bessere Welt da draußen in irgendeiner anderen Dimension. Auf eine moralische Vorschrift können wir uns mit Sicherheit einigen: Wir müssen damit aufhören, unsere Heimat zu zerstören, die einzige Heimat, die die Menschheit je haben wird. Die Beweise dafür, dass die globale Erwärmung real und die industrielle Verschmutzung ihre Hauptursache ist, sind inzwischen erdrückend. Selbst bei flüchtiger Betrachtung ebenso evident ist das Verschwinden von tropischen Wäldern, Grasland und anderen Lebensräumen, in denen es die größte Vielfalt des Lebens gibt. Wird der globale Wandel aufgrund von Habitatzerstörung, invasiven Arten, Verschmutzung, Überbevölkerung und Übererntung nicht gestoppt, so könnte am Ende dieses Jahrhunderts die Hälfte aller Pflanzen- und Tierarten ausgestorben sein oder zumindest zu den «lebendigen Toten» (vom baldigen Aussterben bedrohten Arten) gehören. Ohne Not verwandeln wir das Gold, das wir von unseren Vorfahren geerbt haben, in Stroh, und unsere Nachkommen werden uns dafür verachten.

Die Zerstörung der Artenvielfalt in der lebendigen Welt erfährt viel weniger Aufmerksamkeit als der Klimawandel, die Erschöpfung unersetzlicher Ressourcen und andere Umwälzungen der physikalischen Umwelt. Wir wären gut beraten, nach folgendem Prinzip zu handeln: Wenn wir die lebendige Welt erhalten, erhalten wir automatisch auch die physikalische Welt, weil wir zum Erreichen des Ersten auch das Zweite erreichen müssen. Erhalten wir aber nur die physikalische Welt, wozu wir derzeit zu neigen scheinen, so werden wir am Ende beide verlieren. Bis vor Kurzem gab es noch viele Vogelarten, die wir nie wieder werden fliegen sehen. Es ist aus mit Fröschen, die wir nie wieder in warmen Regennächten werden quaken hören. Und es ist aus mit Fischen, die Silberstreifen in unsere verarmten Seen und Flüsse zeichneten.

Ein genauerer Blick auf Wissenschaft und Religion wird sich lohnen, wenn wir verstehen wollen, wie die Suche nach der objektiven Wahrheit wirklich beschaffen ist. Die Naturwissenschaft ist nicht einfach ein Betrieb wie Medizin oder Maschinenbau oder Theologie. Die Naturwissenschaft ist der Ursprung all unseres Wissens über die reale Welt, das überprüfbar ist und sich in das bestehende Wissen einpassen lässt. Sie bildet das Arsenal, mit dessen Hilfe die Technologien und die Inferenzstatistik Wahr und Falsch unterscheiden können. Sie formuliert die Prinzipien und Formeln, die dieses gesamte Wissen zusammenhalten. Die Naturwissenschaft gehört allen. Ihre Grundbestandteile kann jeder auf der Welt in Frage stellen, der über genügend Information verfügt, um das zu leisten. Sie ist nicht nur «eine andere Form des Wissens», wie oft postuliert wird, um sie mit religiösem Glauben gleichzusetzen. Der Konflikt zwischen wissenschaftlicher Erkenntnis und den Lehren der organisierten Religionen ist unlösbar. Die Kluft wird immer größer werden und für nie endende Kontroversen sorgen, solange religiöse Führer weiter unhaltbare Behauptungen über übernatürliche Ursachen der Realität aufstellen.

Ein weiteres Prinzip, das sich meines Erachtens durch die bisherige naturwissenschaftliche Erkenntnis rechtfertigen lässt, lautet, dass niemand je von diesem Planet auswandern wird. Im kleinen Maßstab – also innerhalb des Sonnensystems – ist es kaum sinnvoll, zur weiteren Erforschung Menschen auf den Mond zu schicken, noch weniger auf den Mars und darüber hinaus in Sphären, in denen einfaches außerirdisches Leben vernünftigerweise zu suchen wäre – auf Europa, dem vereisten Jupiter-Mond, und auf dem feurigen Saturn-Mond Enceladus. Weitaus billiger und ohne Risiko für menschliches Leben lässt sich der Weltraum mit Robotern erforschen. Die Technologie dafür – Raketenantrieb, Robotertechnik, Fernanalyse und Informationsübermittlung – ist auf gutem Wege. Roboter können sehr viel mehr erreichen als ein menschlicher Besucher, selbst wenn es um sofort zu treffende Entscheidungen geht und sowieso bei dem Vorhaben, Bilder und Daten in höchstmöglicher Qualität zurück auf die Erde zu übermitteln. Natürlich ist es eine erhebende Vorstellung, ein Mensch – einer von *uns* – würde über einen Himmelskörper schreiten wie einst die Entdecker über unerforschte Kontinente. Wirklich spannend aber wird es, wenn wir genau erfahren, was da draußen ist, wenn wir selbst bis ins Detail scharf sehen, wie es in zwei Meter Entfernung zu unseren virtuellen Füßen aussieht, wenn wir mit unseren virtuellen Händen Gestein und womöglich Organismen aufheben und analysieren können. All das können wir erreichen, und zwar bald. Wenn wir aber statt Robotern Menschen schicken, würde das unglaublich teuer, riskant und ineffizient – im Ganzen nur eine Art Zirkuskunststück.

An derselben kosmischen Kurzsichtigkeit krankt, wer heute von der Kolonisierung anderer Sternensysteme träumt. Es ist eine besonders gefährliche Illusion, die Emigration in den Weltraum als Patentlösung für den Moment anzusehen, wenn wir diesen Planeten verbraucht haben werden. Es ist Zeit, ernsthaft nachzufragen, warum in den 3,5 Milliarden Jahren Geschichte der Biosphäre unser Planet noch nie von Außerirdischen besucht wurde (außer vielleicht in verschwommenen UFO-Lichtern am Himmel und in Wachträumen von Besuchern am Bettrand). Und warum hat die Suche nach außerirdischer Intelligenz (SETI) auch nach jahrelangen Bemühungen noch nie eine Botschaft aus dem All empfangen? Theoretisch ist so ein Kontakt denkbar und sollte auch weiter angestrebt werden. Aber stellen wir uns vor, auf einem der Milliarden Sterne im bewohnbaren Teil der Galaxie wäre eine Zivilisation entstanden, die sich entschieden hat, andere Sternensysteme zu erobern, um ihren galaktischen Lebensraum zu erweitern. Dazu hätte es sehr gut schon vor einer Milliarde Jahren kommen können. Wenn ein solcher Eroberungszyklus eine Million Jahre benötigte, bis ein anderer brauchbarer Planet erreicht war, und nach der ausführlichen Erforschung eine weitere Million Jahre nötig waren, um Ströme von Kolonisten auf mehrere andere brauchbare Planeten zu entsenden, dann hätte dieses Volk außerirdischer Eroberer schon vor langer Zeit alle bewohnbaren Teile der Galaxie einschließlich unseres eigenen Sonnensystems besetzt.

Natürlich besteht eine mögliche Erklärung dafür, dass wir keinen Außerirdischen begegnen, darin, dass wir durch die gesamten Jahrmilliarden hindurch in der gesamten Galaxie einzigartig waren und sind und dass nur wir allein die Fähigkeit entwickelt haben, durch das All zu reisen – dass also die Milchstraße nur darauf wartet, von uns erobert zu werden. Diese These aber ist höchst unwahrscheinlich.

Ich bevorzuge eine andere Möglichkeit. Vielleicht sind die Außerirdischen gerade erwachsen geworden. Vielleicht haben sie gemerkt, dass die unermesslichen Probleme ihrer evolvierenden Zivilisationen sich nicht durch Wettbewerb zwischen Religionen, Ideologien oder kriegerischen Nationen lösen lassen. Sie haben festgestellt, dass große Probleme nach großen Lösungen verlangen, die nur rational durch die Kooperation aller Parteien gelingen. Wären sie so weit gekommen, so hätten sie gemerkt, dass es gar keine Notwendigkeit gibt, andere Sternensysteme zu kolonisieren. Dass es genügt, Fuß zu fassen und die unbegrenzten Möglichkeiten der Erfüllung zu erkunden, die der Heimatplanet bietet.

Und so will ich meinen eigenen blinden Glauben bekennen. Die Erde lässt sich, wenn wir es wollen, im 22. Jahrhundert in ein dauerhaftes Paradies für den Menschen verwandeln oder zumindest in einen vielversprechenden Anfang davon. Wir werden uns selbst und den anderen Lebewesen noch sehr viel Schaden zufügen, aber wenn wir uns den einfachen Anstand gegenüber dem Anderen zum ethischen Grundsatz machen, wenn wir unablässig unsere Vernunft gebrauchen und wenn wir akzeptieren, was wir wirklich sind, dann werden unsere Träume am Ende wahr werden.

Und was dich angeht, Paul Gauguin: Warum hast du diese Zeilen auf dein Gemälde geschrieben? Natürlich wirst du, so vermute ich, prompt antworten, du wolltest eben ganz sichergehen, dass die Symbolik auf deinem tahitischen Panorama auch ja nicht missverstanden wird. Aber mein Gefühl sagt mir, dass da noch etwas war. Vielleicht hast du die drei Fragen mit dem impliziten Hinweis darauf gestellt, dass es keine Antwort gibt, weder in der zivilisierten Welt, die du abgelehnt und verlassen hast, noch in der primitiven Welt, die du zu deiner gemacht hast, um Frieden zu finden. Oder aber du wolltest vielleicht sagen, dass die Kunst nicht weiter gehen kann, als du gegangen bist; und dass dir persönlich nichts weiter übrig blieb, als die verstörenden Fragen schriftlich zu stellen. Doch lass mich noch einen anderen Grund für das Rätsel vorschlagen, das du uns hinterlassen hast, einen Grund, der mit diesen ersten Vermutungen gar nicht unbedingt im Widerspruch steht. Ich glaube, was du geschrieben hast, ist ein Triumphschrei. Du hattest deine Leidenschaft ausgelebt, weit zu reisen, neue Stile der darstellenden Kunst zu entdecken und dir zu eigen zu machen, die Fragen auf neue Weise zu stellen und, ausgehend von all dem, ein authentisches, originales Werk zu schaffen. In diesem Sinn ist deine Laufbahn ewig; sie war nicht vergeblich. In unserer eigenen Zeit haben wir rationale Analyse und Kunst zueinandergebracht und Natur- und Geisteswissenschaften zu Partnern gemacht – und damit sind wir den Antworten, nach denen du gesucht hast, ein Stück näher gekommen.

DANKSAGUNG

Beim Verfassen dieses Buches erhielt ich zu meinem Glück Rat und Ermunterung von einem großartigen Lektor, Robert Weil, jahrelange begeisterte Unterstützung durch meinen Agenten John Taylor Williams sowie kundige Hilfe bei der Recherche und der Textredaktion von Kathleen M. Horton.

ANMERKUNGEN

Prolog

1 Zu Leben und Werk von Paul Gauguin siehe maßgeblich Belinda Thomson (Hg.), Tamar Garb u. a., *Gauguin: Maker of myth*, Washington, DC 2010.
2 Zitiert nach einem Brief von Paul Gauguin an Charles Morice, April 1903.
3 Paul Gauguin an Mette Gauguin, Anfang April 1887, in: Paul Gauguin, *Briefe*, hg. von Maurice Malingue, Berlin 1960, S. 54.
4 Henry Thoreau, *Walden oder Leben in den Wäldern*, übersetzt von Emma Emmerich und Tatjana Fischer, Zürich ^{22}2007 (Orig. 1854), S. 141.
5 Paul Gauguin an Emile Bernard, zitiert nach: Paul Gauguin, Emile Bernard, *Lettres de Paul Gauguin à Emile Bernard 1888–1891*, Genève 1954, S. 130, Hervorhebung im Original.

II.
Woher kommen wir?

1 Zum geologischen Ursprung eusozialer Insektengruppen siehe Jessica L. Ware, David A. Grimaldi, Michael S. Engel, «The effects of fossil placement and calibration on divergence times and rate: An example from the termites (Insecta: Isoptera)», in: *Arthropod Structure and Development* 39: 204–219 (2010); eine Zusammenfassung der Schätzungen von Edward O. Wilson und Bert Hölldobler, «The rise of the ants: A phylogenetic and ecological explanation», in: *Proceedings of the National Academy of Sciences, U.S.A.* (*PNAS*; so auch im Folgenden zitiert) 102(21): 7411–7414 (2005); Michael Ohl und Michael S. Engel, «Die Fossilgeschichte der Bienen und ihrer nächsten Verwandten (Hymenoptera: Apoidea)», in: *Denisia* 20: 687–700 (2007).
2 Iyad S. Zalmout u. a., «New Oligocene primate from Saudi Arabia and the divergence of apes and Old World monkeys», in: *Nature* 466: 360–364 (2010).

3 Bei meiner Berechnung gehe ich aus von 10^8 Jahren als gesamte geologische Zeitspanne sowie von 10 Jahren als durchschnittliche Lebenszeit eines reproduzierenden Tiers in der Linie zum *Homo sapiens;* das ergibt 10^7 Generationen in der geologischen Spanne bei 10^4 Individuen in jeder Generation.
4 Tracy L. Kivell und Daniel Schmitt, «Independent evolution of knuckle-walking in African apes shows that humans did not evolve from a knuckle-walking ancestor», in: *PNAS* 106(34): 14241–14246 (2009).
5 Louis Liebenberg, «Persistence hunting by modern hunter-gatherers», in: *Current Anthropology* 47(6): 1017–1025 (2006).
6 Bernd Heinrich, *Laufen: Geschichte einer Leidenschaft*, München 2003 (Orig. 2001), S. 201.
7 Paul M. Bingham, «Human uniqueness: A general theory», in: *Quarterly Review of Biology* 74(2): 133–169 (1999).
8 Lee Hsiang Liow u. a., «Higher origination and extinction rates in larger mammals», in: *PNAS* 105 (16): 6097–6102 (2008).
9 Guy L. Bush u. a., «Rapid speciation and chromosomal evolution in mammals», in: *PNAS* 74(9): 3942–3946 (1977); Don Jay Melnick, «The genetic consequences of primate social organization», in: *Genetica* 73: 117–135 (1987).
10 Winfried Henke, «Human biological evolution», in: Franz M. Wuketits und Francisco Ayala (Hg.), *Handbook of evolution*, Bd. 2, *The evolution of living Systems (including humans)*, Weinhein 2005, S. 117–222.
11 Elisabeth S. Vrba u. a. (Hg.), *Paleoclimate and evolution, with emphasis on human origins*, New Haven 1995.
12 R. Adriana Hernandez-Aguilar, Jim Moore und Travis Rayne Pickerin, «Savanna chimpanzees use tools to harvest the underground storage organs of plants», in: *PNAS* 104(49): 19210–19213 (2007).
13 Daniel Sol u. a., «Big brains, enhanced cognition, and response of birds to novel environments», in: *PNAS* 102(15) 5460–5465 (2005).
14 John A. Finarelli und John J. Flynn, «Brain-size evolution and sociality in Carnivora», in: *PNAS* 106(23): 9345–9349 (2009), S. 9345.
15 J. Shreeve, «Evolutionary road», in: *National Geographic* 218: 34–67 (Juli 2010).
16 David R. Braun u. a., «Early hominin diet included diverse terrestrial and aquatic animals 1.95 Ma in East Turkana, Kenya», in: *PNAS* 107(22): 10002–10007 (2010); Teresa E. Steele, «A unique hominin menu dated to 1.95 million years ago», in: *PNAS* 107(24): 10771–10772 (2010).
17 Martin Surbeck und Gottfried Hohmann, «Primate hunting by bonobos at LuiKotale, Salonga Nationa Park», in: *Current Biology* 19(19): R906–R907 (2008).
18 Michael P. Richards und Erik Trinkaus, «Isotopic evidence for the diets of European Neanderthals and early modern humans», in: *PNAS*

106(38): 16034–16039 (2009). Neandertaler verzehrten außerdem bei Gelegenheit unterschiedliche pflanzliche Nahrung: Amanda G. Henry, Alison S. Brooks und Dolores R. Piperno, «Microfossils in calculus demonstrate consumption of plants and cooked foods in Neanderthal diets (Shanidar III, Iraq; Spy I and II, Belgium)», in: PNAS 108(2): 486–491 (2011).

19 In den 1970er Jahren gehörte ich zu den Wissenschaftlern, die für die Verwandtenselektion als zentralen Faktor für das Aufkommen der Eusozialität und der Evolution des Menschen eintraten, siehe Edward O. Wilson, *Sociobiology: The new synthesis*, Cambridge, MA 1975, sowie *On human nature*, deutsch *Biologie als Schicksal. Die soziobiologischen Grundlagen menschlichen Verhaltens*, Frankfurt am Main 1978. Heute halte ich meine damalige Auffassung für übertrieben. Siehe dazu Edward O. Wilson, «One giant leap: How insects achieved altruism and colonial life», in: *BioScience* 56(1): 17–26 (2008); Martin A. Nowak, Corina E. Tarnita und Edward O. Wilson, «The evolution of eusociality», in: *Nature* 466: 1057–1062 (2010).

20 Martin A. Nowak, Corina E. Tarnita und Edward O. Wilson, «The evolution of eusociality», in: *Nature* 466: 1057–1062 (2010).

21 Charles Darwin, *Die Abstammung des Menschen*, in: *Ch. Darwin's Gesammelte Werke*. Autorisierte deutsche Ausgabe. Fünfter Band. Stuttgart 1875, S. 168.

22 Zitiert nach Roger Brown, *Social psychology*, New York ²1985, S. 553.

23 Roger Brown, *Social psychology*, New York: Free Press ²1985; Edward O. Wilson, *Die Einheit des Wissens*, Berlin 1998 (Orig. 1998).

24 Katherine D. Kinzler, Emmanuel Dupoux, Elizabeth S. Spelke, «The native language of social cognition», in: PNAS 104(30): 12577–12580 (2007).

25 Jeffrey Kluger, «Race and the brain», in: *Time*, S. 59 (20. 10. 2008).

26 Zitiert nach William James, «The moral equivalent of war», in: *Popular Science Monthly* 77: 400–410 (1910).

27 Timothy Snyder, «Holocaust: The ignored reality», in: *New York Review of Books* 56(1), 16. 7. 2009.

28 Martin Luther, «Ob Kriegsleute auch in seligem Stande sein können» (1526), WA 19, 626, zitiert nach Martin Elze, in: *M. L. Schriften*, hg. v. K. Bornkamm/G. Ebeling, 4. Bd., Frankfurt am Main 1982, S. 177.

29 William James, «The moral equivalent of war», in: *Popular Science Monthly* 77: 400–410 (1910); Textzitate aus Thukydides V, 89, 105 und 116, zitiert nach Thukydides, *Geschichte des Peloponnesischen Krieges*, München 1991.

30 Steven A. LeBlanc und Katherine E. Register, *Constant battles: the myth of the peaceful, noble savage*, New York 2003.

31 Bernard Faure, «Buddhism and violence», in: *International Review of Culture & Society* Nr. 9 (Frühjahr 2002); Michael Zimmermann (Hg.),

Buddhism and violence, Bhairahana, Nepal: Lumbini International Research Institute 2006.

32 Zitiert nach Steven A. LeBlanc und Katherine E. Register, *Constant battles: The myth of the peaceful, noble savage*, New York 2003.

33 Richard Levins, «The theory of fitness in a heterogeneous environment, IV: The adaptive significance of gene flow», in: *Evolution* 18(4): 635–638 (1965); Richard Levins, *Evolution in changing environments: Some theoretical explorations*, Princeton 1968; Scott A. Boorman und Paul A. Levitt, «Group selection on the boundary of a stable population», in: *Theoretical Population Biology* 4(1): 85–128 (1973); Scott A. Boorman und Paul R. Levitt, «A frequency-dependent natural selection model for the evolution of social cooperation networks», in: *PNAS* 70(1): 187–189 (1973). Rezensionen zu den genannten Artikeln von Edward O. Wilson in: *Sociobiology: The new synthesis*, Cambridge, MA 1975, S. 110–117.

34 Richard W. Wrangham, Michael L. Wilson und Martin N. Muller, «Comparative rates of violence in chimpanzees and humans», in: *Primates* 47: 14–26 (2006).

35 Richard W. Wrangham und Michael L. Wilson, «Collective violence: Comparison between youths and chimpanzees», in: *Annuals of the New York Academy of Science* 1036: 233–256 (2004).

36 John C. Mitani, David P. Watts und Sylvia J. Amsler, «Lethal intergroup aggression leads to territorial expansion in wild chimpanzees», in: *Current Biology* 20(12): R507–R508 (2010). Eine hervorragend kommentierte Reportage gibt Nicholas Wade in «Chimps that wage war and annex rival territory», in: *New York Times,* D4 (22. 6. 2010).

37 Der Begriff des *Minimumfaktors* wurde 1828 von Carl Sprengel für die Landwirtschaft entwickelt und später von Justus von Liebig ausgearbeitet – daher kennt man ihn als *Liebig'sches Minimumgesetz*. In der ursprünglichen Formulierung besagt es, dass das Wachstum von Pflanzen nicht von der Gesamtmenge der Ressourcen, sondern von der Menge der knappsten Ressource eingeschränkt wird.

38 E. A. Hammel, «Demographics and kinship in anthropological populations», in: *PNAS* 102(6): 2248–2253 (2005).

39 R. Hopfenberg, «Human carrying capacity is determined by food availability», in: *Population and Environment* 25: 109–117 (2003).

40 Siehe dazu «World roundup: archaeological assemblages: Kenya», in: *Archaeology*, S. 11 (Mai/Juni 2009).

41 G. Philip Rightmire, «Middle and later Pleistocene hominins in Africa and Southwest Asia», in: *PNAS* 106(38): 16046–16050 (2009).

42 Stephan C. Schuster u. a., «Complete Khoisan and Bantu genomes from southern Africa», in: *Nature* 463: 943–047 (2010).

43 Sohini Ramachandran u. a., «Support from the relationship of genetic and geographic distance in human populations for a serial founder

effect originating in Africa», in: PNAS 102(44): 15942–15947 (2005). Henry Harpending und Alan Rogers, «Genetic perspectives on human origins and differentiation», in: Annual Review of Genomics and Human Genetics 1: 361–385 (2000).

44 Andrew S. Cohen u. a., «Ecological consequences of early Late Pleistocene megadroughts in tropical Africa», in: PNAS 104(40): 16422–16427 (2007).

45 John F. Hoffecker, «The spread of modern humans in Europe», in: PNAS 106(38): 16040–16045 (2009); J. J. Hublin, «The origin of Neandertals», in: PNAS 106(38): 16022–16027 (2009).

46 David Reich u. a., «Genetic history of an archaic hominin group from Denisova Cave in Siberia», in: Nature 468: 1053–1060 (2010).

47 Peter Foster und S. Matsumura, «Did early humans go north or south?», in: Science 308: 965–966 (2005); Christopher N. Johnson, «The remaking of Australia's ecology», in: Science 309: 255–256 (2005); Gifford H. Miller u. a., «Ecosystem collapse in Pleistocene Australia and a human role in megafaunal extinction», in: Science 309: 287–290 (2005).

48 Ted Goebel, Michael R. Waters und Dennis H. O'Rourke, «The Late Pleistocene dispersal of modern humans in the Americas», in: Science 319: 1497–1502 (2008); Andrew Curry, «Ancient excrement», in: Archaeology, S. 42–45 (Juli/August 2008).

49 Francesco d'Errico u. a., «Additional evidence on the use of personal ornaments in the Middle Paleolithic of North Africa», in: PNAS 106(38): 16051–16056 (2009).

50 John Hawks u. a., «Recent acceleration of human adaptive evolution», in: PNAS 104(52): 20753–20758 (2007).

51 Jun Gojobori u. a., «Adaptive evolution in humans revealed by the negative correlation between the polymorphism and fixation phases of evolution», in: PNAS (104)10: 3907–3912 (2007).

52 Ralph Haygood u. a., «Contrasts between adaptive coding and noncoding changes during human evolution», in: PNAS 107(17): 7853–7857 (2010).

53 B. Devlin, Michael Daniels und Kathryn Roeder, «The heritability of IQ», in: Nature 388: 468–471 (1997). Verschiedene Schätzungen für IQs liegen zwischen 40 und 70 Prozent, wahrscheinlich aber näher am niedrigeren Wert.

54 E. Turkheimer, «Three laws of behavior genetics and what they mean», in: Current Directions in Psychological Science 9(5): 160–164 (2000).

55 James Fowler, Christopher T. Dawes und Nicholas A. Christakis, «Model of genetic variation in human social networks», in: PNAS 196(6): 1720–1724 (2009).

56 Dwight Read und Sander van der Leeuw, «Biology is only part of the story», in: Philosophical Transactions of the Royal Society B 363: 1959–1968 (2008).

57 Colin E. Hughes u. a., «Serendipitous backyard hybridization and the origin of crops», in: *PNAS* 104(36): 14389–14394 (2007).
58 Steve Olson, «Seeking the signs of selection», in: *Science* 298: 1324–1325 (2002); Michael Balter, «Are humans still evolving?», in: *Science* 309: 234–237 (2005); Cynthia M. Beall u. a., «Natural selection on *EPAS1 (H1F2α)* associated with low haemoglobin concentration in Tibetan highlanders», in: *PNAS* 107(25): 11459–11464 (2010); Oksana Hlodan, «Evolution in extreme environments», in: *BioScience* 60(6): 414–418 (2010).
59 Kent V. Flannery, «The cultural evolution of civilizations», in: *Annual Review of Ecology and Systematics* 3: 399–426 (1972); H. T. Wright, «Recent research on the origin of the state», in: *Annual Review of Anthropology* 6: 379–397 (1977); Charles S. Spencer, «Territorial expression and primary state formation», in: *PNAS* 107: 7119–7126 (2010).
60 Herbert A. Simon, «Die Architektur der Komplexität» (Orig. 1962), in: Klaus Türk (Hg.), *Handlungssysteme*, Opladen 1978, S. 94–120, S. 117.
61 Zitiert nach Richard W. Robins, «The nature of personality: genes, culture, and national character», in: *Science* 310: 62–63 (2005).
62 A. Terraciano u. a., «National character does not reflect mean personality trait levels in 49 cultures», in: *Science* 310: 96–100 (2005).
63 Charles S. Spencer, «Territorial expansion and primary state formation», in: *PNAS* 107(16): 7119–7126 (2010).
64 Patrick V. Kirch und Warren D. Sharp, «Coral ^{230}Th dating of the imposition of a ritual control hierarchy in precontact Hawaii», in: *Science* 307: 102–104 (2005).
65 Pierre-Jean Texier u. a., «A Howiesons Poort tradition of engraving ostrich eggshell containers dated to 60,000 years ago at Diepkloof Rock Shelter, South Africa», in: *PNAS* 107(14): 6180–6185 (2010).
66 Constance Holden, «Oldest beads suggest early symbolic behavior», in: *Science* 304: 369 (2004); Christopher Henshilwood u. a., «Middle Stone Age shell beads from South Africa», in: *Science* 304: 404 (2004).
67 Andrew Curry, «Seeking the roots of ritual», in: *Science* 319: 278–280 (2008).
68 Andrew Lawler, «Writing gets a rewrite», in: *Science* 292: 2418–2420 (2001); John Noble Wilford, «Stone said to contain earliest writing in Western Hemisphere», in: *New York Times*, A12 (15. September 2006).
69 Barry B. Powell, *Writing: Theory and history of the technology of civilization*, Malden, MA 2009.
70 Jared Diamon, *Arm und reich; Guns, germs, and steel; die Schicksale menschlicher Gesellschaften*, Frankfurt am Main 1998 (Orig. 1997).
71 Douglas A Hibb Jr. und Ola Olsson, «Geography, biogeography, and why some countries are rich and others are poor», in: *PNAS* 101(10): 3715–3720 (2004).

III.
Soziale Insekten erobern die Welt der Wirbellosen

1 H. J. Fittkau und H. Klinge, «On biomass and trophic structure of the central Amazonian rainforest ecosystem», in: *Biotropica* 5: 2–14 (1973).
2 U. Maschwitz, M. D. Dill und J. Williams, «Herdsmen ants and their mealybug partners», in: *Abhandlungen der Senckenbergischen Naturforschenden Gesellschaft Frankfurt am Main* 557: 1–373 (2002).
3 Spr. 6,6–8.

IV.
Die Kräfte der sozialen Evolution

1 Zum evolutionären Ursprung der Eusozialität siehe Edward O. Wilson und Bert Hölldobler, «Eusociality: Origin and consequences», in: *PNAS* 102(38): 13367–13371 (2005); Charles D. Michener, *The Bees of the World*, Baltimore 2007, Bryan N. Danforth, «Evolution of sociality in a primitively eusocial lineage of bees», in: *PNAS* 99(1): 286–290 (2002); Bert Hölldobler und Edward O. Wilson, *Der Superorganismus. Der Erfolg von Ameisen, Bienen, Wespen und Termiten*, Berlin/Heidelberg 2010 (Orig. 2009).
2 Edward O. Wilson und Bert Hölldobler, «Eusociality: Origin and consequences», in: *PNAS* 102(38): 13367–13371 (2005).
3 D. S. Kent und J. A. Simpson, «Eusociality in the beetle *Austroplatypus incompertus* (Coleoptera: Curculionidae)», in: *Naturwissenschaften* 79: 86–87 (1992); Bernard J. Crespi, «Eusociality in Australian gall thrips», in: *Nature* 359: 724–726 (1992); David L. Stern und W. A. Foster, «The evolution of soldiers in aphids», in: *Biological Reviews of the Cambridge Philosophical Society* 71: 27–79 (1996).
4 J. Emmett Duffy, C. L. Morrison und R. Ríos, «Multiple origins of eusociality among sponge-dwelling shrimps *(Synalpheus)*», in: *Evolution* 54(2): 503–516 (2000).
5 Geerat J. Vermeij, «Historical contingency and the purported uniqueness of evolutionary innovations», in: *PNAS* 103(6): 1804–1809 (2006).
6 B. J. Hatchwell und J. Komdeur, «Ecological constraints, life history traits and the evolution of cooperative breeding», in: *Animal Behaviour* 59(6): 1079–1086 (2000).
7 William Morton Wheeler, *Colony founding among ants, with an account of some primitive Australian species*, Cambridge, MA 1933; Charles C. Michener, «The evolution of social behaviour in bees», in: *Proceedings of the Tenth International Congress in Entomology, Montreal* 2: 441–447 (1956);

Howard E. Evans, «The evolution of social life in wasps», in: *Proceedings of the Tenth International Congress in Entomology, Montreal* 2: 449–457 (1956).

8 Edward O. Wilson, «One giant leap: How insects achieved altruism and colonial life», in: *BioScience* 58: 17–25 (2008).

9 Shoichi F. Skagami und Yasuo Maeta, «Sociality, induced and/or natural, in the basically solitary small carpenter bees *(Ceratina)*», in: Yosiaki Itô, Jerram L. Brown und Jiro Kikkawa (Hg.), *Animal Societies: Theories and facts*, Tokyo 1987, S. 1–16; William T. Wcislo, «Social interactions and behavioural context in a largely solitary bee, *Lasioglossum (Dialictus) figueresi* (Hymenoptera, Halictidae)», in: *Insectes Sociaux* 44: 199–208 (1997); Raphael Jeanson, Penny F. Kukuk und Jennifer H. Fewell, «Emergence of division of labour in halictine bees: Contributions of social interactions and behavioural variance», in: *Animal Behaviour* 70: 1183–1193 (2005).

10 Gene E. Robinson und Robert E. Page Jr., «Genetic basis for division of labor in an insect society», in: Michael D. Breed und Robert E. Page Jr. (Hg.), *The Genetics of social evolution*, Boulder, CO 1989, S. 61–80; E. Bonabeau, G. Theraulaz und Jean-Luc Deneubourg, «Quantitative study of the fixed threshold model for the regulation of division of labour in insect societies», in: *Proceedings of the Royal Society* B 263: 1565–1569 (1996); Samuel N. Beshers und Jennifer H. Fewell, «Models of division of labor in social insects», in: *Annual Review of Entomology* 46: 413–440 (2001).

11 Martin A. Nowak, Corina E. Tarnita und Edward O. Wilson, «The evolution of eusociality», in: *Nature* 466: 1057–1062 (2010). Eine weitere Darstellung geben Martin A. Nowak und Roger Highfield in *SuperCooperators: Altruism, evolution, and why we need each other to succeed*, New York 2011.

12 Charles Darwin, *The Origin of Species* (1859), zitiert aus Charles Darwin, *Über die Entstehung der Arten durch natürliche Zuchtwahl*, Stuttgart ⁴1870, S. 263, 265–266.

13 J. Field und S. Brace, «Pre-social benefits of extended parental care», in: *Nature* 427: 650–652 (2004).

14 Bryan N. Danforth, «Evolution of sociality in a primitively eusocial lineage of bees», in: *PNAS* 99(1): 286–290 (2002).

15 James H. Hunt und Gro V. Amdam, «Bivoltinism as an antecedent to eusociality in the paper wasp genus *Polistes*», in: *Science* 308: 264–267 (2005).

16 Ehab Abouheif und G. A. Wray, «Evolution of the gene network underlying wing polyphenism in ants», in: *Science* 297: 249–252 (2002).

17 Kenneth G. Ross und Laurent Keller, «Genetic control of social organization in an ant», in: *PNAS* 95(24): 14232–14237 (1998).

18 M. J. B. Krieger und Kenneth G. Ross, «Identification of a major gene regulating complex social behavior», in: *Science* 295: 328–332 (2002).

19 James H. Hunt und Gro V. Amdam, «Biovoltinism as an antecedent to eusociality in the paper wasp genus Polistes», in: Science 308: 264–267 (2005).
20 Shoichi F. Sakagami und Yasuo Maeta, «Sociality, induced and/or natural, in the basically solitary small carpenter bees (Ceratina)», in: Yosiaki Itô, Jerram L. Brown und Jiro Kikkawa (Hg.), Animal Societies: Theories and Facts, Tokyo 1987, S. 1–16.
21 Miriam H. Richards, Eric J. von Wettberg und Amy C. Rutgers, «A novel social polymorphism in a primitively eusocial bee», in: PNAS 100 (12): 7175–7180 (2003).
22 Gro V. Amdam u. a., «Complex social behaviour from maternal reproductive traits», in: Nature 439: 76–78 (2006); Gro. V. Amdam u. a., «Variation in endocrine signalling underlies variation in social life-history», in: American Naturalist 170: 37–46 (2007).
23 Edward O. Wilson, The Insect Societies, Cambridge, MA 1971; Edward O. Wilson und Bert Hölldobler, «Eusociality: Origin and consequence», in: PNAS 102(38): 13367–13371 (2005).
24 Die anderen drei sind Die Fahrt der Beagle (Orig. 1838), Über die Entstehung der Arten durch natürliche Zuchtwahl (Orig. 1859), und Die Abstammung des Menschen (Orig. 1871).
25 William D. Hamilton, «The genetical evolution of social behaviour, I, II», in: Journal of Theoretical Biology 7: 1–52 (1964).
26 J. B S. Haldane, «Population genetics», in: New Biology (Penguin Books) 18: 34–51 (1955), zitiert nach Bert Hölldobler und Edward O. Wilson, Der Superorganismus. Der Erfolg von Ameisen, Bienen, Wespen und Termiten, Berlin/Heidelberg 2010 (Orig. 2009), S. 21–22.
27 Edward O. Wilson, «One giant leap: How insects achieved altruism and colonial life», in: BioScience 58(1): 17–25 (2008).
28 Blaine Cole und Diane C. Wiernacz, «The selective advantage of low relatedness», in: Science 285: 891–893 (1999); William O. H. Hughes und J. J. Boomsma, «Genetic diversity and disease resistance in leaf-cutting ant societies», in: Evolution 58: 1251–1260 (2004).
29 F. E. Rheindt, C. P. Strehl und Jürgen Gadau, «A genetic component in the determination of worker polymorphism in the Florida harvester and Pogonomyrmex badius», in: Insectes Sociaux 52: 163–168 (2005); T. Schwander, H. Rosset und M. Chapuisat, «Division of labour and worker size polymorphism in ant colonies: The impact of social an genetic factors», in: Behavioral Ecology and Sociobiology 59: 215–221 (2005).
30 J. C. Jones, M. R. Myerscough, S. Graham und Ben P. Oldroyd, «Honey bee nest thermoregulation: Diversity supports stability», in: Science 305: 402–404 (2004).
31 Die sequenced multilevel theory geht auf viele Quellen zurück, in wesentlichen Zügen entwickelte sie sich aber in folgenden Artikeln, an denen

der Autor mitwirkte: Edward O. Wilson, «Kin selection as the key to altruism: Its rise and fall», in: *Social Research* 72(1): 159–166 (2005); Edward O. Wilson und Bert Hölldobler, «Eusociality: Origin and consequences», in: *PNAS* 102(38): 13367–13371 (2005); David Sloan Wilson und Edward O. Wilson, «Rethinking the theoretical foundation of socio-biology», in: *Quarterly Review of Biology* 82(4): 327–348 (2007); Edward O. Wilson, «One giant leap: How insects achieved altruism and colonial life», in: *BioScience* 58(1): 17–25 (2008); David Sloan Wilson und Edward O. Wilson, «Evolution ‹for the good of the group›», in: *American Scientist* 96: 380–389 (2008); und schließlich Martin A. Nowak, Corina E. Tarnita und Edward O. Wilson, «The evolution of eusociality», in: *Nature* 466: 1057–1062 (2010). Dem zuletzt zitierten Artikel ist der hiesige Text stark verpflichtet.

32 Robert L. Trivers und Hope Hare, «Haplodiploidy and the evolution of the social insects», in: *Science* 191: 249–263 (1976); Andrew F. G. Bourke und Nigel R. Franks, *Social evolution in ants*, Princeton, NJ 1995.

33 Francis L. W. Ratnicks, Kevin R. Foster und Tom Wenseleers, «Conflict resolution in insect societies», in: *Annual Review of Entomology* 51: 581–608 (2006).

34 William O. H. Hughes u. a., «Ancestral monogamy shows kin selection is key to the evolution of eusociality», in: *Science* 320: 1213–1216 (2008).

35 Zu den Leistungen der Gesamtfitness-Theorie siehe Edward O. Wilson, «One giant leap: How insects achieved altruism and colonial life», in: *BioScience* 58(1): 17–25 (2008); Bert Hölldobler und Edward O. Wilson, *Der Superorganismus. Der Erfolg von Ameisen, Bienen, Wespen und Termiten*, Berlin/Heidelberg 2010 (Orig. 2009).

36 Der folgende Abschnitt und ein Großteil des restlichen Kapitels folgt in veränderter Form Martin A. Nowak, Corina E. Tarnita und Edward O. Wilson, «The evolution of eusociality», in: *Nature* 466: 1057–1062 (2010).

37 Arne Traulsen, «Mathematics of kin- and group-selection: Formally equivalent?», in: *Evolution* 64: 316–323 (2010).

38 Verschiedene Definitionen für «kinship» finden sich bei Raghavendra Gadagkar, *The social biology of* Ropalidia marginata: *Toward understanding the evolution of eusociality*, Cambridge, MA 2001; Barbara L. Thorne, Nancy L. Breisch und Marlo L. Muscedere, «Evolution of eusociality and the soldier caste in termites: Influence of accelerated inheritance», in: *PNAS* 100(22): 12808–12813 (2003); Abderrahman Khila und Ehab Abouheif, «Evaluating the role of reproductive constraints in ant social evolution», in: *Philosophical Transactions of the Royal Society* B 365: 617–630 (2010).

39 Martin A. Nowak, Corina E. Tarnita und Edward O. Wilson, «The evolution of eusociality», in: *Nature* 466: 1057–1062 (2010). Siehe auch Martin

A. Nowak und Roger Highfield, *SuperCooperators: Altruism, evolution, and why we need each other to succeed*, New York 2011.

40 Martin A. Nowak, Corina E. Tarnita und Edward O. Wilson, «The evolution of eusociality, in: *Nature* 466: 1057–1062 (2010).

41 Eine Bibliografie und die Darstellung der konkurrierenden Theorien zur Evolution eusozialer Mikroorganismen finden sich bei David Sloan Wilson und Edward O. Wilson, «Rethinking the theoretical foundations of sociobiology», in: *Quarterly Review of Biology* 82(4): 327–348 (2007).

42 W. O. H. Hughes u. a., «Ancestral monogamy shows kin selection is key to the evolution of eusociality», in: *Science* 320: 1213–1216 (2008).

43 Bert Hölldobler und Edward O. Wilson, *Der Superorganismus. Der Erfolg von Ameisen, Bienen, Wespen und Termiten*, Berlin/Heidelberg 2010 (Orig. 2009).

44 Francis L. W. Ratnieks, Kevin R. Foster und Tom Wenseleers, «Conflict resolution in insect societies», in: *Annual Review of Entomology* 51: 581–608 (2006).

45 Robert L. Trivers und Hope Hare, «Haplodiploidy and the evolution of the social insects», in: *Science* 191: 249–263 (1976).

46 Andrew F. G. Bourke und Nigel R. Franks, *Social evolution in ants*, Princeton, NJ 1995.

47 J. M. Schneider und T. Bilde, «Benefits of cooperation with genetic kin in a subsocial spider», in: *PNAS* 105(31): 10843–10846 (2008).

48 Stuart A. West, A. S. Griffin und A. Gardner, «Evolutionary explanations for cooperation», in: *Current Biology* 17: R661–R672 (2007).

49 B. J. Hatchwell und J. Komdeur, «Ecological constraints, life history traits and the evolution of cooperative breeding», in: *Animal Behaviour* 59(6): 1079–1086 (2000).

50 J. W. Pepper und Barbara Smuts, «A mechanism for the evolution of altruism among non-kin: Positive assortment through environmental feedback», in: *American Naturalist* 160: 205–213 (2002): J. A. Fletcher und M. Zwick, «Strong altruism can evolve in randomly formed groups», in: *Journal of Theoretical Biology* 228: 303–313 (2004).

51 Barbara L. Thorne, Nancy L. Breisch und Mario L. Muscedere, «Evolution of eusociality and the soldier caste in termites: Influence of accelerated inheritance», in: *PNAS* 100: 12808–12813 (2003).

52 Martin A. Nowak, Corina E. Tarnita und Edward O. Wilson, «The evolution of eusociality», in: *Nature* 466: 1057–1062 (2010).

53 Bert Hölldobler und Edward O. Wilson, *Der Superorganismus. Der Erfolg von Ameisen, Bienen, Wespen und Termiten*, Berlin/Heidelberg 2010 (Orig. 2009).

V.
Was sind wir?

1 George P. Murdock, «The common denominator of culture», in: Ralph Linton (Hg.), *The science of man in the world crisis*, New York 1945.
2 Charles J. Lumsden und Edward O. Wilson, «Translation of epigenetic rules of individual behavior into ethnographic patterns», in: *PNAS* 77(7): 4382–4386 (1980); «Gene-culture translation in the avoidance of sibling incest», in: *PNAS* 77(10): 6248–6250 (1980); *Genes, mind, and culture: The coevolutionary process*, Cambridge, MA 1981; Edward O. Wilson, *Biophilia*, Cambridge, MA 1984; Charles J. Lumsden und Edward O. Wilson, *Das Feuer des Prometheus. Wie das menschliche Denken entstand*, München 1984 (Orig. 1983).
3 Luigi Luca Cavalli-Sforza und Marcus W. Feldman, *Cultural transmission and evolution: A quantitative approach*, Princeton, NJ 1981; Robert Boyd und Peter J. Richerson, *Culture and the Evolutionary Process*, Chicago 1985. 1976 veröffentlichten Marcus W. Feldman und Luigi L. Cavalli-Sforza eine Analyse («Cultural and biological evolutionary processes, selection for a trait under complex transmission», in: *Theoretical Population Biology* 9: 238–259 [1976], sowie «The evolution of continuous variation, II: Complex transmission and assortative mating», in: *Theoretical Population Biology* 11: 161–181 [1977]), in der es zu zwei Stadien kommt: «skilled» und «unskilled». Die Wahrscheinlichkeit für die Ausbildung des einen oder anderen Stadiums hängt vom Phänotyp der Eltern und dem Genotyp des Nachkommen ab. Das Merkmal benennt eine allgemeine Fähigkeit. Damals wie auch später vernachlässigte man die umfassend vorliegenden Daten zu den epigenetischen Regeln innerhalb der menschlichen Kognition. Die Geschichte dieser und früherer Arbeiten zur Gen-Kultur-Koevolution wird zusammengefasst in Charles J. Lumsden und Edward O. Wilson, *Genes, mind, and culture: The coevolutionary process*, Cambridge, MA 1981, S. 258–263.
4 Sarah A. Tishkoff u. a., «Convergent adaptation of human lactase persistence in Africa and Europe», in: *Nature Genetics* 39(1): 31–40 (2007).
5 Olli Arjama und Tima Vuoriselo, «Gene-culture coevolution and human diet», in: *American Scientist* 98: 140–146 (2010); Richard Wrangham, *Feuer fangen: wie uns das Kochen zum Menschen machte – eine neue Theorie der menschlichen Evolution*, München 2009 (Orig. 2009).
6 Die folgende Darstellung der Inzestvermeidung beruht im Wesentlichen auf Edward O. Wilson, *Die Einheit des Wissens*, Berlin 1998 (Orig. 1998), S. 232–236, ergänzt durch neuere Literatur.
7 Jennifer Couzain und Joselyn Kaiser, «Closing the net on common disease genes», in: *Science* 316: 820–822 (2997); Ken N. Paige, «The func-

tional genomics of inbreeding depression: A new approach to an old problem», in: *BioScience* 60: 267–277 (2010).
8 Bernard Chapais, *Primeval kinship: How pair-bonding gave rise to human society*, Cambridge, MA 2008.
9 Deutsch *Die Geschichte der menschlichen Ehe*, übersetzt von Leopold Katscher und Romulus Grazer, Jena 1893.
10 Arthur P. Wolf, *Sexual attraction and childhood association: A Chinese brief for Edward Westermarck*, Stanford, CA 1995; Joseph Shepher, «Mate selection among second generation kibbutz adolescents and adults: Incest avoidance and negative imprinting», in: *Archives of Sexual Behavior* 1(4): 293–307 (1971); William H. Durham, *Coevolution: Genes, culture, and human diversity*, Stanford, CA 1991.
11 Wiliam H. Durham, *Coevolution: Genes, culture, and human diversity*, Stanford, CA 1991.
12 Chales J. Lumsden und Edward O. Wilson, *Genes, mind, and culture: The coevolutionary process*, Cambridge, MA 1981; Tabitha M. Powledge, «Epigenetics and development», in: *BioScience* 59: 736–741 (2009).
13 Der Abschnitt über Farbsicht und -vokabular beruht weitgehend auf Edward O. Wilson, *Die Einheit des Wissens*, Berlin 1998 (Orig. 1998), S. 214–218, ergänzt durch neuere Literatur.
14 Brent Berlin und Paul Kay, *Basic color terms: their universality and evolution*, Berkeley 1969.
15 Eleanor Rosch, Carolyn Mervis und Wayne Gray, *Basic objects in natural categories*, Berkeley: University of California, Language Behavior Research Laboratory, Working Paper no. 43, 1975.
16 Trevor Lamb und Janine Bourriau (Hg.), *Colour: art & science*, New York 1995; Philip E. Ross, «Draining the language out of color», in: *Scientific American* S. 46–47 (April 2004); Terry Regier, Paul Kay und Naveen Khetarpal, «Color naming reflects optimal partitions of color space», in: *PNAS* 104(4): 1436–1441 (2007); A. Franklin u. a., «Lateralization of categorical perception of color changes with color term acquisition», in: *PNAS* 105(47): 18221–18225 (2008); Paul Kay und Terry Regier, «Language, thought and color: Recent developments», in: *Trends in Cognitive Sciences* 10: 53–54 (2006).
17 Wai Ting Siok u. a., «Language regions of brain are operative in color perception», in: *PNAS* (106(20): 8140–8145 (2009).
18 André A. Fernandez und Molly R. Morris, «Sexual selection and trichromatic color vision in primates: Statistical support for the preexisting-bias hypothesis», in: *American Naturalist* 170(1): 10–20 (2007).
19 Toshisada Nishida, «Local traditions and cultural transmission», in: Barbara B. Smuts u. a. (Hg.), *Primate Societies*, Chicago 1987, S. 462–474; Robert Boyd und Peter J. Richerson, «Why culture is common, but cul-

tural evolution is rare», in: *Proceedings of the British Academy* 88: 77–93 (1996); Kevin N. Laland und William Hoppitt, «Do animals have culture?», in: *Evolutionary Anthropology* 12 (3): 150–159 (2003).

20 Andrew Whiten, Victoria Horner und Frans B. M. de Waal, «Conformity to cultural norms of tool use in chimpanzees», in: *Nature* 437: 737–740 (2005). Zur Imitation einer Schimpansenbewegung oder dem Betrachten eines Schimpansen bei der Verwendung eines Artefakts siehe Michael Tomasello, zitiert nach Greg Miller, «Tool study supports chimp culture», in: *Science* 309: 1311 (2005).

21 Michael Krützen u. a., «Cultural transmission of tool use in bottlenose dolphins», in: *PNAS* 102(25): 8939–8943 (2005).

22 Joël Fagot und Robert G. Cook, «Evidence for large long-term memory capacities in baboons and pigeons and its implications for learning and the evolution of cognition», in: *PNAS* 103(46): 17564–17567 (2006).

23 Michael Baltar, «Did working memory spark creative culture?», in: *Science* 328: 160–163 (2010).

24 Gary Marcus, *Der Ursprung des Geistes. Wie Gene unser Denken prägen*, Düsseldorf 2005 (Orig. 2004); H. Clark Barrett, «Dispelling rumors of a gene shortage», in: *Science* 304: 1601–1602 (2004).

25 Zitiert nach Thomas Wynn, «Hafted spears and the archaeology of mind», in: *PNAS* 106(24): 9544–0454 (2009); siehe auch Lyn Wadley, Tamaryn Hodgskiss und Michael Grant, «Implications for complex cognition from the hafting of tools with compound adhesives in the Middle Stone Age, South Africa», in: *PNAS* 106(24): 9590–9594 (2009).

26 Marcia S. Ponce de León u. a., «Neanderthal brain size at birth provides insights into the evolution of human life history», in: *PNAS* 105(37): 13764–13768 (2008).

27 Thomas Wynn und Frederick L. Coolidge, «A stone-age meeting of minds», in: *American Scientist* 96: 44–51 (2008).

28 Michael Tomasello u. a., «Understanding and sharing intentions: The origins of cultural cognition», in: *Behavioral and Brain Sciences* 28(5): 675–691; Kommentar 691–735 (2005); Michael Tomasello, *Die kulturelle Entwicklung des menschlichen Denkens. Zur Evolution der Kognition*, Frankfurt am Main 2002 (Orig. 1999); Esther Herrmann u. a., «Humans have evolved specialized skills of social cognition: The cultural intelligence hypothesis», in: *Science* 317: 1360–1366 (2007); Eörs Szathmáry und Szabolcs Számandó, «Language: a social history of words», in: *Nature* 456: 40–41 (2008).

29 Michael Tomasello u. a., «Understanding and sharing intentions: The origins of cultural cognition», in: *Behavioral and Brain Sciences* 28(5): 675–691; Kommentar 691–735 (2005). Siehe auch Michael Tomasello, *Die kulturelle Entwicklung des menschlichen Denkens. Zur Evolution der Kognition*, Frankfurt am Main 2002 (Orig. 1999).

30 D. Kimbrough Oller und Ulrike Griebel (Hg.), *Evolution of Communication Systems: A Comparative Approach*, Cambridge, MA 2004.
31 Steven Pinker, Martin A. Nowak und James J. Lee, «The logic of indirect speech», in: *PNAS* 105(3): 833–838 (2008).
32 Tanya Stivers u. a., «Universals and cultural variation in turn-taking in conversation», in: *PNAS* 106(26): 10587–10592 (2009).
33 Disa A. Sauter u. a., «Cross-cultural recognition of basic emotions through non-verbal emotional vocalizations», in: *PNAS* 107(6): 2408–2412 (2010).
34 Noam Chomsky, «‹Verbal Behavior› by B. F. Skinner (The Century Psychology Series), pp. viii, 478, New York: Appleton-Century-Crofts, Inc., 1957», in: *Language* 35: 26–58 (1959).
35 Steven Pinker, *Der Sprachinstinkt. Wie der Geist die Sprache bildet*, München 1996 (Orig. 1994), S. 119–120.
36 Zitiert nach Daniel Nettle, «Language and genes: A new perspective on the origins of human cultural diversity», in: *PNAS* 104(26): 19755–10756 (2007).
37 John G. Fought u. a., «Sonority and climate in a world sample of languages: Findings and prospects», in: *Cross-Cultural Research* 38: 27–51 (2004).
38 Dan Dediu und D. Robert Ladd, «Linguistic tone is related to the population frequency of the adaptive haplogroups of two brain size genes, ASPM and Microcephalin», in: *PNAS* 104(26): 10944–10949 (2007).
39 Derek Bickerton, *Roots of Language*, Ann Arbor, MI: Karoma 1981; Michael DeGraff (Hg.), *Language creation and language change: Creolization, diachrony, and development*, Cambridge, MA 1999.
40 Wendy Sandler u. a., «The emergence of grammar: Systemic structure in a new language», in: *PNAS* 102(7): 2661–2655 (2005).
41 Susan Goldin-Meadow u. a., «The natural order of events: How speakers of different languages represent events nonverbally», in: *PNAS* 105(27): 9163–9168 (2008).
42 Zitiert nach Nick Chater, Florencia Reali und Morten H. Christiansen, «Restrictions on biological adaptation in language evolution», in: *PNAS* 106(4): 1015–1020 (2009).
43 Vincent A. A. Jansen und Michael P. H. Strumpf, «Making sense of evolution in an uncertain world», in: *Science* 309: 2005–2007 (2005).
44 Rudolf A. Raff und Thomas C. Kaufman, *Embryos, genes, and evolution: The developmental-genetic basis of evolutionary change*, New York 1983, Reprint Bloomington 1991; David A. Garfield und Gregory A. Wray, «The evolution of gene regulatory interactions», in: *BioScience* 60: 15–23 (2010).
45 Edward O. Wilson, *The Insect Societies*, Cambridge, MA 1971; Bert Hölldobler und Edward O. Wilson, *Der Superorganismus: Der Erfolg von Ameisen, Bienen, Wespen und Termiten*, Berlin/Heidelberg 2010 (Orig. 2009).

46 Donald W. Pfaff, *The neuroscience of fair play: Why we (usually) follow the golden rule*, New York 2007.

47 Zitiert nach Ernst Fehr und Simon Gächter, «Altruistic punishment in humans», in: *Nature* 466: 1059–1062 (2010).

48 Robert Boyd, «The puzzle of human sociality», in: *Science* 314: 1555–1556 (2006); Martin A. Nowak, Corina E. Tarnita und Edward O. Wilson, «The evolution of eusociality», in: *Nature* 466: 1057–1062 (2010).

49 Steven Pinker, *Das unbeschriebene Blatt. Die moderne Leugnung der menschlichen Natur*, Berlin 2003 (Orig. 2002), S. 377.

50 François de la Rochefoucauld, *Réflexions ou Sentences et maximes morales* (1664), Maxime 18, zitiert nach François de la Rochefoucauld, *Maximen und Reflexionen*, München 1987, S. 15.

51 Martin A. Nowak und Karl Sigmund, «Evolution of indirect reciprocity», in: *Nature* 437: 1291–1298 (2005); Gretchen Vogel, «The evolution of the Golden Rule», in: *Science* 303: 1128–1131 (2004).

52 Matthew Gervais und David Sloan Wilson, «The evolution and functions of laughter and humor: A synthetic approach», in: *Quarterly Review of Biology* 80: 395–430 (2005).

53 Robert Boyd, «The puzzle of human sociality», in: *Science* 314: 1555–1556 (2006).

54 Samuel Bowles, «Group competition, reproductive leveling, and the evolution of human altruism», in: *Science* 314: 1569–1572 (2006).

55 Michael Sargent, «Why inequality is fatal», in: *Nature* 458: 1109–1110 (2009); Richard G. Wilkinson und Kate Pickett, *Gleichheit ist Glück. Warum gerechte Gesellschaften für alle besser sind*, Hamburg 2009 (Orig. 2009).

56 Robert Boyd u. a., «The evolution of altruistic punishment», in: *PNAS* 100(6): 3531–3535 (2003); Dominique J.-F. de Quervain u. a., «The neural basis of altruistic punishment», in: *Science* 305: 1254–1258 (2004); Christoph Hauert u. a., «Via freedom to coercion: The emergence of costly punishment», in: *Science* 316: 1905–1907 (2008); Louis Putterman, «Cooperation and punishment», in: *Science* 328: 578–579 (2010).

57 Kwame Anthony Appiah, *Eine Frage der Ehre oder wie es zu moralischen Revolutionen kommt*, München 2011 (Orig. 2010), S. 220–221; das Gedicht von Rupert Brooke ebd. auf S. 206.

58 Gregory W. Graffin und William B. Provine, «Evolution, religion, and free will», in: *American Scientist* 95(4): 294–297 (2007).

59 Phil Zuckerman, «Secularization: Europe – Yes, United States – No», in: *Skeptical Inquirer* 28(2): 49–52 (März/April 2004).

60 Zitiert nach Thomas Dixon, «The shifting ground between the carbon and the Christian», in: *Times Literary Supplement*, S. 3–4 (22. und 29. Dezember 2006).

61 David Hume, *Dialogues concerning natural religion* II, 50 (1779), zitiert nach David Hume, *Dialoge über natürliche Religion*, Stuttgart 1981, S. 33.

62 Paul R. Ehrlich, «Intervening in evolution: Ethics and actions», in: *PNAS* 98(10): 5477–5480 (2001); Robert Pollack, «DNA evolution, and the moral law», in: *Science* 313: 1890–1891 (2006).
63 Pascal Boyer, «Religion: Bound to believe?», in: *Nature* 455: 1038–1039 (2008).
64 J. Allan Cheyne und Bruce Bower, «Night of the crusher», in: *Time* S. 27–29 (19. Juli 2005). Eine vollständige Behandlung von Hirnfunktion und übernatürlichen Glaubenserfahrungen auch bei Religionsstiftern und Propheten geben die Autoren von *Neurotheology: Brain, science, spirituality, religious experience*, hg. von Rhawn Joseph, San Jose, CA 2002.
65 Zitiert nach Frank Echenhofer, «Ayahuasca shamanic visions: Integrating neuroscience, psychotherapy, and spiritual perspectives», in: Barbara Maria Stafford (Hg.), *A field guide to a new meta-field: Bridging the humanities-neurosciences divide*, Chicago 2011. Die von Echenhofer zitierten Träume wurden ursprünglich von dem Anthropologen Milciades Chaves und dem Psychiater Claudio Naranjo aufgezeichnet.
66 Offb 1,10–16.
67 Offb 2,16.
68 Richard C. Schultes, Albert Hoffmann und Christian Rätsch, *Pflanzen der Götter. Die magischen Kräfte der Rausch- und Giftgewächse*, Bern/Stuttgart 1980 (Orig. 1979).
69 Robert Wright, *The evolution of God*, New York 2009.
70 Gordon H. Horians, «Habitat selection: General theory and applications to human behavior», in: Joan S. Lockard (Hg.), *The evolution of human social behavior*, New York 1980, S. 49–66. Edward O. Wilson, *Biophilia*, Cambridge, MA 1984; Stephen R. Kellert und Edward O. Wilson (Hg.), *The biophilia hypothesis*, Washington, DC 1993; Stephen R. Kellert, Judith H. Heerwagen und Martin L. Mador (Hg.), *Biophilic design: the theory, science, and practice of bringing buildings to life*, Hoboken, NJ 2008; Timothy Beatley, *Biophilic cities: integrating nature into urban design and planning*, Washington, DC 2011.
71 Zitiert nach E. L. Doctorow, «Notes on the history of fiction», in: *Atlantic Monthly* Fiction Issue, S. 88–92 (August 2006).
72 Michael Balter, «On the origin of art and symbolism», in: *Science* 323: 709–711 (2009); Elizabeth Culotta, «On the origin of religion», in: *Science* 326: 784–787 (2009).
73 R. Dale Guthrie, *The nature of paleolithic art*, Chicago: University of Chicago Press 2005; William H. McNeill, «Secrets of the cave paintings», in: *New York Review of Books*, S. 20–23 (19. Oktober 2006); Michael Balter, «Going deeper into the Grotte Chauvet», in: *Science* 321: 904–905 (2008).
74 Lois Wingerson, «Rock music: remixing the sounds of the Stone Age», in: *Archaeology* S. 46–50 (September/Oktober 2008).

75 Cecil Marice Bowra, *Poesie der Frühzeit*, München 1967 (Orig. 1962); Richard B. Lee und Richard Heywood Daly (Hg.), *The Cambridge Encyclopedia of hunters and gatherers*, New York 1999.
76 Zitiert nach Aniruddh D. Patel, «Music as a transformative technology of the mind», in: Aniruddh D. Patel, *Music, language, and the brain*, Oxford 2008.

VI.
Wohin gehen wir?

1 Martin A. Nowak, Corina E. Tarnita und Edward O. Wilson, «The evolution of eusociality», in: *Nature* 466: 1059–1062 (2010); Reaktion in Kritiken in *Nature* (März 2011), online.
2 Nancy R. Buchan u. a., «Globalization and human cooperation», in: *PNAS* 106(11): 4138–4142 (2009).

NACHWEISE ZU DEN ABBILDUNGEN UND TABELLEN

D'où Venons Nous / Que Sommes Nous / Où Allons Nous (Woher kommen wir / Was sind wir? / Wohin gehen wir?) von Paul Gauguin (1843–1903), Öl auf Leinwand, 1897, Museum of Fine Arts, Boston, Massachusetts; Foto: akg-images.

Abbildung 3.2: Aus Mary Roach, «Almost Human», in: *National Geographic* April 2008, S. 128. Fotografie von Frans Lanting. Frans Lanting / National Geographic Stock.

Abbildung 3.3: Aus W. C. McGrew, «Savanna chimpanzes dig for food», in: *Proceedings of the National Academy of Sciences, U.S.A.* 104 (49): 19167–19168 (2007). Fotografie von Paco Bertolani, Leverhulme Centre for Human Evolutionary Studies.

Abbildung 3.4: Aus Jamie Shreeve, «The evolutionary road», in: *National Geographic* Juli 2010, S. 34–67. Zeichnung von Jon Foster. Jon Foster / National Geographic Stock.

Abbildung 3.5: Interpretation von R. Dale Guthrie in *The nature of paleolithic art*, Chicago: University of Chicago Press 2005.

Abbildung 3.6: Aus Stephan C. Schuster u. a., «Complete Khoisan and Bantu genomes from southern Africa», in: *Nature* 463: 857, 943–947 (2010). Fotografie © Stephan C. Schuster.

Abbildung 3.7: Aus E. O. Wilson, *Sociobiology*, Cambridge, MA: Harvard University Press 1975, S. 510–511. Zeichnung von Sarah Landry.

Abbildung 4.1: © John Sibbick. Aus Chris Stringer und Peter Andrews, *The complete world of human evolution*, London: Thames and Hudson 2005, S. 119.

Abbildung 4.2: © John Sibbick. Aus Chris Stringer und Peter Andrews, *The complete world of human evolution*, London: Thames and Hudson 2005, S. 133.

Abbildung 4.3: © John Sibbick. Aus Chris Stringer und Peter Andrews, *The complete world of human evolution*, London: Thames and Hudson 2005, S. 137.

Nachweise zu den Abbildungen und Tabellen · 377

Abbildung 4.4: Modifiziert nach Terry Harrison, «Apes among the tangled branches of human origins», in: *Science* 327:532–535 (2010). Abdruck mit freundlicher Genehmigung von Harrison (2010). © *Science*.

Abbildung 4.5: Aus Winfried Henke, «Human biological evolution», in: Franz M. Wuketits und Francisco J. Ayala (Hg.), *Handbook of Evolution*, Bd. 2, *The Evolution of Living Systems (Including Hominids)*, New York: Wiley-VCH 2005, S. 167. Nach D. S. Strait, F. E. Grine und M. A. Moniz in: *Journal of Human Evolution* 32: 17–82 (1997).

Abbildung 4.6: Modifiziert nach einer Tafel in der Ausstellung *Cerveau* im Muséum d'Histoire Naturelle de Marseille, 22.9. bis 12.12.2004. © Patrice Prodhomme, Muséum d'Histoire Naturelle d'Aix-en-Provence, Frankreich.

Abbildung 8.1: Aus Thomas Hayden, «The roots of war», in: *U.S.News & World Report* 26.4.2004, S. 44–50. Fotografie von Enrico Rerorelli, Computerrekonstruktion von Doug Stern. National Geographic Stock.

Abbildung 8.2: Mit freundlicher Genehmigung von Napoleon A. Chagnon.

Abbildung 8.3: Aus R. Dale Guthrie, *The nature of paleolithic art*, Chicago: University of Chicago Press 2005.

Tabelle 8.1: Aus: Samuel Bowles, «Did warfare among ancestral hunter-gatherers affect the evolution of human social behaviors», in: *Science* 324: 1295 (2009). Die Anmerkungen des Originals werden in unserer Tabelle nicht wiedergegeben.

Abbildung 9.1: © John Sibbick. Aus: Christ Stringer und Peter Andrews, *The complete world of human evolution*, London: Thames & Hudson 2005, S. 171.

Abbildung 10.1: Aus Steven Mithen, «Did farming arise from a misapplication of social intelligence?», in: *Philosophical Transactions of the Royal Society* B 362: 705–718 (2007).

Abbildung 11.1: Modifiziert nach Charles S. Spencer, «Territorial expansion and primary state formation», in: *Proceedings of the National Academy of Sciences, U.S.A.* 107(16): 7119–7126 (2010).)

Abbildung 12.1: Aus Edward O. Wilson, *Success and dominance in ecosystems: The case of the social insects*, Oldendorf/Luhe: Ecology Institute 1990.

Abbildung 12.2: Aus Edward O. Wilson, *Success and dominance in ecosystems: The case of the social insects*, Oldendorf/Luhe: Ecology Institute 1990. Auf Grundlage von E. J. Fittkau und H. Klinge, «On biomass and trophic structure of the central Amazonian rain forest ecosystem», in: *Biotropica* 5(1): 2–14 (1973).

Abbildung 12.3: Aus Edward O. Wilson, David Liittschwager, «One cubic foot», in: *National Geographic* Februar 2010, S. 62–83. Fotografien von David Liittschwager. David Liittschwager/National Geographic Stock.

Abbildung 12.4: Zeichnung © Margaret Nelson.

Abbildung 12.5: Modifiziert nach Edward O. Wilson, *The insect societies*, Cambridge, MA: Harvard University Press 1971. Auf Grundlage der Forschung von Martin Lüscher.

Abbildung 12.6: Aus Bert Hölldobler und Edward O. Wilson, *Blattschneiderameisen – der perfekte Superorganismus*, übersetzt von Birgit Jarosch, Berlin; Heidelberg: Springer 2011 (Original 2011).

Abbildung 12.7: Aus Bert Hölldobler und Edward O. Wilson, *Der Superorganismus. Der Erfolg von Ameisen, Bienen, Wespen und Termiten*, Berlin; Heidelberg: Springer 2010 (Original 2009). Fotografie von Bert Hölldobler.

Abbildung 12.8: Aus George F. Oster und Edward O. Wilson, *Caste and ecology in the social insects*, Princeton, NJ: Princeton University Press 1978. Zeichnung von Turid Hölldobler.

Abbildung 13.1: Aus Edward O. Wilson und Bert Hölldobler, «The rise of the ants: A phylogenetic and ecological explanation», in: *Proceedings of the National Academy of Sciences, U.S.A.* 102(21): 7411–7414 (2005).

Abbildung 13.2: Aus Edward O. Wilson, *The insect societies*, Cambridge, MA: Harvard University Press 1971. Zeichnung von Turid Hölldobler.

Abbildung 14.1: Aus Conrad C. Labandeira, «Plant-insect associations from the fossil record», in: *Geotimes* 43(9): 18–24 (1998). Zeichnung von Mary Parrish.

Abbildung 14.2: Aus Conrad C. Labandeira und John Sepkoski Jr., «Insect diversity in the fossil record», in: *Science* 261: 310–315 (1993). Illustration von Finnegan Marsh.

Abbildung 14.3: Aus Charles Lumsden und Edward O. Wilson, *Das Feuer des Prometheus*, übersetzt von Hans Jürgen Baron von Koskull, München: Piper 1983 (Orig. 1982), S. 220–221.

Abbildung 15.1: Aus David P. Cowan, «The solitary and presocial Vespidae», in: Kenneth G. Ross und Robert W. Matthews (Hg.), *The social biology of wasps*, Ithaca, NY: Comstock Pub. Associates 1991.

Abbildung 15.2: Aus J. T. Costa, *The other insect societies*, Cambridge, MA: Harvard University Press 2006; J. Emmett Duffy, «Ecology and evolution of eusociality in sponge-dwelling shrimp», in: J. Emmett Duffy und Martin Thiel (Hg.), *Evolutionary ecology of social and sexual systems: crustaceans as model organisms*, New York: Oxford University Press 2007; S. F. Saka-

Nachweise zu den Abbildungen und Tabellen . 379

	gami und K. Hayashida, «Biology of the primitively social bee, *Halictus duplex* Dalla Torre II: Nest structure and immature stages», in: *Insectes Sociaux* 7: 57–98 (1960).
Abbildung 16.1:	Aus Edward O. Wilson, *The insect societies*, Cambridge, MA: Harvard University Press 1971. Zeichnung von Sarah Landry nach einer Illustration von Kunio Iwata in Sakagami 1960.
Abbildung 17.1:	Aus Carl Zimmer, *The tangled bank: An introduction to evolution*, Greenwood Village, CO: Roberts 2010, S. 33.
Abbildung 17.2:	Aus Theodosius Dobzhansky, *Die Entwicklung zum Menschen: Evolution, Abstammung und Vererbung. Ein Abriss*, übersetzt von Hanna Schwanitz, Hamburg; Berlin: Parey 1958 (Orig. 1955).
Abbildung 20.1:	Aus Charles J. Lumsden und Edward O. Wilson, *Das Feuer des Prometheus: wie das menschliche Denken entstand*, übersetzt von Hans Jürgen Baron von Koskull, München: Piper 1984 (Orig. 1983), S. 182–183.
Abbildung 20.2:	Aus David H. Hubel und Torsten N. Wiesel, «Brain mechanisms of vision», in: *Scientific American*, September 1979, S. 154.
Abbildung 20.3:	Aus Charles J. Lumsden und Edward O. Wilson, *Das Feuer des Prometheus*, übersetzt von Hans Jürgen Baron von Koskull, München: Piper 1983 (Orig. 1982).
Abbildung 21.1:	Aus Steven Mithen, «Did farming arise from a misapplication of social intelligence?», in: *Philosophical Transactions of the Royal Society* B 362: 705–718 (2007).
Abbildung 21.2:	Aus Steven Mithen, «Did farming arise from a misapplication of social intelligence?», in: *Philosophical Transactions of the Royal Society* B 362: 705–718 (2007).
Abbildung 21.3:	Aus Scott H. Frey, «Tool use, communicative gesture and cerebral asymmetries in the modern human brain», in: *Philosophical Transactions of the Royal Society* B 363: 1951–1957 (2008).
Abbildung 21.4:	Aus Jonah Lehrer, «Blue brain», in: *Seed* Nr. 14, S. 72–77 (2008). Nach Untersuchungen von Henry Markham u. a., Ecole Polytechnique Fédérale de Lausanne.
Tabelle 21.1:	Auf Grundlage der Zusammenfassung von Mary Roach, «Fast wie wir», in: *National Geographic Deutschland* Juli 2008, S. 126–127.
Abbildung 21.5:	«The oneiric autumn», aus: *Arctic sanctuary: Images of the Arctic National Wildlife Refuge*, Fairbanks: University of Alaska Press 2010, S. 115. Fotografien von Jeff Jones, Texte von Laurie Hoyle.

Abbildung 23.1: Modifiziert nach einem mathematischen Modell aus Charles J. Lumsden und Edward O. Wilson, «Translation of epigenetic rules of individual behavior into ethnographic patterns», in: *Proceedings of the National Academy of Sciences U.S.A.* 77(7): 4382–4386 (1980); siehe auch Charles J. Lumsden und Edward O. Wilson, *Genes, mind, and culture: The coevolutionary process*, Cambridge, MA: Harvard University Press 1981, S. 130.

Abbildung 24.1: Aus Nicholas Christakis und James M. Fowler, *Connected! Die Macht sozialer Netzwerke und warum Glück ansteckend ist*, übersetzt von Jürgen Neubauer, Frankfurt am Main: S. Fischer 2010 (Orig. 2009).

Abbildung 25.1: Aus Vernon Reynolds und Ralph Tanner, *The biology of religion*, New York: Longman 1983.

Abbildung 25.2: Aus Vernon Reynolds und Ralph Tanner, *The biology of religion*, New York: Longman 1983.

Abbildung 25.3: Aus Joseph Campbell in Zusammenarbeit mit Bill Moyers, *Die Kraft der Mythen: Bilder der Seele im Leben des Menschen*, übersetzt von Hans-Ulrich Möhring, Zürich, München: Artemis 1989 (Orig. 1988). Zeichnung von Karl Bodmer, 1834.

Abbildung 25.4: Aus R. Dale Guthrie in *The nature of paleolithic art*, Chicago: University of Chicago Press 2005.

Abbildung 26.1: Auf Grundlage von Gerda Smets, *Aesthetic judgment and arousal: An experimental contribution to psycho-aesthetics*, Leuven: Leuven University Press 1973.

Abbildung 26.2: Aus Yujiro Nakata, *The Art of Japanese Calligraphy*, übersetzt von Alan Woodhull in Zusammenarbeit mit Armins Nikovskis, New York: Weatherhill 1973.

Abbildung 26.3: Aus *Adi Granth*, der ersten Computerberechnung der Sikh-Schriften, in: Kenneth Katzner, *The languages of the world*, Neuausgabe New York: Routledge 1995.

Abbildung 26.4: Aus Sally und Richard Price, *Afro-american arts of the Suriname rain forest*, Berkeley: University of California Press 1980.

Abbildung 26.5: Reproduktion mit freundlicher Genehmigung der *American Academy of Arts and Sciences*.

Abbildung 26.6: Aus: *Modern landscape architecture: redifining the garden*, New York: Abbeville Press 1991. Fotografie von Felice Frankel, Text von Jory Johnson.

REGISTER

Kursive Seitenzahlen verweisen auf Abbildungen und Tabellen.

Afrika, Auswanderung aus 99–108
Afrikanische Wildhunde 45, 167
Al-Sayyid-Beduinen 280
Altruismus 137–160, 163–191
 siehe auch Eusozialität
Ammophila (Wespe) 185
Amygdala 79 f., 127
Ardipithecus 39, 61
Artefakte, Herstellung von
 261–265
Athener 84
Aufklärung
 historische 329
 neue 343–356
Australier *107*
Australopithecinae 46–50, 65, 99 f.
Auswanderung aus Afrika 99–108

Behaviorismus 192
Bevorzugung der Eigengruppe 77, 79
Bevorzugung, Ursprung von 77
Bewusstsein 17 f.
Bienen
 eusoziale 166, 182 ff., 189
 Sprache der 274
Biomasse, Menschen und Ameisen 66, 141
Biophilie 325 ff.
Blattläuse, eusoziale 167, 182

Bonobos 55, 58 f.
Buddhismus 88 f.

China, Inzestvermeidung 243

Delfin, Kultur beim 257
Dinosaurier 166 ff., *168*
Dominanz, ökologische 137–191
Drogen bei religiösen Visionen 312–320

Egoistisches Gen siehe Verwandtenselektion
Ehre 301 f.
Entwicklung, frühe 78, 101
Epigenetische Regeln 233–236, 287 f.
Eusozialität 27–32, 42, 56, 65–72, 137–147, 163–191
 neue Theorie 223–228
Evolution
 Grundprinzipien der 192–228
 heutige und künftige 120–123
 Kräfte der 65–74, 202–228
 Labyrinth der 33 f., *34*
 Neue Theorie der 223–228

Farbvokabular 247, *247*, 249–254
Feuer in der Evolution des Menschen 42–45, 62 f.

Fleischfresser, Gehirnvolumen 53
Fleischkonsum 43, 53 f., 63
Flores-Mensch siehe *Homo floresiensis*
Fortbewegung 24–42
Fukomys (Graumull) 57

Gauguin, Paul 7–11
Gedächtnis 255–268
Geist 17, 261–268
Geisteswissenschaften 328 f.
Gendrift 112
Genetische Evolution
 bei Insekten 190 f.
 beim Menschen 110–116, 120 f.
 Grundprinzipien 192–201
Genetische Vielfalt beim Menschen 103 f.
Gen-Kultur-Koevolution 236–254
Genozid 82–86
Gesamtfitness, Theorie der 174–179, 202–222
Gileaditer 79
Göbekli Tepe 131
Grammatik 277–282
Gruppenbildung 75–80
Gruppenselektion 172–179, 188 ff., 198, 202, 208–222

Hand, Evolution der 35 f.
Haplodiploidie-Hypothese 206 f.
Heterocephalus (Nacktmull) 56 f., 167
Höhlenmalerei 41, 89, *319*, 334 ff.
Homo erectus 53, 55, 63, 101 f., 269 f.
Homo floresiensis 25, 100 f.
Homo habilis 49 f., *50*, 53, 269 f.
Homo heidelbergensis 333
Homo neanderthalensis 26, 109, 261, 262, 263–266
Homo sapiens
 als Spezies 25–29, 48 f.
 Auswanderung und Verbreitung 99–108
 diagnostische Merkmale 101 f.
 Laufen 39 f.
 Präadaptionen bei der Evolution 35–45
 Sinne 321 f.
 siehe auch Natur des Menschen
Homosexualität 303 f.
Humanae Vitae 232, 303
Hunde, afrikanische Wildhunde, Sozialverhalten 45, 167

Insekten 28–32, 65, 137–160, 169–191
 im Paläozoikum 163–166
Instinkt 23, 192–201
Intelligenz 51, *262*, *263*, 264 ff.
Intentionalität 271–274
Inzestvermeidung 240
Islam 84

Jäger und Sammler 38, 102
Jagd *41*

Käfer, eusoziale 167, 181 f.
Kausalität, Evolution 200 f.
Kibbuzim, israelische 244
Klassifizierung von Altweltaffen (einschließlich Mensch) *57*, *58*
Kommunikation, erbliche, Variabilität von 115
 siehe auch Sprache, Ursprung der
Kooperation, Evolution von 62 f.
Krebse, eusoziale 167
Kreuzfahrer 83
Krieg 81–98
Kultur
 Definition 256
 Ursprung und Evolution 23, 109–133, 231–268, 283–288
Kunst *322*, *323*, 324–338

Lagerstätten 44, 63, 270
Laktosetoleranz 239
Landwirtschaft, Ursprung der 117–120, 130 f., 133
Laufen 39–42
Lernen 212–268
Literatur 329–332
Luther, Martin, über Gott und Gewalt 84

Mandan-Indianer 316, 317
Maya und Krieg 86
Melos 84 f.
Moralverständnis 289–305
    erblich bedingte Variabilität 103
Multilevel-Selektion, natürliche 65–74, 197, 202–228, 328, 345
Musik 336–340
Mutationen 112 f., 194 ff.

Nacktmulle, eusoziale 56, 58, 167 f.
Natur des Menschen 192 f., 231–254, 347
Naturwissenschaft, Rolle der 18
Neandertaler siehe *Homo neanderthalensis*
Neolithische Revolution 97
Nest als Bedingung für Eusozialität 171 f., 180–191, 270
Neuguinea 251
Neue Welt, Invasion der 107 f.

Offenbarung des Johannes 314 f.

Paläolithikum
    Kunst 89
    Genozid 87
Persönlichkeit, Vielfalt 128 f.
Phänotyp/Genotyp 192–201
Philosophie 7, 18, 231
Plastizität, phänotypische 198 f., 199

Populationsdichte und -kontrolle 94–98
Präadaptionen zur Eusozialität 35–45, 60–64, 171, 180–191, 269
Primaten, Evolution 57 f.
Progressive Verproviantierung 170, 183 ff., 189, 200
Proximate Kausalität 200 f.

Raumfahrt 353 ff.
Reflexe 234 f.
Religion 7, 15 f., 231, 306–320, 348–353
Revier 96
Richard I., englischer König 83
Ruanda, Genozid in 82

Salomon, Ameisenspruch 160
San 43
Säugetiere, Evolution der 29
Schimpansen
    aufrechter Gang 36, 37
    Genetik 111
    Gewalt 93
    Intelligenz 50, 52, 270 ff.
    Jagd 54 f.
    Krieg 93 f.
    Kultur 255 ff., 266
    Sozialverhalten 52, 93
Schöpfungsmythen 15 f., 310–313, 319 f.
Sehsinn, Evolution 37
Selbstbeobachtung 17
Seltenheit der Eusozialität 163–168
Simon, Ordnung und Hierarchie 126
Soziale Insekten 24 f., 28–32, 137–191, 207 f.
    siehe auch Eusozialität
Soziobiologie, Disziplin 206
Sphecomyrma 143, 150

Sprache, Ursprung der 269–282
Stammessysteme 75–80
Sterblichkeitsrate aufgrund von Gewaltakten 90 f.
Superorganismus 179
Symbiose, soziale 154–158
Synalpheus, eusozialer Knallkrebs 167, 182

Termiten 148 f., 166
Theologie siehe Religion
Thripse, eusoziale 167, 182
Thukydides 84 f.
Traum, Ursprung der Religion 312–320

Ultimate Kausalität 200 f.
Umwelt für menschliche Evolution 41 f., 47, 50–53
Unbeschriebenes Blatt, Theorie vom 193, 237 f.

Verwandtenselektion 174 ff., 202–222
Visionen, religiöse 312–320
Vögel
    Instinkt 193 ff.
    Intelligenz 51
    Langzeitgedächtnis 259
    Sozialverhalten 45

Werkzeuge
    beim Menschen 53, 261–264
    beim Schimpansen 50
Wespen 181, 185, 188
Wölfe
    Sozialverhalten 45
    Jagdverhalten 95 f.

Yanomamo 87, 255

Zivilisation, Ursprung und Evolution 124–133